2판

THE HISTORY OF EAST ASIAN COSTUME

韓
中
日

동아시아
복식의
역사

2판

THE HISTORY OF EAST ASIAN COSTUME

韓 中 日

동아시아 복식의 역사

홍나영 신혜성 이은진 지음

교문사

한국복식사를 공부하면 할수록 모르는 것이 늘어가는 것을 느낀다. 우리나라 복식의 역사에서 밝혀지지 않은 부분을 알기 위해, 때로는 우리 옷의 특성을 보다 잘 파악하기 위해 이웃 나라의 복식에 대한 궁금증도 늘어만 간다.

의상디자인을 하기 위해 사람들은 디자인의 원리를 배우고 제작법을 배우며, 디자인의 아이디어를 얻기 위해 서양복식의 역사를 배운다. 오늘날 우리가 입고 있는 옷은 서양인들이 입기 시작했던 옷이지만 받아들인 지 이미 백 년이 넘어 남의 옷이 아닌 우리 옷이 되었다. 오히려 우리 조상들이 입었던 옷은 드라마나 영화 속의 의상이 되었고 일생에 몇 번 아주 특별한 날에만 입는 옷이 되어버렸다.

이렇게 서구 중심으로 세계화된 세상에서 우리나라나 이웃 나라의 옷을 공부하는 것은 어떤 의미를 지닐까?

우리가 의식하건 아니건 우리의 몸짓과 생각에는 남과 다른 문화적 전통이 배어 있을 것이다. 그런데 이것을 제대로 이해하고 활용하고 있는가 하는 물음을 스스로 한다. 종종 서양인들이 우리보다 더 멋지게 아시아적인 것을 세계화시킨 작품들을 접할 때마다 우리는 무엇을 하고 있는 것일까 하는 아쉬움이 들기도 한다.

이러한 생각에서 출발한 것이 이 책이다. 사실 책을 마쳤다는 기쁨보다는 걱정으로 가득하다. 우리나라 것에 대해서도 모르는 것 투성이인데 일본과 중국의 옷에 대해서는 더 말할 것도 없다. 깊지 않은 지식으로 쓴다고 나선 것이 무모하게 느껴지기도 한다. 아마 여기저기서 어디어디가 틀렸다고 지적하는 소리에 얼굴을 들기 어려울지도 모르겠다. 미리부터 두렵다. 게다가 사진 저작권에 대한 염려도 있다. 허락을 받고 사용하려고 최대한 노력했지만 해외의 자료에 대한 것은 아직 완벽하지 않다.

그럼에도 불구하고 이 책을 내야겠다고 생각하는 이유는 단 한 가지이다. 우리 것을 알고, 이웃 나라의 문화와 복식에 대해 좀 더 공부해야겠다는 생각과 우리와 이웃 나라 옷의 관계를 탐구하고, 또 앞으로 새로운 세대들이 이 분야에 대해 하루 빨리 좀 더 많은 관심을 가져주었으면 하는 바람 때문이다. 그래서 이 책은 신세대들도 친근하게 접근할 수 있도록 복식사 분야에서 일반적으로 사용하는 용어들을 최대한 풀어 쉽게 설명하고자 노력하였다. 특히 중국복식과 일본복식에 대해서는 우리말로 된 서적이 많지 않기 때문에 외국어로 된 서적들만으로 공부하기에 한계가 있다. 물론 이 책도 우리나라와 일본, 중국의 학자들의 연구를 바탕으로 이루어진 것이다. 앞으로 이 책의 부족한 부분을 지적하고 보완하면서 동양복식사 연구가 다양하고 깊이 있게 활성화되었으면 한다. 이 책을 시작으로 우리 옷과 동아시아 옷에 대한 관심과 이를 활용한 다양한 연구들이 이루어지기를 희망한다.

이 책이 나오기까지는 글의 대부분을 작성한 신혜성 박사와 이은진 교수 두 사람의 공이 가장 컸다. 몇 년간에 거쳐 서로 토론과 논의를 하면서 글을 쓰다 보니 생각보다 시간이 오래 걸렸다. 일러스트 작업과 사진자료를 보완하는 데 모두 자신의 일처럼 도와준 이화여자대학교 대학원 의류산업학과 전통복식연구실의 대학원생들 모두에게 진심으로 감사드린다.

마지막으로 시대구분에 있어서 객관성과 일관성을 유지하는 문제와 함께 같은 한자 문화권인 일본과 중국의 인명과 지명, 옷 이름을 원어로 정리하느냐 한자음으로 정리하느냐의 문제는 상당한 논의 끝에 가능하면 원음에 충실하고자 하였지만 국내학계에서 흔히 사용하는 한자음 용어들은 예외로 하였음을 밝혀 둔다.

2020년 3월

대표저자 **홍나영**

차 례

**3부
격동의 동아시아,
유목민족과 무사복식의
부각**

1부

동아시아
복식의 원류와
한·중·일의
복식

농경문명사회의 발생과 복식의 발달

인류는 언제부터 직물로 옷을 만들어 입었을까?

인류가 의복을 착용한 시점은 구석기시대까지 거슬러 올라가나, 당시는 동물의 가죽이나 주변에서 채집한 식물성 재료를 그대로 걸치거나 두르는 원시적인 형태의 복식을 착용했을 것이다. 인류가 직물을 사용하기 시작한 것은 대략 일만 년 전인 신석기시대부터라고 알려져 있다. 인류의 생활이 수렵채취생활에서 농경생활로 접어들면서, 농사와 가축의 사육을 통하여 안정적이며 지속적인 식량공급이 가능해졌고, 이에 따라 인류의 삶은 한곳에 정착하여 집을 짓고, 그릇을 빚으며, 옷감을 짜는 등 새로운 단계에 진입하게 되었다.

최초의 직물은 야생에서 채집한 식물을 원료로 짠 것으로, 거칠고 성글며 폭도 좁고 길이도 짧았을 것이다. 기술이 발전하여 옷으로 입을 만한 직물을 생산하는 것이 가능해졌고, 야생에서 채집한 재료만으로는 수요를 충당할 수 없게 되자 섬유를 얻을 수 있는 식물을 재배하거나 동물을 사육하여 그 털과 가죽을 이용하고, 누에와 같은 곤충들을 직접 기르기 시작하였을 것이다.

동물성이건 식물성이건 섬유를 얻어서 실을 잣고, 직물을 짜는 과정은 엄청난 시간과 노력이 들어가기 때문에, 동서양을 막론하고 고대사회에서 직물은 화폐를 대신할 만큼 매우 귀한 것이었다. 따라서 직물을 자르지 않고 가능한 한 직조된 형태를 그대로 사용하는 경향이 있었다. 또한 많은 양의 직물을 사용하여 여러 벌의 옷을 겹쳐 입은 풍성한 차림새는 부와 권력의 상징이기도 하였다.

세계 4대문명지 중의 하나이며 중화문명의 요람으로 불리는 황하黃河문명은 중국의 황하 중·하류에 성립된 옛 신석기문명의 총칭으로, 양사오仰韶, 기원전 5000~3000년경문화와 룽산龍山, 기원전 3000~2000년경문화가 대표적이다. 양사오문화권에서는 실로 뜨개질한 것과 같은 무늬가 새겨진 토기土器가 출토되어 편직編織 등의 원시 수공업이 발달하였던 것으로 알려져 있다. 또 룽산문화에서는 원시적인 견직물의 생산도 확인되어 신석기시대에 이미 양잠업이 존재하였고 직물이 발달하였음을 증명하고 있다. 그 외에도 창강長江, 揚子江 하구에서 발달한 마자방馬家浜, 기원전 5000~4000년경문화에서는 탄화된 볍씨와 함께 야생섬유로 만든 직물조각이 발견되었으며, 창강 하류에서 발전된 량주良渚, 기원전 3300~2200년경문화의 유적에서는 비단 직물조각과 비단띠, 비단실 등이 출토되어 당시에 양잠이 성행하였음을 알 수 있다.

남아 있는 당시의 복식 유물이 없어 단정할 수는 없으나, 신석기 당시 황하에서 창강에 달하는 지역이 기후가 온난하고 논농사지역이었다는 점을 고려한다면, 다른 농경사회와 마찬가지로 요의腰衣, loin cloth를 기본으로 하는 단순한 형태의 의복을 입었을 것으로 추정된다. 이러한 단순한 의복이 청동기시대를 거치면서 치마裳로 발전하였고, 여기에 상의上衣가 더해져 상의上衣와 하상下裳, 즉 상의와 치마로 구성된 이부식二部式이 성립되었을 것이다. 그 후에 상의와 하상을 허리에서 연결하게 되면서 상의하상의 일부식一部式, 즉 일반적인 의복 분류에서 카프탄caftan형에 해당하는 앞에서 여며 입는 원피스형의 긴 옷이 생겨났을 것이다.

중국복식의 기원을 설명한 내용 중에 후한後漢, 25~220 말기 유희劉熙가 쓴 『석명釋名』이라는 사전에는 '위의 것을 의衣라 하며 의는 의지한다는 뜻으로 사람은 추위와 더위를 막는 데 이를 의지한다'라고 하였고, '아래의 것은 상裳이라 한다. 상은 가로막는다는 뜻으로 스스로 덮어서 가린다'라고[1] 하였다. 이를 통하여 고대 중국에서 하의의 기본이었던 치마下裳는 신체를 가리고 부끄러움을 덮는 윤리적인 기능, 상의上衣는 추위와 더위를 막는 실용적인 기능이 강하였음을 알 수 있다. 이처럼 의·상으로 상하가 분리된 이부식 복식은 후에 신분과 격식에 따라 관모가 발달하고, 예복에서 무릎가리개인 폐슬蔽膝 및 엉덩이를 가리는 장식인 후수後綬, 헝겊띠인 대대大帶 등의 부가적인 장신구가 갖춰지면서 중국 예복의 기본을 형성하여 후대 제왕과 문무백관의 대례복과 제복으로 발전하게 되었다.

유라시아의 유목민족과 그들의 복식

세계의 고대문명 발상지는 환경적으로 모두 온난한 기후에 큰 강을 끼고 있으며 집약적인 농경이 가능하다는 공통점을 갖고 있다. 농업기술의 발달로 생산력이 증대되고 도시가 발달하면서, 거대 건축물이 건립되는 등 문명이 발달하게 되었다. 그러나 이러한 문명 발상지 외부에는 방대한 건조 지역이 존재하였고 그곳은 오래전부터 유목민족의 터전이었다. 이들은 물이 부족한 곳에 살기 때문에 농작물을 재배할 수 없었으며, 초원이라고 해도 나무도 풀도 드문 척박한 곳이었기 때문에 가축을 먹일 목초지를 찾아 아주 넓은 지역을 지속적으로 이동해야만 하였다.

유목민족의 역사는 농경의 역사만큼이나 오래되어, '오르도스 청동기'로 알려진 중국 내몽골지역의 북방 유목문화는 그 시기가 기원전 20세기까지 거슬러 올라간다. 그러나 정착하여 도시를 형성하였던 농경민족과 달리 계속 이동해야 했기 때문에 뚜렷한 유적이 없고 문자가 남아 있지 않아 그들의 실상에 대해 알려진 것은 거의 없다.

역사서에 등장하는 유목민족은 중앙아시아에서부터 러시아 남부지방의 초원지대에서 활약한 스키타이인Scythian으로, 기원전 5세기경 그리스인 헤로도투스Herodotos가 쓴 『역사Histories』에 그들의 역사와 문화가 단편적으로나마 기록되어 있다. 또한 황금과 귀중품들로 가득 찬 무덤과 독특하고 뛰어난 공예품 등이 전해지고 있어 간접적이나마 스키타이인의 문화와 생활을 추정할 수 있다. 특히, 공예품에 표현된 역동적인 동물무늬, 즉 스키타이 동물무늬는 초원의 길을 통하여 각지로 전파되어 서쪽으로는 다뉴브강 하류의 헝가리 지역에서부터 남시베리아, 몽고고원을 지나 한반도에 이르기까지 광범위하게 전파되었으며,[2] 전파된 지역이 방대함에도 불구하고 주변 농경민족과 다르면서도 상호 간의 유사점을 지닌 독특한 양식을 형성하였다. 고분출토품들 중에는 동물무늬뿐만 아니라 스키타이인의 모습과 생활상을 새긴 금속공예품이 상당수 포함되어 있어서 이를 통하여 그들의 생활과 복식을 추정할 수 있다.

우크라이나 케르치Kerch 부근 쿨오바Kuloba 고분에서 출토된 의식용 용기인 그림 1에 표현된 스키타이인은 통이 좁은 바지를 입고, 그 위에 엉덩이를 덮는 긴 상의를 앞에서 여며 입었으며, 목이 긴 장화를 신고, 고깔형 모자를 썼다. 소매와 앞섶 등에 표현된 주름과 옷깃의 모피장식으로 보아 가죽과 모피

01 스키타이인의 차림새
쿨오바 고분 출토 의식용 용기
상트 페테르부르크 국립 에르미타주 박물관 소장

로 만든 것으로 보이며, 옷 위에 표현된 작은 무늬들은 금은으로 만든 금속편金屬片장식을 표현한 것으로 보인다. 한랭 건조하고 척박한 유라시아의 목초지역을 끊임없이 이동해야 하는 생활환경 속에서 가죽이나 모피는 직물에 비하여 쉽게 구할 수 있으며, 견고하면서도 신축성이 있었기 때문에 그들의 생활환경에도 매우 적합한 소재였을 것이다.

스키타이인의 의복소재로 사용된 가죽은 직물처럼 직사각형의 형태가 아니므로 작은 조각을 여러 개 잇거나 용도에 맞게 잘라서 사용해야 했다. 또한 가죽은 소중한 재산이므로 가죽을 효율적으로 사용하기 위해서는 몸에 밀착된 형태가 유리하였을 것이다. 바지는 몸에 밀착되어 승마에도 적합하고, 다리를 감싸므로 보온효과도 뛰어나다. 이러한 장점 때문에 유목민족의 복식은 바지를 기본으로 삼았던 것으로 보인다. 처음에는 단순히 양다리를 감싸는 모양에서 시작되었을 것이며, 오랜 기간 동안 많은 시행착오를 거쳐 오늘날의 바지와 유사한 형태로 발전되었으나 현대의 바지처럼 복잡한 구조는 아니었다.

---

1 釋名 釋衣服
　"凡服 上曰衣 衣 依也 人所依以芘寒暑也, 下曰裳 裳 障也 所以自障蔽也."
2 조선일보사(1991). 소련 국립에르미타주 박물관 소장 스키타이 황금. 서울: 조선일보사. p.20.

1장

고대 중국의 복식

고대 중국 의복의 기본, 의와 상

중국 최초의 왕조는 하夏라고도 하지만 그 존재가 고고학적으로는 아직 입증되지 않았으며, 연대를 확인할 수 있는 가장 오래된 국가는 상商, 기원전 1600~1046이다. 상시대의 유적에서는 그림 1처럼 원시적인 문자文字가 새겨진 갑골甲骨조각이 발굴되었는데, 이 갑골문자에는 그림 2처럼 뽕나무 '상桑', 누에 '잠蠶', 명주실 '사絲', 비단 '백帛' 등의 상형문자가 있어서 당시 이미 양잠을 하고 견직물을 직조하여 마麻, 갈葛 등의 식물성 섬유와 함께 의복소재로 사용하였음을 알 수 있다. 또 가죽옷 '구裘'라는 문자로 보아 가죽이나 모피도 사용하였던 것으로 추정되며, 평직平織이나 능직綾織이 존재하였던 흔적도 남아 있다.[1]

상의 마지막 수도였던 은허殷墟에서는 인물상들이 발굴되었다. 그중 옥으로 만든 그림 3의 인물상은 비교적 짧은 상의上衣를 입고 하의로는 앞은 짧고 뒤가 긴 치마裳를 입었다. 이처럼 상의上衣와 하상下裳으로 구성된 남방계의 이부식 복식은 중국 고대의 남녀에게 모두 기본적인 옷차림이었다. 앞쪽에 앞치마처럼 늘어진 것은 후대에 폐슬로 발전하였다.

또 그림 4처럼 상의와 하상을 허리에서 연결하여 상의하상이 일부식으로 구성된 카프탄형, 즉 앞에서 여며 입는 원피스형의 긴 옷을 입은 경우도 있다. 이러한 형식의 의복은 한漢시대 이후 더욱 발전하여 후술할 심의深衣와 포袍, 첨유襜褕 등으로 다양화되었다.

뿐만 아니라 그림 5처럼 짧은 상의와 바지袴를 입은 경우도 있다. 은허에서 출토된 인물상들은 대개 왕족의 묘에서 출토된 부장품인데, 이처럼 소매통이 좁은 상의

01

02

01
갑골조각
허난성 안양현 소둔 출토
은허박물관 소장

02
갑골문자의 예

상(桑)   잠(蠶)   사(絲)   백(帛)   구(裘)

와 바지를 입고 땋은 머리를 한 경우는 전쟁 중에 포로가 되어 왕족이나 귀족의 시중을 들었던 이민족 출신의 인물로 추정하고 있다. 따라서 당시 이미 이민족과 접촉하게 되면서 유목민족의 복식이 일부 백성들 사이에 소개되어 활동에 편리하며 보온성이 우수한 상의와 바지의 북방계 이부식 차림이 공존하였을 가능성이 높다. 이때 의복소재는 농경생활에서 얻기 용이한 식물성 직물을 사용하였을 것이므로 유목과 농경 두 문화 간 교류의 결과물로 볼 수 있다.

03

상의와 치마의 이부식 의복
상시대 옥용
미국 하버드대학교미술관 소장

04

상의하상의 일부식 의복
상시대 청동인물상
쓰촨성문물관리위원회 소장

05

상의와 바지의 이부식 의복
상시대 옥용
허난성박물관 소장

고대 중국의 복식을 조금 더 구체적으로 추정해 볼 수 있는 것은 기원전 11세기 경 무왕武王이 상을 멸망시키고 건국한 주周부터이다. 기원전 771년 수도를 시안西安에서 뤄양洛陽으로 천도하기 이전까지를 서주西周, 기원전 11세기~기원전 771라 하고, 이후부터를 동주東周라고 한다. 동주는 다시 춘추春秋, 기원전 770~476와 전국戰國, 기원전 475~221시대로 나누어진다.

당시의 복식을 살펴볼 수 있는 자료로는 고분의 부장품, 목용木俑, 돌에 새긴 그림 石刻畵 등이 있으며, 『시경詩經』[2], 『예기禮記』, 『주례周禮』 등 문헌기록들을 통하여 단편적이나마 복식문화를 추정할 수 있다. 서주 및 전국시대의 인물상들을 살펴보면, 그림 6, 7처럼 상의는 무릎에서 발목 정도로 길어졌으며, 소매통은 좁은 것에서부터 매우 넓은 것까지 다양해졌다. 여밈은 앞이 트인 양 자락을 교차시켜 주로 오른쪽으로 여며 입었으며, 허리띠를 하고 그 아래에는 장식을 늘어뜨리기도 하였다.

하의의 경우 전국시대에 옥으로 만든 인물상인 그림 8처럼 세로방향으로 섬세한 주름이 있는 치마를 입고 있는 경우도 있어서 치마의 형태도 다양하였을 것으로 추정된다.

06
상의와 치마
서주시대 묘 수레바퀴손잡이 청동인물상
허난성박물관 소장

07
넓은 소매의 상의와 허리띠 장식
전국시대 초(楚) 묘 목용
북경 고궁박물원 소장

08
상의와 주름이 있는 치마
전국시대 옥용
북경 고궁박물원 소장

예복제도의 기초가 마련된 주

서주의 유물들 중 청동기와 동기銅器에 새겨진 금문金文에는 '보黼, 불黻을 하사한다', '직의織衣에 란鑾을 하사한다'라는 기록이 있다. 여기서 보와 불은 보불무늬가 있는 예복을 말하며, 란은 천자가 타던 수레의 일종이다. 이러한 기록을 통하여 당시 관리에게 관복을 하사하였으며, 관리의 의관衣冠의 구성이 어느 정도 갖추어져 있었음을 알 수 있다. 이처럼 관복을 하사하는 제도는 의복을 통하여 신분과 계급을 표현하는 것으로, 이후 중국 역대 왕조들이 이를 답습하였다.[3)]

『주례』에는 면복冕服은 검은 의玄衣에 붉은 상纁裳을 입는다고 하였으며,[4)] 『예기』에는 천자天子 이하 제후諸侯, 대부大夫, 사士 등이 착용하는 제복祭服의 관의 모양과 장식, 의복의 색상과 무늬 등에 관한 규정이 기록되어[5)] 신분과 직위에 따른 차이가 제도로 정해져 있었음을 알 수 있다. 『주례』의 기록에 따르면 당시 천자의 제복인 면복만 해도 제사의 종류에 따라 대구면大裘冕, 곤면袞冕, 별면鷩纈冕, 취면毳冕, 치면希冕, 현면玄冕[6)] 등 여섯 가지나 있었다. 또한 왕후의 예복禮服도 휘의褘衣, 요적揄翟, 궐적闕翟, 국의鞠衣, 전의展衣, 단의褖衣, 褖衣 등 여섯 가지가 있었다.[7)] 이들 중 휘의와 요적, 궐적은 꿩무늬가 있었고, 국의와 전의, 단의는 꿩무늬가 없는 것이 특징이었다. 이처럼 주시대 특히 동주의 춘추시대에 예복제도의 기본이 거의 정비되었으며,[8)] 이때 만들어진 예복제도가 후한後漢의 여복령輿服令으로 기록되어 이후 중국의 역대 복식제도를 규정하는 기준이 되었다.

호복의 수용

호胡에 대한 개념은 그림 9처럼 농경민족인 한족漢族이 주변의 기마유목민족을 의식하면서 생겨났다.[9)] 중국에서 호의 의미와 대상은 시대에 따라 달랐다. 호가 동주의 전국시대에는 오르도스 지역, 산서성과 하북성의 북부에 있던 흉노匈奴 및 동호東胡 등의 이민족을 포함하는 통합적인 민족명으로 사용되었으나, 기원전 3세기 말 흉노의 세력이 강해지면서 흉노와 동의어로 사용되었다.[10)] 후한 중기 이후에는 파미르 고원의 동쪽에 있는 여러 나라를 호 또는 서호西胡라고 불렀고, 위진남북조시대

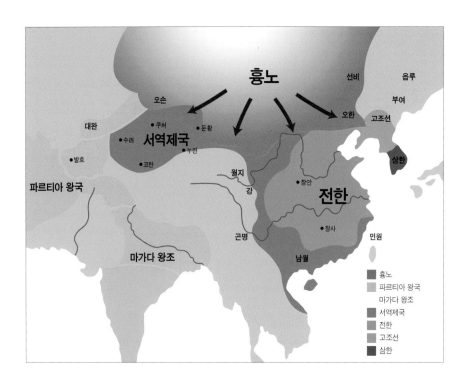

이후에는 서호를 주로 호라고 부르면서 서역西域을 의미하게 되었다.

말을 타고 이동생활을 하는 기마유목민족의 복장은 농경을 주업으로 하고 수레로 이동하는 한족과는 달리, 기마에 편하도록 바지와 좁은 소매가 달린 옷길이가 짧은 상의로 구성되었다. 이러한 기마유목민족의 복식, 즉 호복胡服이 중국복식에 채용된 시기에 대해서는 다양한 견해가 있지만, 일반적으로 전국시대에 기마전술과 함께 수용된 것으로 본다.[11] 중국 고유의복인 상의와 치마의 이부식 차림이나 앞에서 여며 입는 원피스형의 긴 옷은 수레나 가마를 타기에는 큰 불편함이 없었으나, 말을 타기에는 매우 불편하였다. 따라서 기마의 풍습이 들어오면서 북방의 호복도 함께 전래되었다. 사마천司馬遷의 『사기史記』에 따르면 조趙의 무령왕武靈王, 재위 기원전 326~기원전 299은 기원전 307년에 "북에는 연燕, 동에는 호胡의 우환이 있고 국방은 아직 미비하다. 호복을 채용하고 말타기와 활쏘기를 백성들에게 가르쳐 나라의 힘을 길러야 할 것이다." 라고 하며 신하들에게 호복을 하사하고 조정에서 착용하도록 하였다고 한다.

특히 전쟁이 끊이지 않아 혼란의 시기였던 전국시대에, 북방의 강국이었던 조趙나라는[12] 기마전에 익숙한 유목민들과의 전쟁에서 승리하기 위해 자신들도 적의 전술을 익혀 기마전으로 맞서야 했을 것이며, 이를 위해서는 말을 타기에 편리한 바지의 착용이 필수적이었을 것이다. 이러한 양상은 서양에서 로마가 바지를 착용한 게르만족을 야만인으로 취급하면서도 그들과의 전쟁에서 승리하기 위하여 바지를 채택하였던 것과 같다.

이처럼 기마유목민족의 복식이었던 호복은 활동의 편리함 때문에 한족들이 군복이나 수렵복, 노동복, 여행복으로 사용하게 되면서 중국복식에 수용되었다. 한족에게 수용되었던 바지와 상의 차림은 그 재료와 바지통의 너비, 양 가랑이 사이에 대는 일종의 여유분인 당襠의 유무 및 형태, 상의의 여밈방향 등 세부 형태에서 차이가 생겨났다.

기마유목민족은 동물의 가죽과 모피를 사용하여 의복을 만들었다. 가죽과 모피는 소재의 특성상 어느 정도의 신축성이 있기 때문에 여유분이 많지 않아도 활동하는데 불편하지 않다. 뿐만 아니라 동물의 형태와 크기가 일정하지 않기 때문에 작은 조각 여러 개를 이어 사용해야 한다. 따라서 기마민족의 의복은 여유분이 많지 않고 인체에 비교적 딱 맞는 크기와 형태로 만들어졌을 것이다. 또 상의의 옷자락은 말을 오르는 데 불편하지 않도록 좌임左衽, 즉 왼쪽으로 여몄다. 말에 오를 때 디디는 등자가 초기에는 말의 왼쪽에만 달려 있어서 말에 오를 때 인체가 닿는 부분이 오른쪽이므로 왼쪽으로 여미는 것이 편리하였을 것이다.

반면에 농경민족은 식물성 소재의 직물을 사용하여 의복을 만들었다. 직물은 신축성이 적기 때문에 활동하는 데 불편하지 않으려면 바지 좌우 가랑이 사이를 트거나 여유분이 필요하다. 뿐만 아니라 사각형으로 직조되는 옷감을 최대한 적게 잘라 내는 것이 경제적이기 때문에 몸에 딱 맞도록 재단하기보다는 약간의 여유를 두어 만들었을 것이다. 또 상의의 옷자락은 전통적으로 익숙한 우임右衽, 즉 오른쪽으로 여몄다.

이렇게 농경민족인 한족에 맞게 변화된 상의와 바지 차림을 한漢, 기원전 206~220시대에는 이전의 호복과 구분하여 '고습袴褶'이라고 하였다. 물론 한족도 호복 이전에 바지를 착용하였으나 이는 치마나 포袍의 안에 입은 것이며, 바지를 겉옷으로 착용하게 된 것은 고습에서 시작되었다.

진시황의 통일과 병사도용들의 복식

전국시대에 분립했던 작은 제후국들 중 하나였던 진秦은 기원전 3세기 중반에서 기원전 2세기 말 사이에 주변 국가들을 정복하여 전국시대 칠웅七雄[13] 중의 강국으로 부상하였다. 장양왕莊襄王의 아들 정政은 13세인 기원전 246년에 왕위에 올라 즉위 26년 만에 전국을 통일하였고, 스스로 삼황三皇과 오제五帝의 존호에서 '황'과 '제'를 따서 황제라 칭하고 중국 최초의 황제가 되었다.

기원전 210년 시황제가 죽은 후 반란이 일어나 기원전 206년에 멸망함으로써 진나라는 약 20년이라는 극히 짧은 기간 동안 존재하였으나 중국의 역사에 미친 영향은 지대하였다. 문자와 도량형을 통일하였고, 도로와 운하망을 건설하기 시작하였으며, 관료체제와 행정제도를 확립하는 등 후대 왕조의 통치기반을 확립하였다. 또한 흉노족의 침입을 막기 위하여 북방 변경에 만리장성을 세워 대체적인 국경선을 확정지었다. 차이나China라는 영문 이름 역시 진 왕조의 명칭에서 유래하였다.

짧은 기간의 왕조였기 때문에 복식에 관한 자료는 많지 않지만 시안西安에서 인간의 실제 크기와 유사한 병용兵俑, 즉 병사도용이 다량으로 출토되어 당시 복식을 알 수 있는 좋은 자료가 되고 있다. 특히 진에서는 조나라의 호복제도를 그대로 채용하였으므로, 전국시대에 채용했던 호복의 착용양상을 가늠해 볼 수 있는 실증자료로서 그 의미가 크다.

출토된 병사도용들의 기본적인 복장은 상하가 분리된 이부식의 상의와 바지이다. 상의 위에 허리띠를 둘러 여몄으며, 종아리에는 행전을 하고, 신목이 없는 리履 또는 발목까지 오는 화靴를 신었다. 소매는 일반적인 호복과 같이 그림 10처럼 통이 좁은 착수窄袖 또는 그림 11처럼 약간의 여유가 있는 통수筒袖였지만, 여밈은 주로 한족의 전통적인 방식에 따라 오른쪽으로 깊게 여며 입었다. 이는 호복을 받아들였으나 한족의 경우 이전부터 우임에 익숙하였으며, 전술한 등자가 중국에서 나타나는 것은 서진西晋, 265~317으로, 당시에는 아직 등자가 없었기 때문에 굳이 좌임으로 입을 필요가 없었기 때문이라고 한다.[14]

그런데 그림 12처럼 말과 함께 배치된 기마병의 경우는 뒤까지 깊이 여며 입은 그림 11의 도용에 비해 상의의 여밈이 깊지 않아 호복에 보다 가까운 양식이다. 뿐만 아니라 신발도 리를 착용한 다른 병사들과는 달리 화를 신었다. 이러한 진시황릉의

10
착수의 상의와 바지, 리
진시황릉 병사도용
진시황병마용박물관 소장

병사도용들이 착용한 호복 계통의 복식, 즉 상의와 바지 차림은 이후 한漢에 계승되어 군복뿐만 아니라 수렵복, 노동복, 여행복 등의 다양한 용도로 착용되었다.

11

12

11

통수의 상의와 바지, 갑옷, 리
진시황릉 병사도용
진시황병마용박물관 소장

12

갑옷을 입고 화를 신은 기마병
진시황릉 병사도용
진시황병마용박물관 소장

한문화의 성립과 복식제도의 확립

　기원전 202년 유방劉邦은 도읍을 오늘날의 시안西安인 창안長安으로 옮기고 한漢, 기원전 206~220을 세움으로써 진秦에 이어 중국을 통일하였다. 일반적으로 창안을 수도로 하였던 한을 전한前漢, 기원전 206~8 또는 서한西漢이라고 하며, 뤄양洛陽에 재건된 한을 후한後漢, 25~220 또는 동한東漢이라고 한다.

　이 당시 한의 영역에 있었던 민족이 중국민족의 뿌리로 오늘날 중국인을 부를 때 사용하는 한족漢族이라는 명칭도 한 왕조의 이름에서 유래되었으며, 이들의 문자와 언어가 바로 한자漢字와 한어漢語이다. 한시대에는 춘추전국시대에 형성된 각 분야의 문화를 보다 발전시켜 중국 고전古典문화의 기반을 굳혔으며, 이때 국교로 삼은 유교儒敎는 중국의 사상을 지배하게 되었다. 농경문화를 바탕으로 문화와 예술을 발전시켰으며, 상업과 수공업 등 사회의 각 영역이 진보되었고, 종이 만드는 법이 발달함에 따라 학문과 예술이 비약적인 발전을 이루었다.

　한족은 주변의 이민족들을 자신보다 열등한 오랑캐라고 여겨 자신들과 다른 언어와 문화를 가진 이민족들을 각각 북적北狄, 남만南蠻, 서융西戎, 동이東夷라고 칭했다. 그러나 중국의 역사를 보면 한족과 이민족이 번갈아 주도권을 잡았다고 할 수 있을 정도로 이민족의 세력도 만만치 않았다. 다만 이민족이 무력으로 중원을 지배했다 하더라도 문화적으로는 한문화에 동화되는 경우가 대부분이었고, 이런 점에서 중화中華의식, 즉 중국인들의 자부심이 생기게 된 것이다.

　춘추전국시대부터 공자와 같은 유학자들은 어지러운 사회에서 혼란을 막을 수 있는 방법이 예禮를 회복하는 것이라고 생각하였기 때문에 주周시대의 제도를 기초로 하여 예제禮制를 재정립하고자 하였다. 이러한 유교적인 사상은 한시대에도 계승되어 후한後漢 명제明帝의 영평永平 2년에 여복령輿服令이 내려지고 제복祭服과 조복朝服 등 관복官服에 대한 제도가 정해졌다. 이것은 진과 전한을 거쳐 계승된 귀족과 문무백관의 복식이 법령에 의하여 최초로 정해진 것이다. 이후 위진남북조시대의 북조北朝, 요遼, 금金, 원元 등의 이민족이 세운 왕조들도 대부분 제복과 조복은 주시대에 근간을 둔 한시대의 제도를 수용하였다. 이러한 한의 제도는 중국의 당唐과 송宋, 명明뿐만 아니라 이후 한국과 일본, 베트남 등 동아시아 여러 나라의 예복제도에도 영향을 주었다.

상의와 하상을 연결한 일부식 의복의 발달

주시대에서 설명한 것처럼, 상의와 하상을 연결하여 앞에서 여며 입는 원피스형 긴 옷의 대표적인 예인 심의深衣는 '심深'이라는 글자에서 알 수 있는 것처럼 몸을 깊이 감싸 피부가 노출되지 않도록 입는 의복이었다. 문헌들의 기록에 따르면 심의는 발등에 닿을 정도로 길었다. 또 옷자락은 일직선이 아니라 후난성湖南省 창사시長沙市 교외의 마왕퇴馬王堆 전한시대 묘에서 출토된 목용 그림 13과 비단그림인 그림 14의 인물들이 입은 옷처럼 곡거曲裾, 즉 곡선을 이루어 마치 몸을 휘감은 듯한 형태였다. 뿐만 아니라 출토된 그림 15의 유물을 보면 상의 부분은 옷감을 식서방향으로 배치하였으나 하상과 도련은 바이어스 방향으로 배치하였다. 이는 한정된 옷감의 폭에서 비롯되는 제한점을 해결하고 활동에 편리하도록 하기 위함인 것으로 추정된다. 전국시대 이전에는 속옷이 발달하지 않았기 때문에 앞에서 여며 입는 원피스형 긴 옷의 양 겨드랑이 아래에 트임을 주면 피부가 노출되기 쉬웠고, 트임을 두지 않으면 보행에 불편하였을 것이다. 따라서 노출을 방지하면서도 보행에 편리하기 위해서는 옷자락이 몸을 휘감는 형태의 의복으로 깊이 여며 입어야 했을 것이다.

그런데 이처럼 몸을 깊이 감싸는 특성은 예의를 갖추기 위하여 착용하였던 의례복으로서의 역할과도 밀접한 관련이 있었던 것으로 추정된다. 『예기』에는 위衛나라[15] 장군이 죽어 월越나라 사람이 조문하였는데 상주喪主가 심의를 입고 있었다는 기록이 있으며,[16] 유우씨有虞氏가 심의를 입고 노인을 보양하는 예를 행하였다는[17] 기록

13

14

13
심의
마왕퇴 전한시대 묘 출토 목용
후난성박물관 소장

14
심의
마왕퇴 전한시대 묘 출토 비단그림 부분
후난성박물관 소장

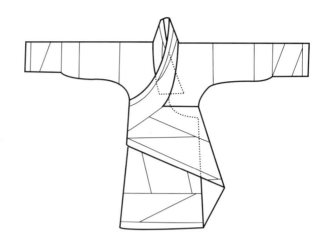

15
심의
마왕퇴 전한시대 묘 출토 유물 도식화
후난성박물관 소장

도 있다. 한편 이러한 한시대의 심의와 달리 초상화 또는 유물을 통하여 우리가 흔히 알고 있는 심의는 송의 성리학자 주자朱子, 1130~1200가 저술한 『주자가례朱子家禮』를 바탕으로 하여 후대에 만들어진 것으로, 조선 후기의 유학자들도 입었다.

앞에서 여며 입는 원피스형 긴 옷의 다른 예로는 첨유襜褕가 있었다. 첨유는 『한서漢書』 열전列傳에서 '직거단의直裾襌衣'라고 하였으며, 『초국풍속기楚國風俗記』에는 "단의는 속옷으로도 입을 수도 있으나 봄, 여름, 가을 세 계절에는 겉옷으로도 착용한다."라고 하였다. 따라서 첨유는 도련이 일직선이며 홑으로 만든 의복으로 속옷이나 겉옷으로도 착용되었음을 알 수 있다.

실용적인 용도 및 신분 표시를 위한 관모의 분화

상商과 주周, 진秦의 인물상들을 살펴보면, 그림 3, 4, 5, 6, 8, 11, 13처럼 원통형, 반달형, 중앙은 평평하고 좌우가 솟은 형, 앞뒤가 납작한 형, 정수리가 평평한 형 등 다양한 모양의 관모를 쓰고 있다. 또 『예기』 등의 문헌들에도 신분에 따라 여러 종류의 관모가 있었다는 기록이 남아 있어 고대에 이미 관모가 매우 발달하였음을 알 수 있다.

가장 원시적인 관모는 주로 머리카락이 흐트러지거나 땀이 흘러내리는 것을 방지하기 위한 용도, 바람이나 햇볕, 비를 막기 위한 용도 등 실용적인 목적에서 사용되었다. 이러한 유형의 관모를 '건巾'이라고 하며 띠처럼 두르는 형태와 머리 전체를 감싸는 형태로 구분할 수 있다. 그 예로 주나라 때에는 관모 아래의 두발을 천으로 써 싸고 이를 '규계規紒'라고 불렀다. 전한시대 이후에는 머리띠모양을 둘러 감았을 뿐만 아니라 정수리를 덮는 건이 더해져 두발 전체를 감싸는 모양이 되었는데, 이는 책幘이라는 관모이다.[18] 『후한서後漢書』에 따르면 진秦나라가 제후들을 제압한 후 무장武將들에게 '강파絳帕', 즉 붉은색의 머리띠를 만들어 귀천을 표시하였으며, 점차 이마 앞쪽에 안제顏題라고 하는 山자형의 장식을 달기도 하였다.[19] 따라서 관모가 점차 초기의 실용적인 용도뿐만 아니라 색상 등을 통하여 귀천이나 신분을 표시하는 역할을 하였음을 알 수 있다.

책의 경우 초기에는 두발을 넣는 자루라고 기록되어 있으나, 문제文帝 무렵에는 그림 16처럼 뾰족하게 솟은 이耳 등의 장식들이 더해졌다. 관리들은 귀천의 구별 없이 책을 사용하였는데, 문인文人은 장이長耳, 무인武人은 단이短耳였다.[20] 이때의 책은 관모 아래의 밑받침용이 아니라 독립된 쓰개가 되었다.[21] 책은 고구려에서도 사용되었는데, 중국의 책이 그림 16처럼 목뒤를 가리는 수收가 있었던 것에 비하여[22] 고구려의 책은 수가 없는 것이 특징이었다.

머리에 착용하는 관모는 눈에 잘 띄므로 신분이나 귀천을 표시하기에 효과적인 도구이다. 따라서 계급이 분화될수록 관모는 발달하게 된다. 실용적인 용도의 관모가 모든 계층에서 사용되었다면, 계급을 나타내는 용도의 관모는 주로 상류층에서 애용되었는데, 특히 한시대에는 의례복식이 분화되면서 관모도 더욱 다양해졌다. 관리는 공식적인 자리에서 반드시 관모를 착용하였기 때문에 각각의 예복에 따른 관모가 분화되었다. 대표적인 예로는 면관冕冠이나 작변爵弁처럼 제복에 쓰는 유형, 진현관進賢冠이나 피변皮弁, 통천관通天冠, 원유관遠遊冠처럼 중앙에 세로의 선인 양梁이 있는 유형, 법관法冠이나 무관武冠, 할관鶡冠처럼 무관이 쓴 것으로 알려진 유형 등이 있다. 그림 17은 다소 후대인 동진시대의 것이기는 하지만 책을 쓴 모습이며, 그림 18은 마왕퇴 전한시대 묘에서 출

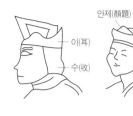

16

17

16
책의 형태와 구성

17
책
동진시대 도용
후난성박물관 소장

토된 목용이 장관長冠을 쓴 모습이다. 그 외에도 정확한 형태는 알 수 없지만 방산관方山冠, 건화관建華冠, 교사관巧士冠, 고산관高山冠, 각비관却非冠, 각적관却敵冠, 번쾌관樊噲冠, 술사관術士冠, 위모관委貌冠 등 수없이 많은 관모의 명칭들이 전해지고 있다.

한족과 이민족의 복식문화가 융합·절충된 위진남북조

후한이 멸망한 후부터 수隋, 581~618의 문제文帝가 중국을 재통일하기 전까지 혼란의 시기를 위진남북조魏晉南北朝, 221~589라고 한다. 그림 19에서처럼 후한이 멸망한 후 한漢의 문화를 계승한 중원지역의 위魏, 220~265는 쓰촨四川과 구이저우貴州를 근거지로 한 서쪽의 촉蜀, 221~263 및 창강 하류를 중심으로 한 강남의 오吳, 222~280와 더불어 삼국을 이루며 대립하였다. 위를 이어 건립된 진晉은 전국을 통일하였으나 곧 황족들의 내란으로 인하여 뤄양洛陽을 수도로 한 서진西晉, 265~317은 멸망하고, 오호십육국五胡十六國의 난으로 중원을 떠나 지금의 난징南京인 젠캉建康을 수도로 한 동진東晉, 317~420이 세워졌다. 동진이 멸망한 뒤 강남지역에는 한족이 세운 송宋, 420~479, 제齊, 479~502, 양梁, 502~557, 진陳, 557~589의 네 왕조가 차례로 흥망하였는데, 이를 남조南朝라고 한다.[23]

한편 화북華北, 즉 중국의 북부지역에서는 흉노匈奴, 선비鮮卑, 갈羯, 저氐, 강羌의 다섯 이민족들, 즉 오호五胡를 비롯하여 십육개국 이상이 난립하였는데 이를 오호십육국이라고 한다. 오호십육국의 혼란은 선비족의 탁발씨拓跋氏가 건국한 북위北魏, 386~534가 평정하였으나, 내분으로 인하여 동위東魏, 534~550와 서위西魏, 535~557로 분열되었고, 이후 다시 동위는 북제北齊, 550~577로, 서위는 북주

18
장관
마왕퇴 전한시대 묘 출토 목용
후난성박물관 소장

北周, 557~581로 정권이 교체되었다. 북주는 북제를 멸망시키고 화북지역을 통일하였는데, 화북의 다섯 왕조를 북조北朝라고 한다.

위진남북조시대의 잦은 전쟁과 민족 이주는 한족과 북방 이민족 복식의 융합을 촉진하였다. 위진시기는 복식의 변화가 많지 않았으나, 남북조시기부터 북방민족들이 한족의 근거지였던 황하 중하류, 이른바 중원의 대부분을 차지하게 되면서 북조의 복식이 중원에 급속히 전파되었다. 그 예로 전국시대에 이미 활동의 편리함 때문에 한족에게 수용되기 시작하였던 상의와 바지 차림은 이 시기에 이르러서 더욱 많은 사람들에게 착용되었다.[24] 또 북방민족의 영향으로 한족 여자들도 귀고리나 팔찌를 착용하게 되었으며, 뺨이나 입술, 이마 등에 색을 바르거나 무늬를 그려 넣는 다양한 화장법들이 유행하게 되었다.

북방 이민족들 역시 한족의 복식제도를 받아들였다. 특히, 통치계급의 관복官服은 한漢의 제도를 따랐는데, 그 대표적인 예는 북위의 고조高祖 효문제孝文帝, 재위 471~499가 486년에 한족 고유의 곤면袞冕을 입기 시작한 것이다.[25] 효문제는 선비족 출신이었지만 대대적인 한화漢化정책을 펼쳐 이전까지 혼용해 오던 호복을 금지하고 494년에는 의관제도를 고쳤으며, 그 다음 해에는 호복 대신 주시대부터 계승된 한의 제도를 채용하여 백관의 관복으로 삼았다.

또한 전쟁을 피하여 남쪽으로 이주한 한족 귀족 및 관리는 강남의 풍습을 받아들이게 되었으며, 이와 동시에 강남의 사람들에게도 화북의 풍습이 전해져 남북의 문화가 혼합되는 계기가 되었다. 이처럼 이 시기에 한족과 이민족의 복식요소들이 융합되고, 강남과 화북의 복식문화가 절충되는 과정을 통하여 탄생된 새로운 경향들은 후일 수·당시대에 이르러 보다 디채로우면서도 통일된 복식문화로 발전, 정착되는 기반이 되었다.

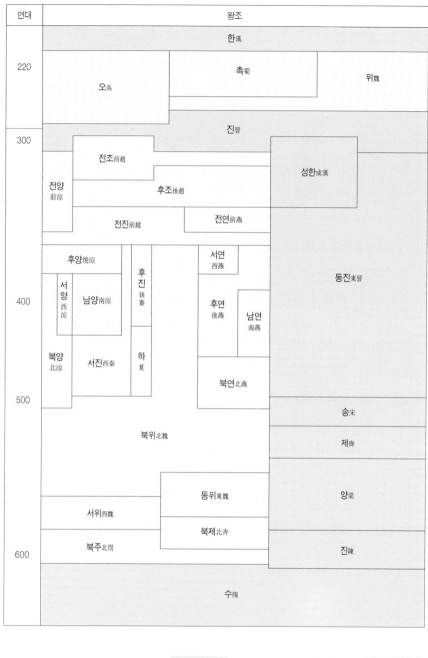

연대	왕조
	한漢
220	오吳 / 촉蜀 / 위魏
300	진晉
	전조前趙 / 전양前涼 / 후조後趙 / 성한成漢
	전진前秦 / 전연前燕 / 동진東晉
400	후양後涼 / 서양西涼 / 남양南涼 / 후진後秦 / 서연西燕 / 후연後燕 / 남연南燕
	북양北涼 / 서진西秦 / 하夏 / 북연北燕
500	북위北魏 / 송宋 / 제齊
	동위東魏 / 서위西魏 / 북제北齊 / 양梁
600	북주北周 / 진陳
	수隋

통일왕조 　 삼국 　 북조 　 남조

옷자락이 넓고 느슨한 차림의 유행

위진남북조시대는 잦은 전쟁과 왕조교체로 인하여 정치, 사회적으로 혼란하였으며, 생활문화 전반에 걸쳐 변화가 많았다. 사회의 중심이념이었던 유교적인 가치관과 신분 질서가 흔들리고, 새로운 사상과 종교가 나타나 많은 영향을 끼쳤다. 위魏나라 말기 지식인들은 부패한 정치권력과의 관계를 끊고 노자老子와 장자莊子의 무위자연無爲自然사상에 심취하였다. 그중 유명한 일곱 명을 죽림칠현竹林七賢이라 하여 그들처럼 은거하며 살기를 동경하였다. 특히, 남조에서는 흥망성쇠를 거듭하는 왕조들로 인하여 몰락한 귀족들이 현실에서 도피하여 도교와 신선사상을 통해 위안을 받으며 음주와 가무, 향락에 빠져들었다.[26]

따라서 당시 도가사상에 심취한 문인들은 기존의 엄격한 예절과 격식에서 벗어나 편안하고 자유로운 차림을 선호하였다. 특히, 북조보다 온난한 기후인 남조의 의복은 대체로 넓고 커[27] 왕족 및 귀족에서부터 서민까지 모두 크고 넉넉하며 소매도 길고 넓은 옷寬衫大袖을 입었다.[28] 이 시기의 회화와 도용들에서는 산시성陝西省 한중시漢中市 최가영崔家營 묘에서 출토된 서위의 도용인 그림 20처럼 옷자락이 넓고 큰 옷을 느슨하게 입은 모습을 볼 수 있다. 또한 당 말기의 화가인 손위遜位가 위진시기 죽림칠현의 모습을 묘사한 그림 21의 「고일도高逸圖」처럼 사람들 앞에서 가슴이 드러나도록 윗옷을 풀어헤치거나 벗고 있는 모습, 치마를 입지 않고 바지만 입은 모습, 맨발에 머리를 푼 모습 등도 쉽게 찾아볼 수 있다.

20

21

20
옷자락이 넓고 느슨한 차림
최가영 묘 출토 도용
중국국가박물관 소장

21
윗옷을 풀어헤친 죽림칠현
「고일도」 부분
상하이박물관 소장

날씬한 상의와 풍성하면서도 날렵한 치마의 이부식 차림

남조의 평상복은 남녀 모두 상의와 치마[29]로 구성된 남방계 이부식 차림이 기본이었다. 동진東晉시대의 도용을 보면 여자들은 가발로 머리를 좌우 크게 장식하고, 의복은 상의를 꼭 끼고 하의는 풍성하게 입었다. 당시에 이미 가발 대신 나무木과 롱籠을 사용해 머리카락보다 가볍게 그리고 크게 머리를 꾸미는 방법이 있었음을 진서晉書 오행지五行志에서 찾을 수 있다. 동진 말기에는 길이가 짧고 소매통은 넓은 상의와 길고 큰 치마 차림이 유행하였다.[30] 동진의 화가 고개지顧愷之가 그린 그림 22의 「여사잠도女史箴圖」를 보면, 귀인의 머리를 빗어 주는 여자는 길이가 짧은 상의와 아래자락이 풍성하면서도 날렵하게 늘어진 긴 치마를 입었으며, 앞에 앉은 귀인은 옷길이는 정확하게 알 수 없으나 넓고 긴 소매의 상의와 치마를 입었다. 또 남조 중 진陳 문제文帝, 재위 560~566의 「제왕도帝王圖」인 그림 23에서 두 명의 시녀들도 큰 소매의 넓은 상의와 풍성한 치마를 입고 있다. 뿐만 아니라 문제도 평상복으로 넓고 여유 있는 상의와 풍성한 치마를 입고 백색의 높은 관모를 썼다.

특히 위진남북조시대에는 몸에 맞게 날씬한 상의와 풍성한 치마 또는 바지를 입어 상체보다는 하체에 중심을 두는 양식이 유행하였다. 이 시기의 도용이나 회화의 인물들을 보면 그림 24처럼 치마나 바지가 모두 아래쪽으로 갈수록 넓어져 실루엣이 한시대와 유사하였다. 특히, 풍성하면서도 아랫자락으로 갈수록 흘러내리는 듯하게 유려하고 날렵한 곡선이 돋보이는 것이 특징이다. 상의의 소매는 넓은 경우와 좁은 경우가 모두 있으며, 옷자락은 교차시키거나 마주 닿게 입었고, 치마의 허리선은 위로 높이 올리고 상의 위로 긴 치마를 내어 입기도 하였다.

또 고개지가 그린 그림 25의 「열인지녀도列仁智女圖」처럼 옷자락에는 천으로 만든 장식을 달기도 하였다. 장식의 모양은 위쪽이 넓고 아래쪽은 삼각형이며 여러 장을 겹친 형식이었다. 걸음을 걸으면 휘감은 옷으로부터 나온 긴 띠가 흩날려 장식미와 율동미를 더하였다.

22

23

22
짧은 상의와 긴 치마
「여사잠도」 부분
영국 대영박물관 소장

23
소매가 넓은 상의와 치마
「제왕도」 중 진 문제
미국 보스턴예술박물관 소장

24

날씬한 상의와 풍성한 치마
「여사잠도」 부분
영국 대영박물관 소장

25

장식미와 율동미를 더한 옷자락 장식
「열인지녀도」 부분
북경 고궁박물원 소장

상의와 바지의 상용화

남북조시대 이후로 고습袴褶, 즉 상의와 바지는 황제부터 관리, 일반 백성에 이르기까지 모두가 착용하는 차림이 되었다. 남조에서는 주로 군복이나 여행복으로 입었고 일상복으로 착용하는 것은 꺼렸다.[31]

북조가 일어나면서 상의와 바지 차림이 더욱 성행하여[32] 북조에서는 소매통이 넓은 상의와 바지통이 넓은 대구고大口袴를 관복官服으로도 착용하였다. 그러나 한족적인 관습으로 본다면 상의上衣와 하상下裳이 아닌 상의와 바지를 예복으로 입는다는 것은 적절하지 않았다. 따라서 관복으로 착용할 경우에는 소매통과 바지통을 넓게 함으로써 상의하상과 유사해 보이도록 하였다. 긴급한 상황에는 바지통을 잡아매어 행동에 불편하지 않게 하고, 정식 조회 때에는 묶었던 바지통을 풀었다.[33] 이처럼 소매통과 바지통을 넓힌 상의와 바지 차림은 남북조 이후 당唐시대에 이르기까지 관복으로 착용하였는데, 이러한 모습은 당시의 도용이나 벽화에서 쉽게 찾아볼 수 있어서 매우 유행하였음을 알 수 있다. 허난성河南省 뤄양에서 출토된 북위의 도용인 그림 26의 상의는 길이가 길고 소매도 넓은 것으로 보아 의례적인 차림인 것으로 보인다. 바지는 무릎 부분을 끈으로 묶었는데 이를 '박고縛袴'라고 한다. 뿐만 아니라 산시성山西省 태원太原 장수속張肅俗 묘에서 출토된 북제의 시녀 도용인 그림 27도 바지를 입고 머리카락을 두 갈래로 나눈 쌍계雙髻를 하였다.

군복 및 갑옷의 발달과 양당의 유행

위진남북조시대에는 전쟁이 그치지 않았으므로 군복과 신체를 보호하기 위한 갑옷 및 투구가 발달하였다. 이 시대의 도용이나 벽화 등에서는 갑옷 차림을 쉽게 찾아볼 수 있는데, 상반신뿐만 아니라 하반신까지 갑옷을 입었다. 진시황릉에서 출토된 병사도용들 중에서도 가슴과 등을 보호하는 양당갑裲襠甲이 보인다. 위진시기에는 양당갑이 길어져 넓적다리까지 닿았으며, 허리에는 띠를 매었다. 하반신에는 대구고를 입고 그 위에 갑옷을 착용하기도 하였다.

군복이 아닌 일반적인 상의와 바지 차림 위에도 허베이성河北省 자현磁縣에서 출토

26
상의와 **무릎을 묶은 바지**
허난성 뤄양 출토 북위 도용
유금와당박물관 소장

27
상의와 바지
장수속 묘 출토 북제 도용 도식화
중국역사박물관 소장

28
양당
허베이성 자현 출토 북제 도용
중국사회과학원고고연구소 소장

된 북제의 도용인 그림 28처럼 양당을 착용하였는데, 소매와 어깨 부분 없이 가슴과 등의 두 조각을 어깨에서 끈으로 연결하고 허리띠를 하였다. 남자뿐만 아니라 여자도 양당을 착용하였으며, 이는 당唐과 송宋시대까지 유행하였다.[34]

두건과 롱관의 유행

위진남북조시대에는 의례나 신분에 따라 다양하게 분화되었던 한漢의 관모들을 대부분 계승하였다. 특히 건巾, 갑帢, 복건幅巾 등 머리를 싸는 두건頭巾, 즉 머릿수건 종류가 발달하였던 것으로 보인다. 그 예로 북조 말에 검은 옷감 한 폭의 네 귀퉁이를 묶어 머리에 쓴 복두幞頭가 발생하여 당시대 이후 대표적인 쓰개로 유행하였다.

또 남북조시대에는 장쑤성江蘇省 단양丹阳 금왕진金王陳 남제 능의 석각화인 그림 29처럼 속이 들여다보이는 긴 형태의 롱관籠冠을 황제부터 악공, 수레꾼 등에

29
롱관
금왕진 남제 능의 돌에 새긴 그림

30
롱관
북위 도용
캐나다 로열온타리오박물관 소장

31
칠사롱관
마왕퇴 전한시대 묘 출토
후난성박물관 소장

이르는 모든 계층의 사람들이 애용하였다. 롱관은 사紗처럼 얇고 비치는 옷감으로 만들고 옻칠을 하였기 때문에 칠사롱관漆紗籠冠이라고도 하였다. 상의와 바지, 상의와 치마 차림에 모두 썼으며, 특히 북조에서는 그림 30처럼 궁녀까지 착용할 정도로 유행하였다.[35] 그림 31은 마왕퇴 전한 묘에서 출토된 칠사롱관인데, 한시대에는 주로 단독으로 썼으나 남북조시대에는 책과 같은 작은 관모 위에 썼다.

그 밖에도 햇빛을 차단한다는 뜻의 '장일障日'이라는 챙이 있는 립笠이나 여우, 사슴, 수달 등의 가죽이나 털로 만든 모자 등 다양한 종류의 관모들을 착용하였다.

2장

고대 한국의 복식

한국 복식의 기원

우리 민족이 의복을 언제부터 입었는지 정확하게 알 수는 없지만, 기원전 3000년 신석기 유적에서 마麻섬유가 붙어 있는 가락바퀴와 뼈바늘, 물레 등이 발견되어 당시 이미 직조와 봉제의 과정을 어느 정도 거친 의복을 착용하였음을 알 수 있다. 신석기인들은 가죽이나 직물로 만든 매우 간단한 의복을 입었을 것으로 추정되며, 청동기시대에 이르러 북방 스키타이계 양식과 같은 바지·저고리 차림이 되었을 것으로 본다.

우리 민족 최초의 국가는 단군檀君 왕검王儉이 건국한 고조선古朝鮮으로, 건국 시기는 기원전 2333년으로 전하며 기원전 108년까지 요동과 한반도 서북부지역에 존재하였다.[1] 평양을 중심으로 한 고조선과 더불어 그 북쪽의 부여扶餘, 동북쪽의 예맥濊貊, 동쪽의 임둔臨屯, 남쪽의 진국辰國 등이 부족국가를 형성하였다. 고조선이 멸망한 후 북쪽에는 고구려句驪, 동예東濊 등의 부족연맹국가가 나타나게 되었고, 동북쪽에는 옥저沃沮, 남쪽에는 진한辰韓, 마한馬韓, 변한弁韓의 삼한이 부족연맹국가를 이루었다.

당시의 복식 유물은 남아 있지 않지만 문헌들에는 단편적으로나마 복식을 추정해 볼 수 있는 기록들이 남아 있다. 『동사강목東史綱目』과 『성호사설星湖僿說』, 『증보문헌비고增補文獻備考』 등에는 단군이 사람들에게 머리카락을 땋고 머리를 덮는 방법을 가르쳤으며,[2] 위만衛滿 조선朝鮮은 추결이복椎結夷服하였다고 기록되어 있다.[3] 여기서 추결은 상투를, 이는 동이족東夷族을 의미하므로 당시 우리 민족은 상투머리를 하고 북방계 의복을 입었음을 알 수 있다.

『삼국지三國志』에는 부여 사람들은 국내에 있을 때에는 흰 옷을 좋아하여 흰색의 소매가 넓은 포大袂袍와 바지袴를 입고 가죽신革鞜을 신었으며, 국외로 나갈 때에는 증수금계繒繡錦罽로 만든 의복을 입었고, 대인大人은 여우나 살쾡이, 담비의 가죽과 털로 만든 옷을 입었으며, 금은으로 모자를 장식하였다고 기록되어 있다.[4] 뿐만 아니라 요녕성과 길림성의 부여 유적지에서는 금은 귀고리 및 팔찌, 반지, 옥목걸이, 금동 패물 등이 출토되어 다양한 장신구를 사용하였음을 증명한다.

『후한서』에 따르면 동옥저의 언어와 음식, 거처居處, 의복이 고구려와 같았다.[5] 예맥도 고구려와 언어 법식은 서로 유사하였고, 옷은 조금 달랐는데 남녀 모두 곡령曲領을 입었으며 남자는 은화銀花를 장식하였다.[6] 또 삼한 사람들은 대개 상투를 드러내고, 가죽신革蹻蹋을 신었으며,[7] 구슬을 옷에 꿰매거나 목 또는 귀에 걸어 장식하였다.[8]

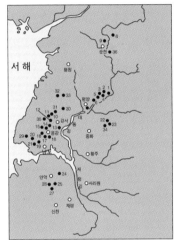

a. 평양, 안악 지역

b. 집안 지역

a. 평양, 안악 지역

1. 남경리1호무덤
2. 내리1호무덤
3. 개마총
4. 호남리사신무덤
5. 고산리9호무덤
6. 고산리1호무덤
7. 평양역전벽화무덤
8. 천왕지신무덤
9. 요동성무덤

10. 강서큰무덤
11. 강서중무덤
12. 약수리벽화무덤
13. 연꽃무덤
14. 태성리2호무덤
15. 태성리1호무덤
16. 대안리1호무덤
17. 쌍기동무덤
18. 용강큰무덤

19. 수렵총
20. 별무덤
21. 감신총
22. 진파리1호무덤
23. 진파리4호무덤
24. 복사리벽화무덤
25. 안악2호분
26. 안악1호분
27. 안악3호분

28. 대보산리벽화무덤
29. 마영리벽화무덤
30. 팔청리벽화무덤
31. 덕흥리벽화무덤
32. 덕화리1호무덤
33. 덕화리2호무덤
34. 전 동명왕릉
35. 수산리벽화무덤
36. 동암리 고분

b. 집안 지역

37. 장군총
38. 무용총
39. 각저총
40. 우산하 41호분

41. 통구 12호분
42. 산연화총
43. 통구사신총
44. 오회분 5호묘

45. 오회분 4호묘
46. 삼실총
47. 귀갑총
48. 미인총

49. 천추총
50. 서대묘

이러한 복식의 구체적인 모습을 확인할 수 있는 것은 기원전 1세기경 고구려기원전 37~기원후 668, 백제기원전 18~기원후 668, 신라기원전 57~기원후 668의 삼국이 출현하면서부터이다. 고구려는 한반도 북부에서부터 중국 동북지방을 무대로 발전하였으며, 한강 유역을 중심으로 성립된 백제는 공주, 부여로 도읍을 옮기면서 한반도의 동남부를 차지하였다. 영남지방에서 일어나 번성한 신라는 고구려와 백제를 멸망시키고 삼국을 통일하였다. 당시의 복식은 그림 1처럼 평양과 안악, 집안集安 등에 남아 있는 4, 5세기의 고분벽화들을 통하여 추정할 수 있다. 특히 안악 3호분, 덕흥리 고분, 각저총과 감신총, 삼실총, 무용총, 장천 1호분, 쌍영총, 수산리 고분 등의 전기 고분에는 생활풍속을 주제로 하는 벽화가 많아서 당시 복식의 종류와 착장모습을 추정해 볼 수 있는 좋은 자료가 되고 있다.

문헌기록들에 따르면 고구려와 백제, 신라의 복식은 대체로 유사하였다. 고대 우리 의복의 기본은 남녀 모두 활동하기 편한 북방계 바지·저고리의 이부식이었으며, 여기에 치마와 겉옷인 장유長襦 또는 포袍가 더해졌다. 일반 백성은 물론이고 귀족이나 왕도 일상생활에서는 바지·저고리가 기본 옷차림이었으며, 남자뿐만 아니라 여자도 마찬가지였다. 격식을 갖출 때에 덧입은 치마는 중국문화의 영향을 받은 상류층의 예복으로, 여자뿐만 아니라 남자도 예복용 상裳을 입기도 하였다. 바지·저고리나 치마·저고리 위에 겉옷으로 덧입었던 장유 또는 포는 추운 기후에 적응하기 위해서 혹은 의례에 격식을 갖출 때에도 입었다. 고구려 고분벽화들에 나타난 우리 민족의 겉옷은 대부분 중국의 것과는 달리 바닥에 닿을 정도로 길지는 않았으며 소매통도 비교적 넓지 않았다. 이처럼 소매통이나 바지통이 기본적으로 크게 넓지 않은 것은 우리 복식이 북방계에서 시작되었기 때문이며, 남녀 옷차림의 차이가 뚜렷하지 않은 것도 대체로 농경문화보다는 기능성을 중요하게 생각하는 유목문화에서 나타나는 현상이다.

고대 우리 의복의 기본, 바지·저고리와 치마·저고리

고대 우리 의복의 기본은 전술한 것처럼 바지·저고리였다. 초기의 바지는 양다리를 감싸는 형태에서 출발하여 엉덩이를 제대로 가리지 못했기 때문에 엉덩이를 상의로 덮어 입었다. 이후 바지의 형태가 보다 발전되면서 바지통의 너비와 당襠의 유무 및 형태, 바지길이 등에 따라 다양한 종류가 생겼다.

고대의 바지 유물은 남아 있지 않지만, 문헌기록과 고분벽화들을 통하여 우리 민

족이 매우 다양한 형태의 바지를 입었음을 알 수 있다. 중국의 『주서周書』, 『수서隋書』, 『북사北史』 등에는 고구려 남자가 부리가 넓은 바지인 대구고大口袴를 입었다는 기록이 있으며,[9] 『양서梁書』와 『남사南史』에 따르면 바지袴를 백제에서는 '곤褌', 신라에서 '가반柯半'이라고 하였다.[10]

바지는 외관상 바지통이 좁은 세고細袴와 바지통이 넉넉한 관고寬袴로 크게 구분할 수 있다. 세고는 북방의 유목민족이 추위를 이기고 말을 타고 이동하는 생활에 편리하도록 그림 2처럼 바지통을 좁게 만든 바지이다. 바지통이 좁아도 활동에 불편하지 않도록 좌우 바지통 사이에 여유분으로 당襠이 달려 있는 것은 궁고窮袴라고 하였다. 무용총 벽화인 그림 3의 바지는 당이 있기 때문에 엉덩이 부분이 삐죽하게 나온 것으로 추정된다. 몽골 울란바토르 북방의 흉노 귀족의 무덤 노인울라에서 출토된 마름모꼴의 당이 달린 그림 4의 바지가 이러한 유형으로 측면에서 보면 당이 돌출되어 보임을 확인할 수 있다. 또 덕흥리 고분벽화인 그림 5에서 왼쪽 남자가 입은 바지는 양 가랑이 사이의 여유분이 접혀진 모양

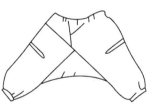

을 볼 때 사각형의 당이 달린 것으로 추정되며, 이와 유사한 바지 유물이 중국 신장 웨이우얼新疆維吾爾 부근 니야尼雅에서 출토된 바 있다. 그밖에 밑이 막힌 궁고와는 달리, 밑이 터진 바지는 개당고開襠袴라고 하였다.

우리 민족이 착용한 바지는 유목문화적인 의복 형태와 농경문화적인 의복소재가 결합된 것으로, 고구려 고분벽화에는 북방계의 비교적 통이 좁은 바지인 세고와 궁고뿐만 아니라 우리 민족의 독창적인 생활환경인 온돌과 좌식생활, 농경생활 등에 적합한 통이 넓은 관고도 나타난다. 관고는 중국 양梁나라 때 그려진 「양직공도梁職貢圖」인 그림 6에서 백제 사신이 입고 있는 바지나 당唐 고종과 무측천의 둘째아들인 장회章懷태자 이현李賢, 654~684 묘의 벽화인 그림 7에서 오른쪽의 우리나라 사신이

06
대구고, 화
중국 양(梁) 「양직공도」
중국 국가박물관 소장

07
대구고, 조우관, 화
중국 당(唐) 장회태자 이현 묘 벽화

입고 있는 바지처럼 부리가 넓은 대구고와 그림 8의 삼실총 벽화처럼 바짓부리를 졸라 묶은 형태로 세분할 수 있다.

한편 바지의 형태는 착용자의 신분에 따라 차이가 있었다. 고구려 고분벽화들을 보면 신분이 높은 사람은 대개 관고나 대구고처럼 바지통이 넓고 길이도 긴 바지를 입었으며, 서민은 바지통이 좁은 세고를 입었다. 또 그림 9처럼 무릎길이의 짧은 바지도 있었는데, 노동자나 곡예사처럼 활동이 많거나 신분이 낮은 사람들이 주로 착용하였다.

저고리 역시 유물은 남아 있지 않지만 문헌기록과 고분벽화들을 통하여 다양한 유형이 있었음을 알 수 있다. 중국 『주서』, 『수서』, 『북사』 등에 고구려 남자가 소매가 큰 상의大袖衫를 입었다는 기록이 있으며,[11] 『양서』와 『남사』에는 저고리襦를 백제에서는 '복삼複衫', 신라에서는 '위해尉解'라고 하였다는 기록이 있다.[12]

고구려 고분벽화들을 보면 남녀 모두 엉덩이를 덮는 긴 길이의 저고리를 입고 있다. 가장 보편적인 형태는 그림 8, 11처럼 깃부터 섶까지 직선으로 이어지는 곧은 깃에, 앞에서 여며 입는 전개형前開形이며, 천이나 가죽, 금속 등으로 만든 허리띠를 둘러매어 여며 입은 것이다. 또한 그림 2, 3처럼 여밈이 없는 V자형이나 Y자형의 곧은 깃도 나타나[13] 당시 전개형뿐만 아니라 옷감의 중앙에 머리가 통과할 만한 구멍을 뚫어 입는 관두형貫頭形도 있었음을 알 수 있다.

저고리의 여밈은 북방계 복식에서는 말을 타는 데 편리하도록 좌임으로 입었다. 하지만 농경문화적인 요소와 결합되면서는 우임으로도 입게 되었다. 고구려 고분벽화들에 나타난 여밈의 방향은 고분의 시기와 지역에 따라 차이가 있으며, 같은 고분 내에서도 좌임과 우임이 혼용되었으나, 이후 우리 복식에서 여밈의 방향은 우임으로 정착되었다.

소매모양은 착용자의 신분이나 착용목적 등에 따라 팔에 꼭 맞는 형태, 비교적 여유가 있는 형태, 매우 넓은 형태 등이 있었다. 당시 문헌들에는 착수窄袖, 통수筒袖, 대수大袖, 광수廣袖 등의 명칭이 기록되어 있다. 그런데 고구려 고분벽화들에는 그림 2처럼 좁은 소매와 그림 6처럼 여유가 있는 형태는 많지만, 그림 7처럼 크고 넓은 경우는 찾아보기 힘들다. 이는 우리 옷이 북방계에서 유래된 것임을 보여 주는 것이어서 흥미롭다.

그 밖에 고구려 고분벽화들에 나타난 저고리의 깃과 섶, 도련, 소맷부리 등의 가장자리에는 몸판과 다른 색상이나 무늬의 옷감을 사용하였는데, 이는 고구려 부인은 치마·저고리의 가장자리와 소매에 선을 둘렀다는 『주서』, 『수서』, 『북사』의 기록들[14]과도 일치한다. 이처럼 저고리나 바지, 치마 가장자리에 선을 두른 것은 닳아 해지거나 더러워지는 것을 방지하는 동시에 아름다움을 추구한 것으로 보인다. 고구려 고분벽화들에 표현된 가장자리의 선들은 대체로 몸판보다 짙은 색상인 경우가 많지만 그림 11처럼 검은색 몸판에 강렬한 붉은 선을 댄 경우는 기능성보다는 아름다움을 추구한 예로 보인다. 한편 치마는 원래 북방계의 옷은 아니지만 상당히 이른 시기에 우리 복식에 수용되었으므로 우리 옷의 기본형에 포함할 수 있다. 치마의 길이는 그림 10처럼 치마 속에 입은 바지의 부리가 보이는 발목 정도인 경우와 그림 11, 12처럼 치마가 바닥에 닿을 정도로 긴 경우가 있었다. 치마폭은 아래로 갈수록 넓어졌으며, 도련의 가장자리에는 선을 두르기도 하였다. 또 그림 11처럼 허리부터 도련까지 세로 방향으로 다양한 색상을 넣은 색동치마와 그림 12처럼 허리부터 아랫단까지 곧고 섬세한 주름을 가득하게 잡은 주름치마도 있었다. 특히, 색동치마는 중국 당唐나라 초기의 화가 염립본閻立本, ?~673이 그린 것으로 알려진 「보연도步輦圖」와 일본 아스카飛鳥시대의 다카마츠 고분高松塚벽화뿐만 아니라 멀리 아스타나 고분벽화에서도 유사한 형태를 볼 수 있어서 당시 동아시아 지역에서 널리 유행하였음을 알 수 있다.

10
치마, 겉옷, 화
무용총 벽화

11
색동치마, 저고리
수산리 고분벽화

12
주름치마, 저고리, 머릿수건
쌍영총 벽화

방한 또는 의례를 위한 겉옷, 장유와 포

고구려 벽화들을 보면 주인공이나 신분이 높은 사람들이 소매가 넓은 겉옷을 입고 있다. 이 옷을 포袍라고 한다. 반면 그림 10처럼 무릎 아래 정도 길이이면서 곧은 깃에 허리띠를 묶은 겉옷은 포라기보다는 장유長襦라고 하는 견해가 있다.[15] 이는 포가 발등을 덮을 정도로 긴 옷을 의미하는 데 비해, 고구려 벽화에서 여자들이 입었던 옷은 그보다 짧고 형태도 저고리襦와 같되 길이가 길기 때문이다.

13 14

13
관두의형 겉옷, 롱관
안악 3호분 벽화

14
관두의형 겉옷, 롱관
덕흥리 고분벽화

안악 3호분과 덕흥리 고분의 주인상인 그림 13, 14를 보면 앉아 있기 때문에 옷길이를 정확하게 알 수는 없으나 상·하체를 충분히 덮을 정도로 길고 넉넉한 겉옷을 입고 있다. 이 겉옷은 보편적인 전개형의 곧은 깃과는 달리 앞트임이 없는 V자형의 깃이 특징이다. 그림 15의 안악 3호분 의장기수들도 이와 유사한 옷을 입었을 뿐만 아니라 낙랑樂浪의 칠기와 중국 하북성, 감숙성의 벽화 등에서도 유사한 옷을 볼 수 있다.[16] 이러한 겉옷은 저고리와 마찬가지로 곧은 깃의 일종이지만 보편적인 전개형이 아닌 관두의일 가능성도 있다.

신분과 계급을 표현한 복식

고대 우리 사회에서 복식은 착용자의 신분과 계급을 나타내는 수단이었다. 바지·저고리 또는 치마·저고리, 겉옷 등 의복의 기본구성은 같아서 옷의 종류는 큰 차이가 없었지만 일을 하지 않아도 되는 상류층은 소매통이나 바지통이 넓고, 큰 옷을 여러 벌 겹쳐 입었다. 또 신분에 따라 복식의 색상과 재료, 장신구 등에도 차이가 있었다.

『신당서新唐書』에 따르면 고구려의 왕은 화려한 색상의 옷五彩服을 입고 금구金釦가 있는 가죽 허리띠를 하고 백라관白羅冠을 썼다. 신하들은 청라관青羅冠 또는 강라관絳羅冠의 양쪽에 새깃털과 금은을 장식하였고, 통수의 상의筒袖衫에 대구고를 입고 흰색의 가죽 허리띠白韋帶를 하였으며, 황색의 가죽신黃革履을 신었다.[17]

또 백제의 왕은 소매가 넓고 큰 자색의 포大袖紫袍에 청색의 금錦직물로 만든 바지를 입고 가죽 허리띠를 하였으며, 검은 가죽신烏革履을 신고, 검은 라관을 썼으며 금으로 만든 꽃金蘤으로 장식하였다. 신하들은 붉은색의 일종인 강색絳色의 옷絳衣을 입고 관모는 은으로 만든 꽃銀蘤으로 장식하였으며,[18] 백성들은 강색이나 자색紫色 옷을 입는 것을 금지하였다.[19]

특히, 지배계층의 관복은 중국의 제도를 도입하여 품계에 따라 의복의 색상, 허리띠의 색상이나 재료, 관장식의 재료 등에 차등을 두었다. 백제는 260~261년고이왕 27, 28

에 공복公服제도를 정하여 신하들의 의복 및 대의 색상과 관장식으로써 상하上下의 등위를 구별하였다. 『수서』에 따르면 관리는 16등급으로 구분되었는데 1품부터 16품까지 모두 비색 옷緋衣을 입되, 1품부터 7품까지는 자색 띠紫帶, 8품은 검은색 띠皂帶, 9품은 적색 띠赤帶, 10품은 청색 띠靑帶, 11품과 12품은 황색 띠黃帶, 13품 이하는 백색 띠白帶를 하였으며, 1품부터 6품까지는 관모에 은화銀花를 장식하였다.[20]

신라도 520년법흥왕 7에 옷의 색상을 네 단계로 구별하여 계급을 표현하는 사색공복四色公服제도를 시행하였는데, 『삼국사기』에 따르면 진골 이상은 자의紫衣, 6두품은 비의緋衣, 5두품은 청의靑衣, 4두품은 황의黃衣를 입었다.[21]

다양한 용도와 소재의 관모

고대 우리 민족은 추위나 바람, 햇볕, 비를 막아 주는 실용적인 용도뿐만 아니라 신분과 계급을 표현하는 방법 중의 하나로서 남녀 모두 다양한 종류의 관모를 착용하였다.

고대 우리 민족의 가장 기본적인 관모는 그림 2처럼 변형弁形, 즉 위가 뾰족한 고깔형 관모였다. '변弁'에서 'ム'는 두 손을 합장한 듯 가운데가 솟은 관모의 형태적인 특성을, '廾'은 머리에 고정하기 위하여 턱 아래에서 묶는 끈을 표현한 것이다. 그림 7의 당나라 장회태자 이현 묘 벽화에서 우리나라 사신은 깃털이 꽂힌 변형 관모를 쓰고 있는데, 정수리에 관모를 얹고 관의 양쪽에서 끈을 드리워 턱 아래에서 묶어 쓴 모습을 확인할 수 있다.

변형 관모를 착용한 모습은 그림 2와 같은 고구려 고분벽화뿐만 아니라 부여에서 출토된 그림 16의 백제 토기조각의 인물상, 경주 황남동에서 출토된 그림 17의 신라 토우 등에서도 쉽게 찾아볼 수 있어서 삼국에서 모두 애용되었음을 알 수 있다. 문헌기록들에 따르면 변형 관모는 지역이나 착용계층 등에 따라 소재와 장식, 명칭 등이 조금씩 달랐다. 『주서』와 『북사』, 『수서』에 따르면 고구려 사람들은 모두 머리에 '절풍折風'을 쓰는데 모양이 변弁자와 비슷하며, 벼슬하는 사람은 새 깃털을 꽂고, 귀한 자는 자색의 라羅로 만들며 금은을 장식하여 '소골蘇骨'이라고 하였다.[22] 또 유물들을 보면 경주 금관총과 식리총에서 출토된 것은 자작나무 속껍질白樺樹皮로 만들었으며, 경주 천마총에서 출토된 그림 18처럼 금속으로 만든 것도 있어

16
변형 관모를 쓴 인물
백제 토기조각
국립부여박물관 소장

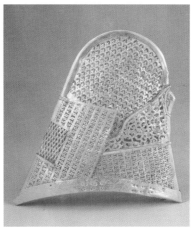

서 다양한 소재를 사용하였음을 알 수 있다. 뿐만 아니라 나주 반남면 신촌리 제9호 분에서는 금동관의 내관이었던 것으로 추정되는 금속제 변형 관모가 출토되어 독립 된 관모뿐만 아니라 밑받침용으로도 사용되었을 가능성이 있다.

변형 관모와 더불어 고구려 고분벽화들에서 가장 많이 나타나는 관모는 새의 깃털 을 꽂은 조우관鳥羽冠이다. 조우관의 주체가 되는 관모는 그림 3, 7처럼 대개 변형 관 모인 것으로 알려져 있지만 책幘이나 투구 등에 꽂는 경우도 있었다. 관모에 새의 깃 털을 꽂은 관습은 북방 유목민족의 샤머니즘인 조류숭배사상에서 출발하였다. 고대 에는 새가 천상과 지상의 세계를 이어 주는 역할을 한다고 믿었기 때문에 깃털을 장 식한 관모는 하늘의 뜻을 전하는 제사장처럼 권위나 힘을 지닌 사람이나 신분이 높 은 사람들이 주로 썼다.

깃털을 꽂은 모습은 신라와 가야 고분의 출토품들을 통해서도 확인할 수 있다. 무 용총 벽화와 사마르칸트 아프랍시아 벽화, 당나라 장회태자 이현 묘 벽화 등에서 깃털을 꽂은 우리 민족을 보면, 주로 관모의 좌우 양옆에 꽂은 경우가 많지만 이마 중앙에 꽂은 경우 등 다양한 방법이 있었다. 특히, 후대에는 깃털모양의 금속장식을 꽂기도 했는데, 평안시와 운산군, 길림성 집안 등에서 출토된 금속장식들을 보면 그림 19처럼 세 개가 한 세트를 이룬 경우가 많아서 그림 20의 금동관처럼 좌우 양옆과 이마 중앙의 세 군데에 꽂은 경우도 있었을 것이다.

　　이처럼 실제 깃털을 꽂았던 것이 깃털모양의 금속장식으로 변화되고, 또 금속장식의 모양이 山자, 나뭇가지, 사슴뿔모양 등으로 다양화되었을 것이다. 그림 21은 백제 무령왕릉의 관 내부 머리 부근에서 출토되어 왕과 왕비의 관모 장식으로 추정되는 금장식이다. 장식을 꽂았던 관모는 썩어서 없어지고 한 쌍의 관장식만 남은 것으로 보이며, 아래 끝부분에 있는 작은 구멍을 통하여 관에 부착시켰을 것으로 추정된다. 금판을 오려 마치 불꽃과 같은 모양으로 만들고 금조각을 꿰어 매단 영락瓔珞을 장식하였는데, 백제의 왕이 검은 라羅로 만든 관모를 쓰고 금으로 만든 꽃으로 장식하였다는 『신당서』의 기록과도 일치한다.

　　삼국시대 왕이나 왕비, 왕족들이 썼던 것으로 생각되는 금관은 서양에서 고귀한 신분을 표현하는 왕관王冠에 해당하는 관모이다. 기본구조가 그림 20, 22처럼 띠모양의 큰 관테, 즉 대륜大輪, diadem과 그 위에 세우는 장식인 입식立飾으로 이루어져 대륜식 입식관이라고도 한다. 입식의 형태는 山자형, 出자형, 나뭇가지형, 사슴뿔형 등으로 다양하였다. 금관총, 서봉총, 금령총, 천마총, 황남동 98호분 등에서 많은 금관이 발굴되었는데, 금동이나 은으로 만든 것도 있으며, 시대와 나라에 따라서 양식이 조금씩 달랐다. 금속판 밑에 모형을 대고 두드려 그 모양이 겉으로 나오게 하는 타출打出이나 금알갱이 또는 가는 금실을 꼬아 정교한 장식을 표현하는 누금세공鏤金細工 등의 금속장식기법을 이용하여 관테와 입식의 표면을 장식하고, 구슬이나 금속조각을 실이나 금선에 꿰어 매단 영락瓔珞이나 곱은옥曲玉 등을 달기도 하였다. 이러한

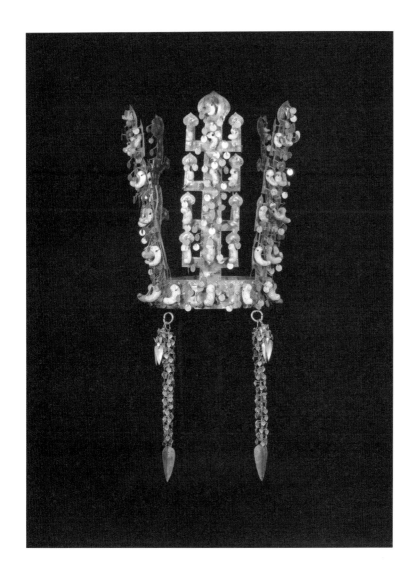

22
금관
천마총 출토
국립경주박물관 소장

금관들은 외형은 화려하지만 구조가 약하고 지나치게 장식이 많아서 집무와 같은 일상에서 사용했다기보다는 의례용이나 장례용이었을 것으로 보는 견해가 있다.[23] 또한 금판이 얇고 약하기 때문에 천이나 가죽, 금속으로 만든 기본틀이 되는 모자가 있고, 그 위 정수리로 모아 장식한 것일 가능성도 있다.

정수리 뒤쪽이 그림 23처럼 삐죽하게 솟아오른 모양의 책幘은 우리 민족뿐만 아니라 중국 한漢에서도 애용하였다. 『후한서』에 따르면 고구려에서는 대가大加, 주부主簿와 같이 지위가 높은 관리가 썼다.[24] 기본구조는 머리의 테두리를 이루는 부분과 정수리를 덮는 부분으로 구성되었는데, 고구려의 책은 중국의 책과 유사하였으나 뒷목에서 양쪽 귀 옆까지를 둘러싸 늘어지는 부분이 없는 형태였다.[25] 삐죽하게 솟아오른 부분이 갈라지지 않은 것과 두 세 갈래인 것 등 다양한 형태가 있었다.

밑받침관을 쓰고 그 위에 속이 비치게 쓴 롱관籠冠은 주로 책과 함께 착용하였다. 부여 정림사지에서 출토된 도용 중에는 그림 24처럼 길쭉한 롱관을 쓴 것이 있는데, 중국 남북조시대의 것과 매우 유사하다.

또 그림 13의 안악 3호분과 그림 14의 덕흥리 고분의 무덤주인은 검은 밑받침관 위에 속이 비치는 또 다른 관모를 더 착용하였다. 과거에는 이처럼 속이 비치도록 쓴 바깥쪽의 관모를 백라관白羅冠으로 보았지만,[26] 라관은 고급 견직물인 라羅로 만든 것으로 추정할 뿐 현재로서는 구체적인 특징은 알 수 없다. 따라서 이러한 유형의 관모는 당시 우리나라뿐만 아니라 중국 등 동아시아에서 널리 유행하였던 롱관의 일종으로 보는 것이 더 타당하다.

안악 1호분 및 각저총을 보면 그림 25처럼 챙이 있는 립笠을 착용한 예도 있다. 그 밖에도 고구려 고분벽화들에는 그림 26처럼 명칭을 알 수 없는 각진 상자형의 관모를 비롯하여 매우 다양한 관모들이 표현되어 있다.

한편 고구려 고분벽화들을 보면, 전술한 관모들 중 변형 관모와 조우관은 집안지역에서, 책과 롱관은 평양 및 안악에서 주로 나타나[27] 당시 즐겨 착용했던 관모가 지역에 따라 차이가 있었음을 알 수 있다.

23
책
안악 3호분 벽화

24
롱관
부여 정림사지 출토 도용
국립부여박물관 소장

다양한 형태와 소재의 신발

신발을 의미하는 가장 대표적인 한자인 '리履'는 넓게는 신발을 총칭하며, 좁게는 신목이 없는 신을 의미한다. 신목이 없는 신발로는 '혜鞋'와 '석舃'도 있는데, 혜는 리와 마찬가지로 가죽이나 비단으로 만든 것을 의미하며, 석은 바닥이 이중으로 두텁게 된 예복용 신발이었다. 또 짚신이나 미투리처럼 풀이나 마麻로 만든 것은 '구屨'라고 하였다. 고구려 고분벽화들에서는 그림 3처럼 리를 신은 모습을 쉽게 찾아볼 수 있다. 또 『삼국지』와 『진서』, 『수서』 등의 문헌들에는 부여에서 혁탑革鞜을,[28] 마한에서 혁교답革蹻蹋이나 초교草蹻를,[29] 고구려에서 황혁리黃革履를 신었다는[30] 기록이 있어서 가죽이나 풀 등 다양한 소재로 만든 리가 착용되었음을 알 수 있다.

신라의 황남대총과 금관총, 백제의 무령왕릉과 나주 신촌리 9호분, 공주 수촌리 1호분, 가야 55호분 등에서는 금속으로 만든 리도 출토되었다. 금속리들은 그림 27처럼 대체로 운두가 깊고 바닥은 앞창이 약간 올라간 경우가 많다. 둘레와 바닥은 금속판의 일부분을 도려내어 도안을 나타내는 투조透彫등의 기법으로 무늬를 넣기도 하였다. 크기가 사람의 발보다 훨씬 큰 310~340mm 정도이므로 일상생활에서 신었다기보다는 왕족이나 귀족의 지위와 위엄을 표현하기 위하여 사용했을 것으로 추정된다. 특히, 무령왕릉에서 출토된 금동리는 바닥에 못처럼 뾰족한 스파이크spike가 달린 것이 특징이다. 또한 그림 28의 삼실총 벽화에서 갑옷을 입은 무인武人은 무기 역할을 했던 것으로 보이는 신코가 뾰족하고 바닥에 스파이크가 달린 리를 신었다.

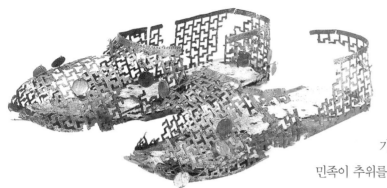

그림 29처럼 바닥에 스파이크가 달린 신발이 길림성 집안 등에서 출토되기도 하였다.

한편 부츠처럼 발목 위까지 올라오는 신발은 '화靴 또는 鞾'라고 하며, 원래 가죽으로 만들었다. 화는 북방 기마유목 민족이 추위를 견디고 말을 타는 데 편리하도록 신목을 높게 하여 바지를 신발 속에 넣어 신었던 것에서 시작되었다. 우리 민족의 신발은 의복과 마찬가지로 이러한 북방계의 화에서부터 시작되었다. 그림 6, 7처럼 사신과 같은 관직자뿐만 아니라 그림 2, 10처럼 남녀 모두 화를 신은 모습을 벽화나 회화 등에서 쉽게 볼 수 있으며, 쌍영총 벽화 중에는 그림 30처럼 화를 벗어 둔 모습도 확인할 수 있다. 또 『구당서』와 『동사강목』 등에는 가무歌舞하는 사람이 검은 가죽 또는 붉은 가죽의 화를 신었다는 기록도 있다.[31]

그 밖에 더운 기후의 남쪽지역에서 즐겨 착용한 나무로 만든 신인 '극屐'은 부여 능산리 백제 절터에서 발굴된 그림 31의 나막신이나 일본의 게다처럼 굽이 달리고 발등이 노출된 형태가 일반적이었다. 충남 아산, 전북 익산 미륵사지, 경북 경산 등에서도 삼국시대의 극이 출토되었다.

27
금동리
황남대총 남분 출토
국립경주박물관 소장

28
스파이크식 리를 신은 무인
삼실총 벽화

29
바닥에 스파이크가 달린 신발
길림성 집안 출토

30
화를 벗어둔 모습
쌍영총 벽화

31
나막신
부여 능산리 백제시대 절터 출토
국립부여박물관 소장

금은보석으로 만든 화려한 장신구들

신체를 치장하는 장신구들은 고대부터 세계 모든 지역에서 애용되었다. 특히, 이동 생활을 했던 기마유목민족들은 항상 몸에 지니고 다닐 수 있는 장신구들을 애용하였다. 삼국시대에는 금속가공기술이 발달하여 그림 32부터 그림 36처럼 화려하고 정교한 귀고리와 목걸이, 팔찌, 반지, 금속 허리띠, 머리꽂이 등으로 치장하였다. 장신구의 재료로는 금과 은, 금동을 비롯하여 여러 가지 색상의 수정, 마노, 옥, 유리 등이 사용되었다.

고구려 고분벽화들을 보면 저고리나 포 위의 허리에는 대개 천으로 만든 띠를 앞이나 옆, 뒤에서 매듭지어 묶었다. 그러나 독특하게는 그림 36처럼 장식물이 달린 금속의 과대銙帶를 한 경우도 있었다. 과대는 여러 개의 금속판을 길게 연결하여 기본 형태를 만들고, 좌우 끝에는 띠고리鉸具와 띠끝장식帶端金具을 달았다. 금속판 아래로는 띠꾸미개腰佩라고 하는 다양한 모양의 장식들을 늘어뜨렸다. 띠꾸미개는 과대의 가장 특징적인 부분으로, 이동이 잦은 북방 유목민족들이 칼이나 숫돌, 약통 등과 같이 평소에 자주 사용하는 물건들을 몸에 매달고 다녔던 풍습이 장식화된 것이다. 중국에는 유목민족이 중국대륙을 장악한 남북조시대에 전래되었다고 알려져 있

32
유리·옥목걸이
미추왕릉 출토
국립경주박물관 소장

33
귀고리
무령왕릉 출토
국립공주박물관 소장

34
금반지
황남대총 남분 출토
국립경주박물관 소장

35
옥을 박아 넣은 금팔찌
황남대총 북분 출토
국립경주박물관 소장

36
과대
금관총 출토
국립중앙박물관 소장

다. 금으로 만든 허리띠는 금관과 마찬가지로 평소에 사용할 수 없을 정도로 구조가 약하여 실용적인 용도보다는 의례용이나 장례용으로 보는 견해도 있다.[32] 신라의 금관총, 천마총, 식리총과 백제의 무령왕릉 등에서 금이나 은 등으로 만든 화려한 금속 허리띠가 출토되었으며, 장식이 달린 허리띠를 착용한 모습은 그림 37처럼 안악 3호분 벽화 등에서 확인할 수 있다.

그 밖에 『주서』나 『신당서』 등에 따르면 가죽 허리띠革帶, 韋帶도 있었는데,[33] 가죽 허리띠는 소재의 특성상 허리에 맞게 쥐어 고정하기 위해서 오늘날의 버클buckle에 해당하는 대구帶鉤라는 장치를 금속으로 만들어 사용하였다. 이는 북방계 복식에서 공통적으로 나타나는 유목문화적인 특징으로, 우리나라에서도 호랑이나 말 등의 동물형 대구가 출토되었다.

37
장식이 달린 허리띠를 착용한 모습
안악 3호분 벽화

다채로운 머리모양

숱이 많고 긴 머리는 젊음과 미인의 상징으로, 여자들은 관모를 착용했던 남자들에 비해 상대적으로 머리모양이 매우 다양하였다. 『구당서』와 『신당서』에 따르면 신라의 여성들은 머리가 길고 아름다웠으며, 머리카락을 감아 머리에 두르고 여러 가지 비단과 구슬로 장식하였다고 기록하였다.[34] 또 『주서』와 『북사北史』에 따르면 백제의 미혼여성은 변발辮髮, 즉 머리를 땋아 뒤에서 한 가닥으로 늘어뜨리는데 출가하면 두 갈래로 나누어 머리 위에 얹었다.[35] 이러한 머리모양들은 고구려 고분벽화들을 통하여 보다 구체적으로 알 수 있다. 자연스럽게 길게 내린 머리, 뒤에서 머리를 묶은 뒤 반을 접어 다시 묶은 머리, 양쪽 귀 위의 머리카락을 뺨으로 늘어뜨린 머리, 정수리에 둥글게 틀어 얹은머리, 쪽머리 등 그림 38처럼 매우 다양한 유형이 있었다. 또 신분에 관계없이 머리를 크게 얹는 것이 유행하여 건귁巾幗이라는 가발을 더하기도 하였는데, 특히 상류층 여자는 가발을 사용하여 크고 높게 올린 머리에 각종 비녀를 꽂아 화려하게 꾸몄다. 뿐만 아니라 머릿수건을 쓰기도 하였는데, 과거에는 전술한 건귁을 머릿수건의 일종으로 보았으나 현재는 가발로 보는 견해가 더 지배적이다.

반면 남자의 경우는 정수리에 하나의 상투를 튼 머리와 미혼자가 머리를 두 가닥으로 나누어 양쪽에 뿔모양으로 묶은 머리 등 여자에 비하여 머리모양이 단조로웠다.

남녀의 머리모양

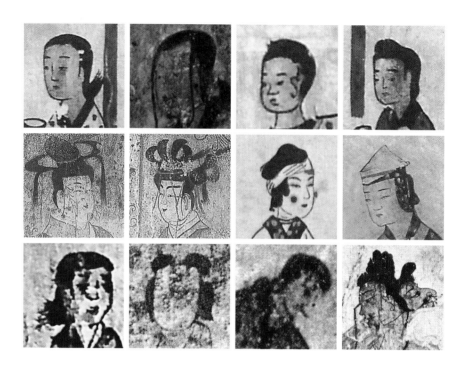

3장

고대 일본의 복식

일본 의복의 시작, 권의와 관두의

일본에서 직물이 생산되기 시작한 것은 기원전 4세기~기원후 3세기경인 야요이彌生시대로 알려져 있다. 당시 어떤 의복을 착용했는지 구체적으로는 알 수 없지만 기원전 3세기경 중국 위魏나라 사람이 일본을 방문하여 보고 들은 것을 기록한 『삼국지三國志』에는 일본인의 차림에 대한 기록이 있어서 당시의 복식을 단편적으로나마 짐작해 볼 수 있다. 이 기록에 따르면 남자는 모두 관모를 쓰지 않고 맨 머리를 드러내는데 목면木綿으로 묶었으며, 의복은 횡폭橫幅으로 묶어 연결하고 대체로 바느질하지 않았다. 부인은 머리를 늘어뜨리거나 묶어 올리고, 의복은 홑으로 만들어 옷감 중앙에 구멍을 뚫어 머리를 넣어 입는 이른바 관두의貫頭衣였다.[1] 위나라 사람이 방문한 곳이 일본의 어느 지역이었는지, 또 그러한 차림이 얼마나 보편적인 것이었는지는 알 수 없지만 당시 한 장의 천을 둘러 입는 권의卷衣와 천 중앙에 구멍을 내어 머리를 넣어 입는 관두의, 즉 남방계 의복을 착용하였음을 알 수 있다.

하니와에 나타난 고훈시대의 복식

일본 고대 복식의 구체적인 모습을 확인할 수 있는 것은 3세기 후반경부터 7세기 말, 8세기 초의 고훈古墳시대부터이다. 고훈이라는 시대 명칭은 이 시기에 대규모의 고분이 많이 축조되었기 때문에 붙여진 것이다. 여기서 고분은 오래된 시대의 분묘라는 일반적 의미가 아니라 당시 지배자들의 무덤을 말하는 것으로, 권력과 특별한 지위를 가지고 있던 사람들의 묘를 흙으로 높이 쌓아올려 커다랗게 만든 것이다. 지배자들은 자신들의 권위를 과시하기 위하여 경쟁적으로 큰 고분을 만들었는데 그중에는 닌토쿠仁德왕릉처럼 주축 길이가 486m, 높이가 34m나 되는 세계 최대 규모의 것도 있다.[2]

이러한 고분들에서는 흙으로 빚어 만든 인형인 하니와はにわ, 埴輪를 비롯하여 옥으로 된 패물, 청동거울, 칼, 무기, 갑옷, 투구, 마구馬具, 장식품 등 다양한 부장품들이 출토되었는데, 이러한 부장품들은 당시 일본문화 발전의 양상과 더불어 중국이나 한국과의 대외관계 등을 추정해 볼 수 있는 자료가 되고 있다.

『일본서기日本書紀』 스이닌垂仁왕 35년의 기록에 따르면, '하니埴'는 '황적색의 찰흙'이란 뜻이며, '와輪'는 둥근 통을 만들어 그것을 무덤 주위에 고리형으로 나열한다는 뜻이다.[3] 하니와의 기원에 대해서는 순장의 풍습을 없애기 위하여 사람이나 말 등의 모양을 흙으로 만들어 묘에 세웠다고 하며,[4] 그 용도에 대해서는 고분의 장엄함을 나타내거나 장례 또는 수장首長의 계승 등과 같은 의식을 표현하였다는 등의 설도 있다.

초기의 고분에서는 주로 단순한 통모양의 하니와가 출토되었고, 고분의 축조가 가장 왕성하였던 5세기경 이후의 고분에서는 인물, 동물, 기물, 무기, 집 등 다양한 종류의 하니와들이 출토되었다. 하니와는 크기가 1m가 넘는 것이 대부분이며, 채색한 흔적이 남아 있는 경우도 있다. 특히, 인물 하니와는 당시 사람들이 착용했던 복식의 형태를 가늠해 볼 수 있는 일본 복식사의 자료이다. 인물 하니와는 정장 차림의 남녀, 무인武人, 무녀巫女, 농부, 악사 등 성별이나 신분, 직업 등에 따라 다양한 모습을 하고 있다. 그중에는 아주 간단하게 만들어져서 의복의 착장 상태가 명확하지 않은 것도 있으나 정교한 것들의 경우는 당시의 복식을 잘 표현하고 있다.

하니와에 복식이 상세히 표현된 것은 대부분 6세기부터 7세기경 지금의 도쿄부근인 관동關東지방에서 발견된 것들이다. 하니와의 복식을 보면 『삼국지』에 기록된 권의나 관두의가 아니라 북방계의 이부식 차림이 특징으로, 남자는 기누바카마きぬばかま, 衣褌, 여자는 기누모きぬも, 衣裳를 입었다. 이러한 북방계 이부식 차림과 앞으로 여며 입는 전개형 양식은 야요이시대 후기에서 고훈시대 초기에 전승된 것으로 생각되며,[5] 중국과 한국 등 대륙과의 교류를 통하여 얻어진 결과물이다. 『삼국지』의 기록에는 당시 일본에는 소와 말이 없다고 하였으나, 『고사기古事記』에는 백제의 초고肖古왕이 오진應神왕에게 말 두 마리를 보냈다는 기록이 있어서 일본에 말이 전래된 것은 4세기 중엽으로 생각되며, 5세기 이후 고분에서는 마구들이 출토되고 있으므로 그 이후 기마가 보편화되었다고 볼 수 있다. 따라서 이 시기 이후 기마풍습과 함께 북방계 이부식 복식도 전래, 정착되었을 것이다.

그 밖에 이 시기의 고분에서는 금동관과 옥, 마노, 수정, 유리 등으로 만든 귀고리와 목걸이, 팔찌, 대구帶具 등도 발굴되었다. 특히, 5세기 후반에서 6세기 초반의 것으로 추정되는 규슈九州 구마모토현熊本縣 다마나시玉名市의 에다후나야마江田船山고분에서 출토된 그림 1의 금동관모는 5세기 중반의 익산 입점리에서 출토된

그림 2의 금동관모와 공주 수촌리 4호 고분의 금동관모 등 백제의 금동 관모들과 형태 및 제작방법이 흡사하다. 또 함께 출토된 금동신발과 금귀고리도 백제 및 가야의 것과 유사하여 당시 우리나라의 영향을 받았음을 알 수 있다.

기누바카마와 기누모의 이부식 의복

하니와를 보면 당시 남자들은 그림 3, 4처럼 기누바카마衣褌, 즉 상의와 바지의 이부식 차림을 하였다. 기누衣는 모두 엉덩이를 덮는 길이이며, 소매는 좁은 편이고, 소매 위에는 대부분 팔꿈치길이의 토시를 하였다. 깃은 대부분 둥근 형태이며 일부만 곧은 깃인데,[6] 이는 고대 우리나라의 경우 곧은 깃이 보편적이었던 것과 대조적이다. 상의의 여밈방향은 주로 좌임이 많지만 우임인 경우도 있으며, 두 곳 또는 한 곳을 끈으로 묶었다. 허리띠를 한 경우도 많은데 주로 가는 허리띠를 매고 그 끝은 늘어뜨린 경우가 많지만, 폭이 넓고 무늬가 있는 경우도 있었다.

하카마褌는 대부분 바지통이 넓으나 좁은 경우도 일부 있었다. 무릎 부분에는 아유이あゆい、脚結라고 하여 끈으로 졸라매었고 경우에 따라서는 방울을 달기도 하였다.

머리모양은 그림 3처럼 머리카락을 좌우로 나누어 양쪽 귀 언저리에서 고리모양으로 묶은 후 대개 어깨 또는 그 밑으로 늘어뜨렸는데, 이를 미즈라みずら、美豆良라고 한다. 또 정수리를 드러낸 경우가 거의 없이 대부분이 다양한 형태의 관모를 썼다. 허리에는 칼을 차기도 하였으며, 귀고리나 구슬을 연결한 목걸이처럼 보이는 장식을 한 경우도 있었다. 목걸이처럼 보이는 장식은 그림 4처럼 갑옷 차림의 하니와에도 표현되어 있을 정도로 대부분의 하니와에서 볼 수 있는데, 장신구의 일종이었는지 아니면 의복의 목둘레 부분을 표현한 것인지는 향후 연구가 더 필요하다. 그 밖에 신발은 대부분의 하니와에서 하카마의 길이가 길어 그 형태를 정확하게 파악하기는 어렵지만 리나 화를 착용하였을 것으로 추정된다.

무인武人의 경우는 그림 4처럼 갑옷을 입고 투구를 썼다. 갑옷은 우임이며 기누와

03
04

03
남자 하니와
군마현[群馬県] 오이즈미정[大泉町] 출토
아이카와고고관[相川考古館] 소장

04
무인 하니와
군마현 오타시[太田市] 출토
아이카와고고관 소장

마찬가지로 한 곳 또는 두 곳을 끈으로 묶었다. 손과 팔을 보호하는 가리개를 하고, 허리에는 칼을 찼으며, 목걸이처럼 보이는 장식이 있는 경우도 있었다. 하의는 하카마를 입었는데, 무릎에는 보편적인 남자 하니와들과 마찬가지로 아유이를 하였다.

한편 여자 하니와들은 그림 5처럼 기누모衣裳, 즉 상의와 치마의 이부식 차림을 하였다. 기누의 형태는 남자와 거의 유사하였다. 엉덩이를 덮는 길이이며, 소매는 좁은

편이고, 깃은 둥글었다. 대개 좌임이며, 목 아래와 허리 근처 두 곳에서 끈으로 묶어 주었다. 모裳는 발이 보이지 않을 정도의 긴 길이이며, 가로의 선이 있다.

머리모양은 주로 머리카락을 묶어 정수리로 올린 형태이며, 빗이나 비녀를 꽂기도 하였다. 장신구로는 귀고리와 목걸이, 팔찌, 발찌를 착용하기도 하였다. 또 눈과 뺨, 코, 입술 등 얼굴에 채색된 것을 볼 수 있는데, 이는 일종의 화장이었을 것으로 추정된다.

무녀巫女로 보이는 그림 6의 하니와에는 오스이おすい, 襲·押日·意須比, 다스키たすき, 手繦·手襁·手次와 같이 제사와 관련된 복식들도 나타난다. 오스이는 폭이 넓고 긴 천을 한쪽 어깨에서 허리까지 걸친 것으로 바느질하지 않은 채 걸치거나 두른 옷이었다. 오스이는 다스키와 함께 착용한 경우가 많은데, 다스키는 양어깨에 교차시켜 걸치는 끈 형태의 것을 말하였다.[7] 후세의 다스키는 팔의 움직임이 불편하지 않게 하기 위하여 소맷자락을 걷어올리는 기능을 하는 멜빵 같은 것을 말하지만, 『만엽집万葉集』의 기록 등을 통하여 볼 때,[8] 고훈시대의 다스키는 실용적인 의미보다는 제사와 관련된 주술적인 의미의 복식이었던 것으로 보인다.

06
무녀 하니와
군마현 오이즈미정 출토
도쿄국립박물관 소장

미 주

1부 동아시아 복식의 원류와 한 · 중 · 일의 복식

1장 고대 중국의 복식

1) 杉本正年(1979). **東洋服裝史論攷 古代編**. 東京: 文化出版局. pp.92-93.
2) 『시경』에는 주(周)시대 초기부터 춘추시대 초기까지의 민요가 305편 기록되어 전해지고 있는데 그중 복식에 관한 것이 500여 편이 있다. 『시경』은 주시대 초기부터 한(漢)시대 초기까지 긴 시간 동안 여러 사람에 의하여 첨삭되어 정확하게 시대를 단정할 수 없다는 한계점이 있음에도 불구하고, 당시 복식문화를 연구하는 데 중요한 자료가 되고 있다.
3) 杉本正年(1979). 앞의 책. p.106.
4) **周禮 司服**
   "凡冕服, 皆玄衣纁裳者, 六冕皆然."
5) **禮記 禮器**
   "天子龍袞 諸侯黼 大夫黻 士玄衣纁裳; 天子之冕, 朱綠藻十有二旒 諸侯九 上大夫七, 下大夫五 士三 此以文爲貴也."
6) **周禮 司服**
   "司服掌王之吉凶衣服 辨其名物 與其用事 王之吉服 祀昊天上帝 則服大裘而冕 祀五帝亦如之 享先王則袞冕 享先公饗射 則鷩冕 祀四望山川 則毳冕 祭社稷五祀 則希冕 祭羣小祀 則玄冕."
7) **周禮 內司服**
   "內司服掌王后之六服 褘衣 揄狄 闕狄 鞠衣 展衣 緣衣 素沙 辨外內命婦之服 鞠衣 展衣 緣衣 素沙 凡祭祀賓客 共后之衣服."
8) 杉本正年(1979). 앞의 책. p.122.
9) 김소현(2003). **호복: 실크로드의 복식**. 서울: 민속원. p.20.
10) 內田吟風(1976). 胡ということば. **服裝文化**. 150. pp.112-114.
11) 김소현 · 조규화(1993). 秦始皇陵 出土 兵俑의 服飾 研究. **韓國衣類學會誌**. 17(1). p.51.
12) 전국시대의 칠웅 중 하나로 진(晉)에서 분리되었으며 위나라 및 한나라와 더불어 삼진(三晉)이라고 일컬어진다.
13) 전국시대의 일곱 제후, 즉 진(秦), 초(楚), 연(燕), 제(齊), 조(趙), 한(漢), 위(魏)를 말한다.
14) 徐秉混(1992). **遼寧出土的 契丹族服飾**. 제11회 국제복식학술회의 발표.
    재인용: 김소현 · 조규화(1993). 앞의 글. p.61.
15) 주(周)나라 무왕(武王)의 동생 강숙(康叔)을 시조로 하는 제후국
16) **禮記 檀弓上**
    "將軍文子之喪 旣除喪 而後越人來吊 主人深衣練冠 待于廟 垂涕洟."
17) **禮記 王制**
    "有虞氏皇而祭 深衣而養老."
18) 杉本正年(1979). 앞의 책. p.172.
19) **後漢書** 志 凡30卷 志第30 輿服下 幘
    "秦雄諸侯 乃加其武將首飾爲絳袥 以表貴賤 其後稍稍作顏題."
20) **後漢書** 志 凡30卷 志第30 輿服下 幘
    "名之曰幘 幘者 賾也 頭首嚴賾也. 至孝文乃高顏題 續之爲耳 崇其巾爲屋 合後施收 上下羣臣貴賤皆服之 文者長耳 武者短耳 稱其冠也."
21) 杉本正年(1979). 앞의 책. p.172.
22) 林已奈夫(1976). **漢代の文物**. 京都: 京都大學人文科學研究所. p.17.
23) 남조에 앞선 위(魏)와 동진(東晉)을 합쳐서는 육조(六朝)라고도 한다.
24) 周錫保(1986). **中國古代服飾史**. 台北: 丹靑圖書有限公司. p.139.
25) 위의 책. p.138.
26) 이택후 저, 윤수영 역(1991). **美의 歷程**. 서울: 동문선. p.254.
27) 周錫保(1986). 앞의 책. p.144.
28) 袁仄(2005). **中國服裝史**. 北京: 中國紡織出版社. pp.47-48.
29) 周錫保(1986). 앞의 책. p.147.

30) 杉本正年(1984). **東洋服裝史論攷 中世編**. 東京: 文化出版局. p.59.

31) 김소현(2003). 앞의 책. p.200.

32) 위의 책. p.201.

33) 周錫保(1986). 앞의 책. pp.138-139.

34) 袁仄(2005). 앞의 책. pp.47-48.

35) 杉本正年(1984). 앞의 책. p.45.

2장 고대 한국의 복식

1) 고조선(古朝鮮)이라는 명칭은 『삼국유사(三國遺事)』를 쓴 일연(一然)이 단군신화에 나오는 조선(朝鮮)을 위만(衛滿)이 집권한 이후부터 멸망할 때까지의 고조선, 즉 고조선의 후기와 구분하려는 의도에서 처음 사용하였다. 그 이후 이성계가 세운 조선과 구별하기 위해 고조선이라는 용어를 보편적으로 사용하게 되었다.

2) 東史綱目 卷1 上 己卯 箕子朝鮮 元年
   "教民編髮蓋首."
   星湖僿設 卷6 萬物門 髮髻
   "檀君教民編髮蓋首 蓋首者 覆首也."
   增補文獻備考 卷79 禮考26 章服一
   "檀君元年 敎民編髮蓋首."

3) 增補文獻備考 卷79 禮考26 章服一
   "衛滿朝鮮椎結夷服."

4) 三國志 卷13 烏丸鮮卑 東夷傳 第30 夫餘
   "在國衣尙白 白布大袂袍袴 履革鞜 出國則尙繒繡錦罽 大人加狐狸狖白黑貂之裘 以金銀飾冒."

5) 後漢書 卷85 東夷 列傳 第75 東沃沮
   "言語 食飮 居處 衣服 有似句驪."

6) 後漢書 卷85 東夷 列傳 第75 濊貊
   "與句麗同種 言語法俗大抵相類 …(중략)… 男女皆衣曲領."
   三國志 卷30 烏丸鮮卑 東夷傳 第30 濊
   "言語法俗大抵與句麗 衣服有異, 男女衣皆著曲領 男子繫銀花廣數寸以爲飾."

7) 三國志 卷30 烏丸鮮卑 東夷傳 第30 韓
   "魁頭露紒 如炅兵 衣布袍 足履革蹻蹋 …(중략)… 其俗好衣幘 下戶詣郡朝謁 皆假衣幘 自服印綬衣幘千有餘人."

8) 後漢書 卷85 東夷 列傳 第75 馬韓
   "唯重瓔珠以綴衣爲飾及懸頸垂耳."

9) 周書 卷49 列傳 第41 異域上 高麗
   "丈夫衣同袖衫 大口袴."
   隋書 卷81 列傳 第46 東夷 高麗
   "人皆皮冠 使人加插鳥羽 貴者冠用紫羅 …(중략)… 服大袖衫 大口袴."
   北史 卷94 列傳 第82 高麗
   "人皆頭著折風 形如弁 士人加插二鳥羽 貴者 其冠曰蘇骨 …(중략)… 服大袖衫 大口袴."

10) 梁書 卷54 諸夷傳 百濟
    "袴曰褌."
    梁書 卷54 諸夷傳 新羅
    "袴曰柯半."

11) 周書 卷49 列傳 第41 異域上 高麗
    "丈夫衣同袖衫 大口袴."
    隋書 卷81 列傳 第46 東夷 高麗
    "人皆皮冠 使人加插鳥羽 貴者冠用紫羅 …(중략)… 服大袖衫 大口袴."
    北史 卷94 列傳 第82 高麗
    "人皆頭著折風 形如弁 士人加插二鳥羽 貴者 其冠曰蘇骨 …(중략)… 服大袖衫 大口袴."

12) 梁書 卷第54 諸夷傳 百濟
    "襦曰複衫."
    梁書 卷第54 諸夷傳 新羅
    "襦曰尉解."

13) 이미현(2004). 고구려 고분벽화에 나타난 남자복식의 양식 분석. 이화여자대학교 대학원 석사학위논문. pp.50-59.

14) **周書** 卷49 列傳 第41 異域上 高麗
　　"婦人服裙襦 裙袖皆爲襈."
　　隋書 卷81 列傳 第46 東夷 高麗
　　"婦人裙襦加襈."
　　北史 卷94 列傳 第82 高麗
　　"婦人裙襦加襈."

15) 유희경 · 김문자(2002). **개정판 한국복식문화사**. 서울: 교문사. p.14.

16) 이미현(2004). 앞의 글. p.55.

17) **新唐書** 卷220 列傳 第145 東夷 高麗條
　　"王服五朶 以白羅製冠 革帶皆金釦, 大臣靑羅冠 次絳羅 珥兩鳥羽 金銀雜釦, 衫筒袖 袴大口 白韋帶 黃革履, 庶人
　　衣褐 戴弁女子首巾幗."

18) **新唐書** 卷220 列傳 第145 東夷 百濟條
　　"王服大襖紫袍 靑錦袴 素皮帶 烏革履 烏羅冠 飾以金以金蘤 羣臣絳衣 飾冠以銀蘤."

19) **新唐書** 卷220 列傳 第145 東夷 百濟條
　　"禁民衣絳紫."

20) **後漢書** 志 凡30卷 志第30 輿服下 幘
　　"名之曰幘 幘者 賾也 頭首嚴賾也, 至孝文乃高顏題 續之爲耳 崇其巾爲屋 合後施收 上下羣臣貴賤皆服之 文者長
　　耳 武者短耳 稱其冠也."

21) 杉本正年(1979). 앞의 책. p.172.

22) **周書** 卷49 列傳 第41 異域上 高麗
　　"丈夫衣同袖衫 …(중략)… 其冠曰骨蘇多以紫羅爲之雜以金銀爲飾 其有官品者又插二鳥羽於其上以顯異之."
　　北史 卷94 列傳 第83 高麗條
　　"人皆頭着折風形如皮弁 士人加插鳥羽 貴者其冠曰蘇骨多用紫羅爲之飾以金銀."
　　隋書 卷81 列傳 第46 東夷 高麗
　　"人皆皮冠 使人加插鳥羽 貴者冠用紫羅 飾以金銀."

23) 이한상(2004). **황금의 나라 신라**. 파주: 김영사. p.28.

24) **後漢書** 卷151 高句麗
　　"大加主簿皆著幘."

25) **後漢書** 卷151 高句麗
　　"幘如冠幘而無後."

26) 김정호(1989). **고구려 고분벽화복식과 사회계층**. 숙명여자대학교 대학원 박사학위논문. p.40.

27) 이미현(2004). 앞의 글. p.11.

28) **三國志** 卷13 烏丸鮮卑 東夷傳 第30 夫餘
　　"白布大袂袍袴 履革鞜."

29) **三國志** 卷30 烏丸鮮卑 東夷傳 第30 韓
　　"衣布袍 足履革蹻蹋."
　　晋書 卷96 列傳 第67 東夷 馬韓
　　"衣布袍 履草蹻."

30) **隋書** 卷81 列傳 第46 東夷 高麗
　　"服大袖衫 大口袴 素皮帶 黃革履."

31) **舊唐書** 卷29 第九 音樂二 四夷之樂 東夷之樂
　　"高麗樂. 工人紫羅帽. 飾以鳥羽. 黃大袖. 紫羅帶. 大口袴. 赤皮靴 …(중략)… 極長其袖. 烏皮靴. 雙雙並立."
　　東史綱目 卷3 辛未 新羅眞興王 12年 正月
　　"歌舞舞二人 方角幞頭 紫大袖 公襴紅鋅金鋍腰帶 烏皮靴."

32) 이한상(2004). 앞의 책. p.37.

33) **周書** 卷49 列傳 第41 異域上 高麗
　　"丈夫衣同袖衫 大口袴 白韋帶."
　　新唐書 卷220 列傳 第145 東夷 高麗條
　　"王服五朶 以白羅製冠 革帶."

34) **舊唐書** 卷199 列傳 第149 東夷 新羅
　　"婦人髮繞頭 以綵及珠爲飾 髮甚美長."
　　新唐書 卷220 列傳 第145 東夷 新羅.
　　"率美髮以繚首 以珠綵飾之."

35) 周書 卷49 列傳 第41 異域上 百濟條
　　"在室者編髮盤於首後垂一道爲飾 出嫁者乃分爲兩道焉."
　　北史 卷94 列傳 第83 列傳 百濟條
　　"女辮髮垂後 已出嫁則分爲兩道盤於頭上."

3장 고대 일본의 복식

1) 三國志 卷30 魏書 第30 烏丸鮮卑東夷傳 東夷 倭
　　"男子皆露紒 以木綿招頭 其衣橫幅 但結束相連 略無縫. 婦人被髮屈紒 作衣如單被 穿其中央 貫頭衣之."
2) 김사엽(1991). 관동지방의 한문화. 일본학. 10. 서울: 동국대학교 일본학연구소. p.285.
3) 三木文雄(1967). 日本の美術. 19 はにわ. 東京: 至文堂. p.19.
4) 이자연 역(1999). 日本服飾史. 서울: 경춘사. p.15.
5) 井筒雅風 著 · 李子淵 譯(2004). 日本女性服飾史. 서울: 경춘사. p.24.
6) 허은주 역(2004). 일본복식사와 생활문화사. 서울: 어문학사. p.12.
7) 위의 책. p.16.
8) 万葉集
　　"木綿襷 肩に取り懸け 齋瓮を 齋ひ掘り据 天地の神祇に それが祇む 甚も爲方無み."

2부

국제교류가
활발했던
동아시아의
복식

개방적인 분위기와 국제적인 패션의 유행

6세기부터 12세기까지 동아시아에는 그림 1의 연표에서 알 수 있는 것처럼 당唐을 비롯한 수많은 나라들이 흥망성쇠를 거듭하였고, 각 사회의 문화도 다양하였다. 무엇보다도 적대적이었건 우호적이었던 간에 이웃나라들과의 교류가 이전보다 훨씬 활발해졌다.

중국을 다시 통일한 수隋, 581~618와 당唐, 618~907은 강력한 통치력을 바탕으로 동아시아의 중심세력으로서 주변국들에게 정치적으로나 문화적으로 강력한 영향력을 발휘하였다. 한漢 무제武帝, 재위 기원전 141~기원전 87 이후 서역으로 가는 길이 열리면서 동서문화의 교류가 점차 넓어져, 성당盛唐, 713~765 시기 즈음 당의 수도 창안長安은 마치 오늘날의 뉴욕처럼 다양한 민족과 문화가 만나는 장소가 되었다. 당시 창안은 세계 최고의 국제도시로서 주변 민족들이 동경하는 문명의 중심지로, 남북조시대의 서역의 범위를 넘어 사산조 페르시아의 문화까지 들어왔다. 오늘날의 중앙아시아 및 티벳, 인도, 페르시아에 살았던 각 민족들이 가져온 문물은 곧바로 새로운 유행의 출현으로 이어졌으며 창안의 상류사회에 서역취향을 불러일으켰다. 풍족한 자원과 안정된 국력 및 경제력의 바탕 아래 새로운 문화와의 접촉은 유행을 가속하였다.

이국풍에 매료된 사람들의 아름다움에 대한 기준도 바뀌었다. 풍만한 여성을 미인으로 여기게 되어 성당 시기의 미인도는 대부분 풍만한 모습이며, 오늘날의 티벳인 토번吐蕃풍으로 짙은 볼연지를 하거나 인도풍으로 이마에 그림을 그린 화전花鈿을 하는 등 갖가지 이국풍으로 치장하였다. 위구르, 돌궐, 티벳, 인도, 이란, 페르시아 등 서역에서 수입된 복식과 머리모양, 화장 등은 중국 고유의 양식과 융합되어 당 특유의 스타일로 전개되었다. 또한 이러한 당의 문화와 복식은 신라와 발해, 일본을 비롯하여 당을 방문한 주변국의 사신들과 유학생, 승려, 상인들을 통하여 점점 동아시아의 여러 나라들로도 확산되었다.

이와 같은 분위기 속에서 실크로드의 동쪽 끝에 위치한 중국과 한국, 일본은 지리적으로 가까운 장점을 바탕으로 육로와 바닷길을 통하여 지속적인 교류를 함으로써 서로 영향을 주고받았다. 산동山東반도, 강회江淮지방, 항주만杭州灣 등 중국 동쪽 해안 일대에는 신라인의 집단거주지역인 신라방新羅坊이 설치될 정도였다. 또 이전까지 우리나라를 통하여 대륙의 문물을 받아들였던 일본이 견수사遣隋使, 견당사遣唐使를 파견하여 대륙의 문화를 직접적으로 받아들이면서 중국의 영향은 더욱 짙어졌다.

중국 관복제도의 확산

당시 동아시아의 여러 나라들은 앞다투어 당의 문물과 제도를 수용하고자 노력하였다. 국가의 기본제도를 정립하기 위하여 당의 제도를 본받았던 주변국들은 왕과 관료의 예복 역시 당의 제도를 도입하였다.

당의 예복제도 중에 제복과 조복은 주周의 제도에 기반을 둔 것으로 이전 왕조들과 큰 차이가 없었지만, 공복公服은 새로운 양식인 복두幞頭와 단령團領을 착용하였다. 그에 따라 신라와 발해, 일본 등도 복두와 단령을 관복으로 채용하였다. 관모의 일종인 복두는 검은색으로 통일되었으며, 포의 일종인 단령은 계급에 따라 색상을 달리하였다. 단령은 둥근 깃이 특징이었으며, 경우에 따라 옆선이 트인 것과 막힌 것으로 구분하기도 하였다. 복두는 원래 천으로 머리를 싼 다음 그 천에 달린 끈으로 묶어 착용한 것이었다. 묶은 끈이 뒤로 길게 내려진 것을 우리나라나 중국에서는 주로 '다리脚'라고 하였는데 점점 빳빳하게 옆으

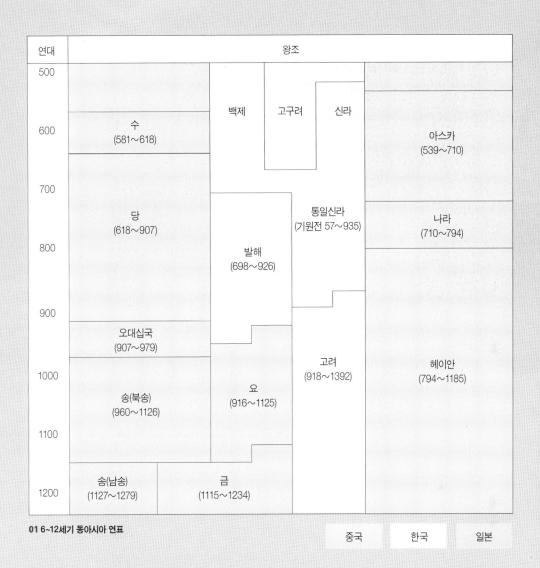

연대	왕조				
500			백제	고구려	신라	
600	수 (581~618)					아스카 (539~710)
700	당 (618~907)			통일신라 (기원전 57~935)		나라 (710~794)
800		발해 (698~926)				
900						헤이안 (794~1185)
1000	오대십국 (907~979)		고려 (918~1392)			
1100	송(북송) (960~1126)	요 (916~1125)				
1200	송(남송) (1127~1279)	금 (1115~1234)				

01 6~12세기 동아시아 연표

중국　　한국　　일본

로 펼쳐지거나 위로 올라가면서는 '뿔角' 이라고도 하였고, 일본에서는 '끈纓' 이라고 하였다.

이러한 복두와 단령 차림은 '속대束帶' 라고도 하며, 우리나라와 일본 모두 시대에 따라 형태의 변화가 다소 있을지언정 서구화 이전까지 꾸준히 착용하였다. 오늘날 신랑 혼례복인 사모관대, 혹은 일본의 신사紳士에서 일하는 신관信官들이 입은 복식이 모두 당시대 복두와 단령의 잔재이다.

한편 우리나라와 일본의 여자복식도 당의 영향을 받았던 사실을 회화나 도용 등을 통하여 확인할 수 있다. 그렇다고 해서 이전에 입었던 옷차림이 모두 사라진 것은 아니었다. 대체로 왕실과 귀족 등 상류층의 여자만이 당의 복식을 적극적으로 수용할 수 있었고, 백성들의 경우는 이전의 복식 양식을 오랫동안 유지했으리라고 본다.

불교적인 귀족문화와 질박하고 보수적인 유교문화의 발달

　당이 붕괴하면서 짧은 기간 동안 다섯 왕조와 열 개 나라가 분립하였다. 송宋, 960~1279에 의하여 중국이 다시 통일되기는 하였지만 북방은 여전히 거란이나 여진 등의 유목민족들이 세력을 떨치고 있었다. 송은 거란이 세운 요遼의 세력에 밀려 남하하여 린안臨安으로 천도하였는데, 천도 이전까지를 북송北宋, 그 이후를 남송南宋이라고 한다.

　송은 문치文治를 표방한 결과, 상대적으로 강력한 주변 유목민족들의 공격에 늘 시달렸다. 하지만 거란과 여진 등의 잦은 침공에도 불구하고 송의 제도와 문화는 주변국에 영향력을 발휘하였다. 과거제도의 실시로 세습적인 문벌귀족이 쇠퇴하고 사대부士大夫라는 새로운 지배층이 출현하였으며, 이들을 중심으로 보수적인 유교문화가 퍼져나갔다. 화려하고 다채로웠던 당의 복식과 달리 송시대의 복식은 한편의 수묵화를 보는 듯 또는 한漢의 고대문화로 복귀한 듯 차분한 분위기로 되돌아갔다.

　중국에서 북송이 있을 즈음 우리나라는 신라의 제도를 바탕으로 고구려와 백제의 문화를 흡수하였던 통일신라를 거쳐 고려로 이어졌다. 무신의 난이 있었던 의종毅宗, 1146~1170 말년을 기점으로 고려를 전·후기를 나누어 보면, 전기에는 통일신라의 유풍이 남아 있었으며, 여전히 귀족적인 불교문화의 성격이 강하였다. 이 당시 송과 요가 대립하는 국제정세 속에서 송과 요는 여러 차례 고려에 예복을 보내왔다. 이웃 나라에 예복 혹은 인수印綬를 보냈던 것은 중국의 오랜 외교적 관습이었기 때문이다. 그러나 거란이 세운 요가 보내온 예복이라 할지라도 그 제도는 면복이었기 때문에 정치적으로 한漢의 문화가 얼마나 강력한 영향을 주었는가를 증명한다.

　이와는 대조적으로 섬나라인 일본의 경우는 중국의 영향력에서 벗어나 일본 특유의 색채를 만들어 내기 시작하였다. 견당사가 폐지된 이후 대륙과의 교류가 줄어들면서 삼백 년간 일본에서는 공가公家라고 부르는 궁정의 귀족문화가 꽃피었고, 일본 특유의 복식 양식을 형성하였다. 당시의 궁정생활과 복식은 12세기 전반의 궁중 설화와 전설을 글과 그림으로 기록한 『겐지모노가타리源氏物語』 등에 잘 표현되어 있다.

4장

수, 당, 오대십국, 송의 복식

북조의 양식을 기본으로 한 수의 복식

선비족 계통 출신으로 북주北周의 권력자였던 양견楊堅은 북주의 양위를 받아 수隋를 세우고 문제文帝, 재위 581~604에 올랐다. 589년에는 남조의 마지막 왕조인 진陳을 멸망시키고 중국을 다시 통일하였으나, 수 왕조는 30여 년밖에 지속되지 못하였다. 그러나 이때에 세워진 운하와 농업, 수공업, 상업의 발달은 당나라 이후 중국 왕조들의 번영에 크게 기여하였다.

문제와 양제煬帝, 재위 604~617는 불교를 숭상하여[1] 불교설화를 내용으로 한 벽화를 조성하였다. 벽화의 내용은 현실세계와는 거리가 있을 수 있지만 공양하는 사람들이 그려져 있어서 당시의 복식을 가늠해 볼 수 있는 자료가 되고 있다.

수시대의 복식은 기본적으로는 동위, 북제, 북주로 이어지는 북조의 양식을 따랐으나,[2] 통일 이후 정책적으로 남조에서 행해졌던 한漢의 제도를 수용하였으므로[3] 일상복은 북조식이고 예복은 한식인 이중구조였다. 수의 남자는 상의와 바지, 여자는 상의와 치마를 기본으로 입었다. 산시성陝西省 시안시西安市 이정훈李靜訓 묘에서 출토된 그림 1의 시종 도용들 중 왼쪽 남자는 곧은 깃에 소매가 넓은 상의와 바지통이 넓은 바지를 입고 머리에는 책을 썼다. 이러한 차림은 1부 1장 그림 26, 27, 28의 북조의 도

01 02

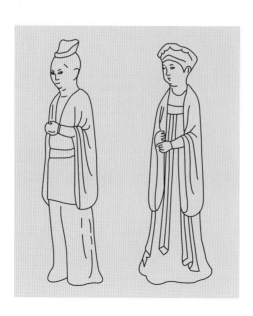

01
상의와 바지(좌), 상의와 치마(우)
이정훈 묘 출토 도용 도식화
중국역사박물관 소장

02
상의와 치마
문관 도용 도식화
북경 고궁박물원 소장

용들과 매우 유사하다. 반면에 그림 2의 문관 도용은 소매가 큰 무릎길이의 상의와 치마를 입었으며, 책을 쓰고 신발 앞쪽이 올라간 고두리高頭履를 신었는데, 이와 같은 관직자의 차림은 한나라의 양식을 이어 받아 남조에서 행해졌던 양식으로 볼 수 있다.

여자의 복식도 그림 1의 오른쪽 여자 도용처럼 소매가 넓은 상의와 긴 치마를 입은 차림은 1부 1장 그림 30의 북위의 시녀와 유사하다. 또 허난성河南省 안양현安陽縣 장성張盛 묘에서 출토된 그림 3의 시녀들은 꼭 끼는 긴 소매에 길이가 짧은 상의를 입고 그 위에 직선적인 실루엣의 긴 치마를 겨드랑이에 닿을 정도로 바짝 올려 입었다. 가슴까지 올라온 치마허리에는 좁은 띠를 둘러 장식하였다. 이러한 차림은 당시대에 더욱 화려하게 발전하였으며, 우리나라와 일본 등 이웃 나라들에도 영향을 미쳤다.

한편 제사나 공양 등의 의식을 치르거나 외출을 할 때에는 그림 4의 돈황 막고굴莫高窟 303굴 벽화에서 공양하는 귀부인처럼 소매가 넓고 긴 겉옷을 덧입었다.[4] 오늘날의 망토manteau처럼 어깨에 걸

03

04

03
상의와 치마
장성 묘 시녀 도용
허난성박물관 소장

04
겉옷, 피풍
돈황 막고굴 303굴 벽화

05
번령의 피풍
산시성 출토 북주 도용
유금와당박물관 소장

처 입는 피풍披風도 유행하였다. 피풍은 원래 바람과 모래를 막기 위하여 착용한 것이었다.[5] 형태는 일반적으로 맞깃이며 오늘날 양복의 라펠lapel과 유사하게 그림 5처럼 깃을 젖혀 넘긴 번령翻領이었다.[6] 얼굴의 생김새로 보아 이민족일 가능성이 큰 북주의 도용 그림 5는[7] 번령의 피풍을 소매에 팔을 넣지 않은 채 걸쳐 입었다.

화려하고 다원화된 당의 복식

선비족 출신인 이연李淵은 수나라 말기의 혼란을 수습하고, 창안長安을 수도로 하여 당唐, 618~907을 세우고 고조高祖, 재위 618~626에 올랐다. 수의 제도를 기반으로 하여 세워진 당은 중국 역사상 최고의 전성기였다.

수와 당 왕조는 오호십육국시대 이래 중원에 들어 온 동호東胡 계통의 선비족과 한족이 혼인관계를 맺음으로써 생긴 민족이 주를 이루었기 때문에 외래문물에 개방적이었다. 특히, 당 태종재위 626~649은 적극적인 대외정책과 화이일체론華夷一體論을 펼쳐 많은 이민족이 중국 내에서 활동하거나 거주하게 되었다. 당시 왕래한 국가만 해도 신라와 발해, 일본, 위구르, 티벳, 인도, 페르시아, 터키, 동로마 등 삼백여 개국에 이르렀다. 이와 같은 환경이 형성되면서 다양하고 풍부한 외래문화를 수용할 수 있었다.

이러한 배경 덕분에 수와 당이 남북을 통일한 이후 중국문화는 북조의 호인문화를 포함할 뿐만 아니라 서역문화까지도 포함하여 다원화를 이루었다.[8] 따라서 남조의 화려한 문화와 북조의 강건하고 실용적인 문화가 융합되고 이에 서역의 이국적인 요소들이 더해져 화려하고 귀족적이면서 국제적인 당 특유의 문화가 형성되었다.

복식의 발전도 절정을 이루었다. 수나라 때부터 발전한 직조업은 경제수준이 향상되면서 수요가 늘고 더욱 발전하여 실크의 생산지가 전국으로 확산되었다. 복식의 종류와 양식도 한나라 때보다 더 다채로웠으며 사치금지령이 내려질 정도로 화려하였다. 특히, 중국 고유의 양식에 단령과 번령, 피백披帛, 멱리羃籬와 유모帷帽, 혼탈모渾脫帽, 전모氈帽, 첩섭칠사鞢䪓七事 등 이민족으로부터 유래된 의복과 쓰개, 장신구, 머리모양, 화장법 등이 더해져 당시대를 특징짓는 복식문화를 형성하였다.

당시대를 대표하는 차림, 단령과 복두

  수와 당을 대표하는 차림은 당 초기 화가 염립본閻立本이 그린 것으로 알려진
그림 6의 「보연도步輦圖」에서 좌우 두 남자처럼 단령團領을 입고 머리에는 복두幞頭를
쓰고 화靴를 신은 것이었다. 이는 원래 남성의 복식으로 점차 착용 계층이 확대되어
귀천에 관계없이 착용하였는데, 여자의 남장이 성행하면서부터는 여자들 사이에서
도 단령이 유행하였다.

  단령은 원래 둥근 깃이라는 뜻이지만, 깃을 둥글게 만든 겉옷을 의미하는 용어로
도 널리 사용되었다. 둥근 깃의 겉옷은 원령포圓領袍나 반령의盤領衣라고도 하였다. 둥
근 깃의 의복은 한족 고유의 양식이 아니라 북방 이민족으로부터 유입된 것으로서
수·당시대에 이르러 토착화되었다. 소매는 좁은 것과 넓은 것이 있었으며, 옷길이
가 긴 것은 발목이나 땅에 닿았고 짧은 것은 무릎길이였다. 문관文官의 단령은 주로
발목길이였으며, 무관武官은 그보다 조금 짧았다. 양 옆선이 막혀 있는 것과 트여 있
는 것이 있었는데, 문관은 한황韓滉, 723~787이 그린 것으로 전하는 그림 7의 「문원도
文苑圖」처럼 막혀 있는 것을 입었다. 그리고 무관은 그림 8의 장회章懷태자 이현 묘 벽
화의 의장대열처럼 트여 있는 것을 입었다. 또 깃과 섶, 소맷부리 등 가장자리에 선을

06
단령, 복두
「보연도」 부분
북경 고궁박물원 소장

07
난삼과 복두 차림의 문관
「문원도」 부분
북경 고궁박물원 소장

08
옆이 트인 단령을 입은 무관
장회태자 이현 묘 벽화 부분

두르기도 하였는데,[9] 특히 그림 6, 7처럼 아랫단에 가로로 연결된 란襴이 있는 것은 난삼襴衫이라고 하였으며 주로 선비가 입었다.

한편 단령을 관복으로 착용할 경우에는 관직의 등급에 따라 색상을 다르게 하였으며, 허리띠와 손에 드는 홀의 재료에도 차등을 두었다. 또 무측천武則天, 624~705 때에는 사자, 호랑이, 표범, 기린, 매, 기러기 등의 무늬로 문관과 무관의 관직을 구분하기 시작하였다.[10] 이처럼 의복의 색상과 허리띠 및 홀의 재료 등으로 신분을 구분하는 방식의 기본 틀이 당시대에 만들어져 이후 송宋, 명明까지 이어졌으며, 색상과 재료에 차이는 있으나 우리나라와 일본 등의 주변국가들에게도 영향을 미쳤다.

수, 당 및 오대五代 남자들의 가장 보편적인 쓰개였던 복두는 초기에는 건巾, 즉 머릿수건의 일종으로 시작되었다. 북주北周 이전부터 상건上巾 또는 절상건切上巾이라고 하여 머리에 둘러 두발을 싸는 형태가 있었는데, 양끝을 잘라서 네 갈래로 만들고 두 개씩 앞뒤로 묶어 머리를 감쌌기 때문에 일명 사각四脚이라고도 불렀다. 특히 당시대에는 황제부터 일반백성에 이르기까지 관직의 유무나 신분의 존비, 나이에 상관없이 두루 써 당건唐巾이라고도 하였다. 이후 점차 사紗와 같은 얇은 옷감에 옻칠을 하여 만들게 되면서 칠사관漆紗冠이라고도 하였다. 8세기 초·중엽 이후에는 묶은

09

당시대의 복두

a,b 산시성 시안시 선우정회(鮮于庭誨)
　　묘 출토 도용
　　　중국역사박물관 소장
　c 허난성 뤄양시 룽먼[龙门]
　　안보(安菩) 부부 묘 출토 도용
　　　상하이시박물관 소장
　d 산시성 시안시 양두진(羊头鎮)
　　이상(李爽) 묘 벽화
　　　산시성박물관 소장
　e 당 고조(高祖) 초상화
　　　대만 국립고궁박물원 소장
　f 오대 후당 장종(莊宗) 초상화
　　　대만 국립고궁박물원 소장

끈인 다리脚 부분을 옻칠하여 딱딱하게 만든 경각硬脚이 등장하였다.[11] 이처럼 경각이
출현하고, 중당中唐, 766~835 이후에 점차 모자의 형태가 굳어지면서 그림 9처럼 복두
의 모양과 명칭이 다양해졌다.[12]

아름다움이 최고조에 이른 여자복식

당시대의 여자복식은 그 아름다움과 화려함이 중국 역사상 최고조에 이르렀다.
화가 장훤張萱이 다듬이질과 다리미질, 바느질을 하고 있는 여인들의 모습을 그린 그
림 10의 「도련도搗練圖」처럼 당나라 여자복식의 기본은 상의와 치마 차림이었다. 상
의 위에는 짧은 소매의 반비半臂를 덧입기도 하였고, 어깨에는 오늘날의 숄과 같은 피
백披帛을 걸쳐 둘렀다.

상의는 유襦 또는 삼衫이라고 하는데 대개 삼衫은 홑옷을, 유襦는 겹옷이나 솜옷을
의미하였다. 당시대 여자의 상의는 대체로 길이가 짧았으며, 곧은 깃과 둥근 깃뿐만
아니라 하트heart형 등 깃모양이 매우 다양하였고, 소매는 넓은 것과 좁은 것이 모두

10   11

10
상의와 치마, 피백, 고계
「도련도」 부분
미국 보스턴미술관 소장

11
상의와 색동치마
「보연도」 부분
북경 고궁박물원 소장

있었다. 또 상의를 치마 안으로 넣어 입었던 것이 독특한 착장법이었으며, 저고리 위에 덧입은 반비는 치마 안으로 넣어 입기도 하고 겉으로 내어 입기도 하였다.

하의로는 긴 치마長裙를 그림 10처럼 겨드랑이 바로 아래까지 올려 입었다. 가슴높이로 올려 입은 치마 윗부분에는 허리띠를 묶어 드리웠다. 그림 11의 「보연도」에서 당 태종을 둘러싸고 있는 시녀들은 고구려 고분벽화나 다카마츠 고분벽화와 유사한 색동치마를 입었는데, 보행의 편리함을 위해서인지 치마의 중간을 묶어 입어 안에 입은 바짓부리가 일부 보인다.

어깨에 걸쳐 두른 피백은 피帔 또는 피자帔子, 영건領巾, 영포領布라고도 하였다. 일반적으로 얇고 가벼운 옷감으로 만들고 그림이나 무늬를 넣어 화려하고 아름답게 장식하였다.

신발은 고두리高頭履 혹은 고비리高鼻履라고 하는 앞이 올라간 신을 신었다. 그중에서 앞쪽 끝부분이 두 갈래로 갈라진 것은 기두리岐頭履라고 하였다. 이렇게 신 앞이 높이 올라간 것은 긴 치맛자락이 발에 걸리지 않도록 하기 위함으로 보인다.

이와 같은 당시대 여자들의 차림에서는 상의와 하의의 착장비율이 서양의 엠파이어empire 스타일처럼 하이웨이스트high waist라인을 형성하여 인체의 곡선을 돋보이게 하였다. 또한 복식의 구성은 동일하지만 시기에 따라 전체적인 실루엣이 변하였다는 점이 흥미롭다. 수나라부터 초당初唐, 618~712 시기의 전형적인 여인인 그림 12의 도용은 가늘고 직선적인 실루엣의 날렵한 자태를 지니고 있다. 그러나 성당盛唐, 713~765 시기의 여인인 그림 13의 도용은 풍만하고 곡선적인 실루엣의 요염한 자태를 보여 준다.

12
가늘고 직선적인 자태의 여인
수대~초당 시기 도용
유금와당박물관 소장

13
풍만하고 곡선적인 자태의 여인
성당 시기 도용
유금와당박물관 소장

서역문물의 유입과 이국취향

전국시대 이후 시작된 호복의 영향은 위진남북조시대에 한족과 서북西北 소수민족의 문화가 융합된 이후 더욱 깊어졌다.[13] 당시대에는 실크로드를 따라 호상胡商과 함께 이국의 미술과 음악, 음식, 풍습, 복식도 들어왔다. 『구당서』 여복지輿服志에는 "개원開元, 713~741 이래 음악은 호곡胡曲을 높이 여기고, 귀인의 식사는 모두 호식胡食으로 올리며, 남자와 여자 모두 호복胡服을 입는다." 라고 기록되어 있어서[14] 당시 다양한 분야에서 호풍이 유행하였음을 알 수 있다.

이 즈음의 호복은 페르시아, 돌궐 계통의 복장으로, 무측천624~705 때에 멸망한 사산조 페르시아의 왕자와 무리들에 이어 다수의 소그드인이[15] 창안으로 이주하자, 이들의 풍속과 문화가 새로운 이국풍으로서 호기심을 자극하여 상류사회뿐만 아니라 서민들 사이에도 널리 퍼졌다.[16]

예를 들어, 산시성 시안시 위욱韋頊 묘의 돌에 새긴 그림 14처럼 좁은 소매의 번령포와 바지통이 좁은 줄무늬의 바지를 입고, 머리에는 혼탈모渾脫帽를 쓰고, 허리띠에는 첩섭칠사鞊韘七事를 다는 것이 당시의 새로운 스타일이었다. 혼탈모는 호모胡帽라고도 하며, 원래 유목민족들이 가죽과 털을 이용하여 만든 것으로 페르시아에서 인도, 쿠차를 거쳐 유입되었다. 신강 투루판 아스타나 230호 묘에서 출토된 그림 15의 여자는 화려하고 이국적인 무늬의 소재로 만든 호모를 쓰고 있다. 학자에 따라 이러한 모자를 고모高帽나 탑이모耷耳冒라고 부르기도 한다.[17]
이처럼 이국적인 연주문連珠紋이나 동물쟁탈문動物爭奪紋, 수렵문狩獵紋 등의 페르시아계 무늬들이 한때 매우 유행하였다. 첩섭칠사는 혁

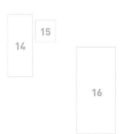

14
혼탈모, 번령포, 줄무늬 바지, 첩섭칠사
위욱 묘 돌에 새겨진 그림

15
화려한 무늬의 호모
신강 투루판 아스타나 230호 묘 출토
신강 웨이우얼자치구박물관 소장

16
남장 여자
산시성 시안시 한썬싸이 출토 도용
시안시 문물연구센터 소장

대에 달려 있는 일곱 종류의 금속 부속품을 말하는 것으로 유목민족들이 항상 휴대하였던 생활필수품에서 출발된 것이다. 『신당서』에는 칠사가 허리칼佩刀, 작은 칼刀子, 숫돌礪石, 부싯돌주머니火石帶, 침통針筒, 글필契苾, 진홰궐眞噦厥이라고 기록되어 있는데, 글필과 진홰궐은 무엇을 의미하는지 정확하게 알 수 없다.

한편 산시성 시안시 한썬싸이韓森寨에서 출토된 그림 16의 도용처럼 여자가 단령을 입고 남장男裝을 하는 것이 초당부터 성당 시기에 이르기까지 매우 유행하였는데, 이 역시 호풍의 영향으로 해석된다. 궁에서 시작된 여자의 남장은 문헌상으로는 여러 계층에서 유행하였던 것으로 보이나 유물을 보면 주로 시녀, 그중에서도 젊은 여자들에게서 나타난다.[18] 또한 여자가 남자의 포인 번령포를 입은 것이나 호희胡姬의 영향으로 성당 시기에 양귀비로 대표되는 풍만하고 농염한 여자를 선호하였던 성향 등도 호풍으로 해석되기도 한다.

이러한 호풍의 유행은 755~763년에 일어난 안록산安祿山의 난 이후 이민족에 대한 경각심으로 인하여[19] 줄어들고, 복고적인 경향으로 변하였다. 그러나 그 가운데에서도 토번의 영향을 받은 머리모양과 장식, 얼굴화장이 여자들 사이에서 한때 유행하였다.

기마 및 외출을 위한 여자 쓰개의 발달

당나라의 여자들은 외출하거나 여행할 때, 말을 탈 때에는 멱리冪䍦나 유모帷帽 등의 쓰개를 썼다. 멱리는 원래 북방민족이 바람과 추위를 막기 위하여 천으로 전신을 덮은 것에서 기원되었다고 알려져 있으나 서아시아의 관습이 중앙아시아를 거쳐 중국에 전해졌을 가능성도 있다. 『구당서』 토곡혼吐谷渾조에 "남자는 장군중모長裙繒帽 또는 멱리를 착용한다." 라고 기록되어[20] 있는 것처럼 멱리는 원래 토곡혼의 쓰개였다.[21] 당나라 때에는 주로 여자들이 기마나 외출할 때에 썼다. 『구당서』 여복지에는 "무덕武德, 618~626과 정관貞觀, 627~649 연간에 궁인들이 말을 탈 때 제齊와 수隋의 옛 제도에 따라 멱리를 많이 썼다. 융이戎夷에서 나온 것인데 온몸을 가려 엿보이지 않으려 했던 것이다." 라는 기록이 있다.[22] 멱리의 형태는 장시성江西省 포양현鄱陽縣 홍자성洪子成 부부 묘에서 출토된

남송시대의 도용인 그림 17과 유사한 형태였을 것으로 추정된다.

유모는 그림 18처럼 챙이 있는 모자의 사방 또는 앞뒤에 '군裙'이라고 하는 천을 드리운 것이다. 드리운 천이 등까지 늘어지는 것이 일반적이었지만 때로는 짧은 것도 유행하였다. 또 그림 19처럼 천으로 머리와 목을 감싸고 그 위에 챙이 있는 모자를 쓴 경우도 있다. 유모는 7세기 중엽에 유행하기 시작하여 드리운 천의 길이가 점차 짧아졌다가 일시적으로 금지되기도 하였으나 무측천 때에 다시 매우 유행하였다. 이처럼 유모가 크게 유행함에 따라 당 초기에 착용하였던 멱리를 착용하는 일은 점점 줄어들었다.[23]

고계와 머리장신구의 유행

당시대의 부인들은 그림 10의 「도련도」처럼 머리카락을 높게 모아 올려 만든 다양한 모양의 고계高髻를 하였다. 당 초기였던 고조高祖 때에는 일시적으로 고계를 금지시킨 일이 있었으나 오히려 점점 더 유행하여, 자신의 머리카락뿐만 아니라 가발을

18
유모
신강 투루판 아스타나 묘 출토 도용
중국국가박물관 소장

19
유모
정인태 묘 출토 도용
산시성박물관 소장

20
회골계, 화전
신강 투루판 카라호자[哈喇和卓]
출토 목용
국립중앙박물관 소장

21
고계, 추마계
「궁락도」 부분
대만 국립고궁박물원 소장

이용하여 높고 크게 만들기도 하였다. 이러한 고계도 호풍인 것으로 생각되는데, 특히 그림 20처럼 나무를 사용하여 마치 가발처럼 만들어 얹은 것은 위구르를 의미하는 '회골'이라는 단어를 붙여 회골계回鶻髻라고 하였다. 또 당시대 궁중 여자들의 풍속을 잘 표현한 그림 21의 「궁락도宮樂圖」처럼 독특한 머리모양들도 유행하였다. 그림 중앙의 여자처럼 묶은 머리가 한쪽으로 기울어진 것은 '말을 타다 떨어져 비뚤어진 머리'라는 의미에서 타마계墮馬髻라고 불렀다. 그 밖에 미성년 여자는 신강 투루판 아스타나 187호 묘의 「혁기사녀도弈棋仕女圖」에서 그림 22의 시녀처럼 두 갈래로 나눈 쌍계雙髻를 하였다.

한편 크고 높게 올린 머리에는 비녀나 빗, 걸을 때 흔들리는 머리장신구인 보요步

22

23

22
쌍계, 홍분, 구지, 미대, 화전
「혁기사녀」 부분
신강 투루판 아스타나 187호 묘
신강박물관 소장

23
선비족의 보요
서하지향 유적지 출토
내몽고박물관 소장

24
미대, 화전, 사홍, 장엽
신강 투루판 아스타나 출토 목용
신강박물관 소장

搖, 취교翠翹 등으로 장식하였다. 보요는 선비족에서 유래된 것으로 알려져 있는데, 내몽고 선비족 서하자향西河子鄕 유적지에서 출토된 그림 23의 보요는 귀족들의 관冠 위에 장식하였던 것이다. 이 보요는 구슬이나 옥을 꿰어 만든 한漢의 보요와는 달리 나뭇잎모양의 금판을 금선金線의 나뭇가지에 달아 만든 것이 특징이다. 또 취교는 물총새의 깃털로, 비녀 등의 장신구를 화려하게 꾸미는 데 사용하였다.

다양한 화장법의 발달

당시대 여자들 사이에서는 홍분紅粉, 구지口脂, 미대眉黛, 홍검紅瞼, 사홍斜紅, 화전花鈿, 장엽粧靨, 액황額黃 등 다양한 얼굴 부위를 아름답게 단장하는 화장법들도 유행하였다. 얼굴에 색을 바르거나 그려 넣는 화장법은 북방 유목민족, 티벳, 인도, 이란 등의 풍속이 유입된 것이다.

홍분紅粉은 그림 13, 22처럼 뺨을 붉게 칠한 것인데, 흰색의 분에 붉은색을 가하는 것이 일반적이었다.[24] 붉은 가루가 당시 동서교류의 요지였던 간쑤성甘肅省 허시후이랑河西回廊의 연지산燕支山에서 산출되어 '연지燕支'라고도 하였다. 원래는 북방 유목민족이 강렬한 태양빛이나 바람으로부터 얼굴을 보호하기 위하여 시작한 것이다. 특히, 짙은 붉은색으로 뺨을 칠하는 것은 토번의 풍속에서 비롯된 것이어서 토번장이라고 하였는데, 중당 이후 만당 시기에 매우 유행하였다. 8세기 중엽에는 흰색의 분만을 뺨에 칠하는 누장淚粧이 궁중에서 유행하기도 하였다.[25]

구지口脂 또는 구홍口紅은 그림 22, 24처럼 입술을 붉게 칠하는 것이다. 입술을 붉게 칠하는 것과 더불어 눈썹을 그리는 것은 가장 보편적인 화장 중의 하나이지만, 특히 당시대에는 그림 25처럼 시기나 지역에 따라 먹을 사용하여 매우 다양한 모양으로 눈썹을 그려 넣은 미대眉黛가 유행하였다. 또 인도의 영향으로 그림 20, 22, 24, 26처럼 미간에 꽃이나 달, 별 등의 다양한 무늬를 그려 넣은 화전花鈿도 매우 유행하였다. 뿐만 아니라 홍검紅瞼이라고 하여 눈꺼풀 위를 붉게 물들이기도 하였으며, 그림 24처럼 양쪽 눈과 귀 사이에 붉은색의 사선을 그린 사홍斜紅이라는 특이한 화장법도 있었다. 그 밖에도 양쪽 볼에 보조개처럼 별모양 등을 그려 넣은 장엽粧靨이나 엽성靨星, 머리털이 난 언저리를 황색의 분으로 물들여 이마를 다듬은 액황額黃 또는 아황鴉黃 등의 화장법도 있었다.

염립본 「보연도」

예천 정인태 묘 출토 도용

투루판 아스타나 장웅(張雄) 부인 묘 출토 도용

창안현(長安縣) 남리(南里) 왕촌(王村) 위동(韋洞) 묘 벽화

건현(乾縣) 의덕(懿德)태자 묘 출토 벽화

투루판 아스타나 당(唐) 묘 출토 견에 그린 그림

투루판 아스타나 장씨(張氏) 묘 출토 견에 그린 그림

주방(周昉) 「환선사녀도(紈扇仕女圖)」

주방(周昉) 「잠화사녀도(簪花仕女圖)」

돈황 막고굴 130굴 벽화

당 장훤(張萱), 도련도(搗練圖)

신강 투루판 출토 견에 그린 그림

당(唐) 「혁기사녀도」

신강 투루판 출토 목용

산시성 시안 출토, 당삼채 도용

당(唐) 「도화사녀도(桃花仕女圖)」

신강 투루판 출토 견에 그린 그림

돈황 막고굴 454굴 벽화

신강 투루판 출토 진흙과 나무로 만든 용

돈황 막고굴 427굴 벽화

25	26

25
다양한 눈썹모양

26
다양한 화전모양

당을 계승한 오대십국의 복식

당이 멸망한 후부터 송宋이 전 중국을 통일한 979년까지의 약 70년에 걸쳐 흥망한 여러 나라들과 그 시대를 오대십국五代十國, 907~958이라고 한다. 오대는 화북의 중심 지대를 지배한 정통왕조 계열의 양梁, 당唐, 진晉, 한漢, 주周 다섯 왕조이며, 십국은 화남華南과 기타 주변지역에서 흥망한 지방정권인 오吳, 남당南唐, 오월吳越, 민閩, 형남荊南 또는 南平, 초楚, 남한南漢, 전촉前蜀, 후촉後蜀, 북한北漢을 말한다. 그 밖에 짧은 기간 독립을 유지하였던 연燕, 기岐, 주행봉周行逢 정권 등도 있었다.

오대십국은 짧은 기간 동안이었기 때문에 복식은 대부분 당시대의 것을 그대로 이어 받았다. 남당의 화가였던 고굉중顧閎中이 정치가 한희재韓熙載, 911~970가 연회를 여는 장면을 그린 그림 27의 「한희재 야연도夜宴圖」를 보면 당시의 복식을 알 수 있다. 남자는 단령과 복두 차림을 즐겼는데, 당 말기 이후로 복두의 다리 부분이 부드러운 연각軟脚에서 빳빳한 경각硬脚으로 변하였다. 여자복식도 기본적으로 당 말기와 비슷하여 좁은 소매의 짧은 상의와 긴 치마를 주로 입었다. 그러나 당시대에 겨드랑이까지 올라오던 치마허리선이 오대 시기에는 약간 낮아졌으며, 치마의 허리띠가 길어지고, 피백 역시 좁고 길어졌다. 또한 오대 여자들은 풍만하기보다는 연약하고 날씬한 모습이었다.[26]

27
오대 남녀의 복식
「한희재 야연도」 부분
북경 고궁박물원 소장

송의 복식

자연스럽고 소박한 송의 복식

당이 멸망한 후 혼란기를 거친 중국은 후주後周, 951~960의 장군이었던 조광윤趙匡胤, 재위 960~976이 송宋, 960~1279을 건국하면서 다시 통일되었다. 그러나 지나친 문치주의와 과도한 문관우대로 인하여 군사력이 약해짐에 따라 여진족이 세운 금金, 1115~1234에게 밀려 남하였다. 1127년에 수도를 오늘날의 카이펑開封인 비엔징汴京에서 오늘날의 항저우杭州인 린안臨按으로 옮겼는데, 천도하기 전을 북송北宋, 그 후를 남송南宋으로 구분하기도 한다.

건국 초부터 문치주의를 지향하였던 송은 북방 유목민족의 하나인 거란족이 건설한 요遼, 916~1125의 침공을 받았으나 매년 재물을 보내는 것으로 화친을 맺었고 이를 토대로 약 120년간의 평화를 얻었다. 이러한 장기적인 평화를 토대로 경제발전이 촉진되었고 각종 실용기술들도 발전하였다. 나침반용 자침이 발명되고, 화약, 제지 및 인쇄기술도 실용화되었다. 목면木棉이 재배되었으며,[27] 직물의 세 가지 기본조직 중 하나인 수자직도 고안되었다. 예술과 사상도 발달하여 문화적으로도 풍요로웠다. 이전까지 귀족이나 관료에게 독점되었던 문학과 사상이 시민들 사이에서도 활발하게 발전하였다. 뿐만 아니라 유학儒學이 성행하여 당시 사람들의 의식과 심미審美에 큰 영향을 주었다. 특히, 사회 전반적으로 검소함을 숭상하였기 때문에 과장되고 화려했던 당에 비하여 송의 복식은 자연스럽고 소박하며 정결하면서도 섬세하였다.[28]

한족 고유의 예복, 제복과 조복

문치주의와 관료제도의 수립을 중시하였던 송시대에는 복식도 한족 고유의 전통으로 복귀하려는 경향이 강하였다. 따라서 건국 초부터 예禮의 경전인 삼례三禮, 즉 『예기禮記』와 『주례周禮』, 『의례儀禮』의 이해를 돕기 위해 그림을 그려 설명한 『삼례도三禮圖』를 편찬하는 등 예복제도를 재정비하였다.

송의 제복과 조복은 주周시대부터 이어온 상의하상上衣下裳 제도가 한과 수·당시대를 거쳐 발전된 것으로, 가장 한족적인 예복이라 할 수 있다. 제복과 조복은 관모와 더불어 의衣와 상裳을 기본으로, 중단中單, 폐슬蔽膝, 수綬, 패옥佩玉, 혁대革帶와 대대大帶, 말襪과 석舃²⁹⁾ 등을 갖추었다.

고대부터 이미 천자의 제복인 면복만 해도 대구면大裘冕, 곤면袞冕, 별면鷩冕, 취면毳冕, 치면絺冕, 현면玄冕의 여섯 가지나 있었다. 이들 중 호천상제昊天上帝나 오제五帝에게 제사를 지낼 때에는 대구면을 입었다.³⁰⁾ 대구면에서 '구裘'는 털가죽을 뜻하는데, 검은색은 양, 황색은 여우, 소색은 사슴의 털가죽이었으며, 야외에서 제사를 지낼 때나 겨울에 털가죽으로 만들어 입음으로써 추위를 이겼다.³¹⁾

곤면은 천지天地나 종묘에 제사를 드릴 때, 새해 첫날 신하들로부터 하례를 받을 때, 책봉을 받을 때 등 가장 큰 의식들에 착용하였다.³²⁾ 곤면은 머리에 쓰는 면류관冕旒冠과 곤복袞服으로 구성되었다. 면류관은 면관冕冠 또는 평천관平天冠이라고도 하였다. 앞뒤로 류旒가 늘어진 것이 특징인데, 천자는 열두 줄의 류가 있는 십이류면류관을 썼다. 곤복은 면류관 외에 의와 상, 중단을 입고 대대와 혁대를 두르고 폐슬과 수, 패옥을 차고 말과 석을 신은 복장 전체를 말한다. 상반신에 착용하는 의는 짙은 청색 또는 검은색이었으며, 하반신에 착용하는 상과 폐슬은 붉은색이었다. 의와 상, 폐슬에는 곤복의 특징인 장문章紋을 넣었다. 천자는 십이장문, 즉 해, 달, 별星辰, 용, 산, 꿩華蟲, 불꽃火, 종묘의 제기인 종이宗彝, 물풀藻, 쌀粉米, 도끼黼, '아亞' 자와 유사하게 생긴 불黻무늬 등의 열두 가지 장문을 사용하였다. 남송 전기의 화가 마화지馬和之가

28　29

28
천자의 제복
「청묘지십도」 부분
라오닝성[遼寧省]박물관 소장

29
천자의 조복
「역대제왕상」 중 송 선조
대만 국립고궁박물원 소장

그런 것으로 전하는 그림 28의 「청묘지십도淸廟之什圖」에서 면류관을 쓰고 소매에 용무늬가 있는 의를 입고 허리에 패옥을 찬 천자의 제복 차림을 확인할 수 있다.

송시대까지 관료들도 천자처럼 면류관과 곤복을 제복으로 착용하였다. 관료의 제복은 당나라 때에 곤면구류袞冕九旒, 별면팔류鷩冕八旒, 취면칠류毳冕七旒, 치면육류絺冕六旒, 현면오류玄冕五旒의 제도가 있었는데, 송나라 초기에 팔류면八旒冕과 육류면六旒冕이 생겼다.[33] 신분에 따라 류의 수가 달라 친왕親王과 중서문하中書門下, 세 명의 최고 대신大臣인 삼공三公은 구류면을, 삼공에 버금가는 아홉 명의 높은 관료인 구경九卿은 칠류면을, 4품과 5품은 오류면을 썼다.[34]

천자의 조복은 대제사大祭祀나 새해 첫날과 동지, 5월 첫날의 대조회大朝會, 책봉을 명할 때 등에 입었다. 통천관을 쓰고, 붉은 포인 강사포絳紗袍를 입었는데 강사포에는 용과 구름무늬를 직금하고 깃과 소매, 도련 등에 검은 선을 둘렀다.[35] 상과 폐슬도 붉은색을 착용하였는데, 이처럼 상하가 모두 붉은색인 것과 장문이 없는 것이 제복과의 차이점이었다. 그 밖에 수, 패옥, 대대와 혁대, 말과 석 등의 부속품은 제복과 동일하였고, 방심곡령方心曲領도 갖추었다. 「역대제왕상歷代帝王像」 중에서 송 태조太祖의 아버지로서 훗날 선조宣祖로 추존된 조홍은趙弘殷은 그림 29처럼 통천관을 쓰고, 용무늬가 있는 소매가 넓은 포를 입고, 방심곡령을 한 조복 차림을 하였다. 또 고종高宗

30
천자의 조복
「여효경도」 부분
북경 고궁박물원 소장

31
통천관
「역대제왕상」 중 송 선조
대만 국립고궁박물원 소장

32
진현관
「구가도」

33
초선관
범중엄 초상화
난징[南京]박물관 소장

이 글을 쓰고 마화지가 그림을 그려 여자의 효행을 다룬 「여효경도女孝經圖」 중에서 황후가 천자를 뵙는 장면을 묘사한 그림 30에도 통천관과 소매가 넓은 강사포를 착용하고, 방심곡령을 한 천자의 조복 차림이 잘 표현되어 있다.

조복의 관모로는 세로선인 량梁이 있는 양관 종류를 썼다. 통천관과 더불어 원유관, 진현관, 초선관貂蟬冠, 해치관獬豸冠 등이 양관에 속하는데, 형태는 시대에 따라 조금씩 달랐다. 통천관은 그림 31처럼 스물넉 줄의 량이 있었고, 산모양의 금장식 金博山과 금 또는 바다거북의 등껍데기인 대모玳瑁로 만든 매미를 달아 장식하였다. 원유관은 량이 열여덟 줄이었고, 나머지는 통천관과 유사하였다.[36] 진현관은 송 초기에는 오량과 삼량, 이량으로 나누었으나 신종神宗, 재위 1067~1085과 휘종徽宗, 재위 1110~1125 이후 칠량부터 일곱 단계로 구분하였는데,[37] 품계가 낮아질수록 량의 수를 줄여 신분을 표시하였다. 진현관은 북송 때의 문인화가 이공린李公麟의 「구가도九歌圖」인 그림 32에서 볼 수 있다. 초선관은 북송 때의 학자이자 정치가였던 범중엄范仲淹, 989~1052의 초상화인 그림 33처럼 진현관 위에 'ㄇ'형으로 덧쓰는 것이었다. 은으로 만든 꽃장식과 대모로 만든 매미를 달았으며, 담비털貂尾을 꽂았다. 친왕과 삼공이 제사를 모시거나 대조회大朝會를 할 때에 썼다.[38] 그 밖에 해치관은 진현관의 일종으로, 전설상의 동물인 해치의 뿔을 나무로 만들어 장식하였다.[39]

백관들의 조복은 진현관이나 초선관, 해치관을 쓰고 천자와 마찬가지로 붉은색의 의와 상, 폐슬을 착용하였으나[40] 용과 구름무늬는 넣지 않았다. 송나라 때 황제의 행차 행렬을 그린 그림 34의 「노부옥로도鹵簿玉輅圖」에는 양관을 쓰고 붉은 포를 입고 손에는 홀을 든 관료들의 조복 차림이 잘 표현되어 있다.

34
백관의 조복
「노부옥로도」 부분
라오닝성박물관 소장

백관의 공복, 단령과 복두

송시대에는 단령이 백관들의 공복公服, 즉 업무를 수행할 때에 입는 복식으로 정착되었다. 공복으로 착용된 단령은 소매가 크고 도련에 가로 방향의 란이 있으며, 복두와 가죽 허리띠, 가죽으로 만든 검은 화를 함께 갖추었다.[41]

백관들의 공복은 관직의 등급에 따라 단령의 색상과 허리띠 및 홀의 재료에 차등을 두었다. 송 초기의 단령 색상은 3품 이상은 자색紫色, 5품 이상은 주색朱色, 7품 이상은 녹색綠色, 9품 이상은 청색靑色이었다.[42] 신종 때에 4품 이상은 자색, 6품 이상은 비색緋色, 9품 이상은 녹색綠色으로 개편되었다.[43] 허리띠 및 장식도 옥, 금, 은, 서犀, 동, 철 등 재료를 달리하여 등급을 구별하였다. 뿐만 아니라 문신의 경우 5품 이상은 상아로 만든 홀笏을, 9품 이상은 나무로 만든 홀을 들었고, 무신은 궁궐직책에 따라 상아를 사용하였는데, 비색과 녹색을 입는 자에게 조정에서 내려주었다.[44]

그 밖에 관복의 색상에 따라 금이나 은으로 장식한 어대魚袋를 차기도 하였다. 어대는 오늘날의 신분증처럼 해당자의 관직과 이름이 새겨진 물고기모양의 어부魚符를 넣는 주머니였다. 어부는 두 조각으로 나눈 후 하나는 조정에 두고 다른 하나는 어대에 넣어 조정을 출입할 때마다 패용하였다.

복두는 당에 이어 송시대에도 매우 광범위하게 착용되었는데, 오사모烏紗帽 또는 조사절상건皂紗折上巾이라고도 하였다. 좌우 두 다리가 'ㅡ'자형로 뻗은 전각展脚복

두는 송시대를 대표하는 형태로, 양쪽 다리의 길이가 한 자尺가 넘을 정도로 긴 경우도 있었다. 또 그림 35처럼 위로 치켜 올라간 고각高脚복두, 두 다리가 X자형으로 교차된 교각交脚복두, 반이 꺾여 내려간 형태, 둥근 부채나 파초잎처럼 생긴 형태 등도 있었다. 북송 때의 정치가이자 학자였던 사마광司馬光, 1019~1086은 그림 36의 초상화에서 붉은색 단령과 전각복두를 착용하고 홀을 든 관료의 공복 차림을 하였다.

한편 당시의 회화를 살펴보면 평민이 단령을 입을 때에는 대개 길이가 무릎 정도로 짧고 소매도 좁으며 복두보다는 건巾과 함께 착용한 경우가 많았다. 또 사서인의 편복포로 단령을 입을 경우에는 치포관이나 복건, 절상건, 동파건 등을 썼으며, 신발은 화보다는 주로 리를 신었다.

35

송시대의 복두
a 송 태조 초상
  대만 국립고궁박물원 소장
b 북송 휘종의 「문회도(文会図)」
  대만 국립고궁박물원 소장
c 구이저우성 쭌이[遵義] 영안향(永安鄕)
  양찬(楊粲) 묘 출토 조각
  구이저우성[貴州省]박물관 소장
d 장훤의 「괵국부인유춘도(虢國夫人游春圖)」
  휘종의 모사본
  라오닝성박물관 소장
e 허베이성 쉬안현[宣化縣] 요(辽)
  장세경(张世卿) 묘 벽화

36

백관의 공복
사마광 초상화
대만 국립고궁박물원 소장

사대부의 평상예복 및 편복의 발달

송시대에는 예를 중요시하는 유학이 발달하고, 기존의 세습적인 귀족과 달리 과거 제도에 의해 관직에 진출한 사대부라는 새로운 관료계급이 형성됨에 따라 이들이 사적인 의례에 참석할 때나 외출을 할 때, 사람을 접견할 때 등 격식을 갖추어야 할 경우에 입는 평상예복平常禮服 및 편복便服이 발달하였다. 그 대표적인 예로 난삼襴衫과 심의深衣를 들 수 있다.

난삼은 남송의 화가 주계상周季常이 그린 「오백나한 응신관음도五百羅漢 應応身觀音圖」인 그림 37에서 두 인물이 입은 것처럼 원래 단령의 도련에 란이 있는 것을 지칭하였다. 그러나 송시대에는 「오백나한 승속공양도五百羅漢 僧俗供養圖」인 그림 38에서 두 인물이 입는 것처럼 직령의 포에도 란이 있는 경우가 있었다.[45] 둥근 깃을 즐겨 입었던 당시대에 비하여 송시대에는 그림 38의 「오백나한 승속공양도」나 동파東坡 소식蘇軾, 1037~1101의 초상화인 그림 39처럼 곧은 깃의 포들을 애용하였다. 이처럼 사대부의 평상예복이나 편복으로 직령포들을 널리 애용하게 되면서 곧은 깃의 포에도 란이 달리게 되었을 것으로 보인다. 한편 란이 없는 포는 직철直綴이라고 하였다. 또한 란이 없는 포는 구성상 몸판의 위에서 아래 도련까지 한판으로 만들어지기 때문에 상의하상과 구분하여 직신直身이라고도 하였다.[46]

37

38   39

37
단령의 난삼
「오백나한 응신관음도」 부분
미국 보스턴미술관 소장

38
직령의 난삼
「오백나한 승속공양도」 부분
교토 다이토쿠사[大德寺] 소장

39
사대부의 편복
소동파 초상화
대만 국립고궁박물원 소장

심의는 당시의 성리학적인 관념이 반영된 예복으로, 사대부가의 관례와 혼례, 제사를 지낼 때뿐만 아니라 교제 시나 편히 쉴 때에도 즐겨 입었다. 송시대의 심의는 고대의 곡거의曲裾衣와는 다른 형태로, 상의衣 부분은 네 폭으로 만들고 각각의 조각에 세 폭씩 모두 열두 폭의 치마裳 부분과 연결하였다. 곧은 깃이었고 옷길이는 복사뼈까지 내려오며, 흰색 바탕에 깃과 도련, 소맷부리에는 검은 선을 두르고, 천으로 된 허리띠로 여며 입었다.[47] 그 밖에 자삼紫衫과 양삼涼衫, 모삼帽衫 등을 입었다는 기록도 있다.

후비와 명부를 위한 예복의 분화

여자 예복은 고대부터 이미 왕후王后의 예복이 휘의, 요적, 궐적, 국의, 전의, 단의의 여섯 가지가 있었는데, 이후 한과 수·당시대를 거치면서[48] 더욱 발전하였다. 남자의 경우와 마찬가지로 한족 고유의 상의하상이 계승된 것으로, 곧은 깃에 소매가 넓은 의와 길이가 긴 상을 기본으로 하여 중단, 폐슬, 수, 패옥, 대대와 혁대, 말과 석 등을 갖추었다.

송시대에는 후비后妃와 명부命婦 등 착용자의 신분과 품계에 따라 세분화되었다. 황태후, 황후, 황태자비 등 후비의 예복으로는 휘의, 요적, 국의, 주의朱衣, 예의禮衣가 있었으며,[49] 명부의 예복은 적의翟衣 등이 있었다. 후비의 휘의와 요적은 책봉을 받을 때受冊나 책봉 후 천자를 뵙는 조알朝謁, 조회朝會 등에 착용하였으며, 국의는 양잠을 기원하는 친잠親蠶에 착용하였다. 명부의 적의는 책봉을 받을 때나 친잠을 따를 때, 조회 등에 착용하였다.

휘의와 요적, 적의는 꿩무늬가 있는 것이 특징이었으며, 국의는 휘의와 거의 유사하였으나 황색이고 꿩무늬가 없었다.[50] 예복의 격과 더불어 착용자의 신분 및 품계에 따라 의복의 색상과 꿩무늬의 형태 및 수가 달랐다. 황후의 휘의는 심청深青색 바탕에 휘적무늬褘翟紋를,[51] 황태자비의 요적은 청색 바탕에 요적무늬搖翟紋를,[52] 명부의 적의는 청색 바탕에 적무늬翟紋를 넣었다.[53] 그러나 꿩무늬의 일종인 휘적무늬와 요적무늬, 적무늬가 구체적으로 어떻게 다른지 현재로서는 알 수 없다.

이러한 예복들을 입을 때에는 신분 및 품계에 따라 용, 봉, 꿩, 꽃모양의 관식과 구슬 등으로 꾸민 관을 썼다.[54] 송나라 제3대 진종眞宗의 장헌章獻황후는 그림 40의 초상화에서 청색 바탕에 꿩무늬가 있는 휘의를 입었다. 깃과 소맷부리 등의 가장자리

에는 용과 구름무늬가 있는 붉은 선을 둘렀다. 또 폐슬을 앞쪽으로 드리웠으며, 앞이 들린 푸른색의 석을 신고, 용과 구름, 꽃모양의 관식과 구슬 등으로 꾸민 화려한 관을 썼다.

　이처럼 고대부터 계승된 예복들 외에 상복常服도 있었다. 『송사宋史』의 기록에 따르면 후비의 상복은 소매가 큰大袖 의와 긴 치마長裙를 기본으로 하여 하피霞帔, 옥추자玉墜子, 배자褙子로 구성되었다.[55] 하피는 당나라의 시인 백거이白居易, 772~846와 온정균溫庭筠, 812~870의 시에서 확인할 수 있을 정도로 역사가 오래된 용어이다.[56] 당나라 때의 하피는 어깨에 걸친 피백의 일종으로, 색채가 곱고 아름다운 것이 노을빛과 같아서 하피라고 하였다.[57] 이것이 송시대에는 생김새와 쓰임이 달라져 긴 띠모양으로 변하였고 하피의 끝에는 추자 또는 피추帔墜라는 둥근 장식을 달았다.[58] 태조의 어머니이자 선조의 부인으로서 훗날 소헌昭憲황후로 추존된 두씨杜氏는 그림 41의 초상화에서 맞깃에 소매가 큰 배자를 입고, 추자가 달린 하피를 두른 상복 차림을 하였다. 이러한 차림은 당시대 말에서 오대 시기에 죽은 사람의 영혼을 극락으로 인도하는 장면을 그린 그림 42의 「인로보살도引路菩薩圖」에서 맞깃이며 소매가 큰 포와 땅에 끌릴 정도로 긴 치마를 입고, 피백을 두른 귀부인의 복식과 매우 유사하다. 따라서 당시대 말부터 오대 시기의 귀부인들이 즐겨 입었던 차림이 송시대에는 상복으로 제도화된 것으로 추정된다.

41

41
황후의 상복
소헌황후 초상화
대만 국립고궁박물원 소장

42

42
오대 귀부인의 차림
「인로보살도」 부분
영국 대영박물관 소장

여자의 일상복, 치마·저고리와 배자

송 초기 여자의 기본복식은 당과 오대에 걸쳐 계승된 형태로, 그림 43처럼 길이가 짧은 상의 위에 직선형의 긴 치마를 겨드랑이까지 올려 입고, 피백을 걸친 차림이었다. 이처럼 기본적인 구성은 당과 같았지만 화려하고 과장되었던 당에 비하여 날씬한 실루엣을 이루었으며 허리선이 제 위치로 되돌아감에 따라 자연스러운 느낌을 주었다.

그런데 후대로 가면 그림 44, 45처럼 배자背子·褙子, 반비半臂, 배심背心 등을 덧입은 차림으로 변하였다. 배자는 송시대를 대표하는 의복으로 성별이나 계급, 장소에 상관없이 즐겨 입었다.[59] 배자는 맞깃이 기본이었으며, 옷길이는 대개 무릎 정도였으나 발목까지 오는 경우도 있었다. 예복으로 착용되는 경우에는 소매가 길고 넓었으나 평상복은 소매가 좁았다. 양 옆선을 겨드랑이 아래부터 튼 것과 트지 않은 것이 있었으며, 가장자리에 선장식을 한 것이 많았다. 또 반비는 명칭으로 보면 반소매, 즉 '소매가 짧다'라는 의미이지만 실제로는 소매가 없는 경우도 있었으며, 주로 맞깃이었다. 배심은 맞깃이라는 것은 배자나 반비와 같았으나,[60] 소매가 없이 양당兩襠과 유사한 형태였다. 그 밖에 과두裹肚와 말흉抹胸 등 가슴과 배를 가리는 속옷을 입고 그림 45처럼 허리에 위요圍腰나 요건腰巾 등의 천을 두르기도 하였다.

43

짧은 상의와 긴 치마, 피백
「수롱효경도(绣栊晓镜图)」 부분
대만 국립고궁박물원 소장

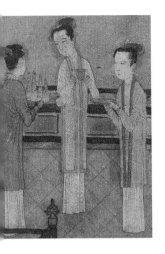

44
45

44
배자
「요대보월도(瑤臺步月圖)」 부분
북경 고궁박물원 소장

45
배자, 화관, 전족
「잡극인물도」 부분
북경 고궁박물원 소장

한편 송시대에는 여자도 남자와 마찬가지로 둥근 깃 외에 곧은 깃이나 맞깃도 고루 입었다. 여자가 단령을 입고 남장을 즐겼던 당시대의 풍습은 현저히 줄어들어 그림 43의 왼쪽 여자처럼 시녀나 악공 등의 특수한 계층에 한정되었다.

화관과 전족의 유행

당과 오대에 이어 송시대에도 여자들이 고계高髻를 매우 좋아하여 높고 큰 머리에 대한 금지령이 내려진 경우도 있었다.[61] 고계에는 비녀나 보요, 빗 등을 꽂아 장식하였다. 특히, 당시대에 처음 나타난 화관花冠이 송시대에 크게 유행하여 꽃봉오리나 탑, 산모양 등의 독특한 형태로 만들기도 하였으며, 화관만 전문적으로 고치는 공인이 있을 정도였다.[62] 또 그림 46처럼 모란, 작약, 복숭아꽃, 살구꽃, 연꽃, 국화,

46
화관
a 주방(周昉) 「잠화사녀도」 부분
　라오닝성박물관 소장
b 「궁락도」 부분
　대만 국립고궁박물원 소장
c 「잡극인물도」 부분
　북경 고궁박물원 소장
d 인종 자성황후 초상화 중 궁녀
　대만 국립고궁박물원 소장

매화 등 갖가지 생화와 더불어 옷감, 금, 옥, 구슬, 대모 등으로 장식하기도 하였다.

　송시대에는 여자의 발을 인위적으로 작게 만들기 위해 헝겊으로 싸매는 전족纏足의 풍습도 유행하였다. 일반적으로 4, 5세부터 발을 묶기 시작하여 성인이 되어 성장이 완료된 후에야 헝겊을 제거하였으며, 평생 묶어 죽은 후에도 풀지 않는 이도 있었다.[63] 『송사』에는 남송의 이종理宗, 재위 1224~1264 때에 왕비宮妃가 발을 묶어 가늘고 곧았는데 이를 쾌상마快上馬라고 하였다는 기록이 있고,[64] 송 말기 장방기張邦基가 쓴 『묵장만록墨莊漫錄』에는 전족이 가까운 시기에 생겼다고 하였다. 그러나 오대 무렵에 이미 있었던 것으로 추정하는 학자도 있으며,[65] 한나라 성제成帝의 총애를 받았던 조비연趙飛燕이 작은 발을 비단으로 묶고 왕의 손바닥 위에서 춤을 추는 모습이 아름다워 이후 궁중의 시녀들에게 발을 묶으라고 한 것이 전족의 시초라는 설도 있다. 회화들을 보면 북송 때까지는 전족을 한 여성이 적어 전족의 풍습이 많이 확산되지는 않았던 것으로 추정된다. 그러나 남송시대가 되면 그림 45의 「잡극인물도雜劇人物圖」의 여자들처럼 발이 매우 작은 모습이 보여 당시의 전족의 풍습을 명확하게 보여 준다.

　이러한 전족의 풍습이 생긴 이유에 대해서는 당나라 때 서방의 이민족 여자의 발끝으로 추는 춤이 유행하여 이것이 내재화된 것이라고도 하고, 작은 발에 집착하는 페티시즘fetishism으로 해석하기도 하나 여러 가지 요인이 복합적으로 작용한 것으로 보인다. 다만 전족의 풍습은 노동을 하지 않아도 되는 신분이나 지위를 과시하는 동시에 여자의 자태를 가늠하는 중요한 표식이 되었던 것은 비교적 확실해 보인다.

　전족의 풍습은 명시대까지도 성행하였는데, 주로 화북지역 한족의 풍습으로, 남쪽에서는 심하지 않았다. 청나라 때가 되면 전족을 한족 고유의 풍습으로 여겨 만주족 여자가 전족하는 것은 법으로 엄격하게 금지하였으나 청 말기에는 지역이나 계층에 관계없이 확산되었다.

5장

통일신라, 발해, 고려 전기의 복식

통일신라, 발해의 복식

한반도를 통일한 신라문화와 대륙의 영향

신라는 당唐과 연합군을 결성하여 660년에 백제를, 668년에는 고구려를 멸망시킨 후 당나라의 군사를 몰아내고 대동강 이남에서 원산만에 이르는 지역을 차지하여 삼국을 통일하였다. 통일신라는 신라의 제도를 바탕으로, 고구려와 백제의 문화를 흡수하고, 교류가 활발하였던 당나라와 영향을 주고받으며 발전하였다.

복식은 고대부터 계승된 바지·저고리와 치마·저고리의 이부식 의복을 기본으로 하였다. 또한 중국과의 교류가 잦아짐에 따라 상류층에는 복두와 단령 등 새로운 복식들이 전해져 우리식으로 정착되었다. 이 시기에 전래된 단령과 복두는 고려시대를 거쳐 조선시대 관료들의 복식으로서 중요한 역할을 하였다. 뿐만 아니라 당시 동아시아에서 크게 유행하였던 착장법, 즉 저고리 위에 치마를 올려 입고 반비를 덧입은 후, 피백披帛, 영건領巾, 영포領布라고도 불렀던 표襪를 두른 여자들의 차림은 고려시대까지도 이어졌다.

이처럼 국제적인 패션까지 유행할 정도로 화려했던 통일신라의 복식문화를 보여 줄 수 있는 유물은 안타깝게도 현재 거의 남아 있지 않다. 다만 사치스러운 소재들의 사용을 규제하였던 흥덕왕의 복식령服飾令과 경주 황성동 및 용강동 고분에서 출토된 도용들을 통하여 단편적으로나마 복식의 종류와 착장방식 등을 가늠해 볼 수 있을 뿐이다.

복식령을 통해 본 화려했던 통일신라의 복식

신라에는 혈통의 높고 낮음에 따라 생활 전반을 규제한 골품제도라는 신분제도가 있었다. 왕족인 성골聖骨과 진골眞骨, 귀족인 6두품六頭品, 그 외 5두품에서 1두품까지 모두 여덟 개의 신분에 따라 관직의 진출이나 혼인뿐만 아니라 가옥의 크기, 복식 등에도 특권과 제약이 있었다.

신라문화의 완숙기에 해당되는 통일신라시대에는 외국과의 교역을 통하여 수입된 물품들이 지나치게 사용되어 매우 사치스러웠으며 계급질서도 문란해졌다. 이에 제

42대 홍덕왕興德王, 재위 826~836은 국가의 기강을 바로잡고 올바른 풍속과 예법을 찾기 위하여 834년에 복식에 관한 교서를 발표하였다. 『삼국사기三國史記』 잡지雜志 색복조色服條에 기록된 이 교서는 떼어읽기조차 불분명하기 때문에 원문의 해석에 대한 의견이 분분하지만, 복식과 관련된 많은 명칭들이 기록되어 있어서 한국복식사의 중요한 자료가 되고 있다.

홍덕왕 복식령에서는 최상위 계층인 성골은 제외하고 진골부터 6두품, 5두품, 4두품, 평민까지의 다섯 계층과 각 계층의 남녀 성별에 따라 복식의 종류, 옷감의 종류와 사용량, 색상, 장식재료, 염색법, 세공법 등을 자세하게 규제하였다. 복식의 종류로는 관모인 복두, 바지袴, 치마인 표상表裳과 내상內裳, 상의인 내의內衣와 단의短衣, 상의 위에 덧입거나 걸치는 반비半臂와 배당褙襠, 표褑, 겉옷인 표의表衣, 허리띠 및 그 장식인 요대腰帶와 요반腰襻, 가죽 허리띠인 혁대革帶, 버선 및 버선목인 말襪과 말요襪袎, 신발인 화와 리, 비녀釵와 빗梳 등이 기록되어 있다.

또 세라사견繐羅紗絹, 계수금라罽繡錦羅, 야초라野草羅, 승천라乘天羅, 월라越羅, 라羅, 시繐, 능綾, 견絹, 세포細布, 포布 등 옷감 이름들과 자황赭黃, 자자분금설홍紫紫粉金屑紅, 자자분황설홍비紫紫粉黃屑紅緋, 자자분황설비홍멸자紫紫粉黃屑緋紅滅紫 등 지금으로서는 떼어읽기조차 알기 어렵지만 색상과 관련된 것으로 보이는 명칭들도 기록되어 있다. 뿐만 아니라 동일한 무늬를 새긴 두 장의 판 사이에 접은 옷감을 끼워 고정시킨 후 염액을 넣어 무늬가 대칭으로 나타나는 협힐纈纈 등의 염색법과 금이나 은가루를 아교풀에 섞어 만든 안료로 현대의 금박 또는 은박과 유사한 효과를 표현할 수 있는 금니金泥, 금은니金銀泥 등의 세공법을 바지와 내상, 표상 등에 사용하였음도 기록되어 있다.

그 밖에 슬슬전瑟瑟鈿, 공작미孔雀尾, 비취모翡翠毛, 대모玳瑁, 금金, 백은白銀, 유석鍮石, 상아牙, 뿔角 등의 호화로운 재료들이 요대나 비녀, 빗 등에 사용되었다. 슬슬전에서 '슬슬'은 페르시아나 소그디아나 등 서역西域에서 중국을 거쳐 전래된[1] 청록색 보석인 녹송석綠松石, turquoise이며,[2] '전'은 금속이나 나무, 도자기 등의 겉면에 무늬를 파고 그 속에 다른 재료를 박아 넣는 장식세공기법을 말한다. 공작미는 공작새의 꼬리깃털이며, 비취모는 캄보디아 등에 사는 취색翠色을 띠는 물총새의 깃털이다.[3] 또 대모는 바다거북의 등껍데기이다. 홍덕왕 복식령에 따르면 그림 1처럼 슬슬전으로 만든 빗은 대모로 만든 빗과 더불어 진골 여성에게조차도 금지하여 공식적으로는 신라의 성골 여자만이 사용할 수 있었던 최고급 장신구였다.

01
8~10세기의 슬슬전 빗
삼성미술관 Leeum 소장

고유양식과 외래요소를 절충한 남자복식

통일신라시대 남자의 기본 옷차림은 삼국시대와 마찬가지로 바지·저고리의 이부식에 겉옷을 덧입는 것이었다. 홍덕왕 복식령의 기록을 보면 신분에 따라 약간의 차이는 있지만 대개 상의의 일종으로 생각되는 내의와 바지를 입고, 반비와 표의를 덧입었다. 진골부터 평인까지 재료의 차이는 있지만 머리에는 모두 복두를 썼으며, 옥이나 뿔, 은, 놋, 철, 동 등으로 장식한 요대나 혁대를 하였다. 또 능이나 시, 견 등으로 만든 버선을 신고, 가죽이나 마麻로 만든 리나 화를 신었다.

7세기 및 8세기의 것으로 추정되는 경주 황성동 고분과 용강동 고분에서 출토된 남자 도용들은 이러한 기록을 보다 구체적으로 보여 준다. 도용들은 대부분 단령과 복두 차림이다. 단령의 길이는 그림 2, 3처럼 대개 땅에 닿을 정도로 긴 경우가 많지만 그림 4처럼 짧은 경우도 있다. 또 가로방향의 란과 옆선의 트임은 있는 경우와 없는 경우가 모두 있다. 옆선의 트임은 단령의 폭이 좁아도 활동하는 데 불편하지 않도록 하기 위한 것으로, 그림 4처럼 길이가 짧으면서 트임이 있는 단령은 활동이 많은 계층에서 착용하였을 것으로 보인다. 소매 또한 크고 넓은 경우와 좁은 경우가 모두 있다. 특히, 그림 3, 5처럼 단령을 허리띠로 묶어 입되 포의 윗부분을 블라우징blousing시킨 착장법은 조선시대와는 달라 흥미롭다.

신라 진덕여왕재위 647~654 때에 당으로부터 들어온 복두가 홍덕왕 즈음에는 왕에서부터 일반백성까지 널리 착용하는 관모였다. 다만 신분에 따라 재료에는 차이가 있어서 진골은 제한이 없었으나 그 이하 6두품은 세라繐羅와 견을, 5두품은 라와 시, 견, 포를, 4두품은 시와 견, 포를, 평인은 견과 포를 사용하도록 제한하였다. 황성동 및 용강동 고분에서 출토된 도용들이 쓴 복두는 대개 앞은 낮고 뒤는 높으며, 뒤쪽 좌우에 달린 두 다리는 아래로 쳐진 형태이다. 다만 신라 제38대 원성왕元聖王, 재위 785~798의 능으로 추정되는 경주 괘릉掛陵의 석인상들 중 그림 5의 단령을 입은 서역인상의 경우 모자의 형태는 거의 보이지 않고 뒤통수에서 묶은 끈만 선명하게 보이므로 복두로 보기는 어렵다.

경주 용강동 고분에서 출토된 도용들 중에는 그림 4처럼 단령 안에 여유가 있는 일자형 바지를 입은 경우도 있는데, 바짓부리는 묶지 않았다. 또 신발은 그림 3처럼 신코가 보이는 리나 화를 신었으며, 손에는 홀을 들기도 하였다. 그 밖에 7세기 후반에서 8세기 초의 것으로 추정되는 사마르칸트 아프랍시아 궁전터 벽화에는 그림 6처럼 우리나라에서 간 사신으로 추정되는 인물이 그려져 있다. 벽화가 많이 훼손된 상태이므로 의복에 대하여 논하기는 어렵지만, 머리에 깃털을 두 개 꽂고 있어서 당시에도 조우를 장식했던 고대의 풍습이 이어지고 있었음을 알 수 있다.

02
복두, 단령
경주 황성동 고분 출토 도용
국립경주박물관 소장

03
복두, 단령
경주 용강동 고분 출토 도용
국립경주박물관 소장

04
단령
경주 용강동 고분 출토 도용
국립경주박물관 소장

05
단령
경주 괘릉 서역인 석상

06
조우관
사마르칸트 아프랍시아 궁전터 벽화

국제적인 유행을 따른 여자복식

여자의 기본 옷차림도 삼국시대의 바지·저고리 및 치마·저고리의 이부식 차림을 계승하였다. 홍덕왕 복식령의 기록에 따르면 여자도 남자와 마찬가지로 상의인 내의와 바지를 입었다. 신분에 따라 차이는 있지만 대개 계수금라, 세라, 야초라 등의 고급옷감으로 바지를 만들었으며, 금니 등으로 무늬를 넣기도 하였으므로 겉옷으로도 입었던 것으로 본다.

치마·저고리 차림의 경우는 복식령의 기록을 볼 때 상의로 단의를 입고, 치마는 표상과 내상을 두 벌 겹쳐 입었다. 또 소매가 짧거나 없는 반비나 배당을 덧입고, 표를 걸쳐 늘어뜨렸다. 이러한 차림은 당시 중국 당을 비롯한 동아시아 여러 나라들에서 공통적으로 유행하였던 패션이었다. 경주 용강동 고분에서 출토된 여자 도용들을 보아도 그림 7처럼 대개 짧은 상의 위에 긴 치마를 겨드랑이까지 높여 입었다. 소매통의 크기와 형태는 착용자의 신분과 관련된 것으로 보인다. 또 소매가 길어 손을 가린 것이 많은데, 이는 손톱이 보이는 것을 부끄럽게 여겨 한삼으로 손을 가렸다는 고려시대의 풍습으로 이어진 것이 아닐까 싶다.

한편 치마를 저고리 겉으로 내어 입게 되면서 요대와 요반으로 화려하게 장식하였던 것으로 보인다. 홍덕왕 복식령에는 육두품 여자에게 금은사나 공작미, 비취모로 요대를 만드는 것을 금지하고, 사두품 여자에게는 야초라, 승천라, 월라 등으로 짜거나 수놓아 요대를 만드는 것을 금지하였다. 뿐만 아니라 오두품 여자가 계수금라로 요반을 만드는 것을 금지하는 반면, 사두품 여자에게는 월라를, 평인여자는 능을 허용하였다. 표도 매우 사치스럽고 화려한 소재로 만들었는지, 진골 여자에게 계수는 금지하고, 금은사나 공작미, 비취모는 허용하였다. 또 육두품 여자에게는 계수, 라, 금은니의 사용을 금지하였다.

그 밖에 머리모양은 황성동 고분에서 출토된 그림 8의 도용의 경우 정수리 중앙에 가르마를 타고 뒤통수 중간에서 묶은 후 오른쪽으로 비틀어 묶은 형태이며, 용강동 고분에서 출토된 도용들은 그림 7처럼 대개 머리카락을 모아 정수리에서 높이 얹은 고계였다. 신발은 홍덕왕 복식령의 기록을 볼 때 화보다는 주로 게라나 세라 등의 직물 또는 가죽으로 만든 리를 신었던 것으로 보이며, 그림 7, 8의 도용들은 치마 아래로 신발의 코가 살짝 보인다.

07
치마·저고리, 표, 고계
경주 용강동 고분 출토 도용
국립경주박물관 소장

08
치마·저고리, 표의
경주 황성동 고분 출토 도용
국립경주박물관 소장

고구려를 계승한 발해의 복식

668년 고구려가 망한 후, 고구려 유민들은 신라로 귀화하거나 당나라, 만주 등에 흩어져 살았다. 이러한 상황에서 당나라가 고구려 유민들을 강제로 이주시킴에 따라 지금의 랴오닝성遼寧省 차오양朝陽 부근에 해당하는 잉저우營州로 이주하게 된 대조영大祚榮은 698년에 고구려 유민과 말갈족을 규합해 동모산東牟山을 근거지로 진국震國을 세웠으며, 713년에 국호를 발해渤海, 698~926로 바꾸었다.

이처럼 대조영을 비롯한 고구려 유민들이 주축이 되어 건국한 발해는 고구려인이 지배계층으로서 나라를 이끌었기 때문에 복식도 고구려의 양식을 기본으로 하였다.[4) 관복의 경우는 『신당서』의 기록에 따르면 삼질三秩 이상은 자색紫色 옷에 상아로 만든 홀을 들고 금어金魚를 찼으며, 오질五秩 이상은 비색緋色 옷에 상아로 만든 홀을 들고 은어銀魚를 찼다. 또 육질六秩과 칠질七秩은 천비색淺緋色의 옷을, 팔질八秩은 녹색綠色 옷을 입고 모두 나무로 만든 홀을 들었다.[5)

이러한 발해의 복식은 중국 지린성吉林省 허룽和龍 룽터우산龍頭山에 있는 발해 문왕文王의 넷째 딸 정효공주貞孝公主, 757~792 묘 벽화에 묘사된 무사와 시종, 악사 등 열두 명의 인물상들을 통하여 확인할 수 있다.[6) 정효공주 묘 벽화의 남자들은 그림 9처럼 대개 단령을 입고 다양한 모양의 복두를 썼으며, 붉은색의 말액抹額을 쓴 경우도 있다. 단령은 대개 땅에 닿을 정도로 길고, 옆선은 트인 경우가 많았다. 붉은 천으로

이마와 두상을 싸 정수리 쪽에서 묶은 말액은 당나라 장회태자章懷太子 이현李賢 묘 벽화의 무관들의 모습과도 흡사하다. 그 밖에 지린성 허룽 허난둔河南屯 고분군과 헤이룽장성黑龍江省 닝안寧安 홍준어장虹鱒魚場 고분군 등에서는 금속으로 만든 허리띠와 귀고리, 머리꽂이, 수정과 유리로 만든 목걸이 등도 출토되어 다양한 종류와 소재의 장신구들을 착용하였음을 알 수 있다.

고려 전기의 복식

문文과 불교를 숭상한 고려사회

왕건王建, 877~943은 918년 고려를 건국하고 후삼국을 통일하였다. 당시 중국은 당이 멸망한 후 오대십국시대였다. 『고려사』에 "태조재위 918~943가 나라를 세울 때 새로 시작하는 것이 많아서 관복제도는 우선 신라에서 물려받은 그대로 두었다."고 하였듯이 건국 초의 제도와 풍속은 통일신라와 크게 다르지 않았다. 지방의 호족豪族 문화가 발달하였으며, 태조 때부터 불교를 국교로 삼아 하층민까지 확산되었다. 골품

제도를 실시했던 신라와 달리, 고려 제4대 왕인 광종光宗, 재위 950~975 때부터 과거제도가 실시되었고 이와 함께 관리들의 사색공복제도가 정해졌다.

밖으로는 송宋, 960~1279과 국교를 맺었으며, 특히 성종재위 981~997은 송의 제도를 받아들이는 데 적극적이었다. 거란족은 916년 나라를 세우고 요遼, 938~1218로 이름을 바꾼 후 세 차례993, 1010, 1018 고려를 침공하였으며, 1020년 강화講和 이후로는 고려에 관복을 수차례 보냈다. 하지만 거란은 자신들의 고유복식과 한복漢服을 병행하였으므로 당시 보낸 관복은 한漢의 제도를 따른 것이었다. 왕건의 훈요십조943 4조에는 "거란은 짐승과 같은 나라이므로 그 풍속을 따르지 말라."[7]는 거란과 관련한 내용이 있다. 당시 거란의 풍속이 우리나라에 들어와 있지 않았다면 굳이 이런 경고가 필요 없었을 것이므로 이것은 요의 풍속이 고려에 상당히 들어와 있었다는 사실을 나타낸다. 하지만 고려 조정은 적어도 공식적으로는 훈요십조의 경고에 따라 관복에 있어서 요를 따르지 않았다.

이후 고려는 여러 대를 거치며 국가의 각종 제도와 체제를 정비하여 제11대 문종재위 1046~1083 때에는 중앙집권적 국가체제가 완성되었다. 하지만 문치文治정책에 따라 무武를 경시하는 풍조가 싹트고, 외척 세력이 강화되면서 왕권이 쇠약해지는 등 귀족정치의 모순이 폭발되어 내란기로 접어들었다. 외적으로는 여진족이 금金, 1115~1234을 세우고 1125년인종 3에 요나라를 멸한 다음 사대事大의 예를 요구하고 관복을 고려에 보내왔는데 금의 관복 또한 한漢문화의 영향을 받은 것이었다. 당시 집권자 이자겸 등이 금과의 사대관계를 결정하자 내분이 이어졌다. 이자겸의 난, 묘청의 난 등 혼란이 계속되는 중 1170년의종 24에 무신의 난으로 인해 국가의 권력은 무신의 손에 넘겨지게 되었다.

무신의 난은 474년 동안 지속되었던 고려 왕조의 중간 정도에 해당되는 시기이므로 이를 기점으로 고려 전후기를 나누어 기술하였다. 하지만 1231년 몽골의 침입에도 불구하고 1259년 원元과 화의和議하여 자주성을 잃게 되기 전까지의 복식은 그 이전과 큰 차이는 없을 것으로 추정된다.

고려 전기의 복식은 전해지는 자료의 부족으로 그 내용을 알기에는 많은 어려움이 있다. 『고려사高麗史』나 송宋의 사신使臣으로 1123년인종 1에 고려를 방문한 후 글을 남긴 서긍徐兢의 『선화봉사고려도경宣和奉使高麗圖經』 같은 문헌들을 통하여 단편적인 내용을 알 수 있을 뿐이다.

고유양식을 계승한 일상복식

고려 건국 초의 복식은 통일신라와 크게 다르지 않았을 것이다. 고려 팔관회八關會에 "네 명의 자제를 양가에서 뽑아 의우상예衣羽裳霓를 입혀 신라 풍속 과시하네."[8]라는 글에서 고려 초에 신라의 복식 풍속이 남아 있음을 알 수 있다.

한편 송과의 교류 이후에도 관복만 송의 제도를 수용했을 뿐 일상복이나 부인의 머리모양은 고유함을 잃지 않았다. 고려에 대해 서긍은 주변의 오랑캐와는 달리, 문물 예의의 나라라 일컬으면서도 "실제로는 오랑캐 풍속을 끝내 다 고치지 못하여 남자들의 모자는 당나라와 비슷하지만 관혼상제나 여자의 머리는 고유한 풍속이 유지되고 있다."[9]고 하였다.

『고려사』 최승로崔承老 전에 "예악禮樂, 시서詩書의 교훈과 군신, 부자의 도리는 마땅히 중국의 본을 받아 비루한 것을 고쳐야 할 것이나 기타 거마車馬, 의복 등의 제도는 자기 나라 풍속에 따르게 하여 사치와 검박을 적절하게 할 것이고 무리하게 중국과 꼭 같이 할 필요는 없습니다."[10]라고 기록된 것과, "성종이 중국 풍습을 즐겨 모방하려 하였으나 나라 사람들이 이를 달가워하지 않았다."[11]는 사실을 통해 일부 송宋의 풍속을 따르기 좋아하는 사람들도 있었지만, 대부분의 사람들은 이를 꺼렸던 것을 알 수 있다. 사실상 풍속이란 쉽게 바뀌는 것이 아니었으므로 관복제도와 달리 일반 복식은 우리 고유의 것이 유지되는 것이 당연하였다.

한편 『고려도경』에는 고려 풍속이 깨끗하다 하더니 정말로 아침에 일어나면 먼저 목욕을 하고 문을 나서며, 여름에는 날마다 두 번씩 목욕을 하더라고 기록하고 있다.[12]

관복제도의 정비

『고려사』에는 삼한시대부터 국풍國風을 따르다가 신라 태종 때 당의 제도를 들여와 이후의 관복제도가 어느 정도 중국과 비슷해졌다[13]고 기록되어 있다.

고려 초 공복제도가 새로 정해진 것은 960년광종 11이다. 광종은 송나라 건국 이전인 956년에 후주後周, 951~960에서 온 쌍기가 병으로 고려에 머물게 되자 그를 귀화시키고 그의 조언에 따라 과거제를 실시하는 등 개혁을 실시하였다. 이때 왕권강화의

표 1 고려 광종 때의 관복제도

계급	관복
원윤(元尹) 이상	자삼(紫衫)
중단경(中壇卿) 이상	단삼(丹衫)
도항경(都航卿)	비삼(緋衫)
소주부(小注簿)	녹삼(綠衫)

수단으로 사색공복제도가 정해졌다. 이는 오대五代의 관복제도를 기초로 한 것이되, 거슬러 올라가면 결국 당의 제도가 바탕이 된 것이었다.

표 1을 보면, 붉은색 계통에 속하는 단색丹色과 비색緋色을 각각 사용한 점이 특이하다. 이에 대해서는 여러 가지 견해가 있지만, 신라계와 고구려계를 구별하기 위한 것이라는 설[14]과 호족연합정권의 성격이 강했던 고려 초에 단색은 왕권강화를 위한 집단의 복색으로, 자색은 공무公務를 위한 상징적인 색으로 착용되었다는 설이 제기되고 있다. 특히, 자색의 경우 계급에 관계없이 궁宮에서 근무하는 공직자의 복색으로 보는 견해가 바로 이것이다.[15] 자삼·단삼·비삼·녹삼이라고 한 것은 단령의 아래에 가로로 란을 댄 난삼襴衫의 제도로 보인다. 한편 『고려사절요高麗史節要』에 따르면 "우리 왕조에서는 태조 이래로 귀천을 논하지 않고 공란公襴을 마음대로 입었으니 비록 벼슬은 높더라도 집이 가난하면 공란을 갖출 수가 없고, 관직이 없어도 집만 넉넉하면 능라와 금수를 사용하였다."[16]고 하여, 성종재위 981~997 초만 하더라도 옷의 재료를 신분에 따라 제한하지 않고 경제적 여건에 따라 사용했음을 알 수 있다.[17]

이후 관복에 대한 규정은 여러 차례 정비되었다. 989년성종 8에 관복에 관한 일반규정冠服通制을 정했고[18] 1034년덕종 3에는 왕의 행차를 따라 가는 때가 아니면 자색을 입지 말고 조삼皁衫을 입으라는 조서를 내렸다. 1018년현종 9에는 장리長吏의 옷을 정하였고[19] 1140년인종 18에 체례복장禘禮服裝을 정해 왕이 구류면 칠장복을 입도록 하고, 이어 의종재위 1146~1170 때는 옛 제도를 참고하여 예제禮制에 대한 국가규정집인 『상정고금예문詳定古今禮文』을 편찬[20]하였다. 다만 이때 정해진 제도들이 이후 어느 정도 잘 시행되었는지에 대해서는 알 수 없다.

사색공복제도가 실행된 지 약 150년 후에 고려를 방문한 서긍이 쓴 『고려도경』 1123에도 "송나라 때 해마다 사신을 보내 옷을 자주 내리면서 의복제도가 송의 것을 따르게 되었는데, 조정에서 입는 옷과 집에서 입는 옷이 송과 다른 것이 있으므로 이를 관복도冠服圖로 그린다." [21]하였다. 즉, 송의 관복제도의 영향을 받았다고는 하지만 고려 관복은 송과 같지 않았으며, 평상복은 더욱 달랐음을 추정할 수 있다.

의례에 따라 달랐던 왕의 복식

고려 왕의 복식은 제복, 상복, 공복의 용도를 구별하였으며 평상시의 복식은 백성과 다름없이 우리 고유복식을 입었다. 『고려도경』에 왕의 상복常服은 "높은 오사모烏紗帽에 소매가 좁은 상포緗袍, 즉 담황색淡黃色 포를 입고, 자색 비단으로 만든 넓은 허리띠勒巾를 띠고, 사이사이에 금실과 푸른 실로 수를 놓았다. 나라의 관원과 사민士民이 모여 조회할 때에 왕은 복두를 쓰고 속대를 하며, 제사 지낼 때에는 면류관을 쓰고 규를 든다. 다만 중국 사신이 오면 자색 비단羅공복을 입고 상아홀을 들고 옥대를 띤다. 혹 평상시 쉴 때는 조건皂巾에 백저포를 입으므로 백성과 다를 바가 없다." [22]고 기록되어 있다.

면복에 대해서는 인종 8년에 왕과 신하의 면복이 모두 송과 흡사하였다 [23]는 기록이 있어 의종 때 의례규정에 제복으로 구류면 구장복을 정하기 이전부터 면복을 입었을 것으로 보인다. 물론 그 이전인 1043년정종 9 거란주契丹主가 관복과 규를 보낸 것을 시작으로, 요·금·송에서 꾸준히 면복冕服을 보내왔다. 이와 같이 중국의 주변국들이 면복을 제왕의 관복으로 인식한 것은 당대 이후 한漢 문화권이 광대해지면서였고, 한족이 아닌 북쪽 변방의 왕들에게 면복이 실제로 착용된 것은 오대에 이르러서였다. [24]

한편 의종 때 조회를 볼 때 왕의 옷으로 자황赭黃, 자줏빛을 띤 노란색과 치황색의 옷이 각각 있어 행사에 따라 달리 입는다고 한 것을 보면 조복이 이미 존재했을 가능성이 있다. 그 이전인 문종 때 이미 중국의 예복제도를 상고하면서 강사포에 대해 언급한 일도 있었다. [25] 또한 문종 32년에는 신하들에게 치황梔黃, 담황淡黃을 입는 것을 금한 기록 [26]이 있어, 황색이 비교적 낮은 직급의 색이었던 삼국시대와 달리 고려사회에서 황색은 왕의 상복의 색으로 백성과 신하들에게는 금지된 색이었음을 알려 준다.

백관들의 복식

관리들의 복식도 광종 때 처음 공복을 정하였고, 왕의 제복과 조복이 정해질 때 백관의 예복도 함께 정해졌을 것으로 추정된다. 하지만 관리의 경우 상복과 공복을 구분하지는 않았던 것으로 보인다.

『고려도경』에는 영관令官을 비롯한 관리들의 공복에 대해 서술하고 있는데 이를 정리하면 표 2와 같다. 다만 6품의 하급관원인 서관庶官은 '포袍'가 아닌 '의衣'로 기록된 것으로 보아 의복의 모양이나 크기에 차이가 있었을 수도 있다.

의종 때에 상정한 공복제도에서는 문관의 관복 색은 자紫·비緋·녹綠·조皁로 바뀌었다. 특히, 어부魚符의 제도가 있어 문관들은 품계에 따라 금어대金魚袋나 은어대銀魚袋를 찼다. 홀笏은 비색 이상을 입는 자는 상아, 녹색 이하는 나무로 만든 것을 들었다. 띠에 대한 규정도 매우 상세하였다. 홍정紅鞓은 6품 이상만 차며, 그 위에 장식하는 띠꾸미개의 재료도 자세한 구별을 두었다.[27] 하지만 왕명王命으로 특별히 허가받은 자는 관직이 낮아도 이러한 제도에 구애받지 않았다.

표 2 『고려도경』에 나타난 백관의 관복

계급	관모	복식	대	어부	직책
영관복 (令官服)	복두 (幞頭)	자문라포 (紫文羅袍)	옥대 (玉帶)	금어 (金魚)	태사 태위 중서령 상서령 등 품계가 가장 높은 벼슬아치
국상복 (國相服)	—	자문라포 (紫文羅袍)	구문금대 (毬文金帶)	금어 (金魚)	시중 태위 사도 중서문하시랑평장사 등
근시복 (近侍服)	—	자문라포 (紫文羅袍)	어선금대 (御仙金帶)	금어 (金魚)	좌우상시 어사대부 좌우승 육상서 한림학사 등
종관복 (從官服)	—	자문라포 (紫文羅袍)	어선금대 (御仙金帶)	—	어사중승 간관 급사 세자 왕의 형제 왕의 은영을 입은 자들
경감복 (卿監服)	—	비문라포 (緋文羅袍)	홍정서대 (紅鞓犀帶)	은어 (銀魚)	육시의 경과 소경 성부승랑 국자유관 비서전직 이상
조관복 (朝官服)	—	비문라포 (緋文羅袍)	흑정각대 (黑鞓角帶)	은어 (銀魚)	사업박사 사관교서 태의 녹사 이상
서관복 (庶官服)	복두 (幞頭)	녹의 (綠衣)	오정 (烏鞓)	—	진사 성조의 보리 주현의 영위 주부 사재

군과 군장의 복식

『고려도경』에는 각 군軍과 군의 우두머리軍將의 복식에 대해 표 3에 정리한 것과 같이 상세히 기록하고 있다. 옷과 모자는 물론이고 무엇을 받들고 어디에 서 있는지 관찰한 내용을 상세히 설명하였다. 그런데 복두와 같이 이름을 간단히 적은 것이 있는가 하면 용호좌우친위군장龍虎左右親衛軍將의 경우는 모자모양을 상세히 묘사하고 있는 것으로 추정할 때 송과는 다른 제도였던 것으로 보인다.

표 3 『고려도경』에 기록된 군과 군장의 복식

계급유형	관 모	복식	세부설명
용호좌우친위군장 (龍虎左右親衛軍將)	금화 장식 모	구문금포	도금대 모자의 앞에 양각이 꺾여 위로 올라갔고 여기에 금화로 장식함
신호좌우친위군 (神虎左右親衛軍)	금화대모 (金花大帽)	구문금포	도금대 모자에 붉은 띠를 턱 아래 묶음
흥위좌우친위군 (興威左右親衛軍)	금화대모 (金花大帽)	홍문라포 오채단화를 점무늬로 장식	흑서각대
상육군좌우위장군 (上六軍左右衛將軍)	투구	갑옷	오채수화를 장식한 십여 개의 띠 두름
상육군위중검랑장 (上六軍衛中檢郞將)	복두 투구	자의 갑옷	왕궁에 공이 있는 사람의 보직 예식에 투구를 등에 걸고 자문라건 착용
용호중맹군 (龍虎中猛軍)	투구	청포착의 백저궁고 갑옷	–
금오장군 (金吾將軍)	복두	자관수삼 (紫寬袖衫)	–
공학군 (控鶴軍)	절각복두	자문라포 (紫文羅袍)	숙위근시하는 군사

장리와 조례 복식

장리長吏의 공복은 현종 9년에 제정되었다. 장리란 각 지방의 일을 맡아보던 우두머리를 말한다. 주州·부府·군郡·현縣의 호장戶長은 자삼紫衫을, 부호장副戶長 이하 병창정兵倉正 이상은 비삼緋衫, 호정戶正 이하 사옥 부정司獄副正 이상은 녹삼綠衫과 목화木靴를 신고 홀을 들었다. 주·부·군·현의 사史, 즉 집사는 짙은 청삼靑衫에 홀을 가지고 병창사兵倉史와 모든 단사壇史는 벽삼碧衫을 입고 화와 홀은 갖추지 않았다.

한편 『고려도경』 조예皂隸조에는 중앙의 관원이 아닌 각 지방에서 나랏일을 맡아하던 이들의 옷이 표 4와 같이 기록되어 있다. 그 내용을 보면, 말단 행정 관리인 서리胥吏는 서관庶官의 복색과 다름이 없어 녹의綠衣를 입었다. 다만 당시엔 서리 중 세습世襲하는 자는 청의靑衣를 입었다. 중앙군인 2군·6위二軍六衛의 정팔품 무관직인 산원散員은 무신武臣의 자제로서 병위兵衛를 맡은 사람인데, 중국 사신이 이를 때마다 소반을 받들고 술잔을 들이며 옷과 수건 등의 시중을 들었다고 한다. 이들의 복장은 복두를 쓰고, 소매가 좁은 자색 옷紫羅窄衣에 가죽신革履을 신었다.

표 4 『고려도경』에 기록된 조례 복식

계급	직임	의복	관모	대와 신발
서리(胥吏)	–	녹의	–	–
산원(散員)	무신(武臣) 자제로 병위(兵衛)을 맡은 자	자라착의	복두	혁리(革履)
인리(人吏)	돈, 곡식, 옷감 등의 출납(出納)을 하는 자	조의*	복두	구리(句履)
정리(丁吏)	관청의 심부름을 하는 자	–	문라두건**	–
방자(房子)	사관(使館)에서 심부름을 하는 자	자의	문라두건	각대(角帶) 검은 신[皀履]
소친시(小親侍)	궁중에서 부리는 아이	자의	두건	–
구사(驅使)	귀한 집의 미혼 자제	조의	–	–

* 조의: 관에 출입할 때 색의를 입기도 한다.
** 문라두건: 중국 사신이 오면 여기에 책(幘)을 보태어 쓴다.

인리人吏 중 돈과 곡식, 옷감 등을 출납出納하는 창고사倉庫司는 검은 옷皂衣에 복두를 쓰고 검은 신句履을 신었다. 관부官府에 들어갈 때는 간혹 색의色衣로 갈아입는 사람이 있었다고 한다. 관청의 심부름을 하는 정리丁吏는 보통 일을 볼 때 문라文羅의 두건을 쓰되, 중국 사신이 오면 책幘을 썼다. 사관使館에서 심부름을 하는 방자房子는 문라文羅의 두건, 자색 옷紫衣에 각대角帶를 하고 검은 신皂履을 신었다. 또한 궁중에서 부리는 아이들인 소친시小親侍는 자색 옷紫衣에 두건을 쓰고, 머리를 아래로 내려뜨렸다.

왕과 백성들의 일상복식

조선시대도 그렇지만 고려시대 역시 바지 · 저고리, 포 등 가장 기본적인 옷은 신분에 관계없이 그 모양이 같았을 것이며, 형편에 따라 재질에 차이가 있었을 것이다. 『고려도경』의 왕복에 대한 내용을 보아도 평상시 왕의 옷차림은 일반인들과 차이가 없었다.

일반 백성들의 복식에 대해서 『고려도경』 서민庶民조에는 벼슬을 한 진사進士에서부터 농 · 상민, 장인에 대해 기록하고 있다. 진사는 국자감시國子監試에 합격한 사람을 말하는데, 사대문라건四帶文羅巾을 쓰고 검은 명주皂紬 웃옷을 입고 검은 띠를 띠며 가죽신을 신었다. 마을의 우두머리인 민장民長도 벼슬 전의 진사와 복식이 비슷했다고 한다. 다만 진사가 공貢에 들면 문라건 위에 모자帽子를 더 쓴다[28]고 하였으니, 벼슬을 하면 복두幞頭를 쓰게 된 것으로 보인다.

귀한 집 자제인 선랑仙郎의 옷은 검은皂색의 사紗 혹은 라羅이며, 삼수縿袖가 달린 옷을 입고 검은 건을 썼다[29]고 한다. 여기에서 삼縿이 '옷이나 깃발이 늘어진 모양'이란 의미일 뿐 삼수의 구체적인 형태에 대해서는 알기 어렵지만 소매통이 넓게 펄럭이는 옷이란 의미일 수도 있을 것이다. 또한 이것이 일상적인 옷차림이었을지, 중국 사신을 만나기 위해 입었던 것일지 알 수 없다.

농상農商을 업으로 하는 백성은 모두 백저포白紵袍를 입고, 오건烏巾에 네 가닥의 띠를 하는데, 옷감의 곱고 거칠기로 귀천을 구별하였다. 관리나 귀족도 사가私家에서 생활할 때 이와 같이 입었다. 다만 이들은 두건의 띠를 두 가닥으로 하였기 때문에 아전吏이나 백성이 두 가닥 띠를 한 사람을 보면 피했다고 한다.[30] 장인匠人들도 백

저포에 검은 건을 착용하였지만, 관官에서 일할 때는 자색 포紫袍를 입었다.[31]

고려의 두건은 오직 문라文羅를 중히 여겨 두건 하나의 값이 쌀 한 섬石이 되었다. 가난한 백성은 이를 장만할 만한 돈이 없었으며, 상투를 드러내고 다니면 죄수罪囚와 다름이 없어 부끄럽게 생각하였다고 한다. 그래서 뱃사람들은 죽관竹冠을 만들어 쓰는데, 모양이 모나기도 하고 둥글기도 하여 일정한 제도가 없었다. 또 짧은 갈褐, 즉 거친 옷을 입고, 아래에는 바지를 걸치지 않았다[32]고 하는데 뱃일을 하므로 바지가 짧아 저고리에 덮여 보이지 않은 것일 수도 있다.

한편 미혼자는 건巾으로 머리를 싸고 뒤로 머리를 내려뜨리다가, 장가 든 뒤에는 속발束髮을 하였다고 하니, 상투를 튼 것을 말한다.

고유양식을 유지한 여자복식

고려 여자들의 복식은 계급차이는 크지 않았다. 다만 『고려도경』에서 서긍의 글을 보면, 이미 상류층에는 화풍華風이 들어와 있고 앞으로 세월이 지나면 중국과 같아질 것이라면서 중국과 다른 모습만 그림으로 남기겠다고 하였다. 이 글은 외래문물에 민감한 상류층과 달리 일반 여자들은 여전히 고유양식을 유지하고 있던 사실을 잘 나타내고 있다. 이와 같이 우리 복식은 여성과 서민들을 통하여 고유양식이 전승되었다.

한편 고려 어인들은 백저황상白紵黃裳을 입었는데 위로 왕가의 친척과 귀한 집으로부터 아래로 백성의 처첩에 이르기까지 한 모양이어서 구별이 없다고 하였다. 하지만 화려한 빛깔과 무늬는 서민에게 금지되었다. 왕비王妃와 부인夫人은 홍색을 숭상하고, 여기에 그림과 수를 더하되, 관리나 서민의 처는 감히 이를 쓰지 못한다[33]고 하였다. 부인婦人조에서도 '삼한三韓의 의복제도는 염색한다는 말을 듣지 못하였고, 꽃무늬를 넣는 것을 금제禁制로 하였으므로 무늬 있는 비단과 무늬를 수놓은 비단을 입고 있는 자가 있으면, 처벌하므로 이를 어기는 자가 없다'고 기록되어 있다.

여자의 치마는 황색이 가장 일반적이었던 것으로 보이며, 특히 가을과 겨울의 치마도 노란색間用黃絹을 쓰는데,[34] 어떤 것은 진하고 어떤 것은 엷었다고 한다. 또 선군旋裙을 여덟 폭으로 만들어 겨드랑이에 높이 치켜 입는데, '중첩무수重疊無數'하여 많을

수록 좋아하였다. 부귀한 집안의 여자들의 치마는 일고여덟 필을 이은 것이 있어 우습다고 하였다.[35] 여기에서 중첩무수를 여러 겹 겹쳐졌다고 해석한다면 조선시대의 무지기 치마를 연상하게 된다. 그러나 송의 여자복식에서 선군은 앞뒤가 갈라져 말을 탈 때 입으면 편하다[36]고 한 내용을 고려한다면 오히려 조선시대의 말군과 유사했을 가능성이 있다. 하지만 서긍이 보기에 그 모습이 우스웠다고 『고려도경』에 기록한 것을 보면 선군의 모양이 송과는 달랐을 것으로 추정된다.

여성들도 포와 바지를 입었다. 『고려도경』 귀부貴婦조를 보면 여인들의 백저포가 남자의 포와 같았으며, 문릉고文綾袴, 즉 무늬 있는 비단으로 넓은 바지를 만들어 입었는데, 안을 생명주로 받치고 넉넉하게 하여 옷이 몸에 붙지 않게 하였다고 한다. 허리에는 감람륵건橄欖勒巾을 띠고, 채색 끈에 금방울金鐸을 달고, 비단錦으로 만든 향낭香囊을 차는데, 이것이 많은 것을 귀하게 여겼다고 한다. 감람륵건이 무엇인지는 분명하지 않으나 '감람'은 올리브로 해석된다. 여기의 방울과 향낭을 조선시대 노리개의 기원으로 보기도 한다. 화장에 대해서는 부인들이 향유香油 바르는 것을 좋아하지 않고, 분을 바르되 연지는 칠하지 않고, 눈썹은 넓었다고 하여, 진한 화장을 꺼려하였음을 알 수 있다.[37]

그 밖에 손에는 부채를 잡았으나 손톱이 보이는 것을 부끄럽게 여겨, 붉은 주머니絳囊로 손을 가린다[38]고 하였는데, 조선 말 궁중의 내인들이 수라상을 들고 갈 때 붉은 보자기로 손을 가리고 상을 들었다고 하는 것이 바로 이런 관습에서 유래된 것이 아닐까 한다.

머리모양과 몽수

고려 여성의 머리모양은 귀천이 모두 오른쪽으로 드리우고, 그 나머지는 아래로 내려뜨리되 붉은 깁으로 묶고 작은 비녀를 꽂았다. 서민庶民들의 딸은 시집가기 전에는 붉은색 비단羅으로 머리를 묶고 그 나머지를 아래로 늘어뜨렸다. 남자는 붉은 깁 대신 검은 끈黑繩을 사용하였다. 귀천에 상관없이 동일하였다는 것으로 보아 대부분 유사한 형태를 하였던 것으로 보인다.[39]

외출할 때에는 검은 비단으로 된 몽수蒙首를 쓰는데, 세 폭으로 만들었다. 길이는 여덟 자尺이고, 정수리에서부터 내려뜨려 다만 얼굴과 눈만 내놓고 끝이 땅에 끌리게 하였다.[40] 힘든 일을 많이 하는 비첩婢妾들은 너울을 아래로 내리지 않고, 정수리에 접어 올렸으며, 옷을 걷고 다녔다.[41] 이에 대해 서긍은 몽수가 당唐나라 무덕武德, 618~626・정관貞觀, 627~649 연간에 유행한 멱리冪䍦의 유법이 아니었겠는가라고 기술하고 있다.[42] 가난한 사람들이 몽수를 못 쓰는 것은 금제가 있어서 그런 것이 아니라, 몽수의 값이 백금白金 한 근과 맞먹어 살 힘이 미치지 못하기 때문이라고 하였다.[43] 여기에서 '백금'이란 오늘날의 은銀을 말한다. 이와 같이 값비싼 몽수를 하고 얼굴을 드러내었다는 사실을 보면 고려시대만 하더라도 얼굴을 가리는 것이 내외內外를 하기 위한 것보다는 멋을 내기 위한 수단이었던 것을 알 수 있다.

승복의 발달

고려는 불교국가로 왕자 중 승려가 된 사람이 허다할 정도였으며 승려의 지위가 높았다. 승복은 원래 불교가 발생한 인도의 사리sari처럼 옷감 한 장을 몸에 둘러 입는 형식에서 출발하였으며, 이러한 옷을 가사袈裟 혹은 가사의袈裟衣라고 한다. 오늘날에도 남방불교의 승려들은 커다란 천을 몸에 둘둘 감아 입고 생활하는 것을 볼 수 있다. 하지만 불교가 중국으로 전파되면서, 중국의 승려들은 커다란 포袍형식의 장삼長衫을 안에 입고 그 위에 가사를 두르게 되었다. 따라서 가사는 실용적인 기능보다 종교적인 의미가 강조되어, 오늘날의 승려들도 일상복으로는 가사를 입지 않고 예불을 드릴 때에 가사를 갖추게 되었다.

가사란 '카사야kasaya'란 말에서 유래되었다고 알려져 있는데 이는 부정색不正色이란 뜻이다. 즉, 석가모니가 고행할 때 입었던 온갖 낡고 버려진 옷감으로 조각조각 천을 이어붙인 누더기 같은 옷을 의미한다. 그런데 사각의 천을 조각조각 모은 모양은 마치 논두렁과 같아, 부처님이 이 옷을 보고 '복전福田'이라 불렀다고 한다. 즉, 가사란 네모난 천을 조각조각 이어 큰 사각형을 만들어 몸에 두른 옷이다. 그중에서도 첩상가사는 일본 교토의 지온인知恩院에 소장된 1323년 「관경변상도觀經變相圖」인 그림 10처럼 두 가지 색을 사용하여 만든 것이다.

가사 중에서 오조, 칠조라고 하는 것은 가사를 이어 만든 가닥을 나타낸 것으로

10
첩상가사
「관경변상도」 부분
일본 지온인 소장

조條는 세로로 나뉜 조각의 수이다. 오조 가사가 가장 간단한 것이며, 칠조 가사는 경전을 독송하거나 예배를 하거나 불사를 할 때 착용하였다. 이십오조 대가사는 범어로 승가리僧伽黎라고 하며, 법상에 올라 설법할 때에 착용하였다.

『고려도경』에는 왕사王師[44]를 비롯하여 삼중화상대사三重和尙大師[45], 아사리대덕阿闍梨大德, 사미비구沙彌比丘 등의 옷에 대하여 기록되어 있다.[46] 그 내용을 보면 왕사는 산수납가사山水衲袈裟, 긴 소매의 편삼偏衫, 금발차金跋遮를 착용하고, 아래에는 자상紫裳, 오혁검리烏革鈐履를 착용했다고 한다. 여기서 발차는 가사의 고리環를 뜻한다.

삼중화상대사三重和尙大師는 자황첩상복전가사紫黃貼相福田袈裟와 긴 소매의 편삼을 입고, 아래는 역시 자상紫裳을 입었다. 아사리대덕阿闍梨大德은 덕이 높은 중이라는 뜻으로 교사 역할을 하는 사람이며, 삼중화상보다 한 등급 낮다. 짧은 소매의 편삼偏衫과 괴색壞色, 즉 진한 고동색의 오조五條로 지은 간단한 약식 가사인 괘의掛衣를 걸치고 아래는 황상黃裳을 입었다.

사미비구沙彌比丘는 어려서 출가出家하여 아직 정식으로 교단에 들어가지 못한 어린 승려를 말한다. 괴색 포의布衣를 입었다가 계율이 높아지면 비로소 자복紫服으로 바꾸어 입고, 차례에 따라 계율이 올라간 뒤에야 납의衲衣를 갖게 되었다.

6장

아스카, 나라, 헤이안시대의 복식

고훈시대를 계승한 아스카시대의 의복

아스카飛鳥, 539~710시대는 나라奈良분지 남쪽에 위치한 아스카에 궁전과 정치의 중심이 있었기 때문에 붙여진 명칭으로, 긴메이欽明, 재위 539~571왕 때부터 약 1세기의 시기를 말한다. 아스카시대의 끝은 학문분야와 학자에 따라 645년의 다이카개신大化改新까지로 보는 경우와 710년의 헤이죠쿄우平城京 천도 이전까지로 보는 경우 등이 있다.[1]

아스카시대의 복식을 가늠해 볼 수 있는 자료로는 일본 역사상 최초의 여왕이었던 스이코推古, 재위 593~628왕 때에 섭정으로 실권을 잡았던 쇼우토쿠聖德, 574~622태자가 극락세계인 천수국에서 안녕하기를 기원하며 그의 사후에 자수를 놓아 만든 천수국만다라수장天壽国曼荼羅繡帳이 있다. 현재는 일부분만 남아 있지만 연대가 확실한 유물로, 염색 및 자수의 수준까지도 알 수 있다.

천수국만다라수장에 묘사된 인물들을 보면 아스카시대에는 기본적으로 고훈시대의 하니와에서 볼 수 있는 이부식 의복이 계승되었음을 알 수 있다. 남자는 그림 1처럼 기누바카마衣褌를, 여자는 그림 2, 3처럼 기누모衣裳를 입었다. 기누는 하니와에서처럼 엉덩이를 덮는 길이에 둥근 깃이었다. 소매는 하니와의 기누보다는 대체로 넓은 편이었으며, 깃이나 여밈, 소맷부리, 도련에는 몸판과 다른 색으로 선을 대기도 하였다. 옷자락은 작은 고름이나 허리띠로 여몄다. 남자의 하카마는 통이 넓은 바짓부리에 선을 댄 형태와 통이 좁은 형태가 있었다. 여자의 모는 발이 보이지 않을 정도로 길었으며, 그림 2처럼 세로선이 있어 주름 또는 색동처럼 보이는 경우와 그림 3처럼 가로선이 있어 티어드tiered 스커트처럼 보이는 경우도 있었다.

또한 기누바카마나 기누모의 상의와 하의 사이에는 그림 1처럼 짧은 치마와 같이

01
기누바카마
천수국만다라수장 부분
쥬우구우지[中宮寺] 소장

02
기누모
천수국만다라수장 부분
쥬우구우지 소장

03
기누모
천수국만다라수장 부분
쥬우구우지 소장

생긴 것이나 그림 2, 3처럼 잔주름 같은 것이 보인다. 도우다이지東大寺에 있는 왕실의 유물창고 쇼우소우잉正倉院에 소장된 나라시대 유물들 중에는 그림 4처럼 주름을 잡아 만든 짧은 치마형의 장식이 있는데, 이것을 상의와 하의 사이에 착용한다면 천수국만다라수장의 인물들과 유사한 차림이 될 것이다. 뿐만 아니라 그림 5처럼 도련에 주름이 달린 반비를 상의 안에 덧입어도 유사한 차림이 될 것이다.

이 시기의 복식을 알 수 있는 자료로 7세기 말에서 8세기 초의 것으로 추정되는 나라현 아스카무라明日香村 다카마츠 고분高松塚벽화도 있다. 천수국만다라수장과 마찬가지로 남자는 기누바카마, 여자는 기누모의 이부식 의복을 입었다.

동벽 남측에 그려진 그림 6의 남자들 중 가운데 남자는 천수국만다라수장과는 달리 곧은 깃의 기누를 입었다. 기누의 소매통은 여유가 있는 편이며, 머리에는 검정색 복두를 썼다. 왼쪽 남자는 뒷모습이기 때문에 깃모양이나 여밈은 알 수 없지만 란이 있는 녹색의 긴 기누에 가는 허리띠를 매었으며, 부리가 넓은 흰색 바지를 입었다.

동벽 북측에 그려진 그림 7의 여자들도 곧은 깃에 엉덩이를 덮는 긴 기누를 입었다. 소매통은 비교적 넓고 소맷부리에는 몸판과 다른 색으로 선을 둘렀다. 옷깃에 달린 작은 고름이나 가는 허리띠로 옷자락을 여몄는데, 허리띠는 허리보다 아래로 내려 앞에서 매듭지어 묶었다. 하의는 발이 보이지 않을 정도로 긴 치마를 입었는데, 치마 도련에도 상의 도련처럼 주름이 있다. 특히 앞쪽의 두 여자는 붉은색과 푸른색, 녹

06
기누바카마
나라현 아스카무라 다카마츠 고분벽화

07
기누모
나라현 아스카무라 다카마츠 고분벽화

08
색동치마
쇼우소우잉 소장

색, 흰색 등이 연결된 색동치마를 입었는데, 쇼우소우잉에도 이와 흡사하게 붉은색과 녹색의 조각들을 반복해 붙여 만든 그림 8과 같은 치마 유물이 남아 있다. 이러한 유형의 치마는 1부 2장에서 이미 논의한 것처럼 중국 당나라의 회화와 아스타나 고분벽화, 우리나라 수산리 고분벽화 등에서도 나타나 당시 동아시아에서 매우 유행하였음을 알 수 있다.

대륙문화의 유입과 관복제도의 변혁

아스카시대에는 주변국가들과의 교류를 통하여 제도와 문물을 도입하였다. 유교와 불교, 건축, 조각, 회화 등이 백제의 학자와 승려, 유민들을 통하여 전수되었다. 또 607년에 중국 수나라에 견수사遣隋使를 보낸 것을 시작으로 하여 당나라 때에는 630년부터 여러 차례 견당사遣唐使를 파견함으로써 대륙의 선진문화와 제도를 도입하였다. 특히 640년에는 대륙으로 파견되었던 견당사와 유학생들이 귀국함으로써 이전에 우리나라를 통하여 전해진 대륙의 문화를 직접적으로 받게 되었다. 정치적으로는 645년에 다이카개신을 통하여 중국의 율령제를 도입함으로써 왕을 중심으로 한 중앙집권적 정치체제를 구축하였다.

이처럼 대륙문화가 유입됨에 따라 복식도 수, 당나라식으로 크게 전환되었다.[2] 603년에는 중국의 제도를 기본으로 하고 우리나라의 제도를 참고하여[3] 일본 최초의 관복제도인 관위冠位 12계階를 제정하였다. 이는 관리의 위계를 12단계로 나누고, 관모와 의복의 색상을 자紫, 청靑, 적赤, 황黃, 백白, 흑黑 등으로 다르게 사용하도록 규정한 것이다. 이 제도를 바탕으로 관리의 위계를 647년에는 13단계로, 649년에는 19단계로, 664년에는 26단계로 개정하여 관리의 위계에 따른 관복의 차이를 점차 세분하였다.

683년에는 위계에 따라 관모의 색상을 달리하였던 이전의 제도가 폐지되고, 모두 사紗에 옻칠을 하여 만든 검은색의 시츠샤칸しっさしゃかん, 漆紗冠을 쓰도록 하였다.[4] 시츠샤칸은 당나라에서 전래된 복두의 일종으로, 701년 다이호우大宝율령이 제정된 후 제복祭服과 조복朝服의 관모가 되었다. 끈의 형태에 따라 스이에이すいえい, 垂纓, 겐에이けんえい, 卷纓, 류에이りゅうえい, 立纓 등으로 다양해지면서 10세기 이후에는 일본식으로 변하였다. 또한 약식 복장에는 훗날 에보시えぼし, 烏帽子의 원형이 되는 하시와코우부리はしわこうぶり, 圭冠를 쓰도록 정하였다. 하시와코우부리는 위가 막힌 자루모양의 관모로, 헤이안 후기에는 에보시라고 불렀다. 처음에는 천으로 만든 부드러운 것이었으나 헤이안 말기에 점차 딱딱해지면서 다테에보시たてえぼし, 立烏帽子, 오리에보시おりえぼし, 折烏帽子, 사무라이에보시さむらいえぼし, 侍烏帽子 등으로 다양해졌다. 에보시는 시츠샤칸과 더불어 에도시대에 이르기까지 다양한 모양으로 착용되면서 남자의 대표적인 관모가 되었다.

이 즈음의 복식을 알 수 있는 자료로 597년에 일본으로 건너가 쇼우토쿠태자의 스승이 된 백제의 아좌阿佐태자가 그렸다고 전해지는 그림 9의 쇼우토쿠태자 상이 있다. 이 그림에서 태자는 당나라풍의 복두와 단령을 착용하였다. 복두의 형태는 다카마츠 고분벽화의 남자인물들과도 유사하다. 또 단령은 소매가 비교적 넓고, 란은 없으나 옆트임이 있으며, 허리띠와 칼을 차고, 손에는 홀을 들었다.

한편 701년에 제정된 다이호우大宝율령은 당의 제도를 보다 적극적으로 수용한 것으로, 이때부터 관직 및 벼슬의 이름을 중국의 제도에 따르게 되었다.[5] 이 율령에는 의복에 관한 규정도 있었으나 현재 자세한 내용은 남아 있지 않다. 다이호우율령을 수정, 보안하여 718년에 제정된 요우로우養老율령의 의복령에 따르면 문관, 무관, 여관女官의 관리들은 각각 때와 장소, 경우에 따라 예복禮服, 조복朝服, 제복制服 세 종류의 공복公服을 입었다. 여기서 공복은 오늘날의 유니폼과 유사한 개념으로 볼 수 있다. 예복은 즉위식이나 새해 첫날, 축일과 같이 중요한 행사 때에 착용하였으며, 조복은 관료들이 평상시 공무를 할 때 입었고, 제복은 하급 관리나 일반 서민이 임시로 공무를 수행할 때에 입었다. 이전까지의 의복령이 단순히 의복의 색상으로 신분의 차이를 표현하였다면, 이 제도는 때와 장소, 경우 등에 따라 복식을 규정하였다는 점에서 획기적이라고 할 수 있다.

당의 문화가 반영된 나라시대의 복식

710년에 당의 수도였던 창안長安을 모방하여 헤이죠쿄우平城京를 만든 때부터 794년에 수도를 헤이안쿄우平安京로 옮기기 전까지, 수도인 헤이죠쿄우가 나라奈良에 있었기 때문에 나라奈良, 710~794시대라고 한다.[6]

이 즈음의 복식은 쇼우소우잉에 소장된 복식 유물들과 호오류우지法隆寺의 오중탑五重塔 안에 있는 인물상 등을 통하여 추정해 볼 수 있다. 호오류우지 오중탑의 남자 인물상은 그림 10처럼 단령을 입었는데, 쇼우소우잉에도 그림 11처럼 옆트임이나 무의 유무, 소매통의 너비, 옷감, 홑 또는 겹과 같은 구성방식 등에 있어 다양한 유형으로 변형된 단령 계통의 유물들이 남아 있다.[7]

또 호오류우지 오중탑의 여자 인물상들은 그림 12의 시녀상처럼 짧은 상의에 치마를 겨드랑이까지 높여 입고 반비를 덧입었으며, 영건을 두르기도 하였다. 쇼우소우잉에도 길이나 소재, 장식 등에 있어 다양한 형태의 반비 유물들이 남아 있다.

뿐만 아니라 쇼우소우잉에는 그림 13처럼 소매가 없는 관두의형의 유물도 남아 있다. 이 유물은 고대 일본인이 관두의를 입었다는 『삼국지』의 기록과 연관될 뿐만 아니라 우리나라의 무용총 벽화나 안악 3호분, 덕흥리 고분 등의 벽화에서 나타나는 관두의형 상의나 겉옷이 실제로 존재하였을 가능성을 더 높여 주는 유물이기도 하다. 그 밖에도 그림 14처럼 금錦직물이나 가죽, 나무 등 다양한 소재로 만든 신발들도 남아 있으며, 옥 등으로 장식한 가죽 허리띠, 비녀, 버선과 행전 등 많은 복식 유물들이 남아 있다. 이들 대부분은 당시 동아시아에서 유행하였던 당의 복식들과 흡사하여 일본 역시 대륙의 영향을 강하게 받았음을 알 수 있다.

11
단령을 변형한 포
쇼우소우잉 소장

독자적인 귀족문화가 발달한 헤이안시대의 복식

간무桓武, 재위 781~806왕은 사원寺院의 세력권에서 벗어나기 위하여 794년 나라奈良를 떠나 헤이안쿄우平安京, 즉 지금의 교토京都로 수도를 옮겼다. 이때부터 미나모토 요리토모源賴朝가 가마쿠라막부를 연 1185년까지를 헤이안平安, 794~1185시대라고 한다. 헤이안시대는 일반적으로 10세기 중엽까지를 헤이안 전기 또는 고닌弘仁, 죠간貞觀시대로, 그 이후를 헤이안 후기 또는 후지와라藤原시대 등으로 구분하기도 한다.

헤이안시대는 세련된 생활양식과 귀족문화의 원형이 형성된 시기로, 일본문화의 황금기로 일컬어진다. 헤이안 전기까지는 모든 면에서 나라시대 이상으로 중국의 영향이 강하게 나타난 시기였다. 818년에는 왕의 조칙에 따라 조회朝會와 같은 의례나

인사예법 등은 물론이고, 복식도 남녀 모두 당나라식으로 하도록 정하였다. 이어 820년에도 왕실 복식에 대한 조칙이 내려졌는데, 곤면袞冕, 십이장十二章과 구장九章, 예의禮衣 등의 예복제도가 있는[8] 것으로 보아 당의 영향을 받았음을 알 수 있다.

그러나 894년에 견당사가 폐지된 후부터는 일본의 독자적인 문화가 번성하였다. 특히, 후지와라 가문이 섭정하게 되면서 왕은 정무보다는 귀족들과 함께 연회나 사냥 등의 유흥을 즐기며, 사치스럽게 치장하는 것 등에 관심을 쏟았다. 직조와 염색기술도 발전하여 복식의 색상과 무늬, 디자인이 크게 발전하였다. 이러한 배경 덕분에 헤이안시대의 복식은 일본 역사상 가장 아름답고 호화로웠다.

또 격식과 형식, 색채미를 강조한 의례복식들도 세분화되었다. 중요한 의식일수록 옷을 많이 겹쳐 입었는데, 이는 신체를 커보이게 하여 위엄을 강조하기 위한 것으로 보인다. 또한 장대해진 의복에 힘을 주기 위하여 풀을 강하게 먹인 고와쇼우조쿠こわしょうぞく, 强裝束·剛裝束라고 부르는 착장법이 등장하여 외관상 큰 변화가 생겼다.

공가 남자의 정식 예장, 소쿠타이

헤이안시대 이후 공가公家, 즉 왕과 귀족, 관료들의 정식 예장이었던 소쿠타이そくたい, 束帶는 중국에서 도입된 단령과 복두 차림이 일본화된 것이다. 소쿠타이라는 말은 원래 '공적인 복식을 갖추어 입었다'는 의미였으나 점차 남자의 정식 예복 차림을 대표하는 명칭이 되었다.[9]

소쿠타이 차림에는 그림 15처럼 시츠샤칸しつさしゃかん, 漆紗冠을 쓰고, 호우ほう, 袍, 한삐はんぴ, 半臂, 시타가사네したがさね, 下襲, 아코메あこめ, 衵, 히토에ひとえ, 單, 우에노하카마うえのはかま, 表袴, 시타바카마したばかま, 下袴를 입었다. 소쿠타이 차림에서는 관모와 의복의 색상 및 무늬로 신분을 표시하였으며, 각 가문에서 특정한 무늬를 사용하기도 하였다.[10] 또 허리띠인 세키타이せきたい, 石帶를 하고, 큰 칼인 다치たち, 太刀를 찼으며, 엄숙한 의식에는 어대인 교타이ぎょたい, 魚袋를 차기도 하였다. 손에는 샤쿠しゃく, 笏를 들었으며, 부채나 첩지인 다토우だとう, 帖紙를 들기도 하였다. 발에는 버선인 시토우즈しとうず, 襪와 리 또는 화를 신었다. 무관은 호우 위에 우치카케うちかけ, 裲襠도 덧입었다.

시츠샤칸

호우
샤쿠
다토우
다치
히라오

세키타이

시타가사네

우에노하카마
시타바카마
시토우즈

관모인 시츠샤칸漆紗冠은 복두가 변화된 것이다. 상투를 넣는 통 형태의 건자巾子와 묶은 끈 에이えい、纓로 구성되었다. 부드러웠던 에이는 딱딱해지고 형식화되면서 건자 뒤에 에이를 끼워 넣는 부분이 생겼다. 또 상투의 아랫부분을 밖에서 비녀로 꽂아 관을 고정하다가 12세기 후반에는 이것도 형식화되어 턱 아래에서 종이끈으로 매었다.[11] 문관은 그림 16처럼 에이가 아래로 쳐진 스이에이垂纓를 썼고, 무관은 에이가 동그랗게 말린 겐에이卷纓를 쓰고 귀부분에 오이카케おいかけ、緌를 달았다. 또 왕은 에이가 위로 선 류에이立纓를 썼는데 이는 후대에 생긴 것이다.

소쿠타이 차림에서 가장 겉에 입은 호우袍는 단령이 변화된 것이다. 왕과 문관, 삼위三位 이상의 무관은 그림 17처럼 양 겨드랑이를 꿰매고 란을 붙인 봉액포縫腋袍를[12], 사위四位 이하의 무관은 그림 18처럼 양 겨드랑이부터 란까지를 꿰매지 않은 궐액포闕腋袍를 입었다.[13] 소매가 크고 넓었으며, 옷길이도 길고 넓었기 때문에 착용자의 신체에 맞게 걷어 올려 허리띠를 매었다.

한삐半臂는 포의 안쪽이자 시타가사네 위에 입는 소매가 짧은 옷이었다. 곧은 깃이며 도련에 란이 부착되었다. 한삐는 원래 궐액포를 입을 때 겨드랑이로 속옷이 보이는 것을 방지하기 위하여 입었던 것이므로, 봉액포를 입을 때에는 반드시 입을 필요가 없었다. 그러나 겉옷이 얇은 여름에는 속옷이 비치지 않도록 착용하였으나, 후대에 이르면 겨울에는 생략하는 경우가 많았다.[14]

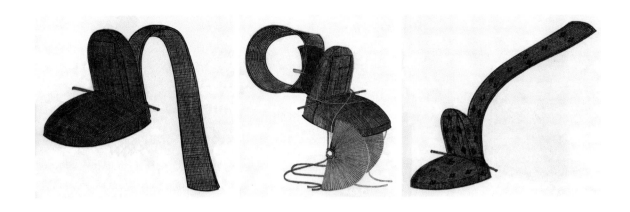

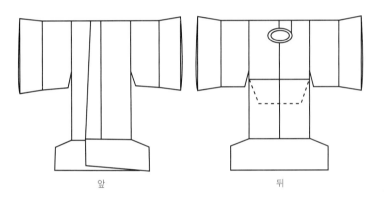

16

17

18

앞   뒤

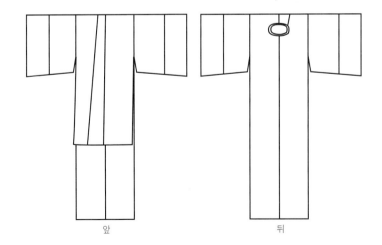

16
시초샤칸
스이에이(좌)
겐에이 및 오이카케(중)
류에이(우)

17
봉액포

18
궐액포

앞   뒤

19	20

19
소쿠타이
「반다이나곤에」 부분
이데미츠[出光]미술관 소장

20
다양한 색상과 무늬의 시타가사네
「고마쿠라베교우코우에」 부분
이즈미시[和泉市] 쿠보소우[久保惣]
기념미술관 소장

한삐 속에 착용한 시타가사네下襲는 곧은 깃에 옆트임이 있는 상의였다. 오텐몬応天門의 정면을 그린 「반다이나곤에伴大納言絵」의 일부인 그림 19처럼 시타가사네의 뒷자락이 10세기 중반부터 길어져 포 아래로 길게 끌리기 시작하였다. 뒷자락의 길이는 신분이 높을수록 길었다.[15] 산조三条, 재위 1011~1016왕이 후지와라의 저택을 방문한 모습을 그린 그림 20의 「고마쿠라베교우코우에駒競行幸絵」에서는 다양한 색상과 무늬의 시타가사네 뒷자락을 난간에 걸쳐둔 모습을 볼 수 있다. 이처럼 다채로운 시타가사네의 색상과 무늬는 소쿠타이 차림에 아름다움을 더하였다.

시타가사네 속에 착용하여 속옷의 역할을 한 아코메袙는 그림 21처럼 곧은 깃에 옆트임이 있었다. 일반적으로는 붉은색이었지만 노란색을 띤 녹색이나 연두색 등을 입기도 하였다.[16] 필요에 따라 여러 벌을 겹쳐 입기도 하였는데, 속옷으로 고소데にそで, 小袖를 입게 되면서 소쿠타이 구성상에서 형식적인 옷이 되었다.[17] 또 아코메 속에는 붉은색 상의인 히토에單를 입었다. 히토에는 홑옷이라는 의미이며, 여름에는 겹으로 제작한 아코메는 생략하고 히토에를 입기도 하였다.[18]

하의로는 두 종류의 바지를 겹쳐 입었다. 겉에 입은 우에노하카마表袴는 포 아래에 가려져 정확한 형태는 알 수 없다. 다만 후대의 것은 그림 22처럼 앞에서 여미는 형식이며 바지 양 가랑이 사이에 당襠이 있었다. 대개 겉감은 흰색, 안감은 붉은색이었다.[19] 우에노하카마 속에 입은 시타바카마下袴는 바짓부리가 넓은 대구고였다. 일반적으로 붉은색이었지만 흰색이나 황색도 있었다.[20]

세키타이石帯는 검정색의 옻칠을 한 가죽으로 만들었으며, 백석白石이나 마노, 대모

등으로 만든 장식을 단 것이 특징이어서 명칭도 여기에서 유래되었다.

큰 칼인 다치太刀는 원래 문관은 차지 않았으나 헤이안시대에는 왕이 허락한 경우에는 차기도 하였다. 칼을 차기 위해서는 납작하고 폭이 넓은 히라오ひらお, 平緒라는 끈목을 사용하였는데, 허리에서 돌려 맨 후 나머지는 하카마의 앞으로 길게 늘어뜨렸다.

버선인 시토우즈襪는 오늘날의 발가락이 갈라진 타비たび, 足袋와는 달리 발가락을 가르지 않은 모양의 흰색 버선이었다. 신발은 일반적으로 리를 신었고, 예식에는 화를 신었는데, 모두 가죽으로 만들어 검정색의 옻칠을 하였다.

21
아코메

22
우에노하카마

공가 남자의 약식 예장, 호우코와 이칸

공가 남자는 소쿠타이의 약식으로 호우코ほうこ, 布袴와 이칸いかん, 衣冠을 착용하였다. 호우코는 원래는 문자 그대로 마포麻布로 만든 바지를 의미하였으나 점차 특정한 복장의 차림을 지칭하게 되었다. 처음에는 주로 하급 관리들이 입었으나 점차 상급자도 비상시에 입게 되면서, 관료들이 평상시 입궐할 때 등에 착용하는 약식 예복이 되었다.

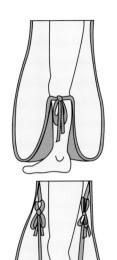

호우코 차림은 소쿠타이와 거의 유사하지만, 우에노하카마表袴 대신 사시누키さしぬき, 指貫를 입었다. 사시누키는 바짓부리에 그림 23과 같은 방법으로 끈을 달아 오므린 바지이다.[21]

이칸이라는 명칭은 의衣와 관冠으로 관직을 표현하기 때문에 붙여진 것으로 보인다. 궁중 근무복이었던 소쿠타이는 옷이 크고 세키타이가 몸을 죄어 불편하였기 때문에 숙직에는 이칸을 입게 되었으며, 후에는 관료들이 평상시 입궐할 때 등에 착용하는 약식 예복이 되었다.

이칸 차림은 소쿠타이 차림에서 한삐, 시타카사네 등의 받침옷들을 대폭 생략하였으며, 바지도 그림 24처럼 사시누키를 입고, 세키타이 대신 천으로 만든 허리띠로 묶었다. 이칸은 소쿠타이와 마찬가지로 관모와 의복의 색상 및 무늬로 신분을 표시하였으나, 소쿠타이와는 달리 모두 봉액포를 입어 문관과 무관의 구별은 없었다. 스이에이를 썼으며, 칼은 차지 않았다. 신에게 배례拜禮할 때 등에는 홀을 들었으나, 평상시에는 부채를 들거나 아무것도 들지 않았다.[22]

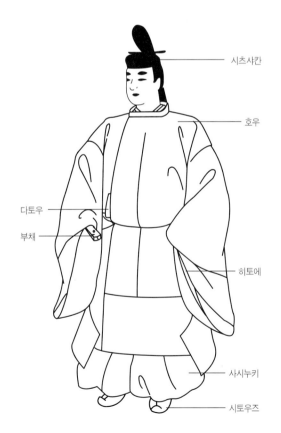

시츠사칸

호우

다토우

부채

히토에

사시누키

시토우즈

23
사시누키의 내부구조

24
이칸의 구성

공가 남자의 평상복, 노우시

노우시のうし, 直衣에서 '直'은 '일상' 또는 '숙직'의 의미로,[23] 공가 남자의 사교복이자 평상복이었다. 후에는 점차 조정에 나아가 일을 할 때에도 착용하였다.

여러 가지 착용법이 있었으나 가장 일반적인 것은 그림 25처럼 사시누키와 함께 착용한 것이었으며,[24] 세키타이 대신 천으로 만든 허리띠를 둘렀다. 노우시의 호우袍는 소쿠타이와 거의 같았지만, 소쿠타이처럼 정해진 색상과 무늬는 없었다. 이 때문에 위포位袍라고도 한 소쿠타이의 포에 비하여 노우시의 포는 잡포雜袍라고 하였다.[25]

다소 후대의 것이기는 하지만 가마쿠라시대 고토바後鳥羽, 재위 1185~1198왕의 초상인 그림 26처럼 노우시 차림에서 관모는 대개 에보시를 썼기 때문에 에보시노우시鳥帽子直衣라고도 하였다.[26] 또 엄숙한 의례에는 시츠샤칸을 쓰고 이를 간무리노우시かんむりのうし, 冠直衣라고 하였다.

25
노우시의 구성

26
에보시노우시
고토바왕 초상
오사카 미나세[水無瀨]신궁 소장

궁중 여자의 성장, 가라기누모

혜이안 후기 궁중 여자들은 성장盛裝으로 가라기누모からぎぬも, 唐衣裳 차림을 하였다.[27] 가라기누모라는 명칭은 이 차림에서 가라기누唐衣와 모裳가 가장 주된 의복이었기 때문에 붙여진 것이다. 가라기누와 모 외에도 그림 27처럼 우치기うちぎ, 桂, 히토에單, 하카마袴를 겹쳐 입고, 첩지인 다토우와 부채를 들었다. 일반적으로는 머리를 길게 늘어뜨렸으며, 엄숙한 의례에는 정수리의 일부를 묶어 올린 후 비녀와 빗 등을 꽂아 장식하고 보관寶冠을 얹었다.

가라기누모 중에서도 우와기うわぎ, 表着, 우치기누うちぎぬ, 打衣 등을 완전하게 갖춘 차림은 '모노노구物ノ具'라고 하였다. 모노노구 차림에는 오늘날의 숄에 해당하는 히레ひれ, 比禮를 어깨에 걸치고, 군타이くんたい, 裙帶를 하였으며, 보관을 썼다.

가장 겉에 입는 가라기누唐衣는 옷길이가 짧았는데 그림 28처럼 뒷길은 앞길보다 더 짧았으며, 소매는 넓으나 반소매였다. 이처럼 옷길이가 짧고 반소매였기 때문에 안에 겹쳐 입은 옷들이 보였다. 또 섶은 없고, 곧은 깃을 접어 바깥쪽으로 꺾어 입었다.[28] 가라기누는 나라시대부터 이미 있었는데, 그 형태가 점차 변하여 혜이안시대에는 여미지 않고 소매에 손만 끼운 채 등에서 흘러내리는 것처럼 걸쳐 입는 것이 되었다. 원래는 왕비부터 하급시녀들까지 모두 가라기누를 착용하였기 때문에 옷감과 색상으로 신분의 차이를 표시하였으나, 혜이안시대에는 예장의 상징이 되었다.[29]

우치기桂는 가라기누와 모 안에 입었던 겉옷의 일종이다. 곧은 깃이었으며, 입는 사람의 신장 정도로 길고 소매도 넓었다.[30] 같은 형태를 여러 벌 겹쳐 입었는데, 우치기 중에서도 가장 겉에 입은 것은 우와기うわぎ, 表着, 중간에 겹쳐 입은 것은 가사네우치기かさねうちぎ, 重桂라고 하였다. 혜이안 후기에는 스무 벌까지도 겹쳐 입었는데,[31] 말기부터는 대개 다섯 벌 정도를 입어

27
가라기누모의 구성

부채
다토우
가라기누
우와기
우치기누
우치기
히토에
모
하카마

'이츠츠기누いつつぎぬ, 五衣'라고 하였으며,[32] 가마쿠라시대에 다섯 벌을 입는 것이 원칙이 되었다.[33] 이후 평소에는 흰색을 안에 입고 그 위에 색상이 있는 것을 한두 벌 겹쳐 입었지만, 성장할 때에는 전기처럼 가사네우치기의 수를 늘려 깃과 소맷부리의 배색의 미를 강조하였다. 또 옷감을 다듬이질하여 광택을 낸 것은 우치기누うちぎぬ, 打衣라고 하였는데, 처음에는 이것을 가사네우치기 중간에 섞어 입었지만 11세기 말경부터 우와기와 가사네우치기 사이에 입게 되었다.

우치기 안에는 홑으로 만든 히토에單를 입었는데, 길이와 화장이 우치기보다 길어 겉으로 보였다. 우치기나 히토에를 여러 벌 겹쳐 입을 때에는 전체적인 조화를 고려하여 다채로운 색상을 선택하였다. 이러한 색상들이 깃과 소맷부리, 도련 등에 드러나 보이는 것을 '가사네이로메かさねいろめ, 重色目'라고 하였다.[34] 또 여름에는 우치기를 생략하고 히토에를 몇 벌씩 겹쳐 입어 히토에가사네라고 불렀다. 가라기누모 차림을 통상 쥬니히토에じゅうにひとえ, 十二單라고 하는 것도 이 때문이다. 히토에는 원래 피부에 닿게 입어 속옷의 역할을 하였으나 헤이안 말기에는 히토에 안에 고소데小袖를 입기도 하였다.

한편 하반신에는 하카마를 입고 그 위에 옷자락이 길게 끌리도록 모裳를 둘러 입었다. 처음에는 허리에 감아 몸을 감싸는 형태였으나 우치기가 장대해지고 여러 벌 겹쳐 입게 됨에 따라, 일본 고유의 정형시인 와카わか를 소재로 그린 그림 29의 「가센에

28

29

28
가라기누 재현품

29
13세기 전반의 가라기누모
「가센에」 부분
야마토[大和]문화관 소장

歌仙繪」처럼 허리 뒤를 장식하는 것으로 변하였다.

또한 이에 따라 모 안에 속옷으로 착용하여 겉으로 보이지 않았던 하카마가 정면에서 보면 일부 드러나게 되었다. 헤이안 전기에는 일반적인 길이였던 하카마가 의복이 크고 길어짐에 따라 발을 완전히 가릴 정도로 길고 끌리는 형태가 되었다. 옷감에 풀을 먹여 빳빳하게 폈으므로 하리바카마はりばかま, 張袴라고도 하며, 생견을 다듬이질했다 하여 우치바카마うちばかま, 打袴라고도 하였다. 보통 붉은색이었으나, 푸른색과 흰색도 있었다.

미 주

2부 국제교류가 활발했던 동아시아의 복식

4장 수, 당, 오대십국, 송의 복식

1) 마쓰창·띵밍이·리위췬(2006). 중국 불교석굴. 서울: 다홀미디어. p.150.
2) 김소현(2003). 앞의 책. p.209.
3) 杉本正年(1984). 앞의 책. p.113.
4) 위의 책. p.112.
5) 繆良云 主編(1999). 中國衣徑. 上海: 上海文化出版社. p.183.
6) 袁仄(2005). 앞의 책. p.63.
   繆良云 主編(1999). 앞의 책. p.183.
7) 유금와당박물관(2009). 도용: 매혹의 자태와 비색의 아름다움. 서울: 유금와당박물관. p.125.
8) 국립부여박물관(1998). 중국낙양문물명품전. 서울: 통천문화사. p.197.
9) 包銘新·李曉君·趙敏(2004). 中國服飾这棵树. 上海: 世紀書店出版社. p.23
10) 위의 책. p.24.
11) 杉本正年(1984). 앞의 책. p.155.
12) 鴻宇(2004). 服飾: 中國民俗文化. 北京: 宗敎文化出版社. pp.30-33.
13) 袁仄(2005). 앞의 책. p.70.
14) 舊唐書 志 凡30卷 卷45 志第25 輿服 宮人騎馬者服
   "開元來 …(중략)… 太常樂尚胡曲. 貴人御饌. 盡供胡食. 士女皆竟衣胡服."
15) 소그디아나(Sogdiana)를 근거지로 하는 이란계의 주민을 말한다. 예로부터 상업에 종사하면서 텐산(天山)산맥 북쪽 기슭, 간쑤[甘肅] 북서부, 동(東)터키스탄, 몽골고원 내부에 거류지를 만들었고, 당(唐)의 창안에도 많이 살고 있었다. 5세기부터 9세기까지 중국과 인도, 비잔틴에 걸쳐 통상을 하여 중국에서는 상호(商胡) 또는 고호(賈胡)로 불리었다.
16) 김소현(2003). 앞의 책. p.227.
17) 新疆維吾尔自治區博物館(2010). 古代西域服飾擷萃. 北京: 文物出版社. p.115.
18) 김소현(2003). 앞의 책. p.247.
19) 위의 책. p.214.
20) 舊唐書 列傳 凡150卷 卷198 第148 西戎 吐谷渾
   "男子通服長裙繒帽或戴冪羅."
21) 김소현(2003). 앞의 책. p.215.
22) 舊唐書 志 凡30卷 卷45 志第25 輿服 宮人騎馬者服
   "武德貞觀之時 宮人騎馬者 依齊隋舊制 多著冪羅 雖發自戎夷 而全身障蔽 不欲途路窺之."
23) 홍나영(1986). 여성 쓰개(蔽面)에 관한 연구. 이화여자대학교 대학원 박사학위논문. p.34.
24) 김소현(2003). 앞의 책. p.244.
25) 原田淑人(1963). 古代人の化粧と裝身具. 東京: 創元新社. p.146.
26) 袁仄(2005). 앞의 책. p.72.
27) 沈從文(1988). 中國古代服飾硏究. 台北: 南天書局有限公司. p.317.
28) 袁仄(2005). 앞의 책. p.76.
29) 신하들은 리(履)를 신었다.
30) 周錫保(1986). 앞의 책. p.16.
31) 宋史 志 凡162卷 卷151 志第104 輿服三 天子之服 大裘之制
   "先儒或謂周祀天地皆服大裘. 而大裘之冕無旒. …(중략)… 其上必皆有衣. 故曰 緇衣羔裘. 黃衣狐裘. 素衣麑裘. 如郊祀徒服大裘. …(중략)… 冬裘夏葛. 以適寒暑."
32) 周錫保(1986). 앞의 책. p.270.
33) 宋史 志 凡162卷 卷152 志第105 輿服四 諸臣服上 祭服
   "諸臣祭服 唐制 有袞冕九旒. 鷩冕八旒 毳冕七旒 絺冕六旒 玄冕五旒. 宋初 省八旒 六旒冕."
34) 宋史 志 凡162卷 卷152 志第105 輿服四 諸臣服上 祭服

"九旒冕 …(중략)… 親王, 中書門下奉祀則服之 …(중략)… 三公奉祀則服之, 七旒冕 …(중략)… 九卿奉祀則服之, 五旒冕 …(중략)… 四品, 五品為獻官則服之."

35) 宋史 志 凡162卷 卷151 志第104 輿服三 天子之服 通天冠
"絳紗袍, 以織成雲龍紅金條紗為之, 紅裏, 皂褾, 襈, 裾, 絳紗裙, 蔽膝如袍飾, 並皂褾, 襈, 白紗中單, 朱領, 褾, 襈, 裾, 白羅方心曲領, 白韈, 黑舃, 佩綬如衮, 大祭祀致齋, 正旦冬至五月朔大朝會, 大册命, 親耕籍田皆服之."

36) 周錫保(1986). 앞의 책, p.270.

37) 위의 책, p.271.

38) 宋史 志 凡162卷 卷152 志第105 輿服四 諸臣服上 朝服
"貂蟬冠一名籠巾, 織籐漆上, 形正方, 如平巾幘, 飾以銀, 前有銀花, 上綴玳瑁蟬, 左右為三小蟬, 銜玉鼻, 左插貂尾, 三公, 親王侍祠大朝會, 則加以進賢冠而服之."

39) 宋史 志 凡162卷 卷152 志第105 輿服四 諸臣服上 朝服
"獬豸冠即進賢冠, 其梁上刻木為獬豸角, 碧粉塗之, 梁數從本品."

40) 宋史 志 凡162卷 卷152 志第105 輿服四 諸臣服上 朝服
"朝服 一曰進賢冠 二曰貂蟬冠 三曰獬豸冠, 皆朱衣朱裳."

41) 宋史 志 凡162卷 卷152 志第106 輿服五 諸臣服下 公服
"其制 曲領大袖 下施橫襴 束以革帶 幞頭 烏皮鞾."

42) 宋史 志 凡162卷 卷152 志第106 輿服五 諸臣服下 公服
"公服 …(중략)… 宋因唐制, 三品以上服紫, 五品以上服朱, 七品以上服綠, 九品以上服青."

43) 周錫保(1986). 앞의 책, p.272.

44) 宋史 志 凡162卷 卷153 志第106 輿服五 諸臣服下 公服
"笏 …(중략)… 宋文散五品以上用象, 九品以上用木. 武臣, 內職並用象, 千牛衣綠亦用象, 廷賜緋, 綠者給之."

45) 包銘新 · 李曉君 · 趙敏(2004). 앞의 책, p.26.

46) 周錫保(1986). 앞의 책, p.277.

47) 宋史 志 凡162卷 卷153 志第106 輿服五 士庶人服
"深衣用白細布, …(중략)… 衣全四幅 其長過脇 下屬於裳, 裳交解十二幅 上屬於衣 其長及踝, 圓袂方領, 曲裾黑緣, 大帶 緇冠 幅巾 黑履, 士大夫家冠昏, 祭祀, 宴居, 交際服之."

48) 舊唐書 列傳 凡150卷 卷189下 列傳 第139下 儒學下 祝欽明
"明王后六服 謂褘衣 搖翟 闕翟 鞠衣 展衣 褖衣 褘衣從王祭先王則服之 搖翟祭先公及饗諸侯則服之 鞠衣以采桑則服之 展衣以禮見王及見賓客則服之 褖衣燕居服之."

49) 宋史 志 凡162卷 卷151 志第104 輿服三 后妃之服
"一曰褘衣 二曰朱衣 三曰禮衣 四曰鞠衣. …(중략)… 褘翟, 青羅繡為搖翟之形, 編次於衣, 青質, 五色九等, 素紗中單, 黼領, 羅縠褾襈, 蔽膝隨裳色, 以緅為領緣, 以搖翟為章, 二等. 大帶隨衣色, 不朱裏, 紕其外, 餘倣皇后冠服之制, 受册服之."

50) 宋史 志 凡162卷 卷151 志第104 輿服三 后妃之服
"鞠衣, 黃羅為之, 蔽膝, 大帶, 革舃隨衣色, 餘同褘衣, 唯無翟文, 親蠶服之."

51) 舊唐書 志 凡30卷 卷45 志第25 輿服 皇后服
"褘衣 …(중략)… 深青織成為之, 文為翬翟之形."

52) 宋史 志 凡162卷 卷151 志第104 輿服三 后妃之服
"皇太子妃首飾花九株, 小花同, 并兩博鬢. 褕翟, 青織為搖翟為形, 青質, 五色九等. 素紗中單, 黼領, 羅縠褾襈, 皆以朱色, 蔽膝隨裳色, 以緅為領緣, 以搖翟為章, 二等. 大帶隨衣色, 不朱裏, 紕其外, 上以朱錦, 下以綠錦. 紐約用青組. 革帶以青衣之, 白玉雙佩, 純朱雙大綬, 章采尺寸與皇太子同. 受册, 朝會服之. 鞠衣, 黃羅為之, 蔽膝, 大帶, 革帶隨衣色, 餘與褕翟同, 唯無翟, 從蠶服之."

53) 宋史 志 凡162卷 卷152 志第104 輿服三 命婦服
"命婦服 …(중략)… 翟衣, 青羅繡為翟, 編次於衣及裳. 第一品, 花釵九株, …(중략)… 翟九等；第二品, 花釵八株, 翟八等；第三品, 花釵七株, 翟七等；第四品, 花釵六株, 翟六等；第五品, 花釵五株, 翟五等. 並素紗中單, 黼領, 朱褾, 襈, 通用羅縠, 蔽膝隨裳色, 以緅為領緣, 加文繡重雉, 為章二等. 二品以下準此. 大帶, 革帶, 青韈, 舃, 佩, 綬, 受册, 從蠶服之."

54) 宋史 志 凡162卷 卷151 志第104 輿服三 后妃之服
"其龍鳳花釵冠 大小花二十四株, 應乘輿冠梁之數, 博鬢 冠飾同皇太后 皇后服之. 紹興九年所定也. 花釵冠, 小大花十八株, 應皇太子冠梁之數, 施兩博鬢, 去龍鳳, 皇太子妃服之."

55) 宋史 志 凡162卷 卷151 志第104 輿服三 后妃之服
"其常服 后妃大袖 生色領 長裙 霞帔 玉墜子 背子 生色領皆用絳羅, 蓋與臣下不異."

56) 白居易(1979). **白居易集**. 北京: 中華書局.
  "虹裳霞帔步搖冠 鈿瓔纍纍珮珊珊."
  臺灣商務印書館(1979). **溫庭筠詩集** 7. 臺北: 臺灣商務印書館.
  "霞帔雲髮, 鈿鏡仙容似雪."

57) 高春明(2001). **中國服飾名物考**. 上海：上海文化出版社. p.592.

58) 위의 책. p.593.

59) 包銘新 · 李曉君 · 趙敏(2004). 앞의 책. pp.26-29.

60) 袁仄(2005). 앞의 책. p.81.

61) 沈從文(1988). 앞의 책. p.324.

62) 위의 책. p.319.

63) 周汛 · 高春明(1991). **中國歷代婦女裝飾**. 上海: 學林出版社. p.286.

64) **宋史** 志 凡162卷 卷65 志第18 五行三 木 服妖
  "理宗朝 宮妃 …(중략)… 束足纖直名 快上馬."

65) 袁仄(2005). 앞의 책. p.84.

5장 통일신라, 발해, 고려 전기의 복식

1) Berthold Laufer(1978). *SINO-IRANICA: Chinese contributions to the history of civilization in ancient Iran*. 台北: 聲問出版社有限公司. p.516.

2) 김영재(1997). 瑟瑟 · 鈿考. **服飾**, 31. pp.220-221.

3) Beverley Jackson(2001) *KINGFISHER BLUE: Treasures of an Ancient Chinese Art*. Berkeley: Ten Speed Press. p.16.

4) 유희경(1975). **한국복식사 연구**. 서울: 이화여자대학교 출판부. p.97.

5) **新唐書** 列傳 凡150卷 卷219 列傳 第144 北狄 渤海
  "以品爲秩, 三秩以上服紫, 牙笏, 金魚, 五秩以上服緋, 牙笏, 銀魚, 六秩, 七秩淺緋衣, 八秩綠衣, 皆木笏."

6) 김민지(2000). **渤海 服飾 研究**. 서울대학교 대학원 박사학위논문. p.65.

7) **高麗史** 卷第2 世家25

8) **林下筆記** 第38卷 海東樂府
  "四人之子選良家 衣羽裳霓羅俗誇."

9) 민족문화추진회 編(1977). **宣和奉使高麗圖經** 卷22 雜俗1
  "高麗於諸夷中, 號爲文物禮義之邦, 其飲食用俎豆, 文字合楷隷, 授受拜跪, 恭肅謹愿, 有足尙者, 然其實汚僻, 澆薄庬雜, 夷風終未可革也, 冠婚喪祭, 鮮克由禮, 若男子巾幘, 雖稍放唐制而婦人髻下垂尙宛然鬐首辮髮之態."

10) 북한 사회과학원 민족고전연구소(번역), 열린데이터베이스 연구원(개발), (주)누리미디어(제작)(1998). [CD-ROM(네트워크)]. **高麗史** 卷93 列傳6 崔承老
  "華夏之制不可不遵然四方習俗各隨土性以難盡變其禮樂詩書之敎君臣父子之道宜法中華以革卑陋其餘車馬衣服制度可因土風使奢儉得中不必苟同."

11) 북한 사회과학원 민족고전연구소(번역), 열린데이터베이스 연구원(개발), (주)누리미디어(제작)(1998). [CD-ROM(네트워크)]. **高麗史** 卷94 列傳7 徐熙
  "之時成宗樂慕華風國人不喜故知白及之."

12) **高麗圖經** 雜俗2 澣濯

13)
14) 북한 사회과학원 민족고전연구소(번역), 열린데이터베이스 연구원(개발), (주)누리미디어(제작)(1998). [CD-ROM(네트워크)]. **高麗史** 卷72 志26 輿服

15) "東國自三韓儀章服飾循習土風至新羅太宗王請襲唐儀是後冠服之制稍擬中華."
  황선영(1987). 고려 초기 공복제의 성립. 역사와 경계. 부산경남사학회, 12. p.20.

16) 임경화(2008). **고려 초기 공복제도의 특수성과 내적 의미 연구**. 가톨릭대학교 대학원 박사학위청구논문.
  임경화 · 강순제(2006). 고려 초 공복제 도입과 복색 운용에 관한 연구. **服飾**, 56(1). pp.131-142.

17) 亞細亞文化社 編(1973). **高麗史節要** 卷2 成宗 元年 6月
  "太祖以來勿論貴賤任意服著雖高而家貧則不能備公襴雖無職而家富則用綾羅錦繡."
  이승해(2001). **주변국가를 통해 본 고려시대 전 · 중기 관복에 관한 연구**. 이화여자대학교 대학원 석사학위논문. pp.27-28.

18) 高麗史 卷72 志 卷第26 官服 官服通制

19) 高麗史 卷72 志 卷第26 官服 長吏公服

20) 高麗史 世家 卷12 睿宗 31年 四月

21) 高麗圖經 7卷 冠服 冠服

22) 高麗圖經 7卷 冠服 王服

"高麗王常服烏紗高帽。窄袖緗袍。紫羅勒巾。間繡金碧。其會國官士民。則加幞頭束帶。祭則冕圭。唯中朝人使至。則紫羅公服。象笏玉帶。拜舞抃蹈。極謹臣節。或聞平居燕息之時。則皁巾。白紵袍。與民庶無別也。"

23) 高麗史 卷72 志 卷第26 輿服. p.562.

인종 8년 4월 나라의 큰 제사 때 왕과 신하 모두 면복을 입은 것이 기록되어 있다. 당시 왕은 구류면 칠장복을 입었다. 인종 18년에는 백관의 제복을 1품복(一品服)은 칠류면 · 오장복, 2품복(二品服)은 오류면 · 삼장복, 3품복(三品服)은 무류면으로 정하였다는 내용이 있으며, 다음 대인 의종 조에는 장문과 면류관의 수식 등 상세한 것이 나타나 있는데, 그 제도와 내용에 있어 송제(宋制)와 매우 흡사하다.

24) 유희경 · 김문자(1998). 개정판 한국복식문화사. 서울: 교문사. p.124.

25) 高麗史節要 卷之5 文宗仁孝大王 戊戌12年

26) 高麗史節要 卷之5 文宗仁孝大王 戊午32年

27) 高麗史 卷72 志 卷第26 輿服 冠服 公服

28) 宣和奉使高麗圖經 卷第19 民庶 進士

"進士之名不一。王城之內曰土貢。郡邑曰鄕貢。萃于國子監。合試幾四百人。然後王親試之。以詩賦論三題中格者。官之。自政間間。遣學生金端等入朝。蒙恩賜科第。自是。取士間以經術。時務策。較其程試優劣。以爲高下。故今業儒者。尤多。蓋有所向慕而然耳。其服。四帶文羅巾。皁紬爲裘。黑帶革履。預貢則加帽。登第。則給靑蓋僕馬。遨遊城中。以爲榮觀也。"

29) 宣和奉使高麗圖經 卷第21 皁隷

30) 宣和奉使高麗圖經 卷第19 民庶 農商

"農商之民。農無貧富。商無遠近。其服。皆以白紵爲袍。烏巾四帶。唯以布之精粗爲別。國官貴人。退食私家。則亦服之。唯頭巾。以兩帶爲辮。間亦徒行通衢。吏民見者。避之。"

31) 宣和奉使高麗圖經 卷第19 民庶 工技

"常服白紵袍皁巾。唯執役趨事。則官給紫袍。"

32) 宣和奉使高麗圖經 卷第19 民庶 舟人

33) 宣和奉使高麗圖經 卷第20 婦人 貴婦

34) 宣和奉使高麗圖經 卷第20 婦人 貴婦

35) 宣和奉使高麗圖經 卷第20 婦人 賤使

36) 周錫保(1986). 앞의 책. p.285.

37) 宣和奉使高麗圖經 卷第20 婦人 貴婦

38) 宣和奉使高麗圖經 卷第20 婦人 婢妾

"手雖執扇。羞見手爪。多以絳囊蔽之。"

39) 宣和奉使高麗圖經 卷第20 婦人 賤使

40) 宣和奉使高麗圖經 卷第20 婦人 貴婦

"皁羅蒙首。製以三幅。幅長八尺。自頂垂下。唯露面目。餘悉委地。"

41) 宣和奉使高麗圖經 卷第20 婦人 婢妾

"宮府有媵。國官有妾。民庶之妻。雜役之婢。服飾相類。以其執事服勤。故蒙首不下垂。疊於其頂。摳衣而行。手 雖執扇。羞見手爪。多以絳囊蔽之。"

42) 宣和奉使高麗圖經 卷第22 雜俗 一 女騎

"婦人出入。亦給僕馬。蓋亦公卿貴人之妻也。從駭不過三數人。皁羅蒙首。餘被馬上。復加笠焉。王妃夫人。唯以紅爲飾。亦無車輿也。昔唐武德。正觀中。宮人騎馬。多著冪䍦。而全身蔽障。今觀麗俗蒙首之制。"

43) 宣和奉使高麗圖經 卷第20 婦人 貴婦

44) 왕의 스승이라는 칭호를 받을 만큼 최고의 지위에 있는 승려.

45) 삼중화상장로(長老)라고도 하며, 율사(律師)의 종류.

46) 宣和奉使高麗圖經 卷第18 釋氏

6장 아스카, 나라, 헤이안시대의 복식

1) 일본 고대사의 시대구분에 대해서는 여러 가지 학설이 있다. 과거에는 고훈시대와 아스카시대를 합쳐서 야마토 [大和]시대라고 부르기도 하였으나, 현재는 고훈시대와 아스카시대를 나누는 것이 일반적이다. 또 일본사에서는 아스카시대의 끝을 헤이죠쿄우 천도 이전까지로 보는 견해가 일반적이지만, 미술사나 건축사에서는 다이카개 신까지로 보고 그 이후는 하쿠호[白鳳]시대로 구별하기도 한다.

2) 河鰭實英·井上章(1979). **日本服飾美術史**. 東京: 家政教育社. p.20.

3) 鷹司綸子 著(1983). **服裝文化史**. 東京: 朝倉書店. p.22.

4) 小池三枝·野口ひろみ·吉村佳子(2000). **概說 日本服飾史**. 東京: 光生館. p.18.

5) 井筒雅風 著, 李子淵 譯(2004). 앞의 책. p.38.

6) 수도를 옮긴 시점을 기준으로 한 정치사적 시대구분과는 달리 사회문화사적인 관점에서는 7세기 말에서 9세기 초의 시기를 포괄하여 나라시대로 보기도 한다.

7) 関根眞隆 著(1974). **奈良朝服飾の研究 圖錄編**. 東京: 吉天弘文館. pp.24-29.

8) 小池三枝·野口ひろみ·吉村佳子(2000). 앞의 책. p.35.

9) 위의 책. p.41.

10) 日野西資孝 編(1968). **日本の美術 26 服飾**. 東京: 至文堂. p.55.

11) 이자연 역(1999). 앞의 책. p.67.

12) 河鰭實英(1973). **日本服飾史辭典**. 東京: 東京堂出版. p.213.

13) 위의 책. p.95.

14) 이자연 역(1999). 앞의 책. p.62.

15) 小池三枝·野口ひろみ·吉村佳子(2000). 앞의 책. p.41.

16) 위의 책. p.44.

17) 이자연 역(1999). 앞의 책. p.63.

18) 小池三枝·野口ひろみ·吉村佳子(2000). 앞의 책. p.44.

19) 河鰭實英·井上章(1979). 앞의 책. p.52.

20) 小池三枝·野口ひろみ·吉村佳子(2000). 앞의 책. p.65.

21) 日野西資孝 編(1968). 앞의 책. p.29.

22) 河鰭實英·井上章(1979). 앞의 책. p.54.

23) 위의 책. p.495.

24) 이자연 역(1999). 앞의 책. p.69.

25) 小池三枝·野口ひろみ·吉村佳子(2000). 앞의 책. p.44.

26) 河鰭實英·井上章(1979). 앞의 책. p.495.

27) 日本風俗史學會(1994). **日本風俗史事典**. 東京: 弘文堂. p.129.

28) 위의 책. p.129.

29) 日野西資孝 編(1968). 앞의 책. pp.40-41.

30) 小池三枝·野口ひろみ·吉村佳子(2000). 앞의 책. p.47.

31) 日野西資孝 編(1968). 앞의 책. p.41.

32) 小池三枝·野口ひろみ·吉村佳子(2000). 앞의 책. p.47.

33) 河鰭實英·井上章(1979). 앞의 책. p.63.

34) 河鰭實英(1973). 앞의 책. p.47.

3부

격동의 동아시아,
유목민족과
무사복식의 부각

13세기까지의 동아시아의 정세

12세기를 전후로 한 중국 역사에서 주목할 점은 중국 북방에 산재해 있던 거란·여진·몽골 등의 북방 유목민족들이 역사의 주인공으로 등장한 점이다. 중국 역사상 문화가 가장 번성했던 송宋, 960~1279이 세워질 무렵 북방에는 이미 거란족이 건국한 요遼, 907~1125가 있었고, 12세기 초에는 여진족이 금金, 1115~1234을 건립하였다. 또한, 12세기 말에는 몽골 씨족 출신의 테무친鐵木眞이 몽골계 유목민 집단을 통일하여 동유럽에서 유라시아대륙에 걸친 거대한 몽골제국을 건설하였다.

이처럼 중국대륙에서 북방계 유목민족이 위세를 떨쳤던 이 시기에는 고려와 일본 양국에서도 커다란 변화가 나타난 시대였다. 국초부터 문신을 우대하였던 고려에서는 1170년의종 24에 무신의 난이 발발하여 무신들에 의한 독재정권이 성립되었다. 또한 일본에서는 왕실을 중심으로 한 중앙 귀족의 정치권력이 쇠약해지면서, 1192년 무사계급의 수장인 미나모토 요리토모源賴朝, 1147~1199가 실권을 잡고 새로운 통치자인 쇼군將軍으로 등장하였다. 이에 일본 왕은 상징적인 존재로만 남게 되었고 무가武家의 수장인 쇼군이 실질적인 권한을 갖는 막부정치가 시작되었다.

몽골제국의 확대와 팍스 몽골리카Pax Mongolica

송과 금이 대치하고 있던 12세기 말, 몽골의 여러 부족을 통일한 테무친은 칭기즈칸Chingiz Khan, 成吉思汗, 1155~1227이라는 칭호를 받고 1206년 몽골제국의 칸에 올랐다. 칭기즈칸은 몽골의 풍습에 따라 본토는 칭기즈칸 자신의 직할지로 하고 다른 영토는 아들들과 동생들에게 분할·통치하도록 하였다. 이것이 후에 오고타이한국1218~1310, 차가타이한국1227~1360, 킵차크한국1243~1502, 일한국1259~1336, 원元, 1271~1368으로 발전하였다.

칭기즈칸의 손자로 몽골의 제5대 칸이 된 쿠빌라이世祖, 1215~1294는 제국의 국호를 중국식으로 고쳐 대원大元, 1271~1368이라 하고, 수도를 대도大都, 현재의 북경로 옮겨 중국적인 중앙집권적 관료국가로의 확립을 꾀하였다. 쿠빌라이 칸이 다스리는 동안, 원은 동아시아의 대제국이 되었다. 쿠빌라이 칸의 사후에도 원제국은 다른 몽골 한국汗國과의 관계에서 종주권을 유지하였으며, 아시아 전역에는 이른바 '팍스 몽골리카Pax Mongolica, 몽골족 지배하의 평화'라는 몽골제국의 전성기를 맞이하게 되었다. 당시 동서교통은 유례없는 번영을 맞이하여 군대와 사막의 상인들, 여행자들, 사절단들이 실크로드를 자유롭게 횡단하면서 동서 문물의 교류가 활발해졌고 국제무역이 번창하였다.[1]

무신정권의 성립과 몽골의 침략

중국대륙에서 유목민족이 흥기하고 있던 12세기 무렵, 고려도 대변혁을 맞이하게 되었다. 전통적으로 문반文班을 우대하고 무반武班에 대한 차별이 심하였던 고려에서는 군대를 지휘·통솔하는 병마권까지도 문반이 장악하였고, 무반은 단지 문신귀족정권을 보호하는 호위병의 지위로 떨어져 있었다. 정치·경제적으로 열악한 처지에 놓여 있던 무신들과 일반군인들은 '무신의 난'을 일으켰고,

이후 약 100여 년간 무신정권武臣政權이 지속되었다.

고려에서 무신정권이 성립되었을 무렵, 금나라를 멸망시킨 몽골군대는 황하 이북까지 진출하였으며, 결국 1231년고종 18에는 고려를 침공하였고, 이후 약 30년간에 걸친 원의 공격이 시작되었다. 고려 왕실은 바다를 두려워하는 몽골군의 약점을 이용하여 무신정권의 주도하에 강화로 천도까지 감행하며, 장기적인 항쟁을 지속하였다. 그러나 1270년원종 11 결국 항복의 뜻을 표하고 개경으로 환도하게 되었다. 이로써 무신정권은 막을 내리고 왕정이 복구되었으나, 고려의 조정은 몽고의 간섭하에 들어가게 되었다.

일본의 경우 왕실을 중심으로 한 중앙의 정치권력이 점점 쇠약해지자, 무사武士들의 지도자였던 미나모토 요리토모는 왕실과는 별개로 무사의 수장인 쇼군將軍이 통치하는 정부를 가마쿠라鎌倉에 건설하였다. 이 시기를 막부가 있던 곳의 명칭을 가마쿠라시대1185~1333라 한다. 이로써 일본은 한 나라 안에 상징적인 통치자인 국왕을 중심으로 한 공가公家와 군사·행정·사법 기능을 장악한 실질적인 통치자인 쇼군을 중심으로 한 무가武家라는 두 체제가 공존하는 막부시대1185~1868가 시작되었다.

중국을 통일하고 고려를 정복한 쿠빌라이 칸은 일본정복을 위해 1272년과 1281년 두 차례에 걸쳐 함대를 보냈으나 일본에서 '가미카제神風'라고 부르는 태풍을 만나 번번이 실패하였다. 그러나 일본의 피해도 적지 않아 막대한 군사비 지출로 인해 재정 악화와 체제내부의 모순이 심화되어 가마쿠라막부는 무너지고 말았다. 이후에도 무사들에 의한 정권은 계속되어 무로마치시대室町時代, 1338~1573부터는 무가에 의한 단독정권이 설립되었다. 그러나 막부의 세력이 약해진 15세기 중엽, 막부 상속권을 놓고 '오닌의 난1467~1477'이 발발하였고, 이후 오닌의 난이 평정된 후에도 영지확대와 세력증대를 위한 지방 영주들 간의 분쟁이 계속되면서 약 100여 년 간의 센고쿠시대戰國時代, 1467~1590가 지속되었다.

1 나가사와 가즈도시 저, 이재성 역(2005). 실크로드의 역사와 문화. 민족사. pp.149-151.

7장

북방 유목민족과
원의 복식

거란족과 요나라의 복식

북방 유목민족이었던 거란족의 일반 복식에 대해서는 알려진 것이 적으나 중국 문헌의 기록과 당 말에서 오대 시기에 활동한 것으로 알려진 거란족 화가 호괴胡瓌[1]의 그림을 통하여 그 면모를 살펴볼 수 있다.

요遼, 916~1125 건국 이전, 거란족은 다른 북방 유목민족이 그러하듯이 바지·저고리를 입고 그 위에 남녀 모두 길이가 긴 포를 덧입은 모습이었다. 대개 둥근 깃의 원령圓領 또는 곡령曲領에 소매가 좁은 포를 주로 입었으나, 곧은 깃의 직령포도 착용하였다. 거란족의 포는 한족과는 달리 왼쪽으로 여미며, 말을 타고 내리기 편하게 뒤 중심 아래나 양 옆선에 긴 트임이 있는 것이 특징이었다. 포 아래에는 바지를 입었고 가죽으로 만든 목이 긴 화靴를 신었다.

01
동물무늬가 장식된 포를 입은 거란족
내몽골 바린좌기[巴林左旗] 요대 벽화

거란족은 다른 북방민족과 마찬가지로 금金을 사용하는 것을 즐겨 복식에도 직금織金이나 금박金箔으로 화려하게 장식하였으며, 초목草木과 새, 동물 등의 무늬를 마치 한 폭의 그림처럼 대담하면서도 생동감있게 배치하였다. 그림 1의 거란족의 포에서도 둥근 무늬 안에 새겨진 사슴무늬를 확인할 수 있다. 둥근 무늬나 물방울무늬 안에 금사金絲로 토끼나 사슴, 새 등의 동물무늬를 장식하는 전통은 154쪽의 그림 14에서 확인되듯이 요나라뿐 아니라 금이나 원에서도 확인되는 것으로, 계절에 따라 사냥을 즐기는 유목민의 전통과 관련된 것으로 보인다. 『요사』에 황제가 사철마다 궁을 떠나 사냥을 하고 공무를 논의하며 행막行幕에 머무는 '사계날발四季捺鉢'[2]의 제도가 있는 것으로 보아, 건국 이후에도 사냥을 즐기는 전통이 유지되었음을 알 수 있다.

유목적인 특징이 강하였던 거란의 복식은 요를 건국한 이후, 역대 중국 왕조의 복식제도와 피지배민족인 한족의 영향을 받아 서서히 변화한 것으로 추정된다. 『요사』에서는 '태종太宗, 재위 926~947대에 이르러 의복의 제도가 정해졌으며 북반北班은 국제國制이며, 남반南班은 한제漢制'라는 내용을 확인할 수 있다.[3] 여기서 북반은 거란인 관료, 남반은 한인漢人관료를 의미한다. 이처럼 요에는 두 종류의 관복제도가 있어, 황제와 남반한관南班漢族은 한족 관복을, 태후太后와 북반 거란관료는 국복國服에서 유래한 관복을 입어 고유복식과 한족의 복식을 병용하였다.[4]

『요사』에 따르면 황제는 한복漢服으로는 자황포삼柘黃袍衫과 함께 절상두건折上頭巾을 입었고, 5품 이상의 관리는 복두幞頭와 자포紫袍를 입었다고 한다.[5] 또한 관리들은 국복國服으로 주옥珠玉이나 취모翠毛, 금화金花로 장식한 전관氈冠을 쓰고 비교적 몸에 맞는 자주색의 포를 입고, 그 위에 첩섭대疊韘帶를 둘렀다.[6]

거란족의 복식은 호괴의 그림에서 확인할 수 있는데, 대부분 소매가 좁고 둥근 깃이 달린 포를 입은 모습이다. 그 형태는 당나라의 원령포圓領袍와 비슷하나 왼쪽으로 여며 입으며, 트임을 만드는 방법 등에서 차이를 보인다. 그림 2는 요대 원령포의 도식화이다. 흥미로운 점은 포의 뒤쪽 하단에 있는 트임을 만든 방법으로, 좌·우에 사다리꼴 조각을 덧대어 뒤트임이 벌어져도 신체가 외부로 노출되지 않도록 한 것이다. 좌임에 뒤트임이 있는 이러한 포는 거란족 고유의 포에서 발전된 것으로 보인다.

| 앞면 겉섶 | 앞면 안섶 | 뒷면 트임 |

국복의 관모로 사용된 전관氈冠은 말 그대로 펠트로 만든 관모로 추정된다. 그림 3은 요의 태조太祖와 황후 술율평述律平의 아들로 동단왕東丹王, 899~936에 봉해진 야율돌욕耶律突欲의 출행을 그린 것이다. 회화 속의 인물은 거란 특유의 길게 늘어뜨린 머리를 하고 있으며, 머리에 쓴 관모도 중국 복두와는 다른 형태인데, 이것이 전관이 아닌가 한다. 허리에는 여러 가닥이 길게 늘어진 첩섭대를 두른 것을 확인할 수 있

02

03

02
거란 고유의 포 여밈과 뒤트임 방법

03
거란 왕족의 모습
「동단왕출행도(东丹王出行图)」
Boston's Museum of Fine Arts 소장

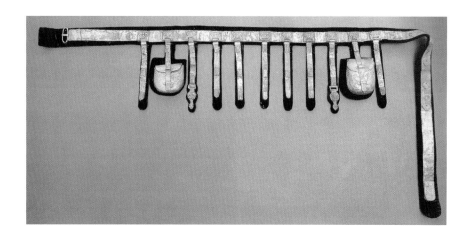

다. 그림 4는 1986년에 발굴된 진국공주陳國公主, 1001~1018 부부합장묘에서 발견된 첩
섭대이다.

거란 여자의 복식에 관한 특별한 기록은 없으나, 당시의 회화와 내몽골의 바린巴林
과 랴오닝성遼寧省 등에 남아 있는 벽화를 통하여 그 면모를 짐작할 수 있다. 겉옷으
로는 여자들도 남자처럼 대개 좌임의 포를 입고 있는데, 비교적 길이가 짧고 활동적
인 남자들의 포에 비하여 길이가 긴 편인 것이 특징이다. 그림 5의 여성은 곧은 깃에
왼쪽으로 여민 긴 포를 입고 있는 반면, 그림 6의 여자용은 둥근 깃의 포를 입고 있
어 거란 여자의 겉옷으로는 두 종류의 포가 착용된 것으로 보인다.

05 06

04
요대의 첩섭대
진국공주(陳國公主) 묘 출토

05
긴 포를 입은 거란 여자
바린좌기[巴林左旗] 요대벽화 모사도

06
둥근깃의 포를 입은 거란 여자
랴오닝성[遼寧省] 차오양[朝陽]
쑨자완[孫家灣] 요묘(遼墓) 출토

벽화에서는 포뿐만 아니라 비교적 길이가 짧은 상의와 치마를 입은 여성의 모습을 확인할 수 있다. 이는 생활양식이 유목생활에서 정착생활로 전환되면서 여성이 말을 탈 기회가 줄어들자, 바지·저고리 위에 포를 입는 대신에 치마·저고리를 입는 것이 일반화된 것으로 보인다. 벽화에서는 그림 7과 같은 길이가 짧은 옆트임 저고리에서부터 그림 8처럼 양옆이 트인 긴 옷, 맞깃형의 저고리 등 다양한 형태가 확인된다.

07
치마·저고리 차림의 여인
허베이성[河北省] 장세경(张世卿)
묘 벽화

08
다양한 저고리 차림의 요대 여자

09
벽화에 나타난 거란 남자의 머리모양

10
거란 미혼여성의 머리모양

북방 유목민족의 머리모양은 남자들도 머리를 틀어 올렸던 한족과는 달리 정수리 부분의 머리카락을 깎고 그 나머지를 땋거나 그대로 늘어뜨렸는데, 민족에 따라 깎는 방법이나 늘어뜨린 모습이 조금씩 달랐다. 거란족 남자는 그림 9처럼 정수리 부분을 깎아 낸 후, 나머지 머리는 땋지 않고 그대로 늘어뜨렸다. 그림에서 확인되듯이 깎는 부위나 머리를 늘어뜨리는 방식은 개인차가 있어 조금씩 달랐다. 관직이 높은 사람을 제외하고는 쓰개를 쓰는 것이 허락되지 않아 정수리와 머리가 그대로 드러났다.

여자도 어릴 때는 그림 10처럼 남자와 유사한 머리를 하였으나, 결혼을 한 후에는 머리를 길러서 그대로 얹거나 땋아 올렸다.[7]

여진족과 금나라의 복식

동북아시아를 중심으로 활동하던 여진족은 시대에 따라 민족의 명칭이 달라 춘추전국시대에는 '숙신肅愼', 한漢나라 때는 '읍루挹婁'로 불렸으며, 수隋·당唐시대에는 '말갈靺鞨'로도 칭해졌던 민족이다.[8] 10세기 초부터 요의 지배를 받았으나, 12세기 초부터 세력이 강해지면서 거란의 지배를 벗어나 금金, 1115~1234을 세웠다. 건국 이후 세력이 강성해져 남쪽으로 하북성 북부까지 영토가 확장되면서 요나라와 마찬가지로 여진족과 한족, 두 가지 양식의 관복이 있었다. 그러나 그 세력이 황하유역까지 확장된 이후에는 송의 제도를 수용하여[9] 복식제도가 송과 비슷해졌다.

금의 영토는 만주와 외몽고지역을 기반으로 한 요에 비하여, 한족의 전통이 강한 중국 중서부까지 달하였다. 이러한 지리적인 특성상 송과의 접촉도 잦았으며, 각 방면에서 한족漢族의 영향을 많이 받을 수밖에 없었다. 이점은 복식에도 나타나 천자의 곤면衮冕제도와 통천관·강사포, 황태자 관복의 원유관과[10] 백관의 조복제도에서도 확인할 수 있다. 또한 황후 관복으로 사용된 휘의褘衣와[11] 5품 이상의 귀부인들이 착용한 하피霞帔제도[12] 등에서도 확인할 수 있다.

『대금국지大金國志』에 의하면 금나라 사람들은 "백색 옷을 좋아하고 변발辮髮, 즉 땋은 머리는 어깨에 닿는데 이것이 거란과 다르다.[13]" 하여 변발이 여진의 특징임을 알 수 있다. 또한 "부인은 땋은 머리를 둥글게 올린 머리, 즉 변발반계辮髮盤髻를 한다." 하였다. 그림 11의 허난성河南省에 위치한 금대벽화에서 기혼녀로 보이는 3명의 여자는 머리를 틀어 올렸고, 오른쪽 하단에 있는 어린 소녀는 쌍계를 하고 있다. 남송시대에 그려진 그림 12의 「문희귀한도文姬歸漢圖」에서도 여진족 차림에 올린 머리를 그물로 감싼 문희의 모습을 확인할 수 있는데, 이것 역시 땋은 머리를 감아올린 변발반계의

11

금대 여인들의 차림새
허난성[河南省] 덩펑현[登封縣]
금대 묘실벽화

12

여진족 차림의 문희
「문희귀한도」 부분
대만 국립고궁박물원 소장

일종이 아닌가 한다.

　남자들은 소매와 품이 좁고 둥근 깃盤領이 달린 포를 입고 허리에는 대를 둘러 고정하였다. 머리에는 건巾을 쓰고 가죽으로 만든 검은색 화靴를 신었다.[14] 옷의 색상은 대개 흰색이었으나, 3품 이상은 둥근 깃이 달린 검은색皁色의 포를 입었다. 옷의 길이는 정강이를 넘지 않았고 겨드랑이 아래를 봉하여 양옆에 트임이 없는 대신 밑단에 주름을 잡아[15] 말 타기에 적당하였다. 이러한 특징은 현재 남아 있는 유물에서도 확인할 수 있는데, 그 예로 금대 제국왕묘에서 출토된 그림 13의 긴 포를 들 수 있다. 유물은 안깃과 겉깃을 모두 둥글게 처리한 반령포이다. 비슷한 시기의 송나라 것에 비하여 소매와 몸통은 좁으며, 여밈도 달라 좌임으로 입는다. 특히, 뒤 몸판 허리 아래에는 옷감을 덧대어 트임을 만들었는데, 이는 148쪽 그림 2의 도식화와도 비슷한 형태이다. 구체적인 제작법은 뒷자락에 옷감을 덧대어 두 겹으로 만든 후에, 겉에는 왼쪽으로 치우친 곳에 트임을 만들고 안에는 오른쪽에 트임을 주어 겉과 대칭이 되도록 하였다. 이러한 구조는 신체가 외부에 직접 노출되지 않아 찬바람을 막을 수 있으면서 몸에 잘 맞아 활동적이며 트임 때문에 말을 탈 때도 적합한 형태이다.

　거란족과 마찬가지로 계절에 맞는 들짐승과 날짐승을 사냥하는 유목민의 풍습에 따라[16] 봄에는 매가 오리를 잡는 모습과 다양한 화초를, 가을에는 산과 들

13
금사로 무늬를 짠 둥근 깃의 포
헤이룽장성[黑龍江省] 금대 제국왕 묘
출토

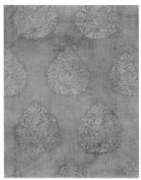

14

15   16

14
금대, 사슴무늬(좌)
금대, 백조와 매무늬(중)
몽골제국시대, 토끼무늬(우)

15
반비와 운견, 흑화 차림의 문희
「문희귀한도」 부분
대만 국립고궁박물원 소장

16
방한모와 덧신을 입은 여진족
「문희귀한도」 부분
대만 국립고궁박물원 소장

의 곰이나 사슴 등을 금사로 새겨 넣기를 즐겼다. 그림 14는 모두 비단 바탕에 금사로 동물무늬를 짠 것으로 왼쪽과 중앙의 것은 금대에 제작된 것이고 오른쪽은 몽골제국시대의 것이다.

금대에 그려진 회화에서는 의복에 모피를 장식한 것을 쉽게 찾을 수 있다. 모피는 춥고 거친 북방의 기후를 견디기 위한 실용적인 목적뿐만 아니라 장식적인 목적도 있었다. 또한 환경적인 특성 때문에 방한용의 운견雲肩이나 장화, 덧신 등도 발달하였다. 그림 15의 「문희귀한도」에서 문희는 반비半臂 위에 구름모양의 운견을 덧입고 있으며, 그림 16의 여진족은 모피가 장식된 방한모와 무릎까지 오는 긴 덧신을 신고 있다.

금나라의 대표적인 여자복식으로 단삼團衫과 첨군襜裙이 있었다. '단삼團衫'은 '등

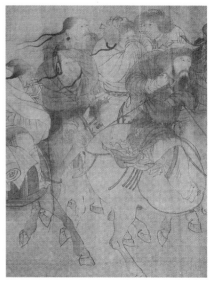

글단[鶻]'는 이름과는 달리 곧은 깃이 달린 길이가 긴 포로 한족과는 달리 왼쪽으로 여며 입었다. 단삼은 앞뒤 길이에 차이가 있는 긴 옷으로 앞자락은 바닥에 닿을 정도이고 뒷자락은 땅에 끌릴 정도로 길었다.[17] 또한 양쪽 겨드랑이 아래에는 맞주름을 잡았으며[18] 주로 자색紫色, 검은색皂色, 감색紺色으로 만들었다. 단삼 아래에는 그림 17과 같은 첨군襜裙을 입었다. 문헌에 의하면 첨군은 흑자색 바탕에 꽃가지를 수놓아 장식한 치마로 양옆에는 주름을 잡았다고 한다. 기록에는 '첨군과 단삼, 옥보요玉步搖와 같은 부녀자 복식은 모두 요에서 유래하였다'고 하였다.[19] 이는 여진족의 지배민족이었으며 북방 유목민족으로는 가장 먼저 중원에서 세력을 잡았던 요의 영향을 짐작케 하는 내용이다.

결혼적령기의 여자나 기혼여성은 152쪽 그림 11의 왼쪽 여자처럼 작자綽子를 입었다. 작자는 맞깃에 앞자락은 땅에 닿을 정도로 길고 뒤는 더욱 길어 다섯 치 이상 끌렸으며, 깃을 다른 색으로 만들거나 수를 놓아 장식한 옷이었다.[20] 송나라의 귀부인들이 즐겨 입던 배자와 유사하지만 선장식이 없었다.

그림 11에서 시녀로 보이는 다른 두 명은 옆트임이 있는 포 위에 길이가 짧은 반비半臂의 일종을 걸치고 있다. 송대에 쓰여진 『인화록因話錄』에는 북방민족의 복식을 언급하면서 "원래는 임금의 말을 부리는 마부의 옷으로 전후 옷자락이 짧은 것은 말을 탈 때 편리하도록 한 것이고, 소매가 짧은 것은 말을 부리기에 편리하도록 하기 위함이다."[21]라는 내용이 있는데, 그림 11의 시녀가 착용한 짧은 상의가 이와 같은 것이다.

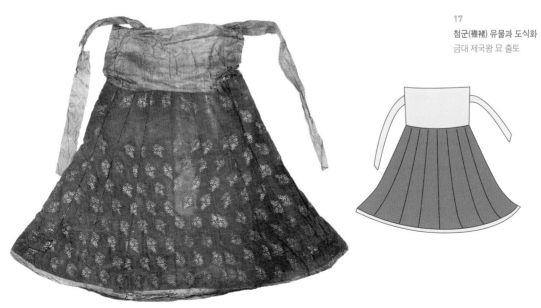

17
첨군(襜裙) 유물과 도식화
금대 제국왕 묘 출토

몽골족 복식의 특징

원제국 이전 몽골족의 복식은 거란족이나 여진족과 마찬가지로 척박한 북방 유목생활에 적합하도록 보온성과 기능성이 고려된 것이 특징이었다. 원元, 1271~1368 이전의 유목생활 시기에는 남녀 모두 바지 위에 길이가 긴 포를 입었는데, 이는 말 위에서 오랜 시간을 보내야 하는 유목생활과 북방의 추운 날씨를 견디기 위함이었다. 기본 복식인 바지·저고리를 입은 후에 방한과 방풍을 위하여 긴 포長袍를 덧입은 것으로 기본적인 구성은 유고襦袴제도와 동일하되, 겉옷이 첨가된 새로운 형태의 호복이라 하겠다.

몽골족의 포는 대개 곧은 깃에 좁고 긴 소매가 달리고 섶이 넓어 여밈이 깊은 형태였다. 또한 활동에 편하도록 포의 아랫부분에 주름이 잡힌 것이 많으며, 주름이 없는 경우에는 양옆에 허리부터 밑단까지 긴 트임이 있는 것이 특징이었다. 좁은 소매가 달리고 여밈이 깊으며 트임이 있어 활동적인 이러한 포는 거란이나 여진, 몽골 등의 북방 유목민족에게 공통적으로 나타나는 복식 형태이었다.

원제국 이전 몽골의 남녀복식은 성차性差가 뚜렷하지 않은데,[22] 이는 부녀자들이 육아와 가사를 담당하면서 험한 유목생활도 해야 했던 생활환경 때문일 것이다. 그러나 몽골제국 형성기 이후부터 여자의 포는 좀 더 풍성하고 여유가 많은 형태로 변하였다.

원제국 형성 이후 복식의 변화

유목민족의 전통에서 출발한 원제국은 타국의 문화를 받아들이는 데 있어 적극적이었고 정책적으로 무역과 상업을 장려하였기 때문에[23] 유라시아에 걸친 몽골대제국의 무역로를 통하여 다양한 문물과 기술, 사람들의 교류가 가능하였다. 이러한 태도는 복식에도 반영되어 기존의 유목 왕조였던 요와 금으로부터 계승된 복식문화 위에 중앙아시아와 페르시아에서 전래된 직조기술이 혼합되면서, 유목적인 동식물무늬를 금사金絲를 사용하여 생동감 있게 표현한 화려한 직물문화가 꽃피게 되었다.[24] 몽골어로 금사를 이용한 직금직물織金織物을 '납석실納石失, nashishi', 혹은 '납실실納失失'이라 하였는데, 그 어원은 페르시아에서 유래한 것이다.[25]

　제국이 안정되자 원 왕조는 몽골 고유복식 위에 한족의 복식제도를 수용하여 면복과 제복의 제도를 마련하였다.[26] 이는 중국 역대 왕조의 계보를 잇는 전통 왕조라는 입지를 굳히기 위한 현실적인 목적과 유목중심의 환경과는 다른 농경중심의 환경에 맞는 복식의 필요성, 그리고 통치지역에 형성된 기존의 한족 문화를 쉽사리 바꿀 수는 없었다는 점 등이 고려되었을 것이다. 그러나 여자예복은 한족 예복제도와는 달리 고유복식을 착용하였으며, 남자예복의 일종인 질손質孫은 몽골복식이 제도화된 것이라는 점에서 알 수 있듯이 몽골 고유복식을 지키려한 면모도 확인할 수 있다.

18
금사로 무늬를 짠 원대의 직물

몽골 고유의 예복, 질손

　질손質孫, 只孫은 궁중에서 커다란 연회가 열릴 때 입는 예복이다. 한어漢語로는 '일색복一色服'으로 표기하며 계절에 따라 여름용과 겨울용이 달랐다. 질손은 위로는 큰 공을 세운 대신이나 황제를 모시는 근시近侍에서부터 아래로는 악사樂士에 이르기까지 모두 착용하였으며, 특별히 정해진 규정은 없으나 정교함과 거친 정도에 따라 상하를 구별하였다.[27] 프란체스코회 수도사로 1245년 선교 여행을 떠난 카르피니 Giovanni de Piano Carpini, 1182~1252는 몽골 칸의 연회복을 가리켜 "첫날에는 모두 백색 바탕에 하늘을 나는 거위무늬가 있는 옷을, 둘째 날에는 홍색 바탕에 같은 무늬가 있는 옷을, 셋째 날에는 남색에 같은 무늬가 있는 옷을 입고, 넷째 날에는 금사로 무늬를 새긴 것을 입었다."[28] 하였다. 즉, 연회의 순서나 날짜에 따라 참석하는 모든 사람들이 지정된 색이나 같은 무늬가 사용된 옷을 입는 풍습을 언급하고 있다. 이러한 내용 등으로 보아 질손은 특정 복식의 명칭이라기보다는 궁중의 대연회 시에 복식을 착용하는 방법으로, 참석자 모두가 같은 색의 옷을 입고 연회에 참석하는 몽골의 관습에서 비롯된 것으로 추정된다.

답호와 텔릭, 변선오

몽골 귀부인의 복식이 장포를 중심으로 발전한 것에 비하여 남자의 복식은 좀 더 다양하여 예복으로 사용된 질손 외에도 텔릭帖裏, 변선오辮線襖, 답호搭胡, 褡護 또는 搭忽²⁹⁾ 등이 착용되었다. 원제국 성립 후에도 남자의 포는 무릎을 넘길 정도의 길이에 소매통도 좁은 편으로 유목시절의 형태를 유지하였고, 그 위에 반소매의 답호를 덧입기도 하였다. 『원사元史』에는 '겨울에 입는 질손은 흰색 족제비털銀鼠로 만든 비견比肩을 덧입는데, 속칭 반자답홀襻子褡忽'³⁰⁾이라는 내용이 확인된다. 이처럼 원에서는 답홀, 즉 답호를 비견이라고도 하였다.

답호의 형태는 곧은 깃에 앞섶을 교차하여 여며 입는 직령교임 형태로, 소매길이가 짧은 것은 그림 19처럼 어깨를 덮을 정도였고 긴 것은 팔꿈치에 달하는 정도였다. 양옆 자락에는 트임이 있었다. 금은을 사용하여 화려하게 수를 놓거나 금박한 것들이 많으며, 출토된 유물 중에는 흉배가 달린 것도 있어³¹⁾ 관복으로도 사용된 것으로 보인다.

19
소매가 좁은 포 위에 답호를 입은
몽골의 황족
메트로폴리탄 미술관 소장

답호는 유목시절부터 즐겨 착용된 것으로 좁은 소매의 포와 함께 활동성과 기능성이 필요한 유목적 전통이 반영된 복식이다. 「원세조 출렵도」의 부분인 그림 20에는 활을 잡고 있는 오른팔 소매 진동 아래에 트임이 있어 옷을 입은 상태에서 팔을 빼고 있음을 알 수 있다. 그림 21의 포는 평상시에는 긴팔로 입을 수 있는 형태이나 덥거나 활을 쏠 때는 그림 20처럼 진동 아래에 있는 트임을 통해 팔을 빼고 나머지 소매는 뒤 중심의 매듭에 고정시켜 답호처럼 입을 수 있는 구조이다. 이는 말을 타고 활을 쏘는 것이 일상적이었던 유목생활에서 고안된 것이다.

텔릭은 저고리 부분은 치마 부분을 따로 재단한 후, 치마의 허리 부분에 주름을 잡아 저고리와 연결한 몽골족 고유의 상의하상上衣下裳 형식의 의복이었다. 텔릭을 한자로는 帖裏 또는 帖裡라 표기하였는데, 이는 몽골어 'terlig'을 차용한 것이다.[32] 우리나라에서는 帖裏, 帖裡 외에도 天翼이라고도 표기하였고 언해로는 '텰릭', 즉 철릭이라 하였다. 신분에 상관없이 여러 계층에서 다양한 용도로 사용하였으며, 화려한 직물을 좋아하였던 몽골인들은 텔릭에도 얇은 라직물羅織物이나 저사紵絲와 같은 견직물, 금사로 짠 비단織金과 같은 고급직물을 사용하였다. 흉배를 달거나 양 소매와 어깨에 금으로 띠모양의 선장식을 하고 금사나 각종 색사로 화려하게 수놓기도 하였다.[33] 깃의 형태도 다양하여 곧은 깃뿐만 아니라 둥근 깃, 네모난 깃도 확인된다.[34]

20
소매처리가 독특한 포를 입은 궁사
「원세조 출렵도」 부분
대만 국립고궁박물원 소장

21
진동 아래 트임이 있는 포
Rossi & Rossi Ltd 소장

철릭 중에는 허리 부분에 가로로 선장식을 한 것이 있는데 이것을 변선오辮線襖 또는 요선오자腰線襖子라 한다. 송대에 쓰인 몽골견문기 『흑달사략黑韃事略』에는 요선오자를 설명하기를 '허리에는 촘촘하게 주름을 잡는데 그 수를 셀 수 없다. 심의처럼 12폭에 이르는데 주름을 많이 잡는다. 또 붉은빛이 감도는 자주색 비단을 꼬아 선을 만들어 허리에 두르고 요선腰線이라 한다' 하였다.[35] 내몽골지역에 위치한 명수묘明水墓에서는 허리에 무려 54쌍의 요선을 두른 유물이 발견되기도 하였다.[36] 『원사』에 의장대와 악공, 병사의 복식으로 사용된 변선오辮線襖[37]도 이와 같은 것이다.

그림 22는 원제국 성립 이전인 12세기경의 북방민족의 모습을 그린 것이다. 두 명 모두 요선오자를 입고 있어, 원 성립 이전부터 북방민족 사이에서 광범위하게 착용되었음을 알 수 있다. 중앙의 것은 둥근 깃이 달렸으며 오른쪽은 곧은 깃이 달린 형식이다. 그림 23은 원대의 요선오자 유물이다.

원대 중엽에 형성된 텔릭과 요선오자의 양식은 명대까지 이어져 요선오자, 예살曳撒, 철릭帖裡 등으로 분화되어 여러 계층에서 다양한 용도로 사용되었다.

머리모양과 관모

몽골 남자의 머리모양은 그림 24처럼 정수리에서 이마까지 앞머리를 깎되, 앞머리를 네모난 모양으로 남긴 것을 눈썹 위와 이마 쪽에 가지런히 늘어뜨리고, 뒤에 남긴

뒷머리는 두 줄로 땋아 귀 뒤로 늘어뜨렸다. 이때 남겨진 앞머리는 몽골어로는 케굴 kekul, 怯仇兒, 한자어로는 개체開剃라고 하며, 땋아 귀 뒤로 늘어뜨린 머리는 몽골어로는 시빌게르, 한자어로는 변발辮髮이라 한다.[38] 시빌게르는 정해진 형태가 없어, 한 가닥 혹은 여러 가닥으로 땋기도 하였으며 때로는 감아 올려 머리 뒤에 고정시키기도 하였다. 머리모양은 신분에 따른 차이가 없어 칸에서 평민까지 모두 같았다.

여자의 머리모양에 대한 특별한 기록은 없으나, 몽골 여행기에 남자와 여자의 옷차림이 같으며 특히 어린 소녀와 남자를 구별할 수 없다는 내용이 있다.[39] 도용이나 회화에서는 남자처럼 입은 소녀의 모습이나 그림 25처럼 남자와 유사한 머리모양을 한 것이 확인되기도 한다.

남자용 관모는 비교적 단순한 편으로 크게 방한을 위한 다양한 난모煖帽와 입笠으로 나눌 수 있다. 몽골의 입笠은 기본적으로 챙은 좁고 모정帽頂, crown이 높으면서 위가 둥근 형태이나, 모정과 챙의 모양에 따라 조금씩 차이가 있어 크게 세 종류로 나눌 수 있다. 하나는 모정은 비교적 낮고 둥글며, 뒤에는 목덜미까지 드림장식이 늘어진 것으로 '후첨모后檐帽'라고도 한다. 원의 황제부터 시종에 이르기까지 신분에 관계없이 즐겨 착용하였고, 때로는 모자 꼭대기에 정자頂子를 달아 장식하기도 하였다. 다음은 비교적 넓은 챙이 둘러져 있고 모정은 밥그릇을 뒤집어 놓은 듯 둥근 형태로, '원정모圓頂帽' 또는 발립鈸笠이라고도 한다. 모자의 꼭대기에는 금속 재질로 만든 정자를 달아 장식하였다. 세 번째는 사각이나 팔각으로 각진 형태의 챙이 달린 모자로 소위 '사방와릉모四方瓦菱帽'라고도 하였다.

24

25

24
몽골 남자의 머리모양

25
도용과 회화에 나타난 소녀의 머리모양

표 1 남자모자 종류와 형태

난 모	후첨모	원정모	사방와릉모

주) 난모: 초피가 장식된 난모를 쓴 원 태종(太宗)의 초상
　　후첨모: 후첨모를 쓴 원 태조(太祖, 칭기즈칸)의 초상(상)과 깐수성[甘肅省]박물관 소장 후첨모(하)
　　원정모: 원정모를 쓴 원 성종(成宗)의 초상(상)과 깐수짠현[甘肅漳縣] 왕세현(汪世顯) 가족 묘 출토 원정모(하)
　　사방와릉모: 『사림광기(事林廣記)』에 묘사된 사방와릉모(상)와 사방와릉모의 유물(하)

예복으로 사용된 붉은색의 포

초상화에서 몽골 귀부인들은 실루엣이 풍성한 포 형식의 예복을 입고 있다. 원 말 명초의 학자 도종의陶宗儀, ?~1369가 쓴 『남촌철경록南村輟耕錄』에 의하면 이러한 포를 "타타르족 Tatar,韃靼은 포포로, 한인은 단삼團衫, 남인南人은 대의大衣로 각기 달리 부른다. 귀천에 상관없이 누구나 입을 수 있었으나 처녀들은 입을 수 없다."[40]고 하였다. 몽골 귀부인의 포는 그림 26처럼 곧은 깃이 달리며, 몸판과 연결된 넓은 소매가 소맷부리로 갈수록 급격히 좁아지는 것이 특징이다. 앞 중심에서 y형으로 깊숙이 여며 입으며, 기능적인 허리띠나 신분이나 품계를 상징하는 대는 사용하지 않았다. 색상은 붉은색을 선호하였고, 소맷부리와 깃에는 금직이나 화려한 비단을 덧대어 장식하기도 하였다. 이것을 대의大衣로 보기도 한다. 그림 27의 고고관을 쓴 찰필황후察必皇后, 1227~1281가 입은 대홍색 비단에 운용문雲龍紋을 금사로 층층이 새겨 놓은 호화로운 포가 이와 같은 것이다.

원제국기의 여자복식, 비갑과 오군

원을 건국한 이후, 북방의 거친 환경에서 중국 중심부로 생활 터전이 달라진 몽골

26   27

여자들은 그곳에서 문화적 기반을 일궈온 한족과의 교류·융합을 통하여 유목생활 때와는 다른 새로운 복식을 입게 되었다. 그 대표적인 예가 반비 계통의 비갑比甲과 상하 이부식의 오군襖裙이었다.

유목생활이 기본이었던 몽골족의 차림새는 저고리와 바지를 입은 후에 좁은 소매가 달린 길이가 긴 포를 덧입은 것으로, 이는 남녀 모두 동일하였다. 그러나 원나라 이후에는 그림 28처럼 허리길이의 저고리와 치마를 입고 저고리 위에 길이가 짧은 대금형의 반비를 덧입은 여성의 모습을 쉽게 확인할 수 있다.

『원사元史』에는 "세조世祖, 즉 쿠빌라이 칸忽必烈, 1215~1294의 비妃인 찰필察必이 옷을 만들었는데, 앞은 치마裳가 달렸으나 여밈은 없고, 뒤는 길이가 앞의 곱절이며 깃과 소매는 없었다. 양쪽에 끈을 달아 고정해서 입으며 이것을 비갑比甲이라 하였는데, 말을 타고 활쏘기에 편하여 많은 이들이 모방하였다."[41] 는 내용이 있다. 그러나 그림 28의 소매 없는 상의, 즉 반비는 여밈이 없는 맞깃이면서 앞과 뒤의 길이 차이가 거의 없는 형태로 위의 설명과는 맞지 않는다. 추측컨대 온난한 지역에서 정착생활을 하면서 여성이 활을 쏘고 말을 탈 기회가 줄어들면서, 소매 없는 상의도 몽골 고유의

26
몽골 귀부인의 예복용 포

27
고고관과 예복 차림의
찰필황후(察必皇后)
대만 국립고궁박물원 소장

길이가 긴 비갑과 생활환경에 맞게 짧아진 반비로 세분화된 것으로 보인다.

이러한 변화의 예는 여자 평상복에서도 나타난다. 평상복에서 방한과 활동을 위한 긴 포가 사라지면서 그 밑에 받쳐 입던 바지·저고리 대신에 치마·저고리가 여자의 기본복식이 되었으며, 그 위에 다양한 종류의 반소매 옷을 덧입은 모습이 원대 여성의 일상적인 차림새가 되었다.

장포와 바지·저고리 중심의 여자복식이 치마·저고리 형식으로 변한 배경에는 생활환경의 변화와 함께, 피지배 민족이었던 한족 여성의 복식풍습과도 무관하지 않을 것이다. 즉, 원 안정기 이후부터 널리 성행한 짧은 상의襦와 치마裙, 반비로 구성된 여자복식은 한족의 복식제도와 유목민의 전통이 교류·융합한 결과물이라 하겠다. 이는 기존에 왕조를 이룩하였던 여진족과 거란족에게도 공통적으로 나타난 현상으로, 앞에서 확인되듯이 요나라와 금나라의 벽화에서도 치마·저고리를 입은 부녀자를 쉽게 확인할 수 있다. 원대의 치마·저고리는 남송시대나 명대의 여성복에 비하여 훨씬 몸에 잘 맞으며 기능적인 형태로, 전형적인 한족의 치마·저고리와는 차이를 보이고 있다.

기혼과 예장의 상징 고고관

몽골 여자는 미혼의 경우 머리모양만 아니라 복식 역시 남자와 비슷하였으나 결혼 후에는 차림새가 달라져, 길이가 바닥까지 오는 장포長袍를 입었다.[42] 머리에는 기혼여성의 상징이자 예장용 관모인 고고관罟罟冠, 苦苦冠, 姑姑冠, 몽골발음 복타크을 썼다.

송대에 쓰인 『흑달사략黑韃事略』에는 "고고의 제도는 백화白樺, 즉 자작나무를 골격으로 하고 붉은색 견이나 비단으로 싼 것으로, 정상에는 4~5자尺의 버들가지나 은으로 가지모양을 만들어 단다. 윗사람들은 비취색 새털, 즉 취화翠花로 만든 장식이나 화려한 비단으로 장식하였고 아랫사람들은 꿩털을 사용한다."[43]고 하였다. 또한 비슷한 시기에 쓰인 『장춘진인서유기長春眞人西遊記』에도 "여성의 관은 자작나무 껍질樺皮

로 만든다. 그 높이는 2자尺이며 대개 검정 베로 감싸는데, 부유한 사람은 홍색 비단을 사용한다. 그 생김이 거위나 오리 같았으므로 고고姑姑라 이름 지었다."[44] 하여 당시 고고관의 형태와 용도를 짐작할 수 있다. 회화나 유물에서 확인되는 고고관은 그림 29나 그림 30처럼 모자 위는 평편하고 넓으며, 드림장식이 있는 모자 위에 길고 가는 몸통을 높게 세운 형식이다.

상류층은 평편한 모자 위에 화려한 금은 조각이나 물총새의 꼬리털로 장식하기도 하였다. 그림 29에서는 모자의 지붕에서 위로 뻗어나간 긴 장식을 확인할 수 있는데 그림 30의 유물의 경우 깃털장식이 소실된 것으로 보인다. 이러한 장식은 계급을 표시하는 수단이기도 하였다. 고고관은 결혼한 부인의 상징으로 외출할 때나 사람들 앞에 나설 때 반드시 착용하였다.

고고관은 우리나라 족두리의 기원으로 여겨지기도 한다. 원 간섭기에 고려 왕실로 시집 온 몽골의 공주로부터 고고관이 전해졌고 이것이 조선의 족두리로 발전하였다는 것이다. 고고관에는 나뭇가지나 새의 깃털 외에도 몽골어로 '족도르 jugdur'라고 하는 낙타 목에 늘어져 있는 긴 털을 장식하기도 하였다. 이 때문에 고고관을 'chogtai', 즉 '족도르를 붙인 모자'라고도 하였고,[45] 이것이 고려에 수용되면서 족두리라는 명칭이 되었다는 의견이 있다. 그러나 몽고의 고고관과 족두리는 형태와 크기, 용도 등에서 차이점이 크기 때문에 별개의 관모로 보는 견해도 있다.[46]

29
고고관을 쓴 귀부인의 모습
Diez Albums, 이란 14세기

30
원대 고고관의 유물
개인 소장

8장

고려 후기의 복식

원 간섭기 이후 복식의 변화

고려 전기는 한족이 건설한 송宋, 960~1279, 북방 유목민족이 건설한 요遼, 916~1125와 금金, 1115~1234, 그리고 고려高麗, 918~1392가 외교적으로 균형을 이루어 절대적 강자가 없었던 시대였다. 그러나 13세기 초, 몽골제국의 등장과 함께 이러한 균형은 무너졌고 요와 금, 송은 몽골제국에 의해 병합·정복되면서 중국대륙은 다시 통일되었다. 고려 역시 몽골제국의 침공을 받아 약 40여 년간의 기나긴 항전을 벌였으나, 결국 항복을 표하고 굴욕적인 강화조약을 맺게 되었다. 이후 고려는 약 100여 년 동안 몽골이 건설한 원元, 1271~1368의 영향을 받았으며, 장기간에 걸친 몽골의 간섭으로 고려의 복식과 풍속 전반에 많은 변화가 나타났다.

원종元宗, 재위 1259~1274 원년에 쿠빌라이 칸忽必烈 또는 元 世祖, 재위 1260~1294이 강화조약을 위해 고려에 보낸 국서에는 '의관은 개혁하지 말고 고유 풍속대로 하라'[1]는 내용이 있었으나, 원나라에 머무르며 몽골식 교육을 받은 세자들이 왕위에 오르면서 고려의 복식문화는 부분적이나마 몽골의 영향을 받게 되었다. 기록에 의하면 충렬왕忠烈王, 재위 1274~1308은 왕위 계승을 위하여 귀국할 때 이미 몽골의 머리 형태인 개체변발을 하고 몽골 옷을 입었으며, 즉위한 지 4년 만에 옷과 머리를 몽골풍으로 고치도록 명하였다고 한다.

고려 후기의 복식 변화는 제복祭服이나 공복公服보다는 일상 업무를 볼 때 착용하는 상복常服과 평상복에 많은 영향을 미쳤다. 이는 원의 복식제도 역시 건국 초부터 한漢문화에 동화되어 황제의 제복祭服으로 면복冕服을 사용하였고, 백관의 관복도 한족 고유의 조복과 제복제도를 사용하였기 때문이었다.[2] 즉, 원 간섭기에도 관복제도는 특별한 변화 없이 고려 초기의 제도가 그대로 이어진 것으로 보인다.

고려는 충렬왕 이후 약 1세기에 걸쳐 몽골 공주를 왕비로 맞이할 수밖에 없었다. 왕비와 함께 많은 수행원과 시녀들도 같이 왔는데, 이들은 그들 고유의 복식을 가지고 왔을 것이며 실제로 착용하기도 하였을 것이다. 이러한 상황을 고려하면 이들을 중심으로 왕실과 상류층의 귀부인들 사이에 몽골풍습이 전해졌을 가능성도 배제할 수 없다. 이처럼 고려와 원 양국 간에 사람과 문물의 교류가 잦아지면서 일부 몽골풍습과 복식이 고려에서 유행하기도 하였다.

조선 후기의 유학자들이나 최남선1890~1957 등은 여자의 가체加髢와 족두리의 제도,3) 신부의 도투락 댕기와 연지를 찍는 풍습, 그리고 옷고름에 장도를 차는 풍습과 저고리 길이가 짧아진 것4) 등을 몽골풍습에서 비롯된 것으로 보았다. 그러나 가체 사용과 연지의 풍습은 이미 고구려 벽화에서 확인되는 것이므로 몽골의 영향으로 보기에는 무리가 있다. 족두리 역시 몽골의 고고관故故冠보다는 가체加髢에서 발전되었을 가능성이 높다는5) 기존과는 다른 이론이 제시되고 있다. 또한 여성의 저고리 길이가 급격히 짧아진 것은 조선 후기이므로, 몽골이나 원의 풍속과는 별개인 내부적인 변화로 봐야 할 것이다.

다른 한편으로는 고려의 풍속이 원에서 유행하기도 하였는데, 특히 지정至正, 1341~1367 연간에는 궁중의 급사給事와 사령使令의 대부분이 고려 여성이어서 주변 어느 곳에서나 옷과 모자, 신발, 기물 등이 모두 '고려양高麗樣', 즉 고려풍을 한 모습을 볼 수 있었다고 한다.6) 특히, 원의 귀족 사이에서는 고려 모시로 만든 백저포白苧袍가 선호되었는데, 중국에는 이미 모시를 뜻하는 '저苧'라는 한자가 있었음에도 불구하고 기록에서 '모시毛施'라는 용어가 나오는 것은 원에서는 고려의 발음을 그대로 따서 통용한 것으로 보인다. 즉, 모시는 고려에서 생산된 상품上品의 저마苧麻를 뜻하는 것으로7) 고려의 특산품인 백저포와 관련된 것으로 보인다.

관복官服의 변화

장구한 한국복식의 역사 속에서도 고려의 복식은 명확하게 설명할 수 없는 부분이 많다. 고대복식 역시 현존하는 유물이 거의 없지만, 고구려 벽화나 각종 문헌에 수록된 내용을 바탕으로 일부나마 그 면모를 알 수 있다. 그러나 고려의 경우 불교적인 화장火葬풍습의 성행과 매장 방식의 변화로 벽화 조성이 드물었다. 또한 잦은 이민족의 침입과 장기간의 대몽항쟁으로 많은 자료들이 소실되어, 복식 유물뿐만 아니라 회화 및 문헌자료도 매우 한정된 편이다. 한정된 자료나마 고려복식을 알 수 있는 현존하는 유물로는 고려시대에 제작된 불상의 내부에 봉안된 복장유물腹藏遺物과 불화 및 초상화, 벽화를 포함한 회화자료가 대표적이다. 특히, 불복장품은 시기가 정확하며 대부분 보존 상태가 양호하여 색상이 그대로 남아 있는 경우가 많아 고려시대의

직물 및 복식 연구에 있어 가장 중요한 자료가 되고 있다.

앞에서 언급한 것처럼 원 간섭기 이후에도 관복제도는 고려 초기·중기의 관복제도에서 큰 변화 없이 고려 말까지 이어졌다. 이는 충렬왕이 포와 홀笏를 갖추고 원 황제의 조서를 받았다는 기록이나,[8] 고려에 파견된 원의 사신을 마중하기 위하여 신하들이 포와 홀을 갖추었다는 내용에서도 확인된다. 또한 원 간섭기 이후에도 황제의 색으로 알려진 황색을 왕의 복식으로 사용한 것으로 보아 의복색도 비교적 자유로웠던 것으로 보인다.[9] 그러나 제도의 실행은 시대와 상황에 따라 달라지는 것이므로, 후대로 갈수록 몽골에서 유래한 복식이 고려 조정에서 사용되었을 가능성도 배제할 수 없다. 대표적인 것으로 질손質孫, zhì sūn 또는 只孫, zhī sūn을 들 수 있다.

질손은 원나라에서 위로는 천자부터 아래로는 사서인에서 악공에 이르기까지 신분고하를 막론하고 즐겨 입던 옷이었다. 특히, 황제가 주최하는 연회에는 모두 질손을 착용하였고 이것을 질손연質孫宴, 只孫宴이라 하였다. 『고려사』에는 충렬왕이 질손연에 참석하였다는 내용이 있고,[10] 충선왕忠宣王, 재위 1308~1313이 일본 정벌을 위해 설치된 정동성征東省에서 관리를 맞이할 때 원의 조정예식을 거행하였다[11]는 기록이 있는데, 이처럼 원과 관련된 의식에서는 질손을 예복으로 착용하였을 가능성이 높다.

원의 간섭에서 벗어나 민족 자주성을 되찾고자 했던 고려 말기에는 짧은 기간에 비해 관복제도의 변화가 많았다. 특히, 공민왕恭愍王, 재위 1351~1374은 즉위 초부터 몽골풍의 개체변발과 호복을 금하고, 관복제도를 비롯한 여러 제도를 개혁하였다. 공민왕 6년에는 오행설에 맞추어 문무백관의 관복으로 흑의黑衣에 청립靑笠을 착용하도록 하고, 관모를 장식하는 정자頂子의 종류를 백옥, 청옥, 수정, 잡수정 등으로 달리하여 품계를 나타내도록 개정하였다.[12] 또한 왕 자신은 중국황제와 동격인 십이류면 십이장복을 착용하기도 하였다.[13] 공민왕 19년에는 명나라에서 왕의 조복인 원유관·강사포와 함께[14] 백관의 제복을 보내왔고,[15] 그 후 동왕 21년에는 조복제도를 정비하였다.[16] 그러나 공민왕이 조복제도를 제정하기 전인 1350년에 제작된 그림 1의 미륵하생경변상도彌勒下生經變相에는 왕으로 추정되는 인물이 원유관과 강사포를 입고 있어, 공민왕 이전부터 조복으로 원유관과 강사포를 착용했을 가능성이 있다.

신흥 왕조인 명나라 복식제도의 수용은 그 뒤에도 계속되어 1387년우왕 13에는 명의 제도를 따라 1품에서 9품까지 사모·단령을 착용하였다. 이로써 백관의 관복제도는 명과 유사해졌으며[17] 이는 조선까지 이어졌다.

몽골복식의 영향과 편복포便服袍의 세분화

고려가 원의 간섭을 받게 된 이후, 고려와 원 왕실은 국혼을 통해 혈연관계를 맺게 되었고, 앞에서 언급한 것처럼 이후 약 100년간 양국 간에는 언어·풍습·학문·인물 등 다방면에 걸친 문물 교류와 문화적 융합이 이루어졌다. 복식에 있어서 원과 고려 사이에 나타난 교류의 흔적은 주로 남자복식에서 나타나며 그중에서도 포袍가 대표적이다.

남자의 포로는 우리 고유양식인 백저포를 비롯한 다양한 직령의 포와 철릭, 답호 등이 있었다. 백저포白紵袍는 고려의 기본적인 포로 『고려도경』에는 "저의紵衣는 중단中單인데, 고려에서는 깃에 선을 두른 준령純領을 사용하지 않으며, 왕에서부터 민서民庶에 이르기까지 남녀 모두 이를 입었다."[18]고 하였다. 여기에서 저의, 즉 백저포는 제복이나 조복의 밑받침 옷인 중단처럼 생겼다고 했으니 깃과 가장자리에 선장식이 없는 포였을 것이다. 흥미로운 점은 고려의 백저포는 자연색이 아니라 오히려 백옥白玉의 순백색이 나타나도록 희게 표백한 고운 모시로 만들었다는 점이다. 『고려도경』에는 매일 목욕하며 청결한 환경을 유지하는 고려인들의 풍습과 함께 "의복을 빨고 깁거나 베를 표백하는 것은 다 부녀자의 일이어서 밤낮으로 일해도 어렵다 하지 않는다."[19]고 하였다. 이를 통하여 볼 때, 청결함을 중요시 여겼던 고려인들은 백옥처럼 하얀 모시에 애착을 갖고 자랑스럽게 여긴 것 같다.

해인사 목조 비로자나불에 복장되었던 고려의 유물에는 깃과 소매 없이 왼쪽 길만 남아 있는 고운 모시로 만든 두 점의 포가 있다. 하나는 그림 2와 같이 섶이 대단히 넓으며 사다리꼴의 무가 달린 형태로 왼쪽 무는 뒤쪽으로 넘겨 고정하였다. 다른 하나는 그림 3에서 보이듯이 앞여밈이 좁으며 조선시대 두루마기처럼 삼각형의 무가 달린 형태이다.

02

03

04

02

사다리꼴무가 달린 모시포의 왼쪽 자락
해인사 목조 비로자나불 불복장품

03

삼각무가 달린 모시포의 왼쪽 자락
해인사 목조 비로자나불 불복장품

04

**직령의 포를 입은 이조년(1269~1343)
의 초상**
성주 이씨 종친회 소장

선장식이 없으면서 여밈이 깊은 포도 즐겨 입었는데, 이는 그림 4의 이조년李兆年, 1269~1343 초상화에서도 확인할 수 있다. 초상화에 나타난 포는 곧은 깃이 달렸으며, 넓은 깃 가운데 바느질 선이 있는 이중 깃 형식이다. 앞섶은 몸판처럼 넓으며 양옆에는 활동하기 편하도록 긴 트임이 있다.

고려인들이 즐겨 입었던 포 중에는 철릭이 있었다. 고려 가사 「정석가鄭石歌」에는 "므쇠로 텰릭을 ᄆᆞ아 나는", 즉 싸움을 나가는 남편을 위해 무쇠를 마름질하여 철릭을 만든다는 내용이 있을 정도로, 철릭은 고려인들이 즐겨 입던 옷이었다. 철릭은 앞뒤 몸판과 허리 아래 치마 부분을 따로 재단하고, 치마허리 부분에 주름을 잡아 상의의 허리와 연결한 것으로 치마폭이 넓어 활동적이면서 간편한 옷이었다. 이러한 철릭은 조선에서도 착용되었을 뿐만 아니라 몽골에서 유래한 것으로 고려 말기부터 중국어 교습서로 사용된 『노걸대老乞大』 언해본에는 '텰릭'으로 표기되었으며 이것은 'terlig'이라는 몽골어를 차용한 것이다.[20] 철릭은 명나라에 전해져 왕에서부터 서민에 이르기까지 즐겨 입었다. 철릭은 한자로는 帖裡, 貼裏, 帖裏와 같이, 첩리로 표기하는데, 조선에서는 천익, 즉 天翼으로도 표기하였다. 그림 5는 명대에 쓰인 『삼재도회三才圖會』에 수록된 것으로 철릭을 입은 고려 사신의 모습이다.[21]

해인사 목조 비로자나불에 복장되었던 고려 의복 중에는 허리에 여러 줄의 선을 둘러 장식한 그림 6의 요선철릭腰線帖裏이 있다. 요선철릭이란 명칭은 『조선왕조실록』

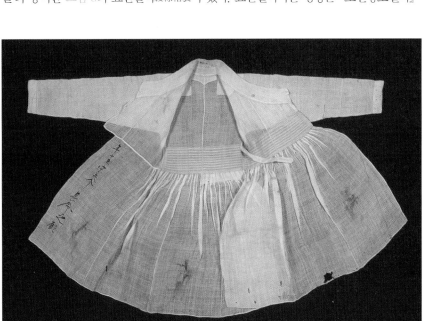

05

06

05
철릭을 입은 고려사신
『삼재도회』 2권

06
고려의 요선철릭
해인사 목조 비로자나불 불복장품

답호 앞면

답호 뒷면

답호 양옆 세부도

에서도 확인되는 것으로[22] 원대 변선오辮線襖에서 유래한 것이다. 해인사에 소장된 요선철릭은 전체적인 크기로 보아 소년의 것으로 추정되며, 진한 분홍빛의 고운 세모시로 만든 것이다. 이중 깃이며 소매는 좁고 긴 편이다. 옷의 특징인 요선은 바탕천을 그대로 턱tuck 형태로 말아 접어 곱게 박음질한 것으로 앞에 아홉 줄, 뒤에는 열 줄을 만들었다. 요선장식 아래의 치마에는 전체적으로 맞주름을 곱게 잡았으나 겉섶에 덮여 드러나지 않는 아랫자락의 주름은 생략하였다.[23] 요선을 만드는 방법은 매우 다양하여 몸판에 직접 턱을 잡는 방식 외에도 가늘게 짠 끈을 부착하거나, 비단 천을 말아서 만든 선을 부착하기도 하였다. 비록 고려시대의 것은 아니나 조선 전기의 변수邊脩, 1447~524 묘에서도 짠 끈을 부착하여 요선을 만든 것과 명주를 말아 만든 끈을 21~22줄 부착한 유물이 출토되기도 하였다.[24]

철릭 위에는 반소매 옷의 일종인 답호를 덧입기도 하였다. 『노걸대』 언해본에 의하면 답호는 '더그레'로 언해되며 褡護, 搭胡, 搭忽 등으로 다양하게 표기되는데, 이는 몽골어를 차용했기 때문이다. 그러나 우리나라에도 고대부터 반소매 옷이 존재했으므로 몽골복식의 무조건적 수용이라기보다는 이전부터 있었던 반비半臂의 전통과 몽골의 풍습이 결합하여 발전된 것으로 보는 것이 타당하다. 해인사와 문수사에는 고려시대 답호의 유물이 한 점씩 전해지고 있다. 두 점 모두 곧은 깃의 중심에 바느질 선이 있는 이중 깃이 달려 있다. 양옆의 트임에는 사다리꼴의 무를 달고 양쪽으로 맞주름을 잡았다.[25] 그림 7은 문수사의 답호 유물과 도식화이다.

고려 후기의 초상화에서는 둥근 깃의 포를 착용한 모습도 쉽게 확인된다. 고려 전기에는 둥근 깃의 포와 함께 복두를 쓴 경우가 일반적이나, 원 간섭기 이후에는 그림 8처럼 몽골풍의 모자인 발립鈸笠을 착용한 경우도 확인된다. 이러한 차림이 관복으로 사용되었는지의 여부는 확실치 않으나, 그림 9처럼 고려 말기의 충신인 박익朴翊, 1332~1398 묘의 벽화에도 둥근 깃의 포와 함께 발립을 쓴 모습이 있는 것으로 보아 고려 말부터 조선 초기에 상류층부터 하급 관리에 이르기까지 광범위하게 착용된 것으로 보인다.

고려시대 초상화에서는 그림 10처럼 심의를 입은 모습도 확인된다.[26] 심의는 주자학의 전래와 함께 고려에 수용된 것으로 유학자의 예복으로 여겨져 조선에 전해졌다.

고려시대는 백저포와 같은 고유양식의 포 및 통일신라시대에 수용된 단령과 반비 등을 기본으로, 몽골로부터 새롭게 수용된 요선철릭이나 질손 등이 더해져 남성용 포의 종류가 다양해지고 복식문화가 다채로워진 시기였다.

08
이숭인(1349~1392)의 초상
성주 이씨 종친회 소장

09
둥근 깃 포를 입은 남자
밀양 고법리 박익 묘 벽화

10
심의를 입은 이제현(1287~1367) 초상
국립중앙박물관 소장

다양한 양식이 공존한 여자복식

통일신라의 제도와 문화를 계승한 고려시대에는 복식에서도 통일신라의 복식문화와 제도가 그대로 이어진 부분이 많았다. 그러나 원 간섭기에는 일부 상류층을 중심으로 몽골풍의 복식을 수용하였을 것이며, 이로 인해 몽골풍을 수용한 상류층의 복식과 고유양식을 기본으로 한 일반 백성의 복식이 이중구조를 이루었을 것이다.

1377년우왕 3에 건설된 부석사 「조사당벽화」에는 귀부인처럼 그려진 그림 11의 보살상이 있어 당시 상류층 여성의 복식을 짐작할 수 있다. 벽화의 보살은 소매가 넓고 화려한 무늬의 선장식을 두른 홍색포를 입고 있으며, 어깨에는 짙은 색의 표披를 걸치고 있다. 머리에는 화관처럼 생긴 것을 쓰고 있다. 또한 14세기에 제작된 그림 12의 「관경서분변상도觀經序分變相圖」의 왕비 역시 소매가 넓은 홍색포와 함께 어깨에는 표披나 운견雲肩처럼 보이는 것을 두르고 있다. 이는 고고관을 쓰고 붉은색의 포를 예복으로 입던 원 황실과는 완연히 다른 차림새이다.

그림 12에서 왕비를 따르는 시녀들은 발등을 덮는 긴 치마를 홍색이나 녹색의 저고리 위로 올려 입었으며, 밖으로 드러난 치마허리에는 매듭장식을 길게 늘였다. 또한 표披를 두르고 있는데, 이는 경주 용강동에서 발견된 통일신라시대의 귀부인 토용과 매우 비슷한 모습이다.

이처럼 저고리를 먼저 착용하고 치마 안으로 저고리를 넣어 입는 방식은 고려 후기의 것으로 추정되는 그림 13의 거창 둔마리 고분의 천녀상, 1323년충숙왕 10 설충薛沖이 그렸다고 전해지는 그림 14의 「관경변상도觀經變相圖」의 여인상, 그리고 고려 말에서 조선 초에 걸쳐 생존한 그림 15의 하연부인河連婦人, 1376~1453 초상화 등에서도 확

13　14　15

13
치마를 위로 입은 천녀상
둔마리 고분벽화

14
치마를 위로 입은 귀부인
「관경변상도」 부분
일본 지온인[知恩院] 소장

15
하연부인 초상
일본 덴리[天理]대학 소장

인된다. 통일신라시대에서 전해진 이러한 차림새는 고려를 거쳐 조선 초기까지 이어졌다.

이에 비해 그림 16이나 그림 17, 18과 같은 고려회화에서는 치마 위에 저고리를 입는 모습도 확인된다. 이는 원나라 이전에 제작된 7장의 150쪽, 그림 7의 요대 벽화나 기타 금대 벽화에서도 나타난다. 치마 위에 저고리를 내어 입는 방식은 원 제국 이전부터 요나 금과 같은 유목생활의 전통을 가진 사회에서 착용된 형식이었다.

흥미로운 것은 저고리의 길이로 그림 16, 17의 저고리는 허리만 가릴 정도의 길이인 것에 비하여 그림 18의 밀양 고법리 박익 묘의 저고리는 엉덩이를 가릴 정도로 길며, 허리에 띠를 두른 것도 나타난다. 또한 그림 17의 조반부인 초상화의 초록 저고리에는 홍색의 깃이 달려 있는데, 이는 선장식을 하던 삼국시대의 전통과 관련된 것으로 보인다. 따라서 이처럼 치마 위로 입는 방식은 원의 영향이라기보다는 고대부터 내려 온 긴 저고리의 길이가 짧아지면서 자연스럽게 발전되었을 가능성도 있다.

고려시대의 치마는 전체적으로 풍성하면서 치마의 처음부터 끝까지 주름을 잡았던 고구려와는 달리 윗부분에만 주름을 잡은 형식이었다. 회화에는 치마허리끈을 앞으로 길게 늘어뜨린 것이 확인되는데, 이러한 풍습은 조선시대까지 이어졌다.

16
「수월관음도(水月觀音圖)」의 귀부인
일본 다이토쿠사[大德寺] 소장

17
조반부인(鵲林 李氏 ?∼1433)의 초상
국립중앙박물관 소장

18
긴 저고리를 입은 여인들
밀양 고법리 박익 묘 벽화

19 20 21

19
상의[綃脊衫]
온양민속박물관 소장

20
중의(中衣)
온양민속박물관 소장

21
자의(紫衣)
온양민속박물관 소장

삼국시대 이래로 바지는 치마와 함께 우리 민족이 남녀노소를 막론하고 즐겨 입던 대표적인 하의였다. 『고려도경』에는 몸매가 드러나지 않을 정도로 넉넉한 고려 여인들의 바지에 대한 기록이 있다.[27] 사신으로 왔던 서긍이 여자들의 바지를 관찰할 수 있었던 것도, 또 무늬 있는 비단으로 바지를 만든 것도 바지가 겉옷으로 착용되었기 때문일 것이다. 이는 고대부터 이어 온 바지 착용 풍습이 통일신라시대를 걸쳐 고려까지 전해진 것으로 추정되는 부분이다.

고려시대 불복장 저고리

온양민속박물관에는 1302년 아미타불에 복장藏裝되었던 의복 석 점이 있다. 이 옷들의 정확한 명칭은 알 수 없으나, 편의상 상의上衣, 중의中衣, 자의紫衣로 불리고 있다. 상의는 총길이가 56cm 정도로 비교적 짧은 편이며 나머지는 110cm와 130cm 정도로 길이가 긴 편이다. 상의에는 발견 당시부터 깃 부분에 먹으로 쓴 '초적삼綃脊衫'이란 글씨가 있었다. 초적삼은 홑으로 된 적삼, 즉 홑으로 만든 저고리를 뜻한다.

중의中衣는 생사生絲로 짠 흰색 비단으로 만든 것으로 앞뒤 차이가 없으며, 110cm 정도 길이의 긴 저고리이다. 똑같이 홑으로 만든 상의와 중의의 길이가 이처럼 다른 것은 당시에 통일신라시대의 착장법인 저고리 위에 치마를 입는 양식과 고유양식에서 발전한 저고리를 위로 입는 양식이 공존했기 때문일 것이다. 이처럼 고려 말에서 조선 초에 걸쳐 두 가지 방법이 혼재되어 사용되다가 조선조에 들어서면서 점차 치마 위에 저고리를 입는 방법으로 통일된 것으로 추정된다.[28]

이중에서 자의紫衣는 자주색으로 만든 겹옷으로 앞은 110cm로 중의와 같고 뒤는 약 130cm 정도이다. 앞보다 뒤가 길고 옆트임이 있으며, 중의의 겉옷으로 사용된 것

으로 보인다. 이 자의에는 약 1.4cm 나비의 흰색 동정이 달려 있고 수구에도 동정과 같은 방법으로 흰색 감을 대고 있다. 평양에 있는 조선중앙력사박물관에 소장된 그림 22의 「나한도羅漢圖」를 보면 여인이 입은 붉은색 저고리에도 동정이 달려 있어 고려시대에 이미 동정을 사용하였음을 알 수 있다. 그림 22의 여인은 붉은색 저고리 위에 자의처럼 길이가 긴 짙은 청색 옷을 덧입고 천으로 된 허리띠를 둘러 고정하였다.

여성의 머리모양과 예모禮帽

『고려도경』에 의하면 고려 여인들은 혼인 전에는 홍색 비단紅羅으로 머리를 묶고 나머지 머리는 뒤로 내리고, 혼인한 후에는 머리를 틀어서 짙은 붉은색 비단絳羅으로 묶은 후에 작은 비녀를 꽂고 나머지는 뒤로 내렸다고 한다. 귀천에 상관없이 동일하였다는 것으로 보아 대부분 유사한 형태를 하였던 것으로 보인다. 14세기에 제작된 178쪽의 그림 16의 공양자는 『고려도경』에서 언급된 것처럼 머리를 올린 후에 붉은색 댕기로 고정하고 있다.

원 간섭기에는 왕비가 원의 왕실에서 온 경우가 많았으므로 궁중의 풍습과 예복 등 다양한 측면에서 원의 영향이 컸을 것이다. 그러나 미혼의 경우 여자도 남자와 비슷한 머리를 했던 몽골에 비해, 회화에 나타난 고려 미혼녀들에게서는 쌍계 형태의 머리를 많이 볼 수 있다.

고려시대 여자들은 머리를 다양한 형식의 관모나 장식으로 꾸미기도 하였다. 화관花冠은 본래 '꽃으로 장식한 관'을 의미한다. 그러나 실제로는 꽃으로 꾸미지는 않더라도 아름다운 관모라는 넓은 의미로 통칭되는 경우가 많았다. 『고려사』에는 승려의 관모로 사용된 화관의 예가 나타나며,[29] 고려불화에서도 화관 계통으로 보이는 화려한 관모를 쓴 모습을 쉽게 확인할 수 있다. 그림 23은 고려 회화에 나타난 화관 종류의 여성용 관모들이다. 고려시대 화관은 모양이나 크기가 다양하게 나타난다. 비교적 화려하게 표현된 그림 23-①의 부석사 조사당의 불화나 그림 23-②의 노국공주 초상화에 비하여 박익 묘의 것은 벽화에서 확인되는 비교적 단순하다. 또한 그림 23-①이나 그림 23-②는 예관의 형식이 뚜렷한 반면, 그림 23-③, 그림 23-④의 경우는 관모라고 하기에는 다소 작은 크기이다. 이와 같은 머리 장식품의 명칭에 대해서

① 부석사 보살상

② 노국공주 초상

③ 박익 묘 벽화 Ⅰ

④ 박익 묘 벽화 Ⅱ

23

24

명확하게 밝혀진 것은 없으나 넓은 의미로 보면 화관의 일종으로 볼 수 있을 것이다.

한편 조선시대 대표적인 여자 관모였던 족두리는 그 근원을 고려시대에 우리나라로 전해진 몽골의 고고관으로 보는 것이 일반적인 견해였다. 『고려사』에는 원의 황태후가 고려의 후비에게 고고姑姑를 보내 왔고, 그것을 쓰고 연회를 벌였다는 기록이 있어[30] 고려의 궁중에서도 착용되었음을 알 수 있다. 그러나 그림 24-①에서 확인되듯이 높이가 2자尺에 이르고, 모자 끝은 오리처럼 생긴 몽골의 고고관이[31] 조선에 와서 그림 24-④의 형태로 정착된 것으로 해석하기에는 외관상의 차이가 너무 크다.

흥미로운 점은 그림 24-②의 고려 귀부인의 올린 머리 형태와 그림 24-④의 18세기의 족두리가 외관상 매우 유사하며, 그림 24-③의 조반부인이 쓴 예모 역시 그림 24-④의 족두리와 매우 유사하다는 점이다.[32] 위의 내용을 종합해 보면 족두리는 고고관에서 비롯된 것이라기보다는 부인의 올린 머리를 풍성하게 보이기 위한 예장용 쓰개나 가체加髢에서 비롯된 우리 고유의 여성용 예모禮帽로 보는 것이 타당할 것이다.

23
고려시대 회화에 나타난 화관

24
몽골의 고고관과 고려 및 조선의
예장용 머리장식

① 원 황후의 고고관

② 수월관음도 귀부인

③ 조반부인의 예모(禮帽)

④ 18세기 조선 족두리

9장
—
가미쿠라,
무로마치
전기의 복식

공가의 시대에서 무사의 시대로

헤이안시대 중엽부터 중앙 정치권력이 점차 약해지자, 12세기경에는 중앙 귀족을 보호하는 지방 호족이었던 무사武士, 즉 사무라이 집단이 중앙 귀족을 제압할 정도로 성장하였다. 당시 유력한 무사세력이었던 타이라씨平氏와 미나모토씨源氏 두 가문은 세력을 확대하면서 서로 대립하였다. 타이라씨가 1159년에 헤이지平治의 난을 일으켜 정권을 잡음으로써 일본 최초로 무사계급이 중앙의 실권자가 되었다. 한편 관동지방 호족의 지원을 받아 군사를 키운 미나모토 요리토모源賴朝는 연고지인 가마쿠라鎌倉를 본거지로 삼아 1180년에 타이라씨를 멸망시켰다. 그리고 1192년에 세습적인 군사 독재자인 세이이타이쇼군征夷大將軍, 즉 쇼군將軍에 임명됨으로써 일본 역사상 최초의 무신정권이 수립되었다. 이 즈음부터 가마쿠라막부가 망한 1333년까지를 막부가 있었던 지역의 이름을 따라 가마쿠라鎌倉, 1185~1333시대라고 한다.[1] 가마쿠라시대에는 교토의 공가公家와 가마쿠라의 무가武家가 대립 또는 교류하면서 이원적 문화가 형성되었다.

무로마치室町, 1336~1573시대는 가마쿠라막부가 무너진 후 60년간 남북조南北朝로 나뉘어 싸웠던 분쟁이 끝나고, 1336년 아시카가 다카우지足利尊氏가 막부를 세운 시대를 말하며, 교토의 무로마치室町에 새로운 근거지를 세웠기 때문에 붙여진 이름이다. 가마쿠라시대가 왕을 받드는 공가정권과 막부정권이 양립한 시기였다면, 무로마치시대는 무가가 공가를 물리치고 단독정권을 수립한 것이 특징이었다. 쇼군 후계자 문제를 명분으로 지방 세력가인 다이묘大名들이 오닌應仁의 난을 일으키기 전까지는 막부의 힘이 막강하였으나, 그 이후는 급격히 쇠약해져 무로마치막부가 존재는 하였으나 유명무실하였다. 따라서 이 단원에서는 1467년의 오닌의 난 이전까지를 살펴보고, 그 이후는 4부 12장의 센고쿠戰國시대에서 살펴보기로 한다.

막부시대에 무사의 신분이 상승됨에 따라 그들의 복식도 사회적인 격이 높아졌다. 막부장군과 상급무사의 최고의 예복은 공가의 예복인 소쿠타이였지만 이는 조정의 의례에 한하는 경우가 많았다.[2] 이전부터 입었던 가리기누かりぎぬ, 狩衣를 가장 일반적인 무사의 예장으로 착용하였으며 때로는 스이칸すいかん, 水干도 입었는데,[3] 두 의복은 이 시대에 그 격이 높아진 대표적인 예이다. 또한 가마쿠라시대 무사의 평상복이었던 히타타레ひたたれ, 直垂도 간소화를 지향하는 무가시대의 대표적인 의복이 되어 공가도 착용하게 되었다.

한편 무사 다케자키 스에나가竹崎季長, 1246~1314의 활약상을 그린 그림 1의 「모우코

01

02

01
화려한 갑옷을 입은 무사들
「모우코슈우라이에[宮內廳] 소장
구나이초[宮內廳] 소장

02
고와쇼우조쿠의 소쿠타이
미나모토 요리토모 초상
교토 진고테라[神護寺] 소장

슈우라이에蒙古襲來繪」처럼 무사들은 평소의 검소한 복식과는 대조적으로 전쟁 때에는 위용을 갖추기 위하여 값비싼 소재로 만든 갑옷이나 금錦과 같은 고급 옷감으로 만든 요로이히타타레ょろいひたたれ, 鎧直垂, 유명한 장인匠人이 만든 활과 화살 등으로 화려하게 치장하였다.

복식의 간소화와 형식화

이전 헤이안 말기에는 무가가 정치의 중심에 있었다고는 하지만 귀족정치를 답습하였고, 이러한 정치처럼 복식도 귀족들을 모방하였다. 따라서 복식에서 무사의 기풍은 그림 2에서 미나모토 요리토모가 입은 소쿠타이처럼 고와쇼우조쿠強裝束, 즉 풀을 빳빳하게 먹여 형태를 과장한 정도에 그쳤다.

그러나 서민층에서부터 성장한 무사들의 시대가 되자 실용성을 중요시하는 새로운 경향이 무가와 공가에 모두 나타나게 되었으며, 이전의 화려하고 장식적이며 과장된 복식들은 이러한 새 시대에는 적합하지 않았다. 특히, 권력의 중심에서 밀려나 이전에 비하여 경제적으로 궁핍해진 공가는 밖으로 보이지 않는 것은 간소화하거나 생략하였다. 그 대표적인 예는 공가 남자의 정식 예장인 정장 소쿠타이束帶와 약식 예장인 이칸衣冠이었다. 기본적인 것은 이전과 유사하였지만 과장되게 높았던 깃이 낮아졌으며, 소쿠타이의 구성에서 한삐半臂와 아코메袙를 생략하였고, 시타가사네下襲의 뒷자락을 별도로 만드는[4] 등의 변화가 생겼다.

또 가마쿠라시대에 공가와 무가 모두에게 주요한 복식이 된 가리기누 계통의 옷에는 뒤를 한 자尺 정도 짧게 하여 실용성을 강조한 한지리はんじり, 半尻라는 것이 생겼다. 당시 공가도 집에 있을 때에 한지리를 착용하였으며, 후에는 왕실의 어린이가 입게 되었다.[5]

여자의 복식도 남자복식에 비하여 변화의 폭은 적었지만 점차 간소화되었다. 특히, 고토바後鳥羽, 재위 1183~1198왕 때부터는 궁중에서도 복장이 급격히 간략화되어 이전의 소매가 넓은 히로소데廣袖는 점차 형식적인 옷이 되어 일상으로부터 멀어졌다.[6]

궁중 여자의 특징적인 옷이었던 가라기누모唐衣裳 차림은 완전히 예복화되어 중대한 의식에만 착용하였다. 정장의 구성에 큰 변화가 나타난 것은 아니지만 의복이 간소화되는 과정에서 복잡한 구성요소들 중 일부를 생략하였다. 예를 들어, 헤이안 후기에 형형색색으로 스무 벌까지 겹쳐 입었던 우치기袿를 가마쿠라시대에는 다섯 벌 정도

03 04

03
고소데, 히토에, 우치기
다마요리히메노미코토 상
요시노[吉野] 미쿠마리[水分]신사 소장

04
고소데, 유마키
「호넨쇼오닌교우죠우에」
일본 지온인 소장

만 입었다. 또 우치기누打衣를 생략하거나 우와기表着나 가라기누唐衣까지도 생략하고 공적인 자리에 나가기도 하였다. 그림 속의 여신女神을 가마쿠라시대에 조각으로 재현한 그림 3의 다마요리히메노미코토玉依姬命 상은 고소데小袖 위에 히토에單와 우치기桂를 겹쳐 입은 모습으로, 가마쿠라시대의 격식을 차린 여자 옷차림의 표준을 보여 준다.[7]

뿐만 아니라 히로소데廣袖에서 고소데小袖로 바뀌는 과정에서 가라기누는 생략할지라도 반드시 입었던 모裳마저도 생략하였다. 중요한 의식에는 모 대신 유마키ゆまき, 湯卷를 착용하였다.[8] 유마키는 원래 헤이안시대 궁정에서 귀인貴人이 입욕할 때 입었으며, 욕실에서 시중을 드는 궁녀가 우치기桂나 아코메衵 위에 감아 허리부터 그 아래를 둘렀던[9] 흰색의 실용적인 옷이었다. 이마키いまき, 今木라고도 하였으며, 옷자락이 짧은 치마모양이었던 것으로 추정된다. 『헤이케모노가타리平家物語』에 따르면, 12세기 말에는 여자의 하카마를 대신하는 간소한 의복으로 신분이 높은 여자들도 착용하게 되었으며, 이에 따라 흰색이 아닌 염색한 것을 착용하였다.[10] 불교의 일종인 정토종淨土宗을 민중들에게 널리 보급한 호넨法然, 1133~1212 스님의 행적을 그린 「호넨쇼오닌교우죠우에法然上人行狀繪」 중에서 노를 젓고 있는 그림 4의 여자는 신분이 궁녀로 보이지는 않지만 고소데와 유마키의 전형적인 차림을 하였다.

한편 하카마는 예복의 받침옷으로서 착용하는 일은 현저히 감소하였고 점차 일상의 차림이 되어, 고소데와 하카마의 약식 차림이 공가 여자의 평상시 복장이 되었다.

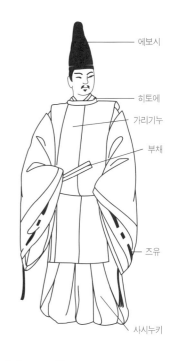

에보시

히토에
가리기누

부채

즈유

사시누키

무사의 예복, 가리기누와 스이칸

가리기누かりぎぬ, 狩衣는 원래 사냥할 때의 복식으로 명칭도 여기서 유래하였으며, 마포麻布로 만들어 호이ほい, 布衣라고도 하였다. 원래는 신분이 낮은 사람의 평상복이었으나, 활동에 편하고 기능적이어서 점차 젊은 관리들이 야외복이나 사냥복으로 입게 되었다. 헤이안시대 이후에 공가의 젊은이들은 일상복으로 착용하였고, 신분이 높은 사람들은 야외복으로 입었다.[11] 또 가마쿠라시대에는 상급무사의 예복으로 사용되면서, 무늬와 색이 화려한 고급 옷감으로 만들었다.[12]

가리기누 차림은 그림 5처럼 깃이 둥근 포와 사시누키指貫를 입고 에보시鳥帽子를

썼다. 포의 길은 폭이 좁고, 겨드랑이 아래의 옆선이 트여 있었다. 그림 6처럼 포의 몸판과 소매가 연결되는 진동의 일부가 떨어진 것이 특징으로, 소매가 앞길과는 연결되지 않고 뒷길과만 4~5치† 정도 연결되었다.[13] 이러한 진동의 트임을 통하여 안에 입은 옷의 색상이나 무늬가 드러나 보였다. 또 소맷부리에는 츠유つゆ, 露라는 끈이 부착되어 필요에 따라 졸라맬 수 있었다.

이전시대부터 서민이나 무사가 착용한 스이칸すいかん, 水干도[14] 가리기누와 같은 계통으로, 그 명칭은 풀을 먹이지 않고 물기 있는 천을 그대로 말린 옷이라는 의미에서 붙여졌다.[15] 가리기누와 마찬가지로 헤이안시대에는 공가에서도 야외복으로 입었다. 또한 무가의 사회적 지위가 상승하면서 무사의 예복으로도 착용되었는데, 예복화된

스이칸은 소매가 넓었다.

스이칸은 활동에 편리한 상의와 하의로 구성된 이부식 의복으로, 상의의 옷자락을 바지 속에 넣어 입었다. 스이칸은 둥근 깃을 안쪽으로 꺾어 넣어 마치 곧은 깃처럼 보이도록 입기도 하였기 때문에 공가 계통의 포袍와 무가를 대표하는 곧은 깃의 사이에서 가교 역할을 한 복식으로 볼 수 있다.[16] 스이칸 상의의 소매는 가리기누처럼 뒷길에서만 일부 몸판과 연결되었다. 그러나 앞길과 소매의 진동선에 술장식인 기쿠토지きくとじ, 鞠綴를 달았던 점과 둥근 깃의 앞뒤에 고정하기 위한 긴 끈이 있었던 점은 가리기누와 차이가 있었다. 기쿠토지는 끝을 풀어 낸 모양이 국화와 같다 하여 붙여진 이름으로, 원래 무사나 서민이 입는 활동적이고 수수한 일상복이었던 스이칸의 진동 부분 봉합을 보강하려는 실용적인 목적으로 사용되었으나 점차 장식적인 용도로 변하였다.

오리에보시

히타타레

키쿠토지

부채

즈유

하카마

07
히타타레의 구성

무사의 평상복, 히타타레

히타타레ひたたれ, 直垂의 '直'은 노우시의 경우와 마찬가지로 '일상'의 의미이고, '垂'는 '곧은 깃'이라는 뜻이다. 히타타레는 활동하기에 편리한 농부의 작업복과 사냥이나 여행을 할 때에 입었던 가리기누狩衣가 결합하여 발전된 것이다.[17] 10세기경에는 하류층 서민의 복식이었으나 가마쿠라시대에 무사의 평상복으로 입게 되면서 중반 이후에는 시대를 대표하는 복식이 되었다.

원래 히타타레는 곧은 깃의 상의만을 뜻하였으나, 점차 그림 7처럼 곧은 깃에 옆 트임이 있는 상의와 하카마로 구성된 옷차림 전체를 의미하게 되었다.[18] 짧은 상의는 하카마 속에 넣어 입었다. 상의의 소매는 원래 그림 8처럼 좁은 소매였지만 가마쿠라시대에는 넓은 소매인 것이 유행하기 시작하였다. 소맷부리는 즈유露로 졸라맬 수 있도록 되었으며, 소매 가장자리와 등솔, 진동 등에는 기쿠토지를 달아 장식하였다. 하카마의 경우 가마쿠라시대에는 짧은 기리하카마きりはかま, 切袴였으나 무로마치시대에 무사의 예복이 되면서는 바닥에 끌릴 정도로 긴 나가바카마ながばかま, 長袴를 입었다.

08
하급무사의 히타타레
「이나바당엥기[因幡堂起]」 제4단
도쿄국립박물관 소장

09
공가의 히타타레
「규우바즈[厩馬図]」
도쿄국립박물관 소장

히타타레 차림에서 관모는 에보시를 썼기 때문에 통상 에보시히타타레라고도 불렸다. 일반적으로 그림 7, 8처럼 정수리 부분을 꺾어 내린 오리에보시折烏帽子를 상용하였는데, 무사가 상용하였기 때문에 사무라이에보시侍烏帽子라고도 하였다. 이에 비하여 공가가 히타타레를 입을 때에는 그림 9처럼 정수리를 접지 않은 다테에보시立烏帽子를 썼다.

여성의 외출복, 즈보쇼우조쿠와 가즈키

신분이 높은 여자는 외출이나 여행을 할 때에 수레나 가마를 탔으며 땅에서도 거적을 깔고 그 위를 걸어 다녔지만, 신분이 낮은 여자는 맨땅을 걸어다녔기 때문에 하카마를 입고 그림 10처럼 우치기袿 등을 걷어올렸다. 이처럼 겉옷이 땅에 끌리지 않도록 걷어올려 접은 후 묶은 차림을 즈보쇼우조쿠つぼしょうぞく, 壺装束라고 하였다. 이는 허리 부분에 끈을 묶어 실루엣이 마치 항아리처럼 생긴 것에서 붙여진 명칭으로 추정된다. 이러한 차림은 고대부터 있었지만 특히 헤이안 후기와 가마쿠라시대에 많이 보이는데, 고소데가 주요한 옷으로 착용됨에 따라 하카마를 생략하고 고소데 위에 히토에나 우치기를 걷어올려 입었다.

즈보쇼우조쿠 차림에는 챙이 넓은 립笠인 이치메가사いちめがさ, 市女笠를 덧쓰기도 하였다. 이치메가사라는 명칭은 시장에 장을 보러 나갈 때 여자가 썼던 립이라는 의

미[19] 또는 시장에서 물건을 파는 여자가 썼던 것이라는 데에서 기원되었다.[20] 때로는 이치메가사 주위에 그림 11처럼 얇은 천을 늘어뜨리기도 하였는데, 이 천은 햇볕이나 비바람을 막고 해충을 피하며 얼굴을 가리기 위한 것으로, 다레기누たれぎぬ, 垂絹 또는 무시노타레기누むしのたれぎぬ, 虫の垂れ衣라고 하였다. 여기 '무시'는 일본어로는 벌레虫를 뜻하는 단어이므로 벌레를 막기 위한 것이라는 의미이다. 무시의 기원에 대해서는 우리나라가 '모시苧'가 전해진 것이라는 설과 일본 홋카이도北海道의 소수민족인 아이누족의 '모세蓴麻'에서 유래되었다는 설도 있다.[21] 신분이 높은 여자는 걸어서 외출하는 경우가 거의 없었기 때문에 이치메가사도 원래는 신분이 낮은 여자의 차림이었으나 헤이안 중기 이후에는 상류층의 여자도 외출할 때에 썼다.

여성이 외출 또는 여행할 때의 다른 차림으로 그림 12와 같은 가즈키かずき・かつぎ, 被衣도 있었다. 헤이안 후기와 가마쿠라시대에는 넓은 소매의 옷을 머리부터 덮어쓰는 것이 행해져서 기누가즈키きぬかずき, 衣被라고 하였으며,

10
즈보쇼우조쿠
「이시야마데라엥기에[石山寺緣起絵]」
제5권 제1단
이시야마데라 소장

11
이치메가사
「이시야마데라엥기에」 제3권
이시야마데라 소장

12
가즈키
「호넨쇼오닌교우쵸우에」 제6권 제3단
일본 지온인 소장

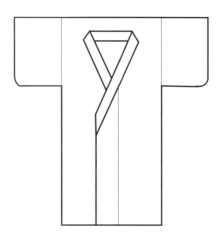

에도시대에는 고소데를 덮어쓰게 되었다.[22] 가즈키는 덮어쓰기 편리하도록 그림 13처럼 깃의 위치가 어깨선보다 앞길 쪽으로 내려와 있는 것이 특징이었다. 가즈키를 머리부터 덮어쓰고 그 끝을 머리 윗부분의 묶은 곳에 감아 착용하였다.

미 주

3부 격동의 동아시아, 유목민족과 무사복식의 부각

7장 북방 유목민족과 원의 복식

1) 호괴(胡瓌)는 당 말부터 오대 초기까지 활동한 화가로 거란족으로 전해지고 있다. 생몰년은 정확하지 않다. http://www.xuntian.net/html/minghua/liaojin/2009/0115/2125.html, 2010년 12월 23일 검색

2) 遼史 卷32 第2 營衛志中 行營의 序言에는 "春捺鉢, 夏捺鉢, 秋捺鉢, 冬捺鉢이라 하여 사계절의 사냥장소와 시기 등이 기록되어 있다.

3) 遼史 卷56 第25 儀衛志2 國服.
"太祖帝北方 太宗制中國 紫銀之鼠 羅綺之筐 麋載而至 纖麗耎氈 被土綱木 於是定衣冠之制 北班國制, 南班漢制 各從其便焉"

4) 遼史 卷55 第24 儀衛志1 輿服.
"遼國自太宗入晉之後 皇帝與南班漢官用漢服; 太后與北班契丹臣僚用國服 其漢服即五代晉之遺制也"

5) 遼史 卷56 第25 儀衛志2 漢服 皇帝柘黃袍衫.
"折上頭巾九環帶六合靴起自宇文氏 …(중략)… 幅頭亦曰折上巾紫袍牙笏金玉帶"

6) 遼史 卷56 第25 儀衛志2 國服.
"臣僚戴氈冠 金花為飾 或加珠玉翠毛 額後垂金花 織成夾帶 中貯髮一總 或紗冠 制如烏紗帽 無簷 不摀雙耳 額前綴金花 上結紫帶 末綴珠 服紫窄袍 繫鞢帶 以黃紅色條裹革為之 用金玉 水晶 靛石綴飾 謂之盤紫"

7) 華梅 저, 박성실·이수웅 역(1992). 中國服飾史. 경춘사. p.164.
李芽(2004). 中國歷代粧飾. 北京: 中國紡織出版社. p.129.

8) http://100.naver.com/100.nhn?docid=112037, 2010년 12월 23일 검색

9) 高格 著(2005). 細說中國服飾. 北京: 光明日报出版社. p.137.
黃能馥·陳娟娟(1994). 中華服飾藝術原流. 北京: 高等教育出版社版. p.287.

10) 金史 卷43 志24. 輿服中 天子袞冕.
"凡大祭祀 加尊號 受冊寶 則服袞冕, 行幸 齋戒出宮或御正殿, 則通天冠 絳紗袍"
金史 卷43 志24. 輿服中 皇太子冠服.
"遠遊冠 十八梁 金塗銀花 飾博山附蟬 紅絲組為纓 犀簪導, 朱明服 紅裳 白紗中單 方心曲領 絳紗蔽膝 白襪黑舄, 餘同袞冕. 冊寶則服之"

11) 金史 卷43 志24 輿服中 皇后冠服.
"褘衣 深青羅織成翬翟之形 素質 十二等 領襈襟並紅羅織成雲龍"

12) 金史 卷43 志24 輿服中 宗室及外戚並一品命婦服用.
"又五品以上官母 妻許披霞帔. 唯首飾 霞帔 領袖 腰際 許用明金 籠金 間金之類"

13) 大金國志 卷39 男女冠服.
"金俗好衣白辮髮垂肩與契丹異金環留顱後髮繫以色絲 富人用金珠飾 婦人辮髮盤髻亦無冠 自減遼侵宋漸有交飾婦人或裹逍遙或裹頭巾"

14) 金史 卷43 志24 輿服下 衣服通制.
"金人之常服四: 帶 巾 盤領衣 烏皮靴, 其束帶曰吐鶻"

15) 金史 卷43 志24 輿服下 衣服通制.
"其衣色多白 三品以皁 窄袖 盤領 縫腋 下為襞積 而不缺袴 其胸臆肩袖 或飾以金繡 其從春水之服則多鶻捕鵝 雜花卉之飾 其從秋山之服則以熊鹿山林為文 其長中舒 取便於騎也"

16) James C.Y. Watt · Anne E. Wardwell(1998). *When silk was gold: Central Asian and Chinese textiles*. The Metropolitan Museum of Art. p.107.

17) 周錫保(1984). 中國古代服飾史. 北京: 中國戲劇出版社. p.343.
金史 卷43 志24 輿服下 衣服通制.

18) 金史 卷43 第24 輿服下 衣服通制.
"用黑紫或皁及紺, 直領, 左衽, 按縫, 兩傍復為雙襞積, 前拂地, 後曳地尺餘. 帶色用紅黃, 前雙垂至下齊"
"婦女上衣着團衫, 直領而左衽式, 在按縫二傍作双折襇"

19) 金史 卷43 志24 輿服下 衣服通制.

　　"婦人服襜裙 …(중략)… 上衣謂之團衫 …(중략)… 用黑紫或皂及紺 …(중략)… 散綴玉鈿於上 謂之玉逍遙 此皆遼服也 金亦襲之"

20) 金史 卷43 志24 輿服下 衣服通制.

　　"許嫁之女則服綽子 製如婦人服 以紅或銀褐明金為之 對襟彩領 前齊拂地 後曳五寸餘"

21) 周錫保(1984), 앞의 책, p.312.

22) Christoper Dawson(1980), *Mission to Asia*, University of Toronto Press, p.7.

23) 周錫保(1984), 앞의 책, p.355.

24) 元史 列傳 卷124 列傳第7 鎭海子勃古思.

　　"攻河中 河南 鈞州 癸巳 攻蔡州 以功賜恩州一千戶 先是收天下童男童女及工匠 置局弘州 既而得西域織金綺紋工三百餘戶 及汴京織毛褐工三百戶 皆分隸弘州 命鎭海世掌焉"

　　James C.Y. Watt · Anne E. Wardwell(1998), 앞의 책, p.111.

25) 심연옥(1998), **중국의 역대직물**, 한림원, p.116.

26) 元史 卷78 志 第28 輿服1 儀衛附.

　　"冕服 天子冕服 袞冕 …(중략)… 皇太子冠服 袞冕 玄衣 纁裳 中單 蔽膝 玉佩 大綬 朱韈 赤舃"

27) 元史 卷78 志 第28 輿服1 冕服, 質孫.

　　"質孫 漢言一色服也 內庭大宴則服之 冬夏之服不同 然無定制 凡勳戚大臣近侍 賜則服之 下至於樂工衛士 皆有其服 精粗之制上下之別 雖不同 總謂之質孫云"

28) 道森 編, 呂浦 譯(1983), **出使蒙古記**, 北京: 中國社會科學出版社, p.60.

29) 답호(搭胡)와 답홀(搭忽) 모두 중국어로 dā hú로 발음되는 것으로 보아 몽골식 발음을 음차한 것이 보인다.

30) 元史 志 凡58卷 卷78 志 第28 輿服1 冕服, 質孫.

　　"其上並加銀鼠比肩. 俗稱曰襻子答忽"

31) 김문숙(2004a), 13~14세기 고려복식에 수용된 몽고복식에 관한 연구, **몽골학**, 17, p.42.

32) 심재기(1982), **국어어휘론**, 집문당, p.56.

　　리득춘(1996), **조선어어휘사**, 박이정, p.78.

33) 김문숙(2000), **고려시대 원간섭기 일반복식의 변천**, 서울대학교 대학원 박사학위논문, pp.48-49.

34) 김문숙(2004b), 몽골 요선오자의 구조적 특징, **한국의상디자인학회지**, 6(3), p.13.

　　변경식 · 원주변씨원천군종친회(2010), **원천군 변수 유물**, 원주변씨원천군종친회, p.179.

35) **黑韃事略**

　　"其服右袵而方領 舊以氈韔革 新以苧絲金線 色用紅紫紺綠 紋以日月龍鳳 無貴賤等差 靂嘗攷之 正如古深衣製 本只是下領 一如我朝道服領 所以謂之方領 若四方上領 則亦是漢人爲之 韃主及中書向上等人不會着 腰間密打作世摺 不記其數 若深衣止十二幅 韃人摺多耳 又用紅紫帛撚成線 橫在腰 謂之腰線 蓋馬上腰圍緊束突出 朵韞好看"

36) 김문숙(2004b), 앞의 글, p.14.

37) 元史 卷78 志 第28 輿服1

　　"辮線襖, 制如窄袖衫, 腰作辮線細摺"

38) 데 바이에르 저, 박원길 역(1994), **몽골석인상의 연구**, 도서출판 혜안, p.62.

39) 道森 編, 呂浦 譯(1983), 앞의 책, p.8.

40) **南村輟耕錄** 卷11, 賢孝.

　　"國朝婦女禮服 韃靼曰袍 漢人曰團衫 南人曰大衣 無貴賤皆如之 服章但有金素之別耳 有處子則不得衣焉"

41) 元史 卷114 列傳 第1 后妃一 世祖后察必

42) 道森 編, 呂浦 譯(1983), 앞의 책, p.8.

43) **黑韃事略**

　　"其冠被髮而椎髻 冬帽而夏笠 婦頂故姑 靂見故姑之製 用畫木爲骨 包以紅絹金帛 頂之上 用四五尺長柳枝 或銀打成枝 包以靑氈 其向上人 則用我朝翠花或五彩帛飾之 令其飛動 以下人則用野鷄毛 婦女美色 用狼糞塗面"

44) **長春眞人西遊記** 卷上7

　　"婦人冠以樺皮 高二尺許 往往以皁褐籠之 富者以紅綃 基末如鵝鴨 名曰姑姑"

45) 박원길(1999), **몽골의 문화와 자연지리**, 두솔, p.88.

46) 김지연(2008). **朝鮮時代 女性禮冠에 관한 研究**. 이화여자대학교 대학원 박사학위논문. pp.94-100.
　　김문숙(2004a). 앞의 글. pp.237-238.

8장 고려 후기의 복식

1) **고려사(高麗史)** 세가(世家) 제25 원종 1. 八月
　　"壬子 永安公僖奮詔三道還自蒙古 翊日王邀束里大康和尚等迎詔 …(중략)… 一曰 衣冠從本國之俗皆不改易.

2) **元史** 卷78 志 第28 輿服— 冕服 百官公服.
　　"公服 制以羅 大袖 盤領 俱右衽. 一品 紫 …(중략)… 八品九品綠羅 無文九品綠羅無文 幞頭 漆紗為之 展其角 笏制以牙 上圓下方. 或以銀杏木為之 …(하략)…."

3) 박제가(1750〜1805). 북학의(北學議) 여복조(女服條).
　　이규경(1788〜1856). 오주연문장전산고(五洲衍文長箋散稿).

4) 이덕무(1741〜1793). 청장관전서(青莊館全書) 사소절(士小節)

5) 김지연(2008). **朝鮮時代 女性 禮冠에 관한 研究**. 이화여자대학교 대학원 박사학위논문. pp. 94-100.

6) 庚申外史 卷下
　　"師達官貴人必得高麗女 然後為名家 高麗婉媚 善事人 至則多奪寵 自至正以來 宮中合事使令 大半為高麗女 四方衣服鞋帽器物 皆依高麗樣. 張昱"
　　宮中詞
　　"療金元宮詞, 宮衣新尚高麗樣 方領過腰半臂裁"

7) 趙在三 原著, 林基中 編著(1987). **松南雜識 衣食類**. 동서문화원. p.2065.
　　"백저포는 고려의 방언으로 모시(毛施)라 불렸다."

8) **고려사(高麗史)** 세가(世家) 제28 충렬왕 1.
　　"己巳 以便服皀鞹幸本闕更備袍笏受詔于康安殿其詔曰"

9) **고려사(高麗史)** 세가(世家) 제28 충렬왕 1.
　　"王受詔畢謁景靈殿還御康安殿服黃袍卽位受"
　　고려사(高麗史) 세가(世家) 제32 충렬왕 5.
　　"丙申 燃燈王如奉恩寺 是日以塔察兒王約言 朝廷未有明禁 復用黃袍黃傘"
　　고려사(高麗史) 세가(世家) 제28 충선왕 1.
　　"乙卯 王率百官詣德慈宮奉牋上尊號曰太上王 王衣紫袍太上王衣黃袍受賀時稱三韓罕有之盛事"

10) **고려사(高麗史)** 세가(世家) 제31 충렬왕 4.
　　"六月 壬子 王至上都謁帝于梭殿仍獻方物帝大設只孫宴 只孫華言顏色赴會者衣冠皆一色帝命王侍宴王於諸王駙馬坐次第四寵眷殊異"

11) **고려사(高麗史)** 세가(世家) 제33 충선왕 1.
　　"二月 戊午 朔王始署征東省事宰樞及行省左右司官吏謁見用元朝禮"

12) **고려사(高麗史)** 제72권 지(志) 제26 여복(輿服) 관복(冠服)
　　"恭愍王六年 閏九月 …(중략)… 若風俗順土則昌逆土則灾風俗者君臣百姓衣服冠盖是也 今後文武百官黑衣青笠僧服黑巾大冠女服黑羅以順土風 從之 十六年 七月 敎曰 …(중략)… 今後諸君宰樞代言判書上大護軍判禮門三司左右尹知通禮門黑笠白玉頂子三親從諸摠郎三司副使八備身前陪後殿護軍黑笠靑玉頂子諸正佐郎黑笠水精頂子省臺成均典校知製教員及外方各官員黑笠隨品頂子縣令監務黑笠無臺水精頂子 …(후략)…."

13) 유희경 · 김문자(1998). 한국복식문화사. 교문사. p.121, pp.137-138.

14) **고려사(高麗史)** 제72권 지(志) 제26 여복(輿服) 관복(冠服) 視朝之服
　　"恭愍王六年五月 太祖高皇帝賜遠遊冠七梁加金博山附蟬七首上施珠翠犀簪導 絳紗袍紅裳白紗中單黑領靑緣袖襴襈紗蔽膝白假帶方心曲領紅革帶金鉤䚢白襪黑舃 受群臣朝賀服之"

15) **고려사(高麗史)** 공민왕 19년 5월.
　　"太祖高皇帝賜群臣陪祭冠服比中朝臣下九等遞降二等王國七等通服"

16) **고려사(高麗史)** 공민왕 21년 11월.
　　"敎 象笏紅鞹皀鞹綃羅朝服皆非本國之產今後侍臣外東西班五品以下用木笏角帶紬紵朝服"

17) **고려사(高麗史)** 제72권 지(志) 제26 여복(輿服) 十三年 六月.

"始革胡服依大明制 自一品至九品皆服紗帽團領其品帶有差 一品重大匡以上銀花金帶二品兩府以上素金帶自開城尹及三品大司憲至常侍銀花銀帶判事至四品素銀帶五六品至七品門下錄事注書密直堂後三司都事藝文春秋館典校寺成均館八九品外方縣令監務角帶"

18) 서긍(徐兢). **고려도경(高麗圖經)** 권29 공장(供張) 2 紵衣.

"紵衣卽中單也 夷俗不用純領 自王至于民庶無男女悉服之"

19) 서긍(徐兢). **고려도경(高麗圖經)** 권22 잡속(雜俗) 2 한탁(澣濯).

20) 심재기(1982). **국어어휘론**. 집문당. p.55.

리득춘(1996). **조선어어휘사**. 박이정. p.78.

이은주(1988). 철릭의 명칭에 관한 연구. **한국의류학회지**, 12-13. p.368.

21) 왕기(王圻). **삼재도회(三才圖會)** 2卷, 人物十二卷, 高麗國.

22) 세조실록 19권 6년(1460, 庚辰) 3월 2일(己卯) 첫 번째 기사.

"대홍 면주 남요선 겹철릭(大紅綿紬藍腰線裌帖衰)"

세조실록 19권 6년(1460, 庚辰) 3월 10일(丁亥) 네 번째 기사.

"대홍라 요선철릭(大紅羅腰線帖裏), 아청라 요선철릭(雅靑羅腰線帖裏)"

23) 수덕사 근역성보관(2004). **한국의 불복장: 지심귀명례**. p.79.

24) 최은수(2003). 변수(邊脩: 1447~1524)묘 출토 요선철릭에 관한 연구. **복식**, 53(4). p.174.

25) 수덕사 근역성보관(2004). 앞의 책. p.35.

26) 1319(충숙왕 6)년 이제현이 왕과 함께 원나라에 갔을 때 당시 최고의 화가인 진감여(陣鑑如)가 그린 그림으로 안향의 반신상과 함께 현재 남아 있는 고려시대 초상화의 원본 2점 가운데 하나이다.

27) 徐兢 著, 趙東元 譯(2005). **고려도경: 중국 송나라 사신의 눈에 비친 고려 풍경**. 황소자리. pp.257-258.

"製文綾寬袴 裏以生綃 欲基褒裕 不使箸體"

28) 유희경 · 김문자(1998). 앞의 책. p.168.

29) **고려사(高麗史)** 제89권 열전 제2 후비 2 제국 대장공주

"그 중은 화관(花冠)을 쓰고 손에는 화살 한 대를 잡았으며 검은 천을 화살 끝에 매고 주위를 돌면서 날뛰었다."

30) **고려사(高麗史)** 제89권 열전 2 后妃 2.

"淑昌院妃金氏 元皇太后遣使賜妃姑姑 姑姑蒙古婦人冠名時王有寵於皇太后故請之妃戴姑姑宴元使宰樞以下用幣賀妃. 順妃許氏, 後元遣使賜妃姑姑百僚宴妃弟用幣以賀"

31) **長春眞人西遊記** 卷上7.

"婦人冠以樺皮 高二尺許 往往以皁褐籠之 富者以紅綃 基末如鵝鴨 名曰姑姑"

32) 김지연(2007). 앞의 글. p.98.

9장 가마쿠라, 무로마치 전기의 복식

1) 가마쿠라시대의 시작 시점에 대해서는 여러 가지 학설이 있다. 미나모토 요리토모가 쇼군에 임명되었던 1192년 외에도 타이라씨를 타도하기 위하여 거병한 1180년, 조정으로부터 하사 받은 교지로 도카이도도산도의 지배권을 인정받은 1183년, 미나모토 요시쓰네 축출을 명목으로 공유지를 관리하기 위해 파견한 관직이었던 지토의 설치권을 획득한 1185년, 우근위대장에 임명된 1190년 등이 있다.

2) 日野西資孝 編(1968). 앞의 책. p.55.

3) 鷹司綸子(1983). **服裝文化史**. 東京: 朝倉書店. p.44.

河鰭實英 · 井上章(1979). 앞의 책. p.64.

4) 鷹司綸子(1983). 앞의 책. p.42.

5) 日野西資孝 編(1968). 앞의 책. p.55.

6) 위의 책. p.66.

7) 河鰭實英 · 井上章(1979). 앞의 책. p.63.

8) 日野西資孝 編(1968). 앞의 책. p.67.

9) 河鰭實英 編(1973). 앞의 책. p.242.

10) 井筒雅風 著, 李子淵 譯(2004). 앞의 책. p.72.

11) 小池三枝 · 野口ひろみ · 吉村佳子(2000). 앞의 책. p.47.

12) 河鰭實英 · 井上章(1979). 앞의 책. p.63.

13) 小池三枝 · 野口ひろみ · 吉村佳子(2000). 앞의 책. p.47.

14) 위의 책. p.55.

15) 河鰭実英 編(1973). 앞의 책. p.141.

16) 小池三枝 · 野口ひろみ · 吉村佳子(2000). 앞의 책. pp.56-57.

17) Norio Yamanaka(1982). *The Book of Kimono*. Tokyo: Kodansha Internationa. p.35.

18) 河鰭實英 編(1973). 앞의 책. p.199.

19) 文化出版局 編(1979). **服飾事典**. 東京: 文化出版局. p.50.

20) 東京出版同志會(1908). **類聚近世風俗志: 守貞漫稿**, 26. 東京: 東京出版同志會. p.375.

21) 守屋磐村(1979). 覆面考料. 東京: 原流社. p.42.

22) 河鰭實英 編(1973). 앞의 책. p.49.

4부

동아시아
국가질서의
형성과
예복제도

한족왕조의 재건과 화이사상華夷思想의 팽배

14세기 중엽, 원의 국력이 쇠약해진 틈을 타 홍건적의 수장이었던 주원장朱元璋, 1328~1398은 난징南京을 거점으로 세력을 확장하여, 1368년에 명1368~1644의 초대황제 자리에 올랐다. 명을 건국한 홍무제洪武帝, 재위 1368~1398는 몽골 계통의 성씨胡姓와 몽골어胡語의 사용을 금지하고 한족 고유의 풍습과 제도를 회복하고자 노력하였다. 이는 이민족이 건국한 원의 영향력을 물리치고 한족의 가치관과 유교적 질서체계를 표면화시켜 한족 부흥의 가시적 효과를 추구한 것이었다.

명대는 송대 이후 형성된 군주독재체제가 더욱 강력하게 발현된 시대였다. 홍무제가 택한 정치이념은 주자학의 명분론과 유교사상에 입각하여 군신君臣 간의 상하관계와 황제의 권한을 강화하며, 더 나아가 국가 간에도 중국을 중심으로 군신의 관계를 성립하여 중화적인 질서를 유지하는 것이었다.[1]

무력으로 황제의 자리에 오른 영락제永樂帝, 재위 1402~1424는 자신의 황위 계승을 정당화하기 위하여 유교서적 편찬과 과거제도의 채택 및 교육기관 설립 등 일련의 정책을 통하여 한족문화의 부흥과 유학儒學의 진흥을 위하여 노력하였다. 대외적으로는 국경지역을 넘보던 원의 잔존세력을 완전히 몰아냈으며 그 외에도 수차례에 걸친 몽골 원정과 요동정벌 등으로 그 세력을 넓혔다. 또한 환관 정화鄭和, 1371~1433로 하여금 동남아시아와 서남아시아를 거쳐 아프리카 케냐 해안에 이르는 대원정을 감행토록 하여 명나라의 세력을 과시하고 다수의 나라로부터 조공을 받는 관계를 맺었다.

영락제가 중화적인 세계관 확립을 위하여 대함대를 파견한 15세기경의 유럽 역시, 르네상스의 신기술과 사상을 바탕으로 대규모의 항해 및 신대륙의 발견이 이뤄졌던 변혁의 시대였다. 유럽에서는 1498년 바스코 다가마Vasco da Gama, 1469~1524가 인도항로를 개척하면서 대항해 시대[2]가 시작되었고, 이를 계기로 바다 길을 통한 동서양의 교류가 본격화되었다.

조선의 역성혁명과 성리학적 가치관의 수립

14세기 후반의 고려 왕조는 기존의 권문세족과 이들에 대항하는 신진 사대부의 등장으로 내적 갈등이 심하였으며, 외적으로도 중국 왕조 교체와 일본의 막부 교체를 틈타 홍건적과 왜구의 침입이 끊이지 않았던 혼란의 시기였다. 이러한 혼란을 틈타 이성계는 여진족과 홍건적紅巾賊, 왜구 등을 물리치며 중앙정계로 진출하였다.

친명정책을 펼쳤던 공민왕恭愍王, 재위 1351~1374 사후, 고려의 외교정책이 친원親元으로 전환되면서 고려와 명나라의 관계는 악화되었다. 결국 명은 철령 이북의 영토 반환을 요구하였고, 이에 맞서 고려 왕실은 이성계를 장수로 앞세워 요동정벌군을 파병하였다. 그러나 요동정벌에 반대하였던 이성계는 1388년, 압록강 하류의 위화도威化島에서 회군을 단행하였다. 이후 신진 사대부와 손을 잡고 정치권을 장악한 이성계는 1392년에는 스스로 새 왕조의 태조가 되었다. 즉위한 이듬해 국호를 조선朝鮮으로 정하였고, 1394년태조 3에는 도읍을 한양으로 옮겨 새 왕조의 기틀을 마련하였다.

조선 왕조의 건국이념은 유교정치의 실현에 있었다. 외교적으로는 사대교린주의事大交隣主義를 채

택한 조선은 명에 대해서는 종주국이라는 명분을 살려주면서 사신의 왕래를 통하여 경제적·문화적 실리를 취하였고, 아울러 새 왕조의 국제적 지위를 확보하였다. 반면에 일본과 여진에 대해서는 교린정책을 내세워 우호적인 관계와 무력을 통한 제재를 병행하면서 평화유지를 꾀하였다.

승리지상주의의 전국시대와 일본의 통일

1497년 5월, 무로마치 막부의 계승권을 놓고 다툰 '오닌의 난応仁の亂, 1467~1477'은 일본사회를 전환시키는 출발점이 되었다. 내란의 발발로 천황의 권위는 실추되었고 공가세력도 몰락하였으며, 무로마치 막부의 영향력도 쇠약해져 쇼군의 영향력이 미치는 지역은 교토 일부에 불과하였다. 이러한 경향은 오닌의 난이 평정된 후에도 계속되었고, 영지의 확대와 세력증대를 목적으로 한 지방 영주들 간의 싸움은 이후에도 백여 년이 넘게 지속되었다. 이처럼 막부의 존재가 유명무실해지고 정치·사회적 변동이 계속되었던 시기를 센고쿠지다이せんごくじだい, 즉 전국시대戰國時代, 15C 중반~17C 초라 한다. 전쟁에서 이겨야만 살아남는 전국시대에 막부나 천황과 같은 상징적인 존재는 더 이상 의미가 없었다. 이 시기에는 중앙의 지배세력이나 세습적인 권력과는 상관없이 무력으로 영토를 확보하고 그 안에서 왕에 맞먹는 막강한 권력을 지닌 지방영주 즉, 센고쿠다이묘戰國大名가 출현하였다.

일본의 전국시대에 대한 구분은 학자마다 의견이 다르다. 전국시대의 시작은 오닌의 난으로 대개 일치하지만 그 끝은 오다 노부나가織田信長에 의해 무로마치 막부가 멸망한 1568년까지로 보는가 하면, 오다 노부나가와 도요토미 히데요시豊臣秀吉 두 사람이 활동한 아즈치모모야마安土桃山, 1573~1603 시대를 포함하기도 한다.

전국시대의 혼란을 정리하고 등장한 아즈치모모야마시대는 비록 그 기간은 짧으나 정치·사회·경제의 모든 면에서 근세적 봉건체제가 정비되고 일본 통일의 기초가 마련된 시기였다. 이후 일본 통치제도의 근간이 되는 막번幕藩체제의 기초가 형성되었으며, 문화적으로나 복식사적으로도 하나의 획을 그은 시기였다.

---

1 金漢植(1981), 明代 中國人의 對韓半島 認識, 東洋文化研究, 8, p.18.
2 대항해 시대(大航海時代)는 15세기 초부터 17세기 초까지 유럽 각국들이 항해를 통하여 탐험 및 발견을 했던 시대를 가리킨다. 그 과정에서 유럽인들은 자신들이 알지 못했던 아메리카 대륙과 같은 지리적 발견을 달성했다. 그러나 그전에 동양에서는 정화의 대항해를 비롯한 해상 무역이 이루어지고 있었기 때문에 철저하게 유럽인의 관점에서만 바라본 편협한 용어라는 비판도 존재한다.

10장

명의 복식

복식제도의 정비와 일반복식의 다양화

명은 황제권 강화를 위하여 다양한 정책을 실행하였는데, 그중에서도 복식제도의 강화는 역대 왕조 중에서도 두드러진 특징이었다. 명을 건국한 홍무제는 기존의 북방 유목민족적인 풍습을 모두 없애고 한족漢族의 제도와 문물을 회복하고자 노력하였다. 이는 복식에서도 예외가 없어 "의관을 모두 당대의 제도와 같이 하라."[1]는 조칙을 내릴 정도였다. 국초부터 강력히 추진된 복식정책은 개국 초에 이미 제도의 기틀이 마련되어, 제3대인 영락제永樂帝, 재위 1402~1424 시대에 거의 완성되었고 이후에는 약간의 개정과 보충만이 있을 뿐이었다. 그러나 이미 오래전인 한漢과 당唐의 복식으로 되돌아간다는 것은 사실상 불가능한 일이었으며, 바로 전 시대였던 원의 영향에서 완전히 자유로울 수 없었다. 한 예로 원에서 즐겨 입던 요선오자나 텔릭과 같은 포들은 명에서도 하급 관리의 관복이나 황제 및 귀족의 평상복 등으로 광범위하게 착용되었다.

명은 질서 있고 규범적인 사회체제를 굳건히 하기 위하여 신분에 따른 관모와 복식을 엄격히 규제하였다. 그러나 이러한 규제 속에서도 일반인들은 태평太平이나 길상吉祥, 축복祝福 등을 핑계로 동식물이나 문자 등에 상징적인 의미를 부여하고 이를 도안화하여 아름답게 꾸미는 것을 좋아하였다. 대표적인 길상무늬로는 선비의 절개와 지조를 상징한 소나무松, 대나무竹, 매화梅의 세한삼우歲寒三友와 장수를 상징하였던 소나무 위에 앉은 학, 부부해로를 상징한 원앙, 씨가 많다는 특징 때문에 자손번창을 뜻하였던 석류, 부귀를 상징하는 봉황과 모란牧丹 등이 있었다. 발톱이 다섯 개있는 용무늬는 황실의 상징으로 일반인은 사용할 수 없었으나, 발톱이 네 개나 세개 있는 것을 이무기蟒나 비어飛魚라 부르며 옷과 장신구에 즐겨 사용하였다.

명대 중엽 이후에는 강남지역을 중심으로 잠업蠶業과 제직기술이 발달하여 의복소재가 다양해졌으며, 특히 원대 이후 보급되기 시작한 면화棉花의 생산지가 화북지방까지 확대되면서 서민들의 의생활이 크게 향상되었다.

상의하상을 기본으로 한 제복과 조복

관리의 예복에는 제복祭服·조복朝服·공복公服·상복常服의 제도가 있었다. 이 중에서 제복과 조복은 중국 고대부터 전해 온 상의하상上衣下裳의 제도에서 유래한 것이며 공복과 상복은 당대에 중국화된 단령에서 발전된 것이었다.

과거 송나라의 경우, 황제부터 품계가 낮은 관리까지 모두 면관과 장문이 사용된 현의玄衣를 제복으로 사용하였다. 단지 품계에 따라 면관에 사용되는 류旒의 숫자와 옷에 사용되는 장문章紋의 종류와 숫자가 달라져, 황제의 십이면류관十二冕旒冠과 십이장복十二章服부터 류와 장문이 없는 현면玄冕에 이르기까지 다양한 곤면 제도가 있었다.[2]

명대의 제복은 송대와는 달리 황제와 황태자, 그리고 친왕,[3] 친왕세자, 군왕[4] 등의 황실과 종친들만이 면관과 장문을 사용할 수 있었고, 문무백관의 제관祭冠은 면관 대신에 양관으로 개정되었으며 장문章紋도 사용할 수 없었다.

그림 1은 만력제萬曆帝, 재위 1573~1620의 능묘인 딩링定陵에서 출토된 황제의 면관을 복원한 것이다. 면관의 재질은 오동나무이며 윗면은 무늬 없는 검정비단을, 아랫면은 홍색비단을 발랐다. 면관을 받친 모체의 기본 틀은 실처럼 가늘게 쪼갠 대나무를 육각형으로 엮은 다음 검게 옻칠을 한 후에, 안쪽에는 홍색비단을 받치고 그 위로 다시 얇은 검정색 비단 세 겹을 덧발라 만든 것이다.

01
만력황제 면관
딩링[定陵]박물관 소장 복원품

표 1 명대의 제복제도

구분	관모	의	상	폐슬	중단	대대	후수	혁대	패옥	버선 [말]	신발 [석/리]
황제	12류 면관	현색(玄色) 8장문	훈색(纁色) 4장문	훈색(纁色) 4장문	백라(白羅) + 청선[青緣] 불문(黻紋) 13개	백표주리(白表朱裏) 상홍하록(上紅下綠)	6채(彩)	옥혁대(玉革帶)	백옥(白玉)	적색(赤色)	적석(赤舃)
황태자 친왕	9류 면관	현색 5장문			소사(素紗) + 청선[青緣] 불문 11개		4채(彩)	금구(金鉤)			
왕세자	8류 면관	현색 3장문			소사 + 청선 불문 9개						
군왕	7류 면관		훈색 2장문		소사 + 청선 불문 7개						
1품	7양관	청색	적라(赤羅) + 검정선	적라	백사(白紗) + 청선	적백(赤白)	4색 운봉(雲鳳)	옥(玉)	옥(玉)	백색(白色)	흑리(黑履)
2품	6양관							서(犀)			
3품	5양관						4색 운학(雲鶴)	금(金)			
4품	4양관								약옥(藥玉)		
5품	3양관						3색 반조(盤鵰)	은삽화(銀插花)			
6~7품	2양관						3색 연작(鍊鵲)	은(銀)			
8~9품	1양관						2색 계칙(鸂鶒)	오각(烏角)			
비고	① 백관의 홀은 1품에서 5품은 상아홀을 사용한다. 6품에서 9품은 목홀을 사용하고 방심곡령(方心曲領)은 제거한다. ② 황제의 상(裳)은 홍무제 시대에는 황색(黃色)이었으나 영락 3년에 훈색(纁色)으로 개정되었다.										

주) 영락 3(1405)년 개정안을 기준으로

표 1은 『명사明史』 여복지與服志와 『대명회전大明會典』에 기록된 제복의 제도이다. 표 1에 의하면 황실이나 종친의 제복에는 면류관과 장문을 사용하였고, 신분에 따라 면관의 류旒의 개수와 사용되는 옥의 종류, 색상을 달리하였음을 알 수 있다. 또한 옷에 사용되는 장문의 종류와 숫자 역시 차등을 주었다. 반면에 백관의 제복에는 장문을 사용하지 않았으며 관모로는 양관을 사용하였다. 그 구성은 황제의 제복과 유사하여 양관과 의衣·상裳·폐슬蔽膝·중단中單·패옥佩玉·대대大帶·혁대革帶·후수後綬·말襪·리履로 구성된다. 관리의 제복은 양관에 사용된 양梁의 숫자와 패옥·혁대·후수 등의 소재와 문양을 달리하여 품계를 표시하였다. 의衣의 색으로는 황실은 현색을 관리는 청색을 사용하였고, 하의에 해당하는 상裳과 폐슬의 경우 황실은 훈색纁色을 문무백관은 적색赤色을 사용하였다. 여기에서 현玄은 하늘, 또는 천지만물의 근원인 우주를 상징한다. 반면에 훈纁은 인간

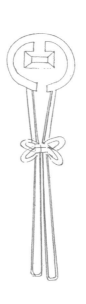

02
명대 능신도(陵神道)의 문관상(文官像)
베이징[北京] 근교 창핑현[昌平縣] 소재

03
『삼재도회』에 수록된 명대의 방심곡령

이 살고 있는 대지, 땅을 의미한다. 즉, 현훈은 실질적인 색상이라기보다는 천지만물의 근원인 음陰과 양陽을 상징하는 관념적 색이었다.

과거 전통사회에서 천연 염색법으로 표준화된 색을 만든다는 것은 쉬운 일이 아니었기에 현색과 청색, 훈색과 적색과 같은 유사색의 경계가 명확하지 않았으며 사실상 현색과 청색, 훈색과 적색은 혼용되기도 하였다.[5] 따라서 현훈玄纁이라는 '상징적 개념'은 '가시적인 색상'인 청색과 적색으로 대치되기도 하였다.[6] 이는 혼례 시에 사용되는 예단도 '현훈'이라 부르지만 사실상은 청색과 홍색의 비단을 사용하는 것과 같은 경우이다. 즉, 황제 제복과 관리 제복의 색 구성은 기본적으로 같다고 볼 수 있다.

제복에는 그림 2의 명대 능신도陵神道의 문관상文官像에 나타난 것처럼 방심곡령方心曲領을 착용하였다. 그러나 『수서隋書』와[7] 『당서唐書』,[8] 『송사宋史』[9]에 의하면 방심곡령은 황제 통천관이나 황태자 원유관과 함께 기록되어 있다. 즉, 방심곡령은 전 시대에는 조복의 부속으로 사용되던 것이었으나 명대에는 제복의 부속으로 개정되었다. 명대 왕기王圻, 1530~1615가 저술한 그림 3의 『삼재도회三才圖會』에 의하면 방심곡령은 백라白羅로 둥글게 만들며 가슴에 닿는 부분에는 직사각형을 덧달은 형태이다. 왼쪽에는 녹색左綠, 오른쪽에는 홍색右紅의 끈을 달아 나비매듭을 짓고 아래로 늘어뜨린다.

제복과 비슷하게 상의하상·폐슬·중단 등을 기본구성으로 하는 또 다른 예복으로 조복朝服이 있었다. 제복과 조복의 제도를 비교하면 기본적인 구성은 같으나 옷의 색상이 다른 것이 가장 큰 차이점이다. 제복은 현의훈상, 즉 위는 검고 아래는 붉은색을 사용하지만, 조복은 위아래 복식을 모두 붉은색으로 만들었다. 황실과 종친의 조복도 문무백관과 마찬가지로 상의하상·폐슬을 모두 붉은색으로 만들며, 장문은 사용하지 않았다.

조복의 중단은 신분에 따른 차이가 있어 황실과 종친은 흰색 바탕에 붉은 선을 두르고 불문黻紋을 새겼다. 반면에 관리의 중단은 조복과 마찬가지로 흰색 바탕에 청색 선을 둘렀으며 불문은 사용하지 않았다. 그 외의 대대·후수·혁대·패옥 그리고 버선襪과 신발舄 또는 履[10]은 표 1과 동일하였다.

명대 이전에는 황제의 조복은 통천관과 강사포로 구성되었다.[11] 그런데 명대에는 행사의 성격에 따라 통천관을 쓰는 경우와 피변을 쓰는 경우로 세분화된 것이 특징이었다. 예를 들어, 통천관은 황제가 천지와 조상에게 제사를 지낼 때와 황태자나 왕자의 관례나 혼례 시의 관모로 사용되었고,[12] 피변皮弁은 그믐이나 대보름 같은 중요한 기념일에 조회를 볼 때와 신하들이 황제에게 표문을 올릴 때 황제의 관모로 사용되었다.[13]

『후한서後漢書』에 의하면 피변은 마치 술잔을 뒤집은 것 같은 모양으로 앞은 높고 넓으며 뒤는 낮은 형태라고 한다.[14] 또한 피변은 『주례周禮』에서 확인되듯이 고대의 제도인데, 정현鄭玄, 127~200의 해석에 의하면 몸통을 바느질하여 12줄을 만들고 여기에 오색 구슬을 찬란하게 꿰어 장식한 것이라고 한다.[15] 그림 4는 만력제의 피변 유물이다.

반면에 통천관은 앞뒤로 세로 골이 있는 것은 피변과 마찬가지였으나 구슬장식에 대한 언급은 없었으며, 대신에 12개의 매미와 금박산金博山이 장식된 형태였다. 『삼재도회』에 수록된 그림 5에서도 통천관의 중앙에 장식된 금박산을 확인할 수 있다.

피변과 통천관은 모두 세로 줄이 있다는 공통점이 있었다. 또한 고대의 피변은 가죽으로 만든 것이었으나, 명대에는 검정색 사紗로 만들었기에[16] 그 외관은 더

| 04 | 05 |
| | 06 |

04
딩링[定陵] 출토 피변 재현품
딩링박물관 소장

05
『삼재도회』에 수록된 통천관의 형태

06
백관의 오량관
공자박물관 소장 전세품

욱 양관이나 원유관과 비슷하였다. 고대부터 조복의 관모로는 통천관이나 원유관 같은 양관 종류가 사용되었다는 점과 피변의 외형이 점차 양관과 유사해지면서 피변과 통천관의 혼용이 시작된 것으로 보인다. 점차 12줄이 있는 황제의 피변은 통천관으로, 9줄이 있는 피변은 원유관으로 불리게 되었다. 조선에서도 금박산金箔山의 유무와 상관없이 12줄의 양이 있고 오색 구슬을 12개씩 꿰어 장식한 것은 통천관, 9줄의 양이 있고 오색 구슬을 9개씩 꿰어 장식한 것은 원유관이라 하였다.

문무백관의 경우, 제복과 조복 모두 양관을 착용하였으며, 양의 숫자를 달리하여 품계를 표시하였다. 그림 1의 석상에서는 양이 7개 있는 1품관의 7양관을 확인할 수 있으며 그림 6은 산둥성山東省 취푸曲阜의 공자박물관에 소장된 명대의 오량관이다.

관복으로 사용된 둥근 깃의 포

명대의 공복과 상복의 제도는 당나라에서는 원령포삼圓領袍衫, 송나라의 곡령대수曲領大袖로 불렸던 관리들의 예복에서 비롯된 것이었다. 명대에는 둥근 깃의 포를 원령圓領, 圓領衣, 반령盤領衫, 盤領窄袖袍, 盤領窄袖衫, 盤領衣, 단령團領, 團領衫 등으로 다양하게 불렀다. 이 중에서 단령이라는 용어는 명대에 등장한 것이었으나 점차 관리가 입는 둥근 깃의 포를 대표하는 명칭으로 사용되었다.

『삼재도회三才圖會』에는 공복과 상복으로 사용된 둥근 깃의 포가 수록되어 있다.

07 08

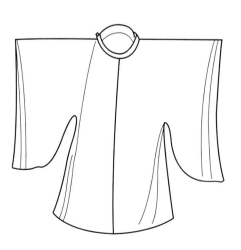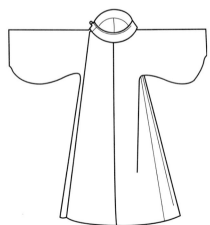

07
『삼재도회』의 공복(公服) 도식화

08
『삼재도회』의 상복 반령의(盤領衣) 도식화

공복은 그림 7처럼 소매통이 넓으며 소맷부리가 막힌 곳 없이 트였다.[17] 반면에 그림 8의 상복은 공복에 비해 소매가 좁으며 소맷부리로 갈수록 소매통이 좁아지는 형태이며 그 옆에 '반령의盤領衣'라고 쓰여 있다. 반면에 『명사』에는 공복은 '반령삼盤領衫'으로, 상복은 '단령의團領衣'로 기록되어 있다. 같은 상복제도를 『삼재도회』에서는 반령의로, 『명사』에는 단령의로 병용한 것으로 보아 명대에도 단령, 반령, 원령의 형태상 차이는 명확하지 않았던 것 같다.

그러나 그림 7, 8에서 확인되듯이 동일한 『삼재도회』 내에서도 공복과 상복의 소매는 명확히 다르게 표현되고 있다. 또한 동일한 상복으로 추정되는 단령도 명대에 간행된 『중동궁관복中東宮官服』에 수록된 그림 9의 단령과 1516년정덕 11에 매장된 서보徐俌 묘에서 출토된 그림 10의 단령처럼 무의 모양이 다른 경우도 확인되고 있어, 향후 포의 명칭과 형태상의 특징 및 시대에 따른 변화 등에 대하여 상세한 연구가 필요하다.

『명사』에 의하면 공복의 포는 소매통의 너비가 석 자尺에 이르며 소맷부리가 막힌 데 없이 그대로 열린 형태이다. 여기서 문제가 되는 것은 한 자尺의 길이이다. 과거에는 요즘처럼 도량형이 통일되지 않아서 용도에 따라 혹은 시대에 따라 기준 치수가 달랐다. 원래 자는 한자로는 '척尺'이라고 하며 이는 손을 펼쳐서 물건을 재는 모습에서 유래한 상형문자象形文字이다. 고대에는 남자가 손을 폈을

09
『中東宮官服』에 수록된 둥근 용보가 달린 상복포(常服袍)

10
정덕(正德, 1491~1521) 연간의 단령
난징[南京]박물관 소장

때의 엄지 끝에서 중지 끝까지의 길이는 약 19~20cm 정도였던 것으로 추정되며 이것을 주척周尺이라고 하였다.[18] 송대의 포백척은 주척의 1자尺 3치寸 5분分으로 약 31cm 정도였다.[19] 북송시대에 일반적으로 사용하던 포백척을 기준으로 본다면 공복의 소매너비는 약 93cm 정도이므로 소맷부리와 너비가 매우 넓은 형태임을 알 수 있다.

공복은 품계에 따라 복색이 달라져서 1~4품은 비색緋色, 5~7품은 청색, 8~9품과 관직이 없거나 사무事務를 담당擔當하지 않는 잡직雜織 종사자는 녹색을 입었다.[20] 관모는 칠을 하여 빳빳하게 만든 칠사복두를 쓰고 홀을 드는 것이 특징이며 복색이나 직물의 종류, 대帶에 사용되는 재료를 달리하여 품계를 나타냈다. 그림 11은 공자박물관에서 소장하고 있는 명대의 복두이다.

명대의 초상에는 그림 12처럼 복두에 용무늬가 새겨진 단령을 입은 모습을 확인할 수 있는데, 이는 공복이면서 동시에 망의蟒衣를 입은 모습이기도 하다. 명대에는 용무늬가 새겨진 관복을 특별히 망의蟒衣, 비어복飛魚服 또는 두우복斗牛服이라고도 불렀다. 명나라에는 황제가 큰 공을 세운 관리들에게 망의를 선물하는 관습이 있었는데, 그림 12의 단령도 황제에게 하사받은 것일 가능성이 높다. 가정嘉靖, 1521~1567 연간에 재상의 자리에 올랐으나 죄를 지어 죽임을 당한 간신 엄숭嚴嵩, 1480~1566의 압수된 재산을 기록한 『천수빙산록天水氷山錄』에서도 대홍직금망단원령大紅織金蟒段圓領을 비롯하여, 대홍장화망단원령大紅粧花蟒段圓領, 청직금장화망룡원령靑織金粧花蟒龍圓領 등이 확인된다.[21]

상복常服으로는 둥근 깃이 달린 포에 사모를 쓰고 대를 둘렀는데, 가장 큰 특징은
가슴과 등에 달린 보자補子였다. 우리나라에서는 왕실에서 사용되는 둥근 것은 보補,
문무백관의 상복에 사용되는 네모난 것은 흉배라고 하였다. 반면에 중국에서는 이
모든 것을 보자 또는 보補라 하였다.[22]

이처럼 보자를 달아 품계를 나타내는 제도는 당대 여황제였던 무측천이 실시한 수포繡袍에서 유래한 것이다. 명에는 1391년홍무 24에 관복을 정비하면서 문관의 상복에는 날짐승을, 무관의 상복에는 길짐승을 수놓도록 하면서 보자의 제도가 시작

표 2 문관 및 잡직의 보자 무늬와 형태

품 계	날짐승 종류	형 태	품 계	날짐승 종류	형 태
1품	선학(仙鶴)		6품	노사(鷺鷥) 해오라기	
2품	금계(錦鷄) 금빛의 꿩 종류		7품	계칙(鸂鶒) 비오리	
3품	공작(孔雀)		8품	황려(黃鸝) 꾀꼬리	
4품	운안(雲雁) 구름과 기러기		9품	암순(鵪鶉) 메추리	
5품	백한(白鷴) 흰빛의 꿩 종류		기타 잡직	연작(鍊鵲) 때까치	

되었다.[23] 둥근 보자는 황제와 황태자만이 할 수 있었고 백관의 네모난 보자는 품계가 변동될 때마다 교체하였다. 황제와 황태자의 상복에는 5개의 발톱을 가진 용무늬를 가슴, 등, 양어깨에 새겨 넣었다.

표 2, 3은 명대 문무백관의 보자에 사용된 길짐승과 날짐승의 무늬들이다. 표 2의 문관과 잡직의 날짐승은 현실세계에서 유래한 것이 대부분인 것에 비하여 표 3의 무관과 풍헌관風憲官의 길짐승은 신화적인 동물이 주를 이루는 것이 흥미롭다.

『명사』에는 문무관리의 공복은 반령우임포盤領右衽袍, 상복은 단령의團領衣, 또는 단령삼團領衫으로 구분하였는데, 위에서 언급한 것처럼 형태의 차이는 명확하지 않다.

표 3 무관 및 풍헌관의 보자 무늬와 형태

품 계	길짐승 종류	형 태	품 계	길짐승 종류	형 태
1품 · 2품	사자(獅子)		6품 · 7품	표(彪) 작은 범	
3품	호(虎)		8품	서우(犀牛)	
4품	표(豹)		9품	해마(海馬)	
5품	웅비(熊羆)		풍헌관	해치(獬豸)	

다만 황제와 황태자의 상복을 특별히 반령착수포盤領窄袖袍라 한 것으로 보아 상복으로 사용된 단령은 그림 8, 9, 10처럼 소매가 좁은 형태일 가능성이 높다. 그림 13은 상복을 입은 명대 관리들의 초상으로 1503년에 그려진 것이다.

사모의 기원이 되는 오사모烏紗帽는 위는 둥그렇게 턱이 지고 뒤는 밋밋하며, 뒤 중심에서 양옆으로 다리翼·角·脚가 달린 형태이다. 당대의 복두 중에서 절상건折上巾이 발전된 것으로 명 초기에는 『삼재도회』에 그려진 그림 14처럼 뒤에 끈이 드리워진 형태였으나, 차츰 양다리가 딱딱한 그림 15의 경각硬脚 형태로 변하였다.[24]

황제 역시 상복으로는 백관과 마찬가지로 둥근 깃에 소매가 좁은 포盤領窄袖袍를 입었다. 황제를 상징하는 황색 바탕에 가슴과 등, 양어깨에 금사로 둥근 용무늬를 짜

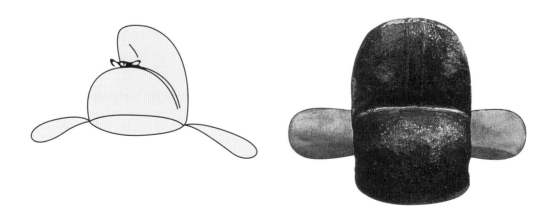

넣었다. 관모로는 오사절각상향건烏紗折角上向巾, 즉 익선관을 쓰며 허리에는 옥대를 두르고 화를 신었다.

그림 16은 북경 딩링定陵에서 출토된 황제의 익선관으로 검은 칠을 한 일반적인 익선관과 달리 금사로 만든 것이며, 그림 17은 검정색 익선관을 쓰고 용포를 입은 선덕제宣德帝, 재위 1425~1435의 초상이다.

16
금사로 만든 익선관
딩링박물관 소장

17
선덕제의 초상
대만 국립고궁박물원 소장

다양한 편복포의 발달

명대 남자 평상복의 특징은 상황과 신분에 맞는 다양한 종류의 포袍와 관모冠帽가 발달되었다는 점이다. 이는 예와 의례를 중시하였던 성리학의 발전과 관계가 있어 보인다. 명대 사대부들의 편복포는 만드는 방법에 따라 크게 두 종류로 나눌 수 있다. 첫 번째는 몸판과 치마 부분을 따로 재단하여 허리에서 상하를 연결한 것이고, 두 번째는 우리가 쉽게 접하는 두루마기처럼 상하를 한 판으로 재단하고 등솔에서 좌우를 연결한 것이다.

상하를 연결한 포로는 심의深衣, 철릭貼裏, 帖裡, 帖里[25], 예살曳撒,[26] 정자의程子衣, 요선오자腰線襖子가 있었다. 이 중에서 한족 고유의 복식제도에서 기원한 심의를 제외한 나머지는 원대의 변선오나 텔릭에서 유래한 것이었다. 원대에는 네모난 깃이나 둥근 깃이 달린 변선오나 텔릭도 있었으나, 명대의 것은 대개 곧은 깃이 달렸고 오른쪽으로 여며 입었다.

원의 복식에서 유래한 상하 연결형 포 중에 대표적인 것으로 예살이 있었다. 예살의 앞은 철릭처럼 허리선을 따라 가로 봉제선이 있으나, 뒤 몸판은 앞판과 달리 두루마기처럼 중심에 세로 봉제선이 있는 옷이었다. 앞의 치마는 옆선에서 중심 쪽으로 무襬를 넣어 달고 양옆으로 주름을 잡는데, 그 모습이 말 얼굴처럼 길고 양옆에 주름이 있다 하여 마면습馬面褶이라고도 하였고, 무가 옆으로 튀어나온 모습을 보고 귀가 달린 것 같다고도 하였다.[27] 그림 18의 경우 오른쪽의 녹색 포의 뒷면에서는 위에서 밑단까지 이어진 중심선이 확인되는 것에 비해, 앞면이 보이고 있는 왼쪽의 청색 포의 중심선은 허리 위까지만 확인된다. 또한 뒷면이 보이는 다른 포에 비하여 치마 양옆의 주름이 중심 쪽으로 이동한 것이 확인되는데, 이것이 예살의 특징이다. 그림 19는 예살로 추정되는 명대의 포로 안쪽으로 들어와 주름을 잡은 사각 무의 형태를 확인할 수 있다.

예살은 주로 궁중 일을 맡아보는 내관內官의

18
예살을 입은 내관의 모습
「헌종행락도(宪宗行乐图)」 부분
1466년 제작

예복으로 사용되었는데, 활동이 편하다는 점 때문에 황제나 관리가 외출할 때나 말을 탈 때에도 착용하였다. 특히 황실에서는 양어깨 및 가슴, 등에 걸쳐 있는 마름모 부위에 용무늬를 새겨 넣기도 하였다. 용무늬가 새겨진 예살을 '망복蟒服', 또는 '망의蟒衣'라고도 하였으며 황실뿐만 아니라 황제를 보필하는 고위층 내관의 관복으로도 착용되었다.[28] 즉, 명대의 망의, 망복은 특정 복식이라기보다는 용보다 아래 등급인 이무기 무늬가 새겨진 단령이나 예살 등을 통칭하였던 것으로 보인다. 원칙적으로 이러한 옷들은 황제의 허락을 받은 경우에만 입을 수 있었다. 그러나 고위직의 내관들은 늘 용무늬가 있는 옷을 즐겨 입었으며, 수차례의 금령에도 불구하고 내관들의 교만과 사치함은 끝내 시정되지 않았다.[29]

두 번째 상하 연결형 포로는 철릭이 있었다. 철릭 역시 황제를 지키는 내관의 예복으로도 사용되었으며, 비교적 직위가 높은 경우에는 가슴과 등에 보자補子를 달고 스란단으로 장식한 홍색의 철릭을 입었다. 궁중의 문지기나 황실의 능을 지키는 말단직이거나 아직 소년인 경우는 보자를 달지 않은 청색의 철릭을 입었다.[30]

내관의 예복으로 사용된 예살과 철릭의 형태적 차이는 명확하지 않다. 만력제 연간1572~1620에 쓰인 『명궁사明宮史』에는 귀처럼 옆으로 삐친 무를 예살의 특징으로 들었으나 철릭에서는 무에 대한 언급이 없었다. 대신에 앞뒤로 큼직한 주름을 잡는 대습大褶과 마치 말 이빨처럼 빼곡하게 잔주름을 잡는 순습順褶의 제도와 함께 신분에 따라 홍철릭과 청철릭이 사용된다는 내용만을 확인할 수 있다. 그러나 『명사明史』

에서는 예살曳撒은 확인되지만, 철릭에 관한 내용은 없다. 이 점으로 미루어 보아 예살은 철릭을 포함한 보다 넓은 의미로 사용된 것이 아닌가 한다. 또한 두 종류 모두 외형이 비슷하며 내관의 예복으로 사용되었기에 쉽게 병용되었을 확률이 높으며, 후대로 올수록 형태와 용도에 있어 혼용되었을 가능성이 높다. 그림 20은 명대 철릭의 일종으로 추정되는 포로 앞부분에는 주름을 잡지 않은 그림 19와는 달리 커다란 맞주름 11개를 치마 윗부분에 걸쳐 고르게 잡아 주었다.[31]

세 번째 상하 연결형 포로는 사대부들이 평상시에 착용했던 정자의程子衣가 있다. 정자의 역시 예살에서 유래한[31] 곧은 깃이 달린 포로 오른쪽으로 여며 입었다. 소매가 좁은 예살에 비하여 비교적 넓고 여유 있는 소매가 달리며, 치마에는 잔주름을 빽빽이 잡아 허리에서 상의와 연결하였다.[33] 그림 21은 소박한 형태의 정자의로 사대부의 평상복으로 사용된 것이다.

네 번째 상하 연결형 포로는 원대의 변선오자辮線襖처럼 허리에 횡선이 있는 것으로, 이것을 명대에는 요선오자腰線襖子라 하였다. 그림 22는 명 태조 주원장의 열 번째 아들 주현朱檀 묘에서 출토된 요선오자이다. 요선오자는 곧은 깃뿐 아니라 그림 23처럼 둥근 깃이 달린 형태도 있었다. 명초에는 요선오자에 매와 꽃을 앞뒤로 수놓은 것을 시위侍衛 이하의 관복으로도 사용하였으며, 이것을 '각기刻期'라 하였다.[34] 명대의 회

화에는 요선오자나 예살처럼 원에서 유래한 상하 연결형의 포에 화를 신은 모습을 쉽게 확인할 수 있다.

예살이나 철릭, 정자의와 계통이 다른 한족 고유의 상하 연결형 포로는 심의가 있었다. 심의의 유래는 한대까지 거슬러 올라가지만, 기본적인 형태는 송대에 형성된 것이다. 융복戎服이나 마상의馬上衣로 사용된 예살, 철릭과는 달리 관리의 연거복이나 선비의 예복으로 사용되었다.

21
정자의
짱수[江苏]성 전장[镇江] 출토

22
명대의 요선오자
명로왕(明魯王) 주현 묘 출토

23
「삼재도회」에 수록된 둥근 깃의 요선오자

예살이나 심의처럼 허리에서 상하를 연결한 방식과 달리 상하를 하나의 판으로 재단하여 만드는 두 번째 종류의 포로는 곧은 깃이 달리는 직철直裰과 직신直身, 도포道袍와 둥근 깃이 달리는 난삼이 있었다. 이러한 포들은 모두 소매가 넓고 크며 품이 넉넉하고 길이가 길어 발등까지 내려오는 형식이었다. 명대의 인물화 중에서 그림 24처럼 송대의 직철直裰의 특징인 검은 선을 깃과 소맷부리, 도련 등에 두른 긴 포를 입은 선비의 모습을 확인할 수 있다. 직철이란 말 그대로 등 중앙에서 연결된 선이 아랫단까지 곧게 내려오는 모양에서 유래한 것이다. 직철에서 유래한 직신 역시 등솔기가 밑

단까지 곧게 연결된 형태로 그림 25처럼 허리에 가로선이 없는 여유있는 포를 말한다.

직철과는 다른 직신의 특징은 양쪽 겨드랑이 아래에 뾰족한 사각형의 무가 달린다는 것이다. 조선 전기의 중국어 학습서인 『노걸대』와 『노걸대언해』에서는 직신을 직령直領이라 했는데[35] 이것은 단령처럼 사각 무가 달린 것을 뜻한 것으로 보인다. 『명궁사』에 따르면 직신은 도포道袍와 같은 형태이나 바깥쪽에 무襬가 있으며, 등급에 맞게 보를 단다고 하였다.[36] 직신은 황제와 조정의 관리, 내신內臣의 관복으로 착용되었고, 서민들의 예복으로도 착용되었다. 그림 26은 직선 형태의 황제 포로 양옆에는 바깥쪽으로 확장된 무를 볼 수 있다.

난삼欄衫은 직신처럼 무가 있으면서, 깃이 둥근 단령포團領袍이다. 옥색 바탕에 넓은 소매가 달리며 소매와 자락에 검은 선을 둘렀다. 유생儒士, 생원生員, 국자감 학생들의 예복이며[37] 사서인의 관례복으로도 사용되었다. 그림 27은 장쑤성江蘇省 양저우揚州에서 출토된 16세기경의 난삼이다.[38]

26

27

26
딩링[定陵] 출토 황제의 직령포
딩링박물관 소장

27
16세기경 명대의 난삼
양저우[揚州]박물관 소장

답호와 조갑

　　명대에 사용된 반소매 옷으로는 답호襨護와 조갑罩甲이 있었다. 『삼재도회』에
는 '반비, 지금 시속에서 답호라고 한다'[39]하여, 명대 반소매 옷의 기원을 고대 반비
에서 보았으나, 가깝게는 원대의 비견比肩, 즉 반자답홀襻子答忽에서 유래한 것으로도
볼 수 있다. 고려시대 한어 학습서인 『원간 노걸대原刊 老乞大』에는 답호를 大搭胡, 襨
護, 搭胡, 襨忽 등으로 표기하면서, 우리말로는 더그레로 언해하였다. 또한 답호는 원
나라의 복식명칭으로 몽골어로는 '더걸러이degelei'라 읽으며 사전적 의미는 '소매 없
는 가죽으로 된 큰 웃옷', 혹은 '털이 있는 짧은 외투'란 뜻이다.[40] 원래는 방한의 목
적으로 입던 것으로 보이나 중국의 복식문화와 기후 등의 영향으로 소재나 용도, 형
태 등이 변하여 명대의 답호로 정착된 것으로 추정된다. 그림 28은 난징시 서보徐俌
묘에서 출토된 답호이며 그림 30의 명대 회화에서도 답호를 입은 모습이 확인된다.
　　조갑罩甲은 남북조시대의 양당兩襠처럼 병사들이 입던 갑옷鎧甲 종류에서 발전한

28
양옆에 무가 달린 답호
난징박물관 소장

복식이었다. 병사들의 조갑은 활동이 편하면서도 따뜻하다는 장점이 있어, 민간에서
도 병사의 것을 본 따 직물로 만들어 평상시에도 즐겨 입었다. 1369년홍무 2에 내려진
명령 중에는 사병이나 보병은 맞깃對襟의 옷을 금지하고, 오로지 말 탄 병사에게만
허락하였는데 그 이유는 말을 타거나 승마 시에 편하기 때문이라는 내용이 있다.[41]
그림 29는 갑옷을 갖춰 입은 황제의 모습으로 갑옷 위에 덧입은 조끼처럼 표현된 것
이 조갑이다. 명대 초기에 제작된 불화인 그림 30에서는 민간에서 착용된 조갑과 답
호를 동시에 확인할 수 있다. 그림에서 왼쪽의 붉은색은 조갑이며 오른쪽의 하늘색
이 답호이다. 둘 다 반수의半袖衣면서 깃의 형태와 여밈방법 등에서 차이점이 나타난
다. 특히 맞깃의 조갑에는 단추를 사용하여 여민 것처럼 보인다.

이처럼 반수의는 중국에서도 용도와 깃과 여밈의 형태, 길이에 따라 다양한 종류
가 있었고, 시대와 민족에 따라 명칭도 매우 다양한 것이 특징이었다.

29

30

29
갑옷형식의 조갑
대만 국립고궁박물원 소장

30
불화에 표현된 민간인의 조갑과 답호
「보령사명대수륙화(寶寧寺明代水陸畵)」
산시성[山西省]박물관 소장

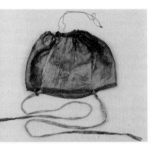

수식首飾과 관모

　명대 남자들은 망건을 하고 머리를 묶음으로써 성년임을 표시하였다. 궁중에서는 관을 쓰기 전에 머리를 묶고 정리할 용도로 관이나 건, 모 아래에 착용하였으며, 민간에서는 다른 관모 없이 망건만 사용하기도 하였다. 망건의 재료로는 실이나 말총이 쓰였다. 『오주연문장전산고』에 의하면 처음에는 명주실로 망건을 만들었으나 만력제萬曆帝, 재위 1572~1620 연간에 와서 머리카락이나 말총을 실 대신 쓰게 되었다고 한다. 중국의 망건은 현재 남아 있는 조선시대의 망건과는 조금 달라 그림 31처럼 정상에 구멍이 있고 상투를 그 곳으로 내미는 형식이었다. 우리나라에서 출토된 조선의 망건 중에도 그림 32처럼 중국 것과 유사한 것이 있다. 수의壽衣는 전통적 요소가 강하고 변화가 적은 옷이기 때문에 조선 초기의 망건제도가 상당기간 유지되었던 것으로 보인다.[42]

　명대에는 평상시에도 건이나 관, 모를 써서 예를 갖춰야 하는 유가儒家와 사대부가의 풍습이 맞물려 모자의 종류가 더욱 다양화되었다. 이는 당이나 송으로부터 전래된 한족 고유의 것과 요나 금, 원에서 기원한 유목적인 계통의 것들이 함께 전해졌고 명대에도 새로운 관모가 지속적으로 생겨났기 때문이다.[43]

　대표적인 건의 종류로는 유건儒巾, 복건幅巾, 연건軟巾, 포건包巾, 운건雲巾, 제갈건諸葛巾, 동파건東坡巾, 산곡건山谷巾, 사방평정건四方平定巾, 표표건飄飄巾 등이 있었다. 건의 명칭은 사용된 재료나 생김을 좇아 지어진 것이 많았는데, 예를 들어 사방평정건은 사방이 평안하다는 의미로 일명 방건方巾이라 하였고,[44] 표표건이란 명칭은 바람에 날리는 모습 때문이라고 한다. 또한 촉한의 제갈량이나 북송北宋의 문인 소동파蘇東坡, 황산곡黃山谷과 같은 유명한 인사人士의 이름을 따서 지어진 것도 있었다.[45]

　명대에 새롭게 등장한 사대부의 관모로는 충정관忠靜冠이 있었다. 충정관은 1528년 가정 7에 문무백관의 연거복으로 충정관복忠靜冠服의 제도가 정해진 이후부터[46] 공경과 상류층의 관모로 사용되었다.

　서민들이 평상시에 즐겨 착용한 것은 여섯 조각의 천을 연결하여 만든 육합일통모六合一統帽였다. 마치 참외처럼 생겨 과피모瓜皮帽, 또는 크기가 작다고 소모小帽라고도 하였다. 그림 30에는 붉은색 조갑을 입은 사람이 육합일통모를 쓴 것을 확인할 수 있다. 이 모자는 청대를 거쳐 중화민국 말년까지 이어졌다.

31

『삼재도회』에 수록된 명대의 망건

32

김여온(1550~1592)의 망건
국립안동대학교박물관 소장

33
건의 종류
a 소모
b 사방건 I
c 사방건 II
d 표표건
e 동파건
f 충정관

황후의 법복, 휘의와 적의

황후의 예복은 의례의 규모에 따라 다양한 종류가 있었다. 그중에서도 즉위식이나 황제와 함께 조회에 참석하는 경우처럼 중요한 의식에 입는 옷을 황후의 대례복大禮服이라고 한다. 고대부터 황후의 대례복으로는 휘의褘衣가 사용되었다.[47] 이는 주대부터 내려 온 황후의 여섯 가지 예복제도에서 유래한 것으로[48] 여섯 가지 예복에는 꿩무늬翟紋가 있는 휘의褘衣, 요적搖翟, 궐적闕翟과 꿩무늬가 없는 국의鞠衣, 전의展衣, 단의褖衣가 있었다. 요적은 후대에 와서 유적褕翟이라고도 하였다. 이 옷들은 황후의 예복 중에서 꿩무늬가 사용된 예복들로 무늬의 형태나 개수를 달리하여 후대까지도 황후 및 내외명부의 예복으로 착용되었다.[49]

명나라에서도 휘의褘衣는 황후의 대례복이자 제복으로 최고의 예복이었다. 그런데 명 초기에 정해진 휘의제도는 이전 왕조의 제도와 달랐다. 수대나 당대, 송대의 휘의는 옷감을 짜면서 꿩무늬를 새겨 넣은 것이었다. 그러나 1370년홍무 3에 정해진 명의 휘의는 꿩무늬를 그려 넣는 형식이었다.[50] 반면에 황비나 황태자비를 비롯한 내명부의 대례복으로 사용된 적의翟衣에는 꿩무늬를 짜 넣었다. 본래 적의란 꿩무늬가 새겨진 휘의, 요적, 궐적 등의 예복을 통칭하는 용어로서, 특정 예복을 뜻하는 것이 아니었다.[51] 이것이 당대에는 꿩무늬가 새겨진 명부예복만을 의미하게 되었고, 이렇게 변화된 의미는 송을 거쳐 명대까지 계승되었다. 이처럼 명 초기에는 황후의 '휘의'와 내외명부의 '적의'라는 두 종류의 예복이 있었고, 꿩무늬를 그려 넣은 휘의가 더 격이 높은 예복이었다.

이러한 황후와 내외명부의 예복제도는 건국 초부터 수차례의 개정을 겪었다.[52] 1372년홍무 5에는 외명부의 적의제도를 폐하고, 3품 이상 내명부만이 대례복으로 적의를 사용하도록 개정하였다. 이는 백관의 제복에서 면관을 폐하고 양관을 사용하도록 개정한 1371년홍무 4의 제도에 준하여, 외명부의 예복도 개정한 것이었다.[53] 다시 1405

표 4 황제 면복과 황후의 적의제도

구분	관모	의	상	폐슬	중단	대대	후수	혁대	패옥	말	석	규
황제	12류 면관	현색 8장문	훈색 4장문	훈색 4장문	흰색 비단에 청색선/ 불문 13개	겉은 백라, 안은 홍색(紅裏)	6채	옥혁대	백옥	적색	적색	옥규
황후	구룡사봉관 (九龍四鳳冠)	심청색 적의 꿩무늬 12줄 [織 翟紋十二等]/ 금사로 운용문을 새긴 홍색선 장식 [紅襈織金雲龍紋]	심청(深靑)바탕에 꿩무늬[翟紋]를 짜 넣는다	청색 바탕에 꿩무늬 3줄/ 금사로 운용문을 새긴 녹색 선장식	옥색 비단에 홍색선/ 불문 13개	겉은 청색, 안은 홍색 (靑紅相反)	5채	옥혁대	옥	청색	청색	옥규

주) 영락 3(1405)년을 기준으로

34
적의를 입은 효각황후(孝恪皇后, ?~1554)의 초상
대만 국립고궁박물원 소장

년영락 3에는 황후의 예복에도 휘의 대신에 꿩무늬를 직접 짜 넣는 적의제도로 개정하면서,[54] 황후 이하 3품 이상 내명부의 예복은 적의로 통합되었다.

황후부터 황태자비의 적의제도는 복식 구성이나 색상 등 많은 점에서 유사성을 보인다. 기본적으로 모두 용봉관龍鳳冠을 쓰며,[55] 청색 바탕에 꿩무늬를 새긴 적의와 폐슬·상·옥색 바탕에 홍색 선을 두른 중단·규·혁대·대대·후수·패옥·청말·석으로 구성되었다. 단지 품계에 따라 용봉관의 장식과 적의와 폐슬, 상裳에 사용되는 꿩의 숫자 등이 달라질 뿐이었다. 또한 관·의·중단·폐슬·상·규·혁대·대대·후수·패옥·말·석으로 구성되는 적의는 황제의 곤복 구성과 유사한데, 이는 곤복과 적의 모두 상의하상을 기본으로 한 고대 한족의 예복제도를 근간으로 하기 때문이다.

기타 황후 적의제도의 세부사항은 송대에 실행된 휘의 제도와 큰 차이가 없었다. 그림 34는 명 신종神宗, 재위 1572~1620의 효단현황후孝端显皇后, ?~1620의 초상화로 적의를 입은 모습이다. 심청색 바탕에는 꿩무늬를, 홍색 선에는 용과 구름무늬雲龍紋를 새긴 것을 확인할 수 있다.

대삼과 하피의 제도

황후의 예복 중에서 상복常服은 그 종류가 다양한 편으로 대삼大衫과 국의鞠衣, 단

삼團衫 등이 있었다. 이 중에서 대삼은 남송南宋, 1127~1279의
예복에서 유래한 것이다. 남송에는 황후와 황비, 황태자비
등 후비后妃의 예복 중에는 대수大袖와 장군長裙, 하피霞帔, 옥
추자玉墜子, 배자褙子로[56] 구성된 상복의 제도가 있었다. 여기
에서 하피는 당나라의 시인 백거이白居易, 772~846와 온정균
溫庭筠, 812~870의 시에서 확인할 수 있을 정도로 역사가 오래
된 옷이었다.[57] 당대의 하피는 피백披帛의 일종으로 숄shawl처
럼 어깨에 걸친 것이었는데, 색채가 곱고 아름다운 것이 노을
빛과 같아서 '하피'라고 하였다.[58] 이것이 송대에는 생김새와
쓰임이 달라져 길고 넓은 띠모양으로 변하였고 하피의 끝에
는 추자, 또는 피추帔墜라는 둥근 메달장식을 달았다.[59]

송의 제도를 계승한 명대의 하피 역시 넓은 끈을 양어깨에
걸쳐서 바닥에 닿을 정도로 길게 늘어뜨린 형태였다. 하피의
끝에는 원형의 장식, 즉 추자를 달았다.

명대의 대삼·하피의 구성은 황후 및 황비, 황태자비 이하 모든 내외명부의 제도
가 유사하였다. 옷으로는 소매가 큰 대삼大衫, 또는 大袖衣을 입고 그 위에 하피를 걸
치고 예복용 치마인 장군長裙과 배자褙子를 갖춰 입었다. 1405년영락 3에 예복제도를
정비하면서 황후의 대삼은 황색을 사용하고 하피와 배자는 청색을 사용하는 것으
로 개정되었다. 반면에 황비와 황태자비의 대삼은 진홍색을 사용하였다.

명부예복에 사용된 모든 장식은 신분과 관련이 있어, 품계에 따라 하피와 배자
및 추자에 사용할 수 있는 장식의 종류와 숫자, 재질 등이 달라졌다. 특히, 관의 경
우 형태뿐만 아니라 장식의 종류와 숫자, 재질 등에도 엄격한 제한이 있었다. 황후
만이 용과 봉鳳으로 장식한 쌍봉익룡관雙鳳翊龍冠, 즉 용봉관을 쓸 수 있었고, 황비
와 황태자비는 봉관을, 친왕비에서 군왕비까지는 적관을 착용할 수 있었다.

그림 35는 제3대 영락제의 비인 인효문황후仁孝文皇后, 1362~1407의 초상으로 대
삼·하피를 입은 모습이다. 하피의 색은 청색이 아닌 적색으로 영락 3년에 개정된
제도와 일치하지 않고 있는데, 이는 아직 제도가 정립되기 전이기 때문으로 보인다.

그림 36은 대삼·하피에 구적관九翟冠을 쓴 명부의 모습으로 하피 아래에는 둥
근 추자가 달려 있다. 그림 37은 2001년에 난창南昌에서 발견된 영정왕寧靖王의 부인

오씨1439~1502 묘에서 출토된 대삼이다. 길이는 128cm로 뒤가 앞보다 길며, 화장은 240cm이고 소매너비는 91cm에 달한다. 뒷면에는 삼각형의 주머니와 고리가 두 개 달려 있다. 삼각형의 주머니와 고리는 하피를 통과시켜 고정하기 위한 것이다.

대삼·하피의 제도는 황후 이하 황태자비에게는 상복으로 사용되었지만 친왕비 이하 1품부터 9품까지 명부에게는 가장 격이 높은 예복으로 사용되었다. 1품에서 9품에 속하는 명부의 경우 붉은색 대삼에 청색의 배자, 하피를 갖춰 입고 용봉관이나 봉관, 적관 대신에 갖은 비녀로 장식한 특계特髻머리를 하였다. 특계란 자신의 머리로 쪽을 지은 후에 그 위에 금속 실을 엮어서 만든 작은 관을 얹고 꿩이나 원앙, 꽃 등으로 꾸민 비녀를 여러 개 꽂아 장식한 그림 38과 같은 귀부인의 예장용 머리를 말한다.

단령 형태의 명부예복

명부의 상복 중에는 둥근 깃이 달린 포의 제도가 있었는데, 황후의 것은 단삼團衫, 황태자비 이하의 내명부는 단령삼團領衫, 명부관복은 원령삼圓領衫[60]이라 하였다. 비록 명칭은 단삼과 단령삼, 원령삼으로 다르지만 모두 둥근 깃이 달린 옷을 의미하였다. 『천수빙산록天水氷山錄』에는 다양한 종류의 원령포가 기록되어 있는데, 이 중에는 직금織金이나 장화粧花로 짠 여성용 원령도 확인된다.[61] 또한 명대의 명부 초상화 중에는 그림 38처럼 단령을 입고 있는 것을 볼 수 있는데, 이것이 명부 상복으로 사용된 단삼 또는 원령삼의 일종으로 여겨진다.

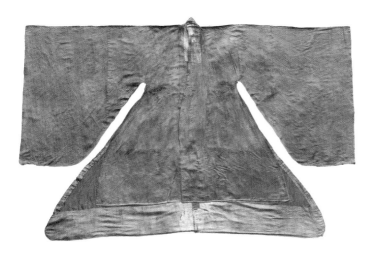

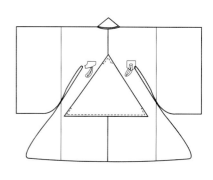

37

38

37
대삼 유물 앞면 사진과 뒷면 도식화
난창[南昌] 화둥[华东]교통대학교 소장

38
단령을 입은 귀부인의 초상
난징[南京]박물관 소장

여성의 다양한 겉옷

명대 여자들은 저고리 위에 맞깃이 달린 다양한 형태의 겉옷을 즐겨 입었는데, 대표적인 것으로는 배자褙子와 비갑比甲, 배심背心이 있었다.

중국의 배자는 소매가 달리고 길이가 긴 옷으로, 조선의 남자 배자와는 전혀 다른 옷이었다. 명대의 배자는 주로 부녀자들의 예복이나 치마·저고리 위에 덧입는 겉옷으로 사용되었으며, 그 형태적 특징은 앞 중심이 여며지는 부분 없이 나란하다는 점이었다. 그 종류로는 크게 황후 이하 내외명부 즉, 귀부인들의 예복으로 사용된 소매통이 넓은 '대수배자大袖褙子'와 일반 부녀자들이 평상시에 즐겨 입던 소매가 좁은 '착수배자窄袖褙子'가 있었다.[62] 평상시에 입던 착수배자는 비교적 소매가 좁고 무릎을 덮는 길이인 데 비하여, 예복에 속하였던 대수배자는 소매통이 바닥에 끌릴 정도로 넓으며 길이도 치마와 나란할 정도로 길었다. 그림 39와 그림 40에서는 다양한 형태의 착수배자를 확인할 수 있는데, 그림 40의 오른쪽 배자의 경우 둥근 깃이 달린 것이 특징이다.

비갑比甲은 원나라에서 유래한 것으로[63] 원래 북방 부녀자들의 복식이었다. 명대

| 41 | 42 | 43 |

에서도 부녀자들은 저고리 위에 배자나 비갑을 덧입는 것을 즐겼으며 특히 비갑에 수를 놓아 장식하기를 좋아하였다.[64] 형태는 배자에서 소매를 없앤 모양에 맞깃이며, 길이는 저고리를 살짝 덮을 정도로 짧은 것부터 치마와 나란할 정도로 긴 것에 이르기까지 매우 다양하였다. 후대로 갈수록 길이와 형태에 따라 세분화되어 그림 41처럼 길이가 긴 것은 비갑, 그림 42처럼 길이가 짧은 것은 배심背心이라 하였다.[65]

명대 복식 중에 독특한 것으로 수전의水田衣라는 것이 있었다. 여러 색깔이 이어져 있는 모양이 논에 물이 담겨 있는 모습과 같다 하여 수전水田이라 하였다. 이는 서양의 패치워크처럼 작은 천 조각들을 이어서 만든 것으로 승려들의 가사袈裟 만드는 방법과 같아서 일명 백납의百衲衣라고도 하였다.[66] 그 기원은 당대唐代까지 거슬러 올라가며, 특히 명·청대에 부녀자들의 예술 감각이 비갑, 배자 등에 더해져 아름다운 양식으로 나타났다. 후대에는 천 조각을 이어 붙이고 누비는 방법 대신에 누빈 것처럼 모양과 크기를 다르게 짠 비단으로 옷을 만들기도 하였다.[67] 그림 43은 배자 형태의 수전의이다.

41
비갑과 둥근 깃의 배자
「品茗評雪」작자미상 명대 회화

42
배심형의 비갑
「보령사명대수륙화」,
산시성박물관 소장

43
배자 형태 수전의

치마·저고리 착장방식의 변화

명대 부녀자들의 기본복식은 치마·저고리였다. 명초에는 치마를 저고리 위로 올려 입는 경우도 있었으나 곧 쇠퇴하였다. 대개 치마를 입고, 그 위에 허리를 가릴

치마를 저고리 위로 올려 입은 모습
「보령사명대수륙화」
산시성박물관 소장

저고리를 치마 위로 입은 모습
「보령사명대수륙화」
산시성박물관 소장

정도로 긴 저고리를 입는 차림이 일반화되었다. 그림 44와 그림 45는 1474년成化 10 에 제작된 「보령사명대수륙화寶寧寺明代水陸畵」의 부분도이다. 이 그림은 비교적 현실 적인 생활상을 사실적으로 묘사하여 복식과 풍습, 사회상을 알 수 있는 귀중한 자 료로 알려져 있다.[68] 그림에서는 치마를 저고리 위에 올려 입은 차림과 저고리 안에 넣어 입은 차림이 동시에 표현되고 있다. 이것으로 보아 15세기 말까지도 두 가지 양식이 공존하였음을 알 수 있다.

저고리의 종류로는 홑으로 만든 '삼衫'과 겹으로 만든 '유襦'와 '오襖'가 있었다. 우리나라에서는 저고리가 겉옷의 역할도 하였던 것에 비하여 명대 부녀자들은 저 고리 위에 비갑이나 배자 등을 덧입는 것을 즐겼다. 저고리의 길이는 시대에 따라 변화가 심하였다. 명 초기의 저고리 길이는 치마허리를 겨우 가릴 정도였으나, 16세 기에 들어서면서 저고리는 품과 길이가 커져 여유있는 모양이 되었다. 가정제嘉靖帝, 재위 1521~1566 초기에는 저고리 길이도 길어져 무릎에 닿을 정도였고, 소매는 4자尺 가 넘었다. 이에 반하여 치마의 길이는 짧아졌고 주름도 줄어들었다. 초기의 치마 는 여섯 폭을 이은 것이 일반적이었으나, 숭정제崇禎帝, 재위 1628~1644 연간에는 여덟 폭 정도 되는 넓은 치마 위에 수를 놓고 허리에는 가는 주름을 잡은 것을 선호하였 다.[69] 명 말기로 갈수록 치마폭이 풍성한 것이 유행하여 열 폭에 이르렀고, 허리에 잡은 주름은 더욱 조밀해졌다. 그러나 가장 일반적인 치마의 형태는 그림 39나 그림 46처럼 앞면과 뒷면 중앙에는 주름을 잡지 않고, 양옆에만 주름잡은 마면군馬面裙이었다.[70]

　그림 46은 산둥성山東省 취푸曲阜에 위치한 공자박물관에서 소장하고 있는 명대의 치마·저고리이다. 저고리의 길이는 약 58cm 정도이며 양옆 솔기에는 트임이 있다. 치마의 길이는 약 85cm 정도이며[71] 양옆으로 넓은 주름을 잡았고 스란단에는 용의 일종인 망蟒을 금사로 짜넣었다. 이와 같은 치마·저고리를 갖춰 입으면 그림 50과

46
단삼(短衫)과 양옆만 주름을 잡은 망군(蟒裙)
공자박물관 소장 전세품

같은 실루엣이 형성될 것이다.

치마 안에는 슬고膝絝를 입기도 하였다. 슬고는 무릎을 가릴 정도로 길지만 발목 아래는 없었다.[72] 우리나라의 행전과 유사하지만 훨씬 길고 통형이었다. 활동에 편리하도록 바짓부리를 정리하는 용도로 사용되었으며, 끈으로 묶어 고정하였다.

명대 여자 관모와 수식

건국 초기부터 명의 복식정책은 이민족의 풍습과 문화를 극복하고 한족의 왕조였던 당과 송의 문화를 계승하여 한문화를 복원하고자 하는 경향이 짙었다. 여성의 예복도 예외는 아니어서 명부의 예관은 송대의 명부예관으로 사용된 봉관을 기본으로 하였다. 다만 신분과 의례의 경중에 따라 세분화되어 용봉관, 봉관, 적관 등

47
딩링[定陵] 출토 십이룡구봉관
딩링박물관 소장

으로 나뉘어졌다. 모두 머리를 덮는 둥근 틀 위에 각종 비녀를 꽂아 장식한 것으로 장식에 따라 용봉관, 봉관, 적관 등으로 구분된다. 관모 뒤에는 길게 늘어진 박빈博鬢을 장식하기도 하였다. 그림 47은 북경 딩링定陵에서 출토된 명대의 십이룡구봉관十二龍九鳳冠의 유물이다.

황후와 비빈을 제외하고는 용과 봉황이 들어간 관은 사용할 수 없도록 규정되었으나, 일부 귀부인들은 지위와 재력을 과시하기 위하여 사적으로 각양각색의 봉관을 만들어 사용하기도 하였다. 명대에 쓰인 『천수빙산록天水氷山錄』에서 이와 같은 내용을 확인할 수 있다. 본문에는 간신 엄숭嚴嵩, 1480~1566이 죄를 지어 죽임을 당한 후에 그의 아들 집에서 진주오봉관眞珠五鳳冠 여섯 개와 진주칠봉관眞珠七鳳冠 일곱 개를 찾았다고 한다.[73] 이처럼 명대의 봉관은 점차 신분구별의 기능은 유명무실해지고 부와 권력의 상징으로 변하여 부인들의 사치품으로 사용되었다. 정식으로는 사용할 수 없는 신분이라도 부유한 집안에서는 사적으로 봉관을 만들어 혼례나 연회, 행사 등에 예장 및 과시용으로 사용하였다.

평상시에는 비빈이나 귀인들도 적관이나 봉관 대신에 치마와 저고리 차림에는 그림 48이나 그림 49의 상투관처럼 생긴 작은 관을 사용하였다. 이러한 작은 관들은 머리카락으로 만든 것에서부터 금, 은사나 말총으로 쌍계雙髻나 운계雲髻모양을 만들거나, 철사를 동그랗게 엮어 만든 것 등 여러 종류가 있었다. 명부들이 상복 차림에 하는 특계 역시 이와 같은 종류 중의 하나이며 이는 넓은 의미로는 일종의 가계假髻라 할 수 있다. 그림 50의 「원보행락도元宵行樂圖」에는 명 헌종1464~1487 주변의 여러 비빈과 귀인들이 좁고 작은 관모양의 머리를 하고 있는데, 이것 역시 가계假髻의 일종으로 금속 실로 작은 관의 형태로 엮어 만든 것이다. 착용방법은 자신의 머리로 쪽을 지은 후에 그 위에 이것을 얹고 비녀를 꽂아 고정시켰다.

이러한 가계 아래에는 머리를 감싸 고정할 수 있는 머리띠처럼 생긴 것을 두르기도 하였는데, 이것을 '포두包頭' 또는 '액파額帕'라 하였다. 대개 검은색 비단烏綾으로 만들며, 여름에는 검은색 얇은 견직물을 사용하였다. 추운 겨울철에는 액파를 모피로 만들어 이마를 보호하였는데, 이것을 '난액暖額'이라고도 하였다.[74]

11장

조선 전기의 복식

유교문화의 발달과 예복제도의 정비

1392년 태조 이성계재위 1392~1398에 의하여 건국된 조선은 통치 이념을 유교로 삼아 예禮가 법의 기준이자 생활규범이었다. 복식은 유교의 예를 표현하는 중요한 요소였으므로 의례를 행할 때에는 반드시 격식에 맞는 의복과 관모를 갖추어야 했다.

따라서 건국 초기 사회적인 혼란이 수습되고 안정기에 들어서자 국가에서 행하는 각종 의식절차의 혼란을 정비할 통일된 규범이 필요하게 되었다. 이에 세종재위 1418~1450은 길례吉禮, 가례嘉禮, 빈례賓禮, 군례軍禮, 흉례凶禮 등 오례五禮의 절차를 기록한 『국조오례의國朝五禮儀』와 그림과 설명을 붙인 『국조오례의서례國朝五禮儀序例』의 편찬을 명하여, 이는 1474년성종 5에 완성되었다. 또한 조선의 기본법전인 『경국대전經國大典』도 세조재위 1455~1468의 명에 의하여 편찬을 시작하여 성종대에 완성되었다.

이후 삼백여 년이 지나 예의 척도가 달라지고 시대에 맞지 않자 1744년영조 20에는 『국조오례의』를 수정, 보안한 『국조속오례의』와 『국조속오례의서례國朝續五禮儀序例』의 편찬하였다. 뿐만 아니라 1751년영조 27에는 세손의 장복章服을 제정하기 위하여 『국조속오례의보國朝續五禮儀補』와 『국조속오례의보서례』도 편찬하였다.

이러한 문헌들에서는 왕을 비롯한 왕실과 문무 백관들의 행사에 따른 차림새를 자세히 규정하였다. 그 기록들을 보면, 조선의 왕실과 관리의 예복은 외교정책의 일환으로써 중국의 제도를 수용하였다. 1403년태종 3에 왕의 면복冕服과 왕비의 대수삼大袖衫과 하피霞帔 등의 예복제도를 받아들인 이후 조선 전기에는 명나라에서 들여온 그대로를 착용하였다. 명이 망하고 청나라가 들어선 이후에는 청의 제도를 수용하지 않았고, 조선 전기에 들여온 예복을 우리 식으로 바꾸어 착용하였다. 그러나 이처럼 복식에 있어서 중국의 영향은 왕과 왕비를 비롯한 왕족과 종친, 문무 백관들의 공식적인 예복에 국한되었으며, 대부분의 일반백성들은 이전 시대부터 계승된 고유양식의 복식을 착용하였다.

이 단원에서는 조선시대 왕과 왕비, 백관의 예복들과 조선 전기에 주로 나타나는 남자의 액주름포와 답호, 여자의 단령 등 몇 가지 의복들을 중심으로 살펴보고, 나머지는 5부 14장의 조선 후기에서 논의하고자 한다.

왕의 제복과 조복

왕이 종묘와 사직에 제사를 지낼 때나 선농제와 기우제를 지낼 때의 제복祭服 또는 책봉을 받거나 가례를 올릴 때 등 가장 중요한 의례의 대례복大禮服으로는 면복冕服을 착용하였다.

면복은 면류관冕旒冠과 곤복袞服으로 구성되었다. 『국조오례의서례』의 길례吉禮 제복도설祭服圖說 전하면복殿下冕服에는 그림 1처럼 구장복을 구성하는 복식 요소들이 글과 그림으로 설명되어 있다. 면류관은 모부冒部 위에 앞은 둥글고 뒤가 네모진 직사각형의 판이 있고, 판의 앞뒤에 옥구슬을 꿰어 늘어뜨린 류가 있는 것이 특징이었다. 류는 사악한 것을 분간하라는 상징적인 의미를 지녔으며, 면판의 양쪽 귀 부분에는 간언諫言을 분간해 들으라는 의미에서 충이充耳라는 옥구슬을 늘어뜨렸다.

곤복은 그림 1에서처럼 의와 상을 기본으로 하여, 밑받침옷인 중단을 입고, 대대와 혁대를 둘렀다. 또 앞쪽 허리 아래에는 폐슬을, 양옆에는 패옥을, 뒤쪽 허리 아래에는 수를 늘어뜨렸다. 버선인 말과 예복용 신발인 석을 신고, 손에는 규를 들었다. 제복

01
면복(구장복)의 구성
『국조오례의서례』, 권지1

면류관[冕]　규[圭]

의(衣) 앞　의(衣) 뒤　상(裳)

중단(中單) 앞　중단(中單) 뒤

대대(大帶)　폐슬(蔽膝)　패옥(佩)　후수(綬)

말(襪)　석(舃)　방심곡령(方心曲領)

해[日]　　달[月]　　별[星辰]　　용(龍)

산(山)　　꿩[華蟲]　　불꽃[火]　　종이(宗彝)

물풀[藻]　　쌀[粉米]　　도끼[黼]　　불(黻)

으로 착용할 경우에는 흰색의 방심곡령도 갖추었다.

곤복의 가장 큰 특징은 그림 2처럼 황제나 왕이 갖추어야 될 덕목을 무늬로 표현한 장문으로, 장문의 수는 면류관의 류의 수와 더불어 계급의 차를 표시하였다. 중국 명나라의 경우 4부 10장의 표 1에서 정리한 것처럼 황제는 십이류면 십이장복을, 친왕과 황태자는 구류면 구장복을, 세자는 팔류면 칠장복을, 군왕은 칠류면 오장복을 입었으며, 조선의 왕들은 친왕에 준하는 구류면과 구장복을 착용하였다.

조선 전기의 면복 유물은 남아 있지 않고, 조선 말기 순종이 십이류면 십이장복을 착용한 그림 3의 사진과 대한제국 성립 이전에 왕이 입었거나 대한제국 성립 이후 황태자가 착용했던 것으로 보이는 구장복의 의와 중단 유물이 남아 있다. 구장복 유물의 의는 그림 4처럼 검은색玄色 홑옷이고, 깃과 여밈, 도련, 소맷부리에 검은 선을 둘렀다. 어깨 양쪽에는 용무늬가 그려져 있고 뒤쪽 소맷부리에는 위에서부터 불꽃火, 꿩華蟲, 종묘의 제기祭器인 종이宗彝가 각각 세 개씩 그려져 있는데, 오른쪽 종이에는 호랑이가, 왼쪽 종이에는 원숭이가 들어 있으며, 등에는 산무늬가 그려져 있다.[1] 중단은 그림 5처럼 청색 홑옷이었다. 깃과 여밈과 도련, 소맷부리에 검은 선을 두르고 고름도 검은색으로 만들었으며, 깃에는 불黻무늬를 금박하였다. 한편 유물은 남아 있지 않지만, 상과 폐슬에는 물풀, 쌀, 도끼, 불무늬를 수놓았다고 한다. 이처럼 복식에서 무늬를 그림으로 표현한 것은 양陽을, 자수로 표현한 것은 음陰을 의미하는 음양오행사상과 관련된 것이었다. 그 밖에 흰색의 동정과 긴 옷고름을 단 것 등은 중국에서 유래된 면복

앞

뒤

04
곤복의 의
국립중앙박물관 소장

05
중단
국립중앙박물관 소장

의(衣) 앞 · 의(衣) 뒤 · 상(裳)

중단(中單) 앞 · 중단(中單) 뒤

대대(大帶) · 폐슬(蔽膝) · 패옥[佩] · 수(綬)

말(襪) · 석(舃)

원유관(冠) · 규(圭)

06
원유관복의 구성
『국조오례의서례』 권지2

07
왕의 조복
고종 어진
궁중유물전시관 소장

일지라도 우리 식으로 변화된 점이다.

왕이 새해 첫날과 보름, 동지, 탄일 등의 경축일에 신하들의 하례를 받을 때, 나라에 경사가 있어 표문表文을 올릴 때 등에는 조복朝服을 착용하였다. 중국의 경우 조복의 관모로 황제는 통천관을, 친왕과 황태자는 원유관을 썼다. 이에 비하여 우리나라는 고려시대부터 원유관과 강사포絳紗袍를 들여와 조선 후기까지 착용하였으며, 조선 말기에 고종이 황제에 오르면서 원유관 대신 통천관을 썼다.

『국조오례의서례』의 가례嘉禮 관복도설冠服圖說 원유관복遠遊冠服에는 그림 6처럼 원유관복을 구성하는 복식 요소들이 글과 그림으로 설명되어 있다. 이에 따르면 원유관은 검은색이고, 구량이었다. 각 량마다 오색의 옥을 전후 각각 아홉 개씩 모두 열여덟 개를 장식하였으며, 붉은 끈 두 줄을 턱 아래에서 매고 나머지는 늘어뜨리고, 금비녀를 꽂았다. 또한 강사포, 즉 붉은색 의와 붉은색 상을 기본으로 하여 중단을 입고 대대와 혁대, 폐슬과 패옥, 수, 말과 석, 규 등의 부속품들을 갖추는 것은 곤복과 동일하였지만, 의가 붉은색인 것과 장문이 없는 것이 달랐다.

한편 조선 말기 고종은 그림 7의 어진에서 통천관을 썼다. 통천관은 십이량이며, 각 량마다 오색 구슬을 꿰어 장식하고, 관 위에는 비녀를 꽂았다.

왕의 상복

왕이 평소 정사를 볼 때에는 상복常服을 착용하였다. 왕의 상복은 익선관翼善冠과 곤룡포袞龍袍를 기본으로 하여, 옥대玉帶를 하고 흑피화黑皮靴를 신었다. 익선관과 곤룡포는 1446년세종 26에 명나라로부터 들어와 착용하게 되었다.

복두에서 유래된 익선관은 주로 검은색으로 만들었으나 고종의 유품 중에는 자색의 익선관도 있다.[2] 정수리 부분이 앞은 낮고 뒤는 높았으며, 백관들이 상복에 착용하는 사모의 경우 두 다리가 좌우 수평이지만 익선관의 두 다리는 하늘을 향해 위쪽으로 달려 있는 것이 특징이었다.

곤룡포는 단령의 일종이며, 가슴과 등, 양어깨에 금사로 용무늬를 수놓은 둥근 보를 달았기 때문에 용포龍袍라고도 하였다. 명나라의 경우 황제의 상복은 황색이었으며, 친왕과 황태자, 세자, 군왕의 상복은 붉은색이었다.[3] 우리나라에서는 1446년에 붉은색의 곤룡포가 들어온 이래 역대 왕들이 붉은색의 곤룡포를 상복으로 입었으나, 1897년고종 34에 대한제국이 성립된 이후부터 고종과 순종은 황색의 곤룡포를 입었다.

곤룡포의 색상과 허리띠의 재료, 보에 표현된 용의 발톱 수 등은 착용자의 신분에 따라 달랐다. 왕의 곤룡포는 대홍색大紅色이었으며 가슴과 등, 양어깨에 발톱이 다섯 개인 오조룡五爪龍의 둥근 보補를 달았다. 왕세자는 흑색의 곤룡포를 입었으며 가슴과 등, 양어깨에 발톱이 네 개인 사조룡四爪龍의 둥근 보를 달았다. 왕세손은 곤룡포의 색상은 왕세자와 같았으나 어깨를 제외한 가슴과 등에 삼조룡의 네모난 보方補를 달았다.[4]

태조는 그림 8의 초상화에서 상복으로 익선관을 쓰고 용무늬가 있는 청색의 곤룡포를 입어 곤룡포의 색상이 문헌기록과 차이가 있다. 이는 당시는 건국 초로 관복제도가 완벽하게 정해지기 전이기 때문일 수도 있고, 후대에 그리면서 음양오행에 따라 동방의 색인 청색을 채택하였기 때문일 가능성도 있다. 반면에 영조재위 1724~1776는

08
조선 초기 왕의 상복
태조 어진
전북 전주 경기전 소장

09
조선 후기 왕의 상복
영조 어진
국립고궁박물관 소장

그림 9의 초상화에서 용무늬가 있는 붉은색 곤룡포에 익선관을 착용하여 조선시대 왕의 상복의 전형적인 모습을 보여 준다.

백관의 조복과 제복

백관이 새해 첫날과 보름, 동지, 탄일 등의 경축일에 왕에게 하례를 드릴 때나 표문을 올릴 때 등에는 조복朝服을 착용하였다. 조복 차림에는 조선 후기의 문신 채제공蔡濟恭, 1720~1799의 초상화인 그림 10처럼 금칠을 한 양관을 썼기 때문에 금관조복金冠朝服이라고도 하였다.

백관의 제복과 조복에 대해서 태종과 세종 때에 여러 차례에 걸친 논의를 통하여 기본제도가 마련되고, 『경국대전』에서 완성되었다. 문관과 무관은 모두 조복으로 양관을 쓰고 적초의赤綃衣와 적초상赤綃裳을 기본으로 하여, 밑받침옷인 백초중단白綃中單을 입고 대대와 혁대, 폐슬과 수, 패옥, 말과 혜, 홀을 갖추었다.[5] 품계에 따라 양관의 량의 수, 허리띠와 홀의 재료, 수의 무늬, 패옥의 색상 등이 달랐다.

조복의 양관은 금색을 칠하였기 때문에 금관이라고도 하였다. 1품은 오량관을, 2품은 사량관을, 3품은 삼량관을, 4품에서 6품은 이량관을, 7품에서 9품은 일량관을 썼다.[6]

　조복의 의는 붉은색의 초綃로 만들었기 때문에 적초의라고도 하였다. 곧은 깃에 옆트임이 있고, 여밈과 도련, 옆트임, 소맷부리는 검은 선을 두르고 깃도 검은색으로 만들었다. 상도 의와 같이 붉은색의 초로 만들었기 때문에 적초상이라고 하였다. 중단은 조선 전기의 문헌에는 백색의 초로 만든 백초중단으로 기록되었으나, 조선 말기의 유물은 청색이다. 중단의 여밈과 도련, 옆트임, 소맷부리에도 검은 선을 둘렀다. 앞쪽 허리 아래에는 폐슬을, 양옆에는 패옥을, 뒤쪽 허리 아래에는 수를 늘어뜨렸다. 품계에 따라 장식이 다른 혁대를 하고, 손에는 홀을 들었다. 또 버선인 말과 예복용 신발인 혜를 신었다.

　왕이 면복을 입고 종묘와 사직에 제사를 지낼 때에는 백관들도 제복을 입었다. 제복의 구성과 부속품은 조복과 유사하여 대대와 혁대, 폐슬과 패옥, 수, 말과 혜, 홀 등을 갖추었다. 그러나 그림 11처럼 양관에 금칠을 거의 하지 않았던 점과 가장 겉옷인 의의 색상이 붉은색이 아닌 검은색인 것, 방심곡령을 더한 것이 달랐다. 그림 12는 고종의 삼촌인 흥완군興完君 이정응李晟應, 1815~1848의 제복 유물이다. 또 대한제국이 성립된 이후에는 흑단령에 방심곡령을 더하여 제복으로 착용하였다.

백관의 공복과 상복

백관이 공적인 문제를 의논하기 위하여 열리는 공회公會나 공사公事에 참여할 때, 외국사신을 접견할 때, 외국에서 사신의 공무를 수행할 때 등에는 공복公服을 착용하였다. 백관의 공복은 복두와 단령을 기본으로 하여 허리띠를 하고 흑피화黑皮靴를 신고, 홀을 들었다.

단령의 색상과 허리띠 및 홀의 재료는 품계에 따라 달랐다. 『경국대전』에 따르면 공복 차림에서 단령의 색상은 1품에서 정正3품까지는 홍포紅袍, 종從3품에서 6품까지는 청포靑袍, 7품에서 9품까지는 녹포綠袍를 입었다.[7] 이것이 1746년영조 22의 『속대전續大典』에서는 3품 이상은 담홍포淡紅袍,

3품 이하는 홍포紅袍[8]를 입는 것으로 변하였다. 또 1785년정조 9에 『경국대전』과 『속대전』 등의 법령집들을 통합하여 편찬한 『대전통편大典通編』에서 3품 이하는 청록색靑綠色 공복으로 변경되었다가,[9] 1884년고종 21에 관복이 간소화되면서 흑단령으로 통일되었다.

백관의 일상 집무복이었던 상복常服의 기본은 공복과 마찬가지로 단령이었다. 하지만 조선 중기 문신이었던 이산해李山海, 1539~1609의 초상화인 그림 13처럼 복두 대신 사모를 썼고, 단령의 가슴과 등에 사각형의 흉배胸背를 달았으며, 홀은 들지 않았던 점이 공복과 달랐다.

상복의 단령은 색상에 대한 제한이 원칙적으로 없었다.[10] 『대명회전』의 기록을 볼 때 명나라에서 상복의 포로 잡색雜色 즉, 다양한 색상을 입었으므로 명의 제도를 수용한 조선 초기 백관의 상복의 단령도 색상에 대한 규정이 없었을 것으로 본다.[11] 다만 시대에 따라 현록색玄綠色 등 선호한 색상은 있었던 것으로 보인다. 또한 1493년성종 24에 집필된 『악학궤범樂學軌範』 중 악사와 악공, 무인舞人들의 관복을 그림으로 그

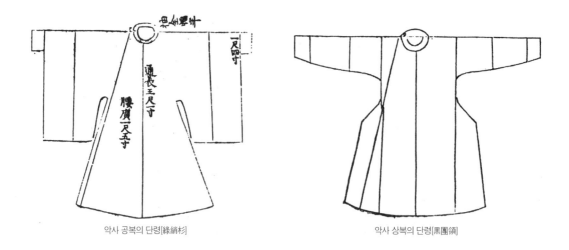

악사 공복의 단령[綠綃衫]　　　　　악사 상복의 단령[黑團領]

리고 그 치수를 기록한 관복도설冠服圖說에는 그림 14처럼 악사의 공복으로 착용된 단령과 상복으로 착용된 단령이 그려져 있다. 그림만으로는 한계가 있지만 이를 보면 공복과 상복의 단령은 소매너비나 무의 제작방식 등에 차이가 있었던 것으로 보인다. 상복도 1884년에 관복이 간소화되면서 공복과 마찬가지로 흑단령으로 통일되었다.

초기에는 상복의 허리띠만으로 품계를 구별하였다. 그러나 그 구별이 쉽지 않아 세종 때에 처음으로 흉배의 제정을 논의하여, 1454년단종 2에 흉배제도를 실시하였다. 대군大君은 기린麒麟, 제군諸君은 백택白澤, 대사헌大司憲은 해치獬豸, 도통사都統使는 사자獅子흉배를 사용하도록 정하였다. 또 문관의 경우 1품은 공작孔雀, 2품은 운안雲雁, 3품은 백한白鷳흉배를, 무관의 경우 1품과 2품은 호표虎豹, 3품은 웅표熊豹흉배로 정하여 3품 이상의 당상관만 흉배를 사용하도록 하였다.[12] 1505년연산군 11에 1품에서 9품까지 흉배를 사용하게 하면서 돼지猪와 사슴鹿, 거위鵝, 기러기雁 등의 무늬를 추가하였으나[13] 곧 원래의 제도로 되돌아갔다. 1691년숙종 11에는 문관은 날짐승, 무관은 길짐승으로 정해진 제도가 있으나 원칙대로 사용되지 않는다는 기록도 있다.[14] 이후 1745년영조 21에는 왕자와 대군은 기린흉배로, 문관 당상관은 학, 문관 당하관은 백한흉배로, 무관 당상관은 호표, 무관 당하관은 웅비熊羆흉배로 단순화하였다.[15] 또한 1897년고종 34에는 문관 당상관은 쌍학, 문관 당하관은 단학흉배로, 무관 당상관은 쌍호, 당하관은 단호흉배로 더욱 단순화하여 말기까지 사용하였다.

남자의 편복포, 액주름과 답호

조선 전기에 착용된 편복포는 액주름과 답호, 직령, 철릭 등이 있으나 이 단원에서는 액주름과 답호에 관하여 다루고, 직령과 철릭은 조선 후기에서 다루기로 한다. 액주름포腋注音袍의 명칭에서 '주음(注音)'은 '주름'을 한자로 표기한 것으로, 양쪽 겨드랑이 아래에 섬세한 주름이 잡혀있기 때문에 붙여진 것이다. '액추의腋皺衣'라고도 하였다. 곧은 깃의 포로 이중깃이나 목판깃, 반달깃 등 깃의 모양이 다양하였으며, 구성방법도 홑이나 겹, 솜, 누비 등으로 다양하였다. 국왕 및 왕세자의 혼례절차를 기록한 『가례도감의궤』 등의 기록을 통하여 볼 때 왕부터 선비, 하급 관리들도 입었다. 궁중 관련 문헌들에는 조선 후기까지도 액주름포의 기록이 있으나 출토복식을 통하여 볼 때는 거의 16세기에 집중되어 나타나며 17세기 중반 이후의 것은 출토된 예가 거의 없다. 그림 15는 진주류씨16세기 말 묘에서 출토된 액주름포이다.

조선 전기의 답호는 형태가 직령과 거의 동일하나 소매가 짧은 것이 특징이었다. 주로 철릭 위에 입었으며, 그 위에 단령을 착용하여 관복의 한 세트를 이루었다. 그림 16은 심수륜1534~1589 묘에서 출토된 답호인데 칼깃모양의 이중깃에, 양옆이 터진 넓은 무가 달려 있다.

15   16

15
액주름포
진주류씨 묘 출토
경기도박물관 소장

16
답호
심수륜 묘 출토
경기도박물관 소장

왕실 최고 여자의 예복, 적의

대비와 왕비, 세자빈, 세손빈 등 왕실의 적통을 잇는 여자들은 가례나 책봉, 새해 첫날과 동지의 하례, 국가의 경사 때 베푸는 진연이나 진찬 등 가장 중요한 행사들에 최고의 예복으로 적의翟衣를 입었다. 가례와 같은 대례에 입은 적의는 왕과 세자의 면복에 대응하는 옷으로서 법복法服이라고도 하였고,[16] 진연이나 진찬 등에 입은 적의는 상복常服에 해당하였다.[17]

고려시대인 1370년공민왕 19에 명나라로부터 처음 들어온 것으로 알려진 적의는 칠휘이봉관七翚二鳳冠과 청색 바탕에 아홉 줄의 꿩무늬를 수놓은 구등적의였으며, 중단을 받쳐 입고 대대와 혁대, 폐슬, 패옥, 수, 말과 석 등의 부속품을 갖추었다.[18] 이때에는 명나라도 복식제도가 정비되기 전이었기 때문에 송나라의 제도를 참고하여 만든 것이었다.

명에서는 태종 때부터 선조 때까지 왕과 왕비의 법복을 왕이 바뀔 때마다 보내왔다. 1403년태종 3 명나라에서 보낸 왕비 법복을 보면 칠적관七翟冠과 무늬 없는 대홍색의 대삼大衫, 적계翟鷄무늬가 있는 청색 배자, 청색 하피, 상아홀 등으로 구성되었다. 이 예복을 조선에서는 왕의 면복에 대응하는 왕비의 적의제도로 여겼으나 실제로는 명나라 군왕비群王妃의 관모[19]와 명부命婦 일품의 예복에 해당하는[20] 대삼제도였다.

임진왜란1592~1598과 병자호란1636~1637 이후에는 우리 식으로 변화된 적의를 국내에서 만들어 입었으며, 대삼제도와 적의제도를 혼용하는 등 시행착오를 거쳐 영조 때에는 우리 식의 적의제도가 확립되었다. 혼례에 대한 규정을 기록한 1749년영조 25의 『국혼정례國婚定例』와 왕실의 복식을 관장하는 상방원尙房院의 출입에 대한 규정을 기록한 1751년영조 27의 『상방정례尙房定例』, 『국조오례의』에서 제외되었던 왕비와 세자빈의 법복제도를 보강한 『국조속오례의보』를 통하여 적의제도를 완성하였으며,[21] 이는 대한제국 이전까지 유지되었다.

적의의 색상은 착용자의 신분에 따라 차이를 두어 현종과 숙종대를 거치면서 대비는 자색紫色, 왕비는 대홍색大紅色, 세자빈은 아청색鴉靑色으로 정착되기 시작하여 영조 이후 확정되었다.[22] 왕비의 법복에는 둥근 꿩무늬翟紋를 붙였는데 숙종 때를 기준으로 서른여섯 개에서 쉰한 개로 변경되었으며, 둥근 오조룡보를 달았다. 세자빈의 법복에는 서른여섯 개의 둥근 꿩무늬를 붙이고 둥근 사조룡보를 달았다. 또한 숙종

때부터 남성의 예복용 치마인 상의 개념을 도입하여 세 가닥으로 된 남색의 전행웃
치마를 갖추었는데, 왕비 법복의 전행웃치마에는 용무늬를, 세자빈의 전행웃치마에
는 봉무늬를 넣었다. 그 밖에도 별의別衣, 내의內衣, 하피, 면사面紗, 대대와 옥대玉帶, 폐
슬, 패옥, 수, 규, 말과 석 등의 부속품을 갖추었다. 중국에서 머리에 썼던 적관翟冠 대
신 오늘날의 가발에 해당하는 체발髢髮을 사용한 것과 보를 단 것, 전행웃치마, 별의,
내의, 하피, 면사 등이 포함된 것은 우리 적의제도만의 특징이었다.

이에 비하여 상복용 적의에는 대비와 왕비, 세자빈 모두 봉황보를 달았으며, 전행웃
치마의 경우도 보의 무늬로 미루어 볼 때 봉무늬였을 것으로 추정된다.[23] 또 옥대, 패
옥, 규를 생략하는 등 법복용과 약간의 차이가 있었다. 그림 17은 지금까지의 이러한
기록들을 토대로 재현한 적의들로, 왼쪽 위부터 시계방향으로 대비의 자적색 적의,
왕비의 대홍색 적의, 세자빈의 아청색 적의이다.

한편 대한제국이 성립되고 고종이 황제에 오르면서 다시 『대명회전』의 관복제도에
바탕을 둔 심청색 적의를 만들어 황후와 황태자비를 위한 대례복으로 착용하였다. 황
후와 황태자비 모두 심청색 바탕에 깃과 도련, 소맷부리에 홍색 선을 둘렀으며, 꿩무늬
와 그 사이사이에는 조선왕실의 상징인 작은 이화무늬를 배치하였다. 다만 황후의 것
은 십이등, 즉 열두 줄의 꿩무늬를, 황태자비는 구등, 즉 아홉 줄의 꿩무늬를 넣었으며,

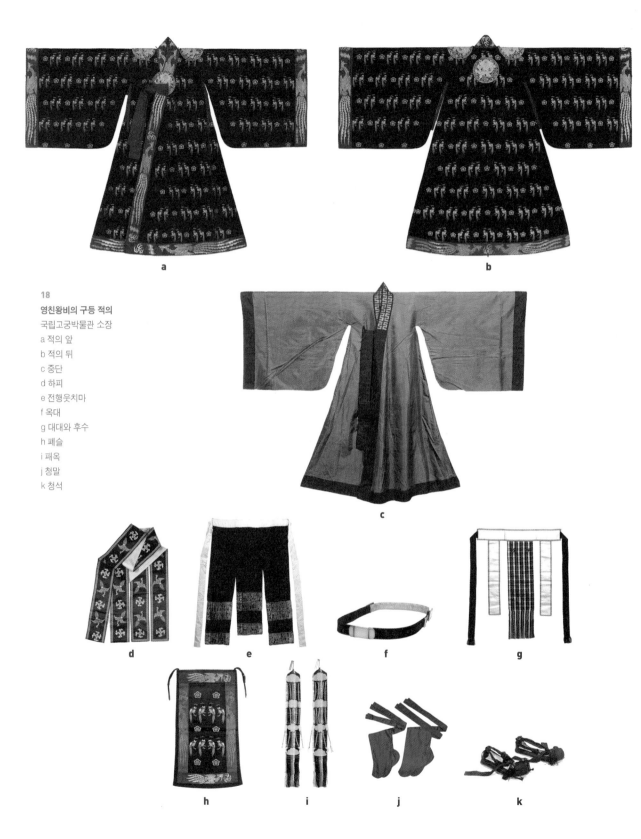

18
영친왕비의 구등 적의
국립고궁박물관 소장
a 적의 앞
b 적의 뒤
c 중단
d 하피
e 전행웃치마
f 옥대
g 대대와 후수
h 폐슬
i 패옥
j 청말
k 청석

4부 동아시아 국가질서의 형성과 예복제도

홍색의 선에 직금한 무늬도 황후는 용과 구름무늬
雲龍紋, 황태자비는 봉과 구름무늬雲鳳紋로 차등을
두었다. 그 밖에 옥색 중단에는 붉은 선을 두르고
깃에는 불무늬를 직성하였으며, 대대와 옥대, 폐슬,
패옥, 수, 청색의 버선과 석, 규를 갖추었다.

현재는 순종의 순정효황후純貞孝皇后, 1894~1966
윤씨가 착용하였던 십이등 적의 유물과 1922년 영
왕비가 순종과 윤비를 알현하는 조현례에 착용하
였던 황태자비의 구등 적의 유물이 남아 있다. 순
정효황후가 착용하였던 십이등 적의 유물에는 적
의와 중단, 폐슬, 하피, 청석만 있다. 또 영왕비가
착용하였던 구등 적의 유물에는 인모人毛로 만들
고 비녀와 떨잠으로 장식하여 관모처럼 쓰도록 만

든 대수大首와 하피, 전행웃치마, 중단, 대대와 옥대, 폐슬, 패옥, 수, 청색의 말과 석, 규
가 갖추어져 있다. 그림 18은 영친왕비의 적의 유물이며, 그림 19는 영친왕비가 적의
를 입은 모습이다.

왕실과 상류층 여자들의 예복, 국의와 노의, 장삼

성종대에 직조를 장려하는 의미로 왕비가 누에를 치고 누에신에게 제사를 지내는
의식인 친잠례가 시작되었는데, 이때에는 국의鞠衣를 입었다. 국의는 중국 주周나라 이
후 황후의 친잠복으로서 황색에 무늬가 없는 옷이었다. 우리나라에서는 1481년성종 12
에 왕비 윤씨의 국의를 만들었는데 뽕잎이 처음 돋을 때의 빛깔인 상색桑色으로 하였
다.[24] 이후, 1493년성종 24에 왕비의 국의는 청색으로, 명부의 국의는 아청색鴉靑色으로
바꾸었으며,[25] 광해군 때에는 왕비의 국의는 유청색柳靑色으로 바꾸고, 명부의 국의는
아청색을 그대로 입었다.[26] 이러한 변화 끝에 조선 말기에는 친잠복이 당의로 간소화
되었는데, 이는 1926년 황후 윤비가 친잠식 후에 촬영한 사진을 통하여 알 수 있다.

궁중의 혼례 등에 착용하였던 예복들 중의 하나인 노의露衣는 왕비와 세자빈, 후궁
등의 내명부內命婦뿐만 아니라 외명부外命婦 중 4품 이상 문무관 정처正妻[27]에게도 예

복으로 착용되었다. 『인조장렬후가례도감의궤仁祖壯烈后嘉禮都監儀軌』에는 노의의 형태와 무늬가 그림 20처럼 간략하게 그려져 있다. 그림에 따르면 노의는 크고 넓은 옷인데 앞보다 뒤가 조금 더 길었고, 소매 또한 넓고 컸다. 왕비의 노의는 대홍색이었으며, 전후좌우에 금원무늬金圓紋 삼백십오 개를 부금付金하였다. 여기서 금원무늬는 그림 20처럼 그려진 것을 볼 때 두 마리의 봉황이 원형을 이루며 마주보고 있는 형태의 무늬였을 것이다. 또 왕비의 노의에는 자색의 허리띠를 하고, 흉배를 달았으며, 소매 끝에는 남색의 천인 태수苔袖를 달았다. 『국혼정례』와 『상방정례』, 『가례도감의궤』 등의 기록을 보면 후궁, 공주 · 옹주 등의 가례에 착용한 노의도 붉은색이었다. 노의는 조선 중기까지 중요한 의복으로 착용되다가 점차 사용빈도가 줄어든 것으로 보인다.

　노의 다음 가는 격의 예복인 장삼長衫은 『국혼정례』와 『가례도감의궤』, 군 · 대군 및 공주 · 옹주의 혼례절차를 기록한 『가례등록嘉禮謄錄』, 국왕 및 후비后妃의 장례절차를 기록 『빈전혼전도감의궤殯殿魂殿都監儀軌』 등의 기록을 볼 때 왕비와 세자빈부터 후궁, 공주 · 옹주, 상궁, 나인에 이르기까지 모두 입었으며,[28] 혼례 시의 예복이나 예물, 수의 등으로 착용되어[29] 노의보다 용도가 다양하였음을 알 수 있다. 또 5품 이하 문무관 정처의 예복으로,[30] 외명부의 모임에 참석할 때 입는 의복이기도 하였다.[31] 색상 또한 홍색, 아청색, 황색, 흑색 등 다양하였는데, 홍장삼은 특히 혼례복으로 애용되었다. 『악학궤범』에는 궁중의 잔치에 기녀女妓가 입었던 장삼의 형태가 그림 21처럼 대략적으로나마 그려져 있다. 또한 옷길이는 두 자尺 여덟 치寸 오 푼分, 소매 한쪽 길이는 두 자尺, 소매길이와 끝동 너비는 여덟 치寸라고 기록되어 있다.

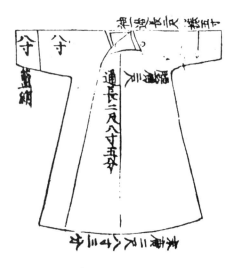

여자의 단령

조선 전기에는 일반적이지는 않으나 여자들도 단령을 입었던 것으로 보인다. 파평 윤씨?~1566, 청주 한씨1600년 전후, 연안 김씨16세기 말, 의인 박씨16세기 말, 장기 정씨1565~1614 묘 등에서 그림 22처럼 여자의 단령이 출토되었다. 지금까지 출토된 여자의 단령은 대개 홑으로 만들었으며, 소매는 통수이고 긴소매인 것과 반소매인 것이 있다. 남자의 단령과는 달리 앞보다 뒤가 조금 긴 경우가 많고, 옷감으로 만든 허리띠가 함께 출토되었다. 겉깃과 겉섶, 안섶의 모양은 남자의 것과 동일하지만 무의 형태 등에는 차이가 있다. 무는 대개 여러 겹의 맞주름으로 되어 있으며, 겉에서 앞뒤의 길쪽으로 고정한 경우가 대부분이었다.[32] 또 직금된 노사鷺鷥흉배나 공작흉배 등이 달린 경우도 있다.

한편 김확金矱, 1572~1633 부인 동래 정씨1567~1631 묘에서는 그림 23처럼 단령과 원삼의 중간적인 형태도 출토되었다. 동래 정씨 원삼의 경우 깃은 U자형의 원삼 깃보다 단령 깃과 더 비슷하나, 맞깃인 것은 원삼에 가까우며, 소매 끝에는 크기가 작은 한삼을 달았다. 학자에 따라 이견이 있지만 이와 같은 여자의 단령은 명나라에서 들여온 것으로 추정되며, 조선시대 초기 문헌들에 기록된 단삼일 가능성이 있다.[33]

22   23

22
여자의 단령
파평 윤씨 묘 출토
고려대학교박물관 소장

23
단령과 원삼 중간 형태의 의복
김확 부인 동래 정씨 묘 출토
경기도박물관 소장

12장
센고쿠 시대의 복식

변혁의 시작, 오닌의 난과 센고쿠시대

15세기 중엽 무로마치 막부의 쇼군 계승권을 놓고 다투었던 오닌의 난応仁の 亂, 1467~1477이 발발하면서 일본에서는 150여 년에 걸친 내란의 시대가 시작되었다. 내란이 전국적으로 확산되면서 막부의 권위는 실추되었고, 오닌의 난이 평정된 이후에도 영토 확장을 목적으로 한 지방의 영주들 간의 싸움은 계속되었다. 이처럼 막부의 존재가 유명무실하였던 무로마치 후기부터, 일본이 다시 통일되어 새로운 시대의 기초가 마련된 아즈치모모야마安土桃山시대까지를 센고쿠시대戰國時代, 1467~1603 즉, 전국시대라고 한다.

센고쿠시대의 시작은 대개 오닌의 난을 기점으로 보고 있으나, 그 끝에 대한 구분은 학자마다 조금씩 달라 오다 노부나가에 의하여 무로마치 막부가 멸망한 1573년까지로 보기도 하고, 때로는 전국全國이 통일되어 새로운 시대의 기초가 마련된 아즈치모모야마安土桃山시대까지를 포함하기도 한다. 그런데 무로마치 후기1467~1573와 아즈치모모야마시대1573~1603 사이에는 문화와 복식 면에서 많은 차이점이 나타나므로, 이 책에서는 두 시기를 분리하여 살펴보려 한다.

위에서 말한 것처럼 오닌의 난 이후에도 무로마치 막부는 존속하였으나 사실상 쇼군의 권위는 유명무실해서 그 영향력은 겨우 교토 일대에 미칠 뿐이었고,[1] 쇼군의 옹립과 추방도 막부의 가신들에 의해 좌지우지될 정도였다. 이러한 막부의 상황은 가신의 협의기관에서 내린 결정이 주군의 의사에 우선한다는 관념을 낳았고 이것이 하극상현상을 촉발시키는 원인이 되었다.[2] 막부의 권위가 상실되고 중앙정부의 지배력이 약화된 센고쿠시대는 힘 있는 무사나 지방영주들에게는 자력으로 영토와 권력을 얻을 수 있는 기회의 시대였다. 실력만 있으면 천하의 권력을 얻을 수 있는 기회의 시대였으나 생존하기 위하여 힘을 기르고 전쟁에서 승리해야만 살아남는 혼란의 시대이기도 하였다.

이러한 상황 속에서 강력한 무력을 배경으로 영토를 획득·확장하여 자신의 영토와 농민을 지배하는 권력자들이 등장하였으니, 이들을 센고쿠다이묘せんごくだいみょう, 戰國大名라 하였다. 전국시대의 센고쿠다이묘 중에는 지방의 군소 세력가나 막부에서 임명한 슈고다이묘守護大名의 가신家臣이 주군主君을 멸망시키고 센고쿠다이묘로 성장한 경우가 많았다.

오닌의 난 이후 무로마치 후기의 복식

공가의 몰락과 무가 및 서민 복식의 발달

　지속적인 전란으로 인심이 황폐해지고 막부가 무용지물이 되면서, 문화와 정치의 중심지였던 교토는 초토화되었고 황실과 공가의 전통과 관습은 무너졌다. 공가 중에는 경제적 궁핍으로 조정에 입고 갈 예복이 없어서 출사하지 못한 사람도 있었으며, 겨울용 포를 여름에 입거나 여름용 포를 겨울에 입고 입궐하는 경우도 적지 않았다.[3] 이러한 혼란 속에서 공가복식 자체는 기본적으로 크게 변한 것은 없었으나 전란의 여파와 경제적인 이유 등으로 간소화되는 경향을 보였다.[4]

　반면에 공가와는 다른 무가문화가 센고쿠다이묘를 중심으로 개화하기 시작하였고 복식도 무가를 중심으로 발전하기 시작하였다. 본래 무사들에게는 무술을 연마하는 것이 무엇보다도 중요한 일이었으므로, 그들의 옷은 기능적이며 활동에 편리한 형태였다. 또한 언제 있을지 모르는 전투를 대비해야 했기에, 화려했던 교토의 공가 귀족에 비하여 검소하고 실질적인 면이 강조되었다. 이러한 무가의 복식은 후대로 갈수록 화려하고 호화롭게 발전하였는데, 특히 도회지풍을 받아들인 상류층 무사 사이에서 두드러진 현상이었다. 공가와 무가의 사회적 입장이 역전되고 무가 복식의 지위가 상승하면서 무사의 일상복이었던 히타타레는 점차 예복화되었고 가타기누바카마かたぎぬはかま, 肩衣袴와 같은 새로운 복식이 탄생하기도 하였다.

　센고쿠시대의 센고쿠다이묘들은 자신의 영지를 지키기 위하여 전력을 강화하는 데 온 힘을 기울여야 했기에 부국강병의 기반이 되는 농업생산력을 향상시키기 위하여 권농정책과 농촌보호정책을 추진하였다. 이러한 부국강병책은 농민이나 직인職人과 같은 서민계급의 경제적 안정을 불러왔으며 이를 토대로 기존과는 다른 서민문화가 형성되기 시작하였다.

　헤이안시대의 공가에서는 좁은 소매의 고소데를 예복의 받침옷으로만 착용하였으나, 사실상 서민들은 남녀 모두 고소데를 일상복으로 입었다. 이처럼 서민들의 겉옷으로 사용된 고소데에는 이전부터 홀치기 같은 간단한 염색법으로 무늬를 넣어 장식하기도 하였다.[5] 서민 세력이 향상된 센고쿠시대에는 더욱 다양한 무늬염과 자수의 기법이 더해져 서민의 고소데는 더욱 다양하게 발전하였다. 또한, 16세기 중반에

는 조선에서 목화가 전래되어 일본 최초로 무명포가 생산된 이후, 면직물은 서민들과 무사들이 즐겨 사용하는 실용적인 소재가 되었다. 헤이안시대 이래 직물생산의 중심지였던 교토의 니시진にし-じん 西陣 공방에서는 무로마치시대 이후에도 막부의 보호 아래 전통직물을 개발하였다. 또한 명에서 전해진 금란金欄, きん-らん이나 단자緞子, どん-す와 같은 고급기술을 받아들여 더욱 다양한 직물을 생산할 수 있었다. 이러한 염직의 지속적인 발전은 제직과 자수, 금박, 염색 등이 복합적으로 사용된 화려한 복식문화의 토대가 되었다.[6]

히타타레, 평상복에서 무사의 예복으로

센고쿠시대 무가의 최고 예장은 공식적으로는 조정의식에 참석할 때나 카마쿠라에 있는 신사를 참배할 때 쇼군이 입는 공가의 소쿠타이そくたい, 束帶였다. 그러나 막부가 유명무실한 상태였기 때문에, 이전에는 무사들의 평상복으로 착용되었던 히타타레ひたたれ, 直垂가 점차 중요한 복식으로 부각되었다. 과거에는 지방무사나 서민이 즐겨 입던 히타타레는 무사의 사회적 지위 향상과 함께 점차 격식을 갖추게 되었다.[7]

히타타레를 정식 예복으로 입을 때에는 길이가 긴 나가바카마ながばかま, 長袴를 착용하였으며, 이때 하카마袴의 허리띠는 반드시 흰색을 사용하였다. 정식 예복이 아닌 경우에도 허리띠의 색상만은 하카마와 다른 색을 사용하였다.[8] 히타타레 깃의 좌우 양쪽에는 가는 끈이 달렸는데 이것을 앞으로 묶어 드리우고, 상의는 바지 속에 넣어 입었다. 그림 1은 무로마치 후기 센고쿠다이묘 중에 한 명인 미요시 나가요시三好長慶 1522~1564 초상으로 예복으로 사용된 당시의 히타타레의 형식을 확인할 수 있다.

무사의 평상복에서 유래한 히타타레는 본디 의례복이 아니었기에 색상과 무늬에 대한 특별한 규정이 없었으며, 취향에 따라 색상을 자유롭게 사용할 수 있었다. 그중에서 특히 갈색의 '갈褐, かち'은 '승勝, かづ'과 발음이 비슷하다는 점에서 선호되었다. 무로마치시대 이후 히타타레가 예복화되고, 에도시대부터는 상위계층 무사의 예복으로 정해지면서 일반 무사들은 쇼군이 사용했던 자색紫色과 적색赤色을 사용하지 않게 되었다.[9] 무늬도 꽃이나 대나무 등 가지각색이었는데, 주로 스텐실 기법으로 나뭇잎이나 꽃잎모양의 무늬를 넣거나 홀치기염색으로 무늬를 넣었다.[10]

히타타레는 갑옷의 받침옷으로도 사용되었는데, 이것을 개직수鎧直垂, 즉 요로이히타타레よろいひたたれ라 하였다. 이 옷은 원래 갑옷 속에 입기 편하도록 좁은 소매가 달리고 소맷부리와 바짓부리를 오므릴 수 있도록 끝에 끈이 달린 실용적인 옷이었다. 그러나 후대로 갈수록 실용성과는 상관없이 그림 2처럼 화려한 비단이나 고급직물로 호화롭게 만든 것이 선호되었다.[1] 이는 초기의 검소함보다는 화려함을 추구하고 과시적으로 변한 센고쿠시대 말기 무장武將의 복식관이 반영된 것이라 하겠다.

히타타레의 발전과 용도의 변화

무로마치 후기에는 히타타레의 위상이 상승하여 예복으로 사용된 경우 외에도 히타타레에서 분화된 다른 복식들도 등장하였는데, 이것이 다이몬だいもん, 大紋과 스오우すおう 素襖이었다.

다이몬은 마직으로 만든 히타타레의 일종으로 양 가슴과 소매 가장자리, 등솔기, 바지의 옆술기에 집안을 상징하는 가몬かーもん, 家紋을 크게 새겨 넣는 것이 특징이었다.

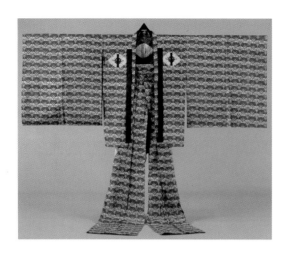

03

04

03
나가바카마 형태의 스오우
National Noh Theatre 소장

04
스오우를 입은 다카미 센세키
[鷹見泉石] 초상
도쿄 국립박물관 소장

다이몬의 가몬은 옷감을 염색할 때 원래의 바탕색인 흰색을 그대로 남겨서 만들며, 그 위에 기쿠토지鞠綴를 달아 장식하였다. 주로 상위무사의 복식으로 사용되었다.[12]

다이몬에서 파생된 스오우 역시 마직으로 만들며 하급무사나 무가 소년들의 평상복으로 사용하였다.[13] 옷의 형태는 다이몬과 같았으나 정해진 가몬만을 사용할 수 있는 다이몬과는 달리 가몬 위치에 다양한 무늬를 사용할 수 있었다. 그림 3처럼 가슴 끈과 키쿠토지를 가죽으로 만드는 것이 특징이었다.[14] 또한 히타타레와 다이몬의 하카마 허리띠는 별도의 흰 천으로 만드는 것에 비하여 스오우는 상의와 하카마, 하카마의 허리띠를 모두 같은 직물로 만들며 하카마의 폭도 좁은 편이다.[15]

그림 4는 와타나베 가잔渡邊華山, 1793~1841이 그린 다카미 센세키鷹見泉石의 초상으로 에도시대 말기까지 유지되었던 스오우의 양식을 확인할 수 있다.

가타기누바카마의 탄생

무로마치 후기에 등장한 복식 중에 가장 독특한 것은 고소데를 입은 후에, 그 위에 등걸이 형태의 가타기누かたぎぬ, 肩衣와 하카마를 입는 가타기누바카마かたぎぬばかま, 肩衣袴이었다.[16]

가타기누바카마의 기원은 명확하지 않으나 일본에서 가장 오래된 노래책인 『만요슈萬葉集』에서 포건의布肩衣가 나오는 것을 근거로 나라奈良, 710~784시대에 서민들이 입던 소매 없는 옷을 기원으로 보기도 한다. 그러나 일반적으로는 노동일에는 불편한 긴 소매를 잘라서 입던 것이[17] 무로마치 중기, 오닌의 난 이후 무가 사이에 유행한 것으로 알려져 있다.[18] 가타기누바카마 속에는 고소데를 받쳐 입었는데, 소매와 여밈이 없는 가타기누의 특성상 받쳐 입은 고소데는 그대로 노출될 수밖에 없었다. 이처럼 밑 받침옷으로 입은 고소데가 거의 겉으로 드러나면서 남자의 고소데는 점차 겉옷의 성격을 갖게 되었고 장식적인 요소도 가미되었다. 이런 특징 때문에 가타기누바카마는 남자복식에서 고소데가 기본이 되는 시대를 연결해 주는 옷으로 보기도 한다.[19] 무로마치 초기의 가타기누바카마는 그림 5처럼 어깨가 자연스러웠으나, 무로마치 말기부터 가타기누바카마의 형태가 달라지기 시작하여 어깨가 확장되고 각진 과장된 모습으로 정형화되었다. 평상시에 입는 가타기누에는 활동하기 편하도록 길이가 짧은 하카마를 입었으나, 예장용으로는 바지자락이 바닥에 끌릴 정도로 길이가 긴 하카마를 착용하였다.

05
무로마치시대의 가타기누바카마
「관도풍병풍(観図楓屏風)」 부분
도쿄 국립박물관 소장

기능성과 실용성을 갖춘 도우부쿠와 도우후쿠의 유행

무로마치 중기 이후 일반인들은 길이가 짧은 도우부쿠どうぶく, 胴服라는 상의를 즐겨 입었다. 도우부쿠는 스님들이 착용하던 도우후쿠どうふく, 道服에서 유래한 것이다.[20] 두 옷의 공통점은 먼지를 막거나 방한을 위해 덧입던 실용적인 덧옷이라는 점이다. 차이점은 스님의 도우후쿠는 소매가 넓고 옷길이가 긴 편이며 그림 6처럼 겨드랑이 아래에 여러 개의 주름을 잡은 것에 비하여, 서민들이 즐겨 입던 도우부쿠는 허리를 가릴 정도로 짧으며, 겨드랑이 아래에 주름도 없는 단순한 형태라는 것이었다. 도우부쿠는 입고 벗기 편하다는 점 때문에 갑옷이나 요로이히타타레鎧直垂 위에 덧입는 옷으로 무사들 사이에서도 선호되었다. 스님들의 도우후쿠나 서민들의 도우부쿠는 먹색이나 다갈색으로 만든 수수한 것이 사용된 것에 비하여 갑옷 위에 입던 무사들의 도우부쿠는 화려한 것이 선호되었다. 소재는 중국 비단이나 서양에서 수입된 진홍색의 모직물, 또는 가죽을 염색하여 만든 것 등 다양한 고급소재를 사용하였으며 그 위에 가몬을 넣기도 하였다. 이러한 도우부쿠는 전시戰時뿐만 아니라 평상시에도 고소데 위에 가볍게 걸치는 겉옷으로 애용되면서,[21] 점차 후대의 하오리はおり, 羽織로 발전하였다. 그림 7은 겉감으로는 견직물에 화려한 무늬를 염색하고 안쪽에 고치솜을 채워 만든 모모야마시대의 도우부쿠이다.

고소데 형식의 성립

과거 일본복식의 근간을 구성하였던 공가의 경우, 오랜 전란 동안 그 세력이 약화되면서 이전과 달리 상황에 맞도록 예복을 갖춰 입지 못하는 경우가 많았다. 남자의 경우 예복을 입어야 하는 경우에도 흰색의 고소데에 예복용 바지인 사시누키さし-ぬき, 指寬만 입거나, 겨우 가리기누かり-ぎぬ, 狩衣 차림을 하는 것이 일반적이었다. 궁중에 왕의 시중을 드는 여관들도 흰색 고소데에 붉은 하카마만 입은 간소한 차림이 일반적이었고 평상시에는 하카마를 생략하는 경우도 적지 않았다.[22] 점차 공가 여자예복에서 필수적이었던 하카마는 신사나 공가의 특수한 예복으로만 존재하게 된다.

고소데를 기본복식으로 착용하였던 무가 여자들은 붉은색 하카마를 예복으로 입었던 공가와는 달리, 성장盛裝을 할 경우에도 하카마를 입지 않았다. 상류층 무가부인들은 격식을 갖춰야 하는 자리에서도 하카마를 입지 않았으며, 단지 두세 장의 고소데를 겹쳐 입은 후에 그림 8처럼 화려하게 장식된 고소데를 겉옷처럼 가볍게 걸친 차림을 하였다. 이때 제일 위에 걸쳐 입던 장식적인 고소데는 점차 겉옷의 속성을 갖게 되면서 후대의 우치카케로 발전하였다.[23]

상류층 무가부인들의 여름 옷차림으로는 궁중에서 잡일을 도맡아하던 여관女官들의 예복이었던 '고시마키こしまき, 腰卷き'에서 유래한 그림 9와 같은 차림새를 하였다. 고시마키란 웃옷으로 입던 포 형식의 우치기うちぎ, 袿를 벗어 허리에 감은 모습에서

08
고소데 위에 대를 매지 않고
다른 고소데를 걸친 모습
The New York Public Library 소장

09
고소데 고시마키 차림의
아사이 나가마사[淺井長政] 부인상
지묘인[持明院] 소장

유래한 것으로, 이는 겉옷을 벗어 경쾌하게 함과 동시에 우치기를 예복용 치마인 모ち, 裳를 대신한 것이었다. 무로마치 말기의 무가 상류층 부인들도 여러 개의 고소데를 입은 후에, 가장 위에는 화려하게 장식된 고소데의 소매를 끼지 않은 채 허리에 두른 차림을 즐겼다. 이것을 '우스기누うすぎぬ, 薄衣' 또는 '고소데 고시마키こそで こしまき, 小袖 腰卷'라 했다. 이러한 착용방법은 공가에서 유래한 것이었으나 고소데를 기본으로 한 차림이라는 점에서 많은 차이가 있었다. 이러한 무가의 간편한 고소데 차림은 공가사회에서도 유행하였으며, 여러 개의 고소데를 덧입고 그 위에 화려하게 꾸며진 고소데를 걸치는 상류층 무가부인의 차림새는 오히려 공가 여자들의 겨울철 예장으로도 사용되기 시작하였다.[24]

일반 서민들에게 고소데는 여자뿐 아니라 남자들의 일상 복식이기도 하였다. 노동에 종사하는 서민남자들은 활동성을 위하여 고소데와 짧은 하카마를 같이 입는 것이 일반적이었으며, 여자들도 노동할 때는 고소데의 소매를 묶거나 활동하기 편한 차림을 하였다.

과거 공가복식에서는 속옷으로, 서민들에게는 평상복으로 사용되었던 고소데는 이제 평상복뿐만 아니라 예복의 역할을 수행하는 가장 기본적이면서도 중심적인 복식이 되었다. 또한 평상시에 고소데만을 입는 차림은 무가세력의 확산과 함께 점점 일반화되는 경향을 보였다.[25]

아즈치모모야마시대의 복식

일본의 통일과 근세봉건체제의 정비

아즈치모모야마시대安土桃山時代, 1573~1603는 백여 년에 걸친 전란의 시대가 끝나고 통일의 기초를 마련한 오다 노부나가織田信長, 1534~1582와 그 뒤를 이어 전국통일을 이룬 도요토미 히데요시豊臣秀吉, 1536~1598가 통치한 시기를 말한다. 시대의 명칭은 통치자가 거주한 곳에서 따온 것으로 오다 노부나가가 통치한 시대를 아즈치시대, 도요토미가 전국을 지배한 후반을 모모야마시대라 한다. 이 중에서 모모야마라는 시대 명칭은 도요토미가 거주했던 후시미 성터에 훗날에 복숭아나무 꽃밭이 형성된 것에서 유래한 것이다. 아즈치모모야마시대는 비록 30년 남짓의 짧은 기간이었으나 노부나가와 토요토미에 의하여 전국 각지의 센고쿠다이묘가 통일되고 정치·사회·경제상으로 근세적 봉건체제가 정비되어, 이후 에도막부의 정치기관과 사회체제의 기초가 형성된 시기이기도 하다.

두 시대의 정신은 거침없이 호방하고 활달한 것에 있었다. 그러한 사회상의 이면에는 전국통일의 대업을 이룬 노부나가와 히데요시라는 두 위정자의 성향과 상공업의 발달과 함께 성장한 부유한 도시 상공인商工人의 강인한 생명력이 있었다. 이러한 시대정신은 문화와 예술분야에서도 반영되어 사회 전반에 기존과는 다른 새로운 현상이 나타났다. 아스카시대飛鳥時代 이래 최초로 불신佛神보다 인간을 우위로 하는 분위기가 생겨나서 불당보다 지배자의 성채를 크고 화려하게 장식하는 풍조가 나타났으며, 성채의 건물 안은 강한 채색과 함께 금박·은박으로 꾸미는 다미에だみえ, 彩絵·濃絵기법의 벽화나 가리개 등으로 화려하게 장식하기도 하였다. 그 외에도 서양에서 전래된 진기한 물건에 대한 호기심과 남만풍南蠻風으로 불려진 이국취미, 그리고 민중의 에너지를 분출할 수 있는 화려한 축제와 행사 등은 그러한 시대의 단면이다.[26]

중세에서 근세로의 과도기였던 이 시기는 사회문화적 측면뿐만 아니라 복식사적으로도 한 시기의 획을 그었다. 새롭고 진기하고 화려한 것을 좋아하는 경향은 복식에도 만연하여 지배계층은 물론이고 서민의 복장도 개방적인 성향을 보였으며, 빈약한 의복은 검소함의 상징이 아니라 도리에 어긋난 것으로 여길 정도였다. 이러한 경향은 하층민 출신에서 간파쿠關白의 지위까지 올랐으며, 자신의 성공과 위엄을 과시하려는 경향이 다분하였던 히데요시의 통치기에 이르러 극에 달하였다.[27]

공가복식의 부활

모모야마시대에는 이전의 성대한 모습을 완전히 잃고 쇠락한 공가의 복식이 다시 부활하여 이전의 모습을 되찾게 되었는데, 이는 도요토미 히데요시의 과시적인 취향과 밀접한 관계가 있었다. 특히 교토의 조정을 출입할 때 착용하였던 공가예복은 순식간에 이전 시대로 되돌아간 느낌이 들 정도였다. 깃의 높이나 세부적인 형태까지 과거로 돌아간 것은 아니지만 소쿠타이束帶나 노우시直衣 등은 과거 공가복식의 위엄을 되찾았다. 특히 공가의 소쿠타이는 무가에서도 최고의 예복으로 여겨 간파쿠나 쇼군이 일본 왕실을 방문할 때의 예복으로 다시 사용되었다.

공가 여자의 복식은 크게 변한 것이 없었으나 새로운 장식이 첨가되었다. 대표적인 것은 예복용 치마인 모も, 裳의 허리 중앙에 끈을 달아 양어깨부터 가슴 앞에 늘어뜨린 가게오비かげおび, 懸帶가 있었다.[28] 그림 10은 에도시대의 쥬니히토에를 재현한 것이다. 그림 10에서 화려한 자수가 놓이고 어깨에서 내려와 가슴부위에서 매듭을 지은 붉은색 끈이 가게오비이다.

그러나 공가 여자의 일반적인 차림이었던 넓은 소매의 우치기うちぎ, 袿[29]와 하카마를 갖춰 입는 차림은 사라졌으며, 대신에 고소데에 하카마를 입은 간소화된 차림이 예장으로 사용되었다. 이러한 차림은 에도시대까지도 궁중여관의 예복 중 하나로 사용되었다.[30]

격식화된 가타기누바카마와 가미시모의 전통

이 시대의 무사들은 전과 마찬가지로[31] 곧은 깃이 달린 상의와 바지로 구성된 히타타레와 다이몬, 그리고 스오우 등을 기본복식으로 사용하였다. 그중에서 새롭게 나타난 변화도 있었으니, 가장 대표적인 것이 가타기누바카마肩衣袴의 예복화였다.

원래 가타기누바카마는 무사들의 평상복에서부터 예복에 이르기까지 다양한 용도로 사용되던 옷이었다. 이것이 무로마치 말기부터 쓰임에 따라 옷의 외관이 달라져서 평상시의 가타기누바카마는 그림 5처럼 어깨선이 자연스러운 것을 입었지만 예복으로 입을 때는 그림 11처럼 풀을 먹여 어깨선이 살아 있는 각진 것을 착용하였다. 또한 예복용 가타기누에는 바지자락이 끌릴 정도로 길게 만든 나가바카마長袴를 함

11
오다 노부나가의 초상
도요타시[豊田市] 쵸우코우지
[長興寺] 소장

께 입었다. 이때 가타기누와 길이가 긴 하카마는 반드시 같은 옷감으로 만들어야 했고 양어깨와 바지허리와 양옆 솔기 아래에는 가몬을 새겨 넣는데, 이렇게 하면 에도시대 무사의 대표적 예복인 가미시모かみしも, 裃와 유사한 형태가 된다.[32]

가미시모かみしも, 上下란 용어의 기원은 헤이안시대까지 거슬러 올라간다. 원래 수이칸水干과 하카마袴로 구성된 위아래 옷을 모두 같은 옷감으로 만들어 입는 민간의 풍습에서 비롯된 것으로 가미시모는 위아래를 같은 감으로 만든 '한 벌 옷'을 뜻하는 용어였다.[33] 이처럼 가미시모는 민간의 풍습이었으나, 무가복식에서 발전한 히타타레와 다이몬 등이 예복화되면서 점차 예복의 특징으로 자리 잡게 되었다. 특히 가타기누와 나가바카마를 한 벌로 입은 것을 공식복장으로 삼았던 모모야마시대에는 이것을 '가미시모上下'라 하였으며, 에도시대에는 '裃'라고 쓰고 '가미시모'라 읽었다.

서양문물의 유입과 남만풍의 유행

1543년 여름, 포르투갈인을 태운 중국 배가 표류하다가 다네가섬種子島에 도착하면서 이들이 지니고 있던 총 두 자루가 일본에 전해졌으며, 이후 1549년 기독교의 포교를 위하여 프란시스코 자벨 일행이 가고시마鹿兒島에 도착한 것을 계기로 포르투갈과 스페인의 선교사와 무역선이 지속적으로 일본에 들어오게 되었다.

선교사들은 포교의 허락과 환심을 얻기 위하여 위정자에게 총이나 시계, 안경, 라사羅紗, 비로드 등의 진귀한 물건을 선물하였고, 이러한 물건들은 새로운 것에 대한 호기심과 과시적인 성향이 넘쳐나던 당시의 시대상황과 맞물려 대대적인 이국정서의 유행을 가져왔다. 남만선南蠻船, 즉 서양 무역선의 출항지이자 기항지였던 나가사키長崎에는 포르투갈인의 옷을 사기 위해 영주와 부유한 상인들이 넘쳐났으며, 때로는 그러한 옷을 주문제작하여 만들어 입기도 하였다.[34] 1549년에 개최한 요시노의 꽃놀이 때에는 영주들에게 남만의 옷, 즉 서양풍으로 입고 참석하도록 명하였다는 기록이 있는 것으로 보아 당시 무장武將들 사이에 남만풍이 크게 유행하였음을 알 수 있다. 그림 12는 당시에 도래한 남만인, 즉 유럽인을 묘사한 것이다. 이러한 회화뿐만 아니라 남겨진 유물에서도 서양식의 금사슬, 단추, 러프ruff 등이 확인되는 것으로 보아

12
칼쌍과 망토를 입은 유럽인의 모습
「남만병풍(南蠻屛風)」 부분

서양에서 생산된 옷감뿐만 아니라 새로운 의복의 제작법이나 서구적인 장식 등도 전파되었던 것으로 보인다. 당시에 수용된 남만풍의 복식 관련 용어로는 서구의 망토에서 유래한 가빠合羽, 스페인이나 포르투갈인들이 입었던 바지인 칼상calção에서 유래한 가루상カルサン, 輕衫, 포르투갈어 모직물 라샤raxa에서 기원한 라사らしゃ, 羅紗, 사라사saraça에서 유래한 사라사サラサ, 更紗, chintz 등이 있다. 남만풍의 유행은 일반생활에

도 그 잔재가 남아 있어 빵, 카스텔라, 덴푸라, 다바코煙草, 비누를 뜻하는 샤본 등은 당시에 전해진 포르투갈어의 흔적이다.

　표 1은 센고쿠시대부터 모모야마시대에 전해진 대표적인 직물 명칭을 정리한 것으로 기존에 중심적인 무역국이었던 중국뿐만 아니라 인도, 포르투갈 등에서 다양한 직물이 유입되었음을 알 수 있다. 당시의 새로운 문물에 대한 호기심에서 비롯된 이국 취향의 정서는 명나라와의 무역을 통하여 금박기술이나 금사로 짠 금란金襴과 같은 화려한 견직물의 수입뿐만 아니라 서양과 남방에서 유래한 이국적인 의복 소재의 대유행을 가져왔다. 이처럼 다양한 기원을 갖는 새로운 직물의 유입은 이후 새로운 제직기술과 염색법의 발전에 영향을 주었다.

표 1 센고쿠시대 이후 모모야마시대에 유입된 외래 염직물의 명칭과 종류

명칭	일본어 발음 및 표기	특징	유래
당직(唐織)	가라오리 (から-おり)	송·원·명에서 전해진 중국의 비단	중국
금란(金襴)	긴란 (きん-らん)	금사를 씨실로 하여 무늬를 짠 비단의 일종	중국
단자(緞子)	도우스 (どん-す 또는 ドンス)	정련한 견사로 짠 수자직(繻子織)의 비단	중국
수자(繻子)	슈스 (しゅ-す)	새틴. 수자직으로 짠 직물	중국
사라사[更紗]	사라사 (サラサ)	면직물이나 명주에 꽃·새 등의 무늬를 넣은 직물. 친츠(chintz)	인도
호(縞, 縞島)	시마 (しま)	줄무늬. 남양(南洋) 섬에서 줄무늬 직물이 전해진 것에서 비롯됨	적도 부근의 섬 지방
비로드	비로도 (ビロード)	우단, 벨벳	포르투칼(veludo) 스페인(velludo)
라사(羅紗)	라샤 (らしゃ)	두껍고 보풀을 세운 모직물	포르투갈 (raxa)
메리야쓰	메리야스 (メリヤス)	신축성이 좋은 면사나 모사로 짠 편직물을 뜻하였으나 의미가 와전됨	스페인 (medias)

복식의 기본형이 된 고소데

센고쿠시대 이래 새로운 지배계층으로 대두된 무가武家의 권력은 세습적인 것이 아니라, 신분이 낮은 자들이 무력을 통하여 획득한 경우가 대부분이었다. 농민의 자식으로 태어나 위정자의 자리까지 오른 도요토미 히데요시도 평소에 즐겨 입던 옷은 서민적인 고소데こ-そで, 小袖였다.[35] 당시에 새로운 지배계층으로 부각된 무가의 부인들의 경우도 공가公家나 궁정 출신이 아닌 경우가 대부분이었기에, 서민 여자와 마찬가지로 평범한 고소데에 폭이 좁은 허리띠인 호소오비ほそ-おび, 細帶를 두른 차림이 일반적이었다. 그러나 지위와 부가 상승하자, 점차 일반인과 차별화된 차림새를 추구하여 복식 및 외모에서부터 권위를 나타내려는 시도가 시작되었다.

무가의 여자복식에서 신분의 차이를 드러내기 위해 고안된 것이 가사네기かさね-ぎ, 重ね着라는 공가식 착용방법이었다. 가사네기란 헤이안시대 이래 공가에서 시행된 것으로 유사한 형태의 옷을 여러 벌 겹쳐 입고, 그 위에 소매가 넓은 우치키를 가볍게 걸쳐 입는 방식을 말한다.[36] 이러한 착장법에서 발전된 무로마치시대 상류층 무가 여자의 모습은 하카마 없이 고소데를 두세 벌 겹쳐 입고, 공가의 우치키 대신에 장식화된 고소데를 덧입은 차림이었다. 더운 여름에는 이전과 마찬가지로 고소데 고시마키 小袖 腰卷 차림을 하였다.

이러한 두 가지 착장법은 모두 고소데를 기본으로 하였다는 점 외에는 기존의 착용

13 14

13
어깨와 자락에 문양을 배치한
기모노
도쿄 국립박물관 소장

14
바둑판모양으로 문양을 배치한
기모노
도쿄 국립박물관 소장

법과 거의 차이가 없었다. 그러나 이 시대에는 우치기 대신에 겉옷으로 착용하던 '장식화된 고소데'가 '우치가케ラち-かけ, 打かけ, 打掛'로 발전하였다.

우치가케는 고소데 위에 덧입던 우치기를 대신하여 간편하게 또 다른 고소데를 걸치고 외출하였던 가마쿠라시대 무가 여자의 풍습에서 비롯된 것이었다. 여기에서 점차 거추장스러운 예장용 바지를 생략하고, 공가의 가사네기의 방식을 모방하여 안에 입던 고소데를 여러 벌 겹쳐 입는 방법이 점차 상류층 무가 여자의 겨울용 예장으로 자리 잡기 시작하였다. 점차 가장 위에 걸친 고소데에는 다양한 장식이 더해져 예장용 우치가케가 되었고, 센고쿠시대에 와서는 여러 개의 고소데를 겹쳐 입고 그 위에 우치가케를 걸친 차림이 무가 여자의 정장正裝이자 예복으로 사용되기 시작하였다.[37]

우치가케 아래에는 다양한 염직법으로 화려하게 장식된 고소데를 받쳐 입었다. 다채로운 염직기술이 발달하였던 모모야마시대 여자 고소데의 특징은 외관이 화려해지고 디자인이 다양한 것이었다.[38] 모모야마시대를 대표하는 고소데의 문양으로는 옷의 어깨와 옷자락에 문양이 집중되어 있는 그림 13과 같은 '가타스소かたすそ, 肩裾' 즉, 견거 양식이 있었다.[39] 그 외에도 등솔을 중심으로 좌우를 다르게 배치하거나 그림 14처럼 옷 전체를 바둑판처럼 사등분이나 8·12등분하여 서로 다른 문양을 배치하는 등의 다양한 디자인이 사용되었다.

모모야마시대에서 에도 초기에 걸쳐 나타난 고소데의 소매 형태는 길이는 짧은 대

15   16

15
16세기 나기소데형 고소데
도쿄 국립박물관 소장

16
나기소데를 입은 유녀(遊女)와 행인
「유락인물도병풍(遊楽人物圖屛風)」 부분
히코네[彦根]의 이이[井伊] 가문 소장

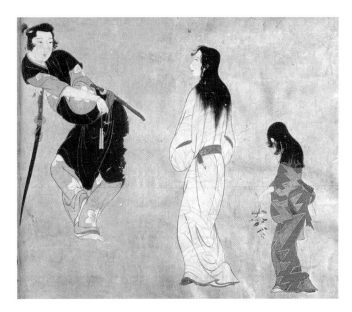

신에 전체적인 모양이 길고 아랫자락이 둥근 모양으로, 마치 긴 칼長刀모양과 비슷하다고 하여 나기나타소데なぎ-なたそで, 長刀袖,[40] 또는 나기소데なぎそで라고도 하였다.[41] 그림 15는 모모야마시대의 고소데로 좌우 몸판에 비하여 소매길이가 짧으며 소맷부리에서 겨드랑이 쪽으로 둥그러진 나기소데의 형식을 확인할 수 있다. 그림 16은 나기소데의 고소데를 입은 모습으로 몸통은 여유가 많은 반면에 소매가 짧은 것이 특징이었다.

미주

4부 동아시아 국가질서의 형성과 예복제도

10장 명의 복식

1) **明史** 本紀 卷2 太祖2

   "洪武元年 二月壬寅 定郊社宗廟禮 歲必親祀以為常. 癸卯 湯和提督海運. 廖永忠為征南將軍 朱亮祖副之 由於國學. 戊申 祀社稷 壬子 詔衣冠如唐制"

2) **宋史** 志凡162卷 卷152 志第105 輿服4 諸臣服上 祭服

3) 황태자를 제외한 황제의 아들과 형제는 친왕이라고 하며, 친왕의 대를 이을 사람은 왕세자라고 한다.

4) 왕세자를 제외한 친왕의 아들들을 말한다.

5) 『명사(明史)』 여복지(輿服志)와 『대명회전(大明會典)』에는 같은 제도의 동일한 복식의 색상이 다르게 기재되어 있다.

6) 이은주(1994), 한국전통복색에서의 청색과 흑색. **한국의류학회지**, 18(1). p.123.

7) **隋書** 志凡30卷 卷12 志第7 禮儀7 衣冠2

   "通天冠 加金博山 附蟬十二首 施珠翠 黑介幘 玉簪導 絳紗袍 深衣制 白紗內單 皁領 襈 裾 裾 絳紗蔽膝 白假帶. 方心曲領 …(중략)… 遠遊三梁冠 …(중략)… 方心曲領 …(중략)… 謁廟 還宮 元日朔日入朝 釋奠 則服之"

8) **舊唐書** 志凡30卷 卷45 志第25 輿服 天子衣服

   "通天冠 加金博山 附蟬十二首 施珠翠 黑介幘 髪纓翠綏 玉若犀簪導. 絳紗裏 白紗中單 領 襈 飾以織成 朱襈 裾 白裙 白裙襦 亦裙衫也 絳紗蔽膝 白假帶 方心曲領"

9) **宋史** 志凡162卷 卷15 志第104 輿服3 天子之服

   "通天冠 二十四梁 加金博山 附蟬十二 高廣各一尺 青表朱裏 首施珠翠 黑介幘 組纓翠綏 玉犀簪導 絳紗袍 …(중략)… 絳紗裙 蔽膝如袍飾 並皁襈 襈 白紗中單 朱領 襈 襈 裾 白羅方心曲領 …(중략)… 遠游冠 十八梁 …(중략)… 白羅方心曲領"

10) 황제 이하 군왕까지의 종친들은 석(舃)을, 그 이하의 관리들은 리(履)를 신었다.

11) **後漢書** 志凡30卷 志第30 輿服下 通天冠

   "通天冠, 高九寸 正豎 頂少邪却 乃直下為鐵卷梁 前有山 展筩為述 展筩為述 乘輿所常服 服衣 深衣制 有袍 隨五時色 …(중략)… 皆通制袍 單衣 緣領袖中衣 為朝服云"

   宋書 志凡30卷 卷18 志第8 禮五

   "其朝服 通天冠 高九寸 金博山顏 黑介幘 絳紗裙 皁緣中衣"

   晉書 志凡20卷 卷25 志第15 輿服 中朝大駕鹵簿

   "其朝服 通天冠 高九寸 金博山顏 黑介幘 絳紗裙 皁緣中衣"

   南齊書 志凡11卷 卷17 志第9 輿服

   "通天冠 黑介幘 金博山顏 絳紗袍 皁緣中衣 乘輿常朝所服 舊用駮犀簪導 東昏改用王 其朝服 臣下皆同"

   新唐書 志凡50卷 卷24 志第14 車服 天子之服

   "通天冠者 冬至受朝賀 祭還 燕群臣 養老之服也 …(중략)… 絳紗袍 朱裏紅羅裳 白紗中單 朱領 襈 襈 裾 白裙 襦 絳紗蔽膝 白羅方心曲領 白襪 黑舃"

   遼史 志凡32卷 卷56 志第25 儀衞志2 輿服3 漢服

   "通天 絳袍為朝服"

12) **明史** 志凡75卷 卷66 志第42 輿服2 皇帝冕服 皇帝通天冠服

   "帝通天冠服 洪武元年定 郊廟 省牲 皇太子諸王冠婚 醮戒 則服通天冠 絳紗袍"

13) **明史** 志凡75卷 卷66 志第42 輿服2 皇帝冕服 皇帝皮弁服

   "皇帝皮弁服 朔望視朝 降詔 降香 進表 四夷朝貢 外官朝覲 策士傳臚皆服之. 嘉靖以後 祭太歲山川諸神 亦服之"

14) **後漢書** 志凡30卷 志第30 輿服下 委貌冠 皮弁冠

   "委貌冠 皮弁冠同制 長七寸 高四寸 制如覆杯 前高廣 後卑銳所謂夏之毋追 殷之章甫者也 委貌以皁絹為之. 皮弁以鹿皮為之"

15) **周禮** 夏官 弁師

   "王之皮弁會五采玉琪, 象邸玉 鄭玄注：會 縫中也 琪讀如薄借綦之綦 綦結也 皮弁之縫中 每貫結五彩玉十二以為飾 謂之綦 …(중략)… 邸 下柢也, 以象骨為之"

16) **明史** 志凡75卷 卷66 志第42 輿服2 皇帝冕服 皇帝皮弁服

　　"其制自洪武二十六年定 皮弁用烏紗冒之 前後各十二縫 每縫綴五朵玉十二以為飾 玉簪導 紅組纓"

17) **明史** 志凡75卷 卷69 志第43 輿服3 狀元及諸進士冠服에는 "進士巾如烏紗帽 …(중략)… 深藍羅袍 緣以青羅 袖廣
　　而不殺 槐木笏 革帶 青鞋 飾以黑角" 라 하여 진사(進士)의 예복으로 청라로 선을 두른 청색 포[深藍羅袍]가 나타
　　난다. '袖廣而不殺' 이란 뜻은 『삼재도회』의 공복처럼 소맷부리를 줄이지 않아 소매너비가 넓은 형태의 단령을
　　설명한 것으로 보인다.

18) 吳洛(1976). **中國度量衡史**. 臺北 : 常務印書館. p.130.

19) 이은경(1993). **韓國과 中國의 布帛尺에 關한 研究**. 서울여자대학교 대학원 박사학위논문. p.39.

20) **明史** 志凡75卷 卷67 志第43 輿服3 文武官公服

　　"其制 盤領右衽袍 用紵絲或紗羅絹 袖寬三尺 一品至四品 緋袍 五品至七品 青袍 八品九品 綠袍 未入流雜職官 袍
　　笏 帶與八品以下同. 公服 花樣 …(중략)… 幞頭 漆 紗二等 展角長一尺二寸 雜職官 幞頭 垂帶 官復令展角 不用
　　垂帶 與入流官同 笏依朝服品為之 腰帶 一品玉 或花或素 二品犀 三品 四品 金荔枝 五品以下烏角 鞋用青革 仍垂撻
　　尾於下 韡用皁"

21) 叢書集成初編(1502～1503). **影印本 天水氷山錄**. 北京: 中華書局(1985). pp.160-161.

22) **明史** 卷67 志第43 輿服3 文武官常服

　　"文武官常服. 洪武三年定 凡常朝視事 以烏紗帽 團領衫 束帶為公服"

23) **明史** 卷67 志第43 輿服3 文武官常服

　　"二十四年定 公 侯 駙馬 伯服 繡麒麟 白澤 文官一品仙鶴 二品錦鷄 三品孔雀 四品雲雁 五品白鷴 六品鷺鷥 七品
　　鸂鶒 八品黃鸝 九品鵪鶉 雜職練鵲 風憲官獬廌 武官一品 二品獅子 三品 四品虎豹 五品熊羆 六品 七品彪 八品
　　犀牛 九品海馬"

24) 유희경(1975). **한국복식사**. 이화여자대학교출판부. p.324.

25) **明宮史** 卷3, 內臣服佩, 貼裏

26) **明史** 卷67 志第43 輿服3 內使冠服

　　"永樂以後 宦官在帝左右 必蟒服 製如曳撒 繡蟒於左右 繫以鸞帶 此燕閑之服也. 次則飛魚 惟入侍用之. 貴而用
　　事者 賜蟒 文武一品官所不易得也. 單蟒面皆斜向 坐蟒則面正向 尤貴. 又有膝襴者 亦如曳撒 上有蟒補 當膝處
　　橫織細雲蟒 蓋南郊及山陵扈從 便於乘馬也. 或召對燕見 君臣皆不用袍, 而用此 第蟒有五爪 四爪之分 襴有紅
　　黃之別耳"

27) **明宮史** 卷3, 內臣服佩

　　"裰襬 其製後襟不斷 而兩傍有襬 前襟兩裁 而下有馬面褶 兩傍有耳"

28) **明史** 卷67 志第43 輿服3 內使冠服

　　"永樂以後 宦官在帝左右 必蟒服 製如曳撒"

29) **明史** 卷67 志第43 輿服三 內使冠服

　　"弘治元年 都御史邊鏞言 '國朝品官無蟒衣之制 夫蟒無角 無足 今內官多乞蟒衣 殊類龍形 非制也' 乃下詔禁之
　　十七年諭閣臣劉健曰 '內臣僭妄尤多' 因言服色所宜禁 曰 '蟒 龍 飛魚 斗牛 本在所禁 不合私織 間有賜者 或久而
　　敝 不宜輒自織用 玄 黃 紫 皁乃屬正禁 即柳黃 明黃 薑黃諸色 亦應禁之' 孝宗加意鈐束 故申飭者再 然內官驕恣
　　已久 積習相沿 不能止也"

30) **明宮史** 卷2 內臣服佩, 貼裏

31) 中國織繡服飾全集委員會 編(2004). **中國織繡服飾全集** 4. 歷代服飾 卷下. 天津: 天津人民美術出版社. p.238.

32) **元明事類鈔** 卷24 曳撒

　　"以衣中斷其下有橫摺而下復竪摺之 若袖長則為曳撒腰閒中斷以一線道橫之則謂之程子衣"

33) **元明事類鈔** 卷24 曳撒

　　"觚不觚錄袴褶戎服也 其袖短或舞袖 以衣中斷其下有橫摺而下復竪摺之 若袖長則為曳撒腰閒中斷以一線道橫之
　　則謂之程子衣"

34) **明史** 卷67 志第43 輿服3 侍儀以下冠服 刻期冠服

　　"宋置快行親從官 明初謂之刻期 冠方頂巾 衣胸背鷹鵪花 腰線襖子 諸色闊匾絲條 大象牙雕花環 行縢八帶鞾.
　　洪武六年 惟用雕刻象牙條環 餘同庶民"

35) 서정원(2003). **老乞大 刊本들을 통해 본 14~18세기의 복식관련용어 비교 연구**. 이화여자대학교 대학원 석사학
　　위논문. p.33.

36) **明宮史** 卷2 內臣服佩, 直身

"制與道袍上同 惟有襬在外 綴本等補"

37) **明史** 卷67 志第43 輿服3

"儒士 生員 監生 巾服 生員襴衫 用玉色布絹爲之 寬袖皁緣 皁絛軟巾垂帶"

38) 上海市戲曲學校中國服裝史研究組 編著(1983), **中國歷代服飾**, 上海: 學林出版社, p.242.

묘주의 출생년은 1514년이다.

39) **三才圖會** 四 衣服三卷 四.

40) 서정원(2003), 앞의 글, p.37.

41) **明太祖實錄** 洪武二十六年三月丙辰 (十一)

"禁官民步卒人等服对襟衣 唯騎士許服 以便于乘馬故也, 其不應服而服者 罪之"

42) 이은주 · 조효숙 · 하명은(2005), **17세기의 무관 옷 이야기**, 서울 : 민속원, p.159.

43) 沈從文 編著(1981), **中國古代服飾研究**, 台北: 南天書局有限公司, p.408.

44) 高春明(2001), **中國服飾名物考**, 上海: 上海文化出版社, p.268.

45) 周錫保 著(1984), **中國古代服飾史**, 北京: 中國戲劇出版社, p.401.

46) **明史** 志凡75卷 卷67 志第43 輿服3 文武官常服

"七年旣定燕居法服之制 …(중략)… 更名 忠靜 …(중략)… 按忠靜冠仿古玄冠 冠匡如制 以烏紗冒之 兩山俱列於
後, 冠頂仍方中微起 三梁各壓以金線 邊以金緣之 四品以下 去金 緣以淺色絲線, 忠靜服仿古玄端服 色用深靑 以
紵絲紗羅爲之, 三品以上雲 四品以下素 緣以藍靑 前後飾本等花樣補子 深衣用玉色 素帶 如古大夫之帶制 靑表綠
緣邊并裏, 素履 靑綠絛結 白襪"

47) **隋書** 志凡30卷 卷12 志第7 禮儀7 衣冠2

"皇后褘衣 深靑織成爲之爲之翬翟之形 素質五色 十二等 靑紗內單 黼領羅縠標襈 蔽膝隨裳色用翟爲章三等, 大帶
隨衣色朱裏紕其外上以朱錦下以綠錦 紐約用靑組 以靑衣革帶靑韈舃 舃加金飾 白玉佩玄組綬章采尺寸 與乘輿
同祭及朝會凡大事則服之"

舊唐書 志凡30卷 卷45 志第25 輿服 皇后服

"首飾花十二樹 幷兩博鬢 其衣以深靑織成爲之 文爲翬翟之形 素質五色 十二等 …(중략)… 受冊助祭 朝會諸大事
則服之"

新唐書 志凡50卷 卷24 志第14 車服 皇后之服

"褘衣者 受冊 助祭 朝會大事之服也. 深靑織成爲之 畫翬 赤質 五色 十二等"

宋史 志凡162卷 卷151 志第154 輿服3 后妃之服

"后妃之服 一曰褘衣 二曰朱衣 三曰禮衣 四曰鞠衣 妃之緣用翟爲章 妃之緣用翟爲章 按本段係敍后妃之服 大體與
五禮新儀本一二皇后冠服條同 該條首敍 首飾花一十二株 小花如大花之數 幷兩博鬢 冠飾以九龍四鳳 褘之衣 深
靑織成 翟文赤質 五色十二等 靑紗中單 黼領 羅縠標襈 蔽膝隨裳色 以纈爲領緣 …(하략)…"

48) **舊唐書** 列傳 凡150卷 卷189下 列傳第139下 儒學下 祝欽明

"按 三禮義宗 明王后六服 謂褘衣 搖翟 闕翟 鞠衣 展衣 褖衣 褘衣從王祭先王則服之, 搖翟祭先公及饗諸侯則服之
鞠衣以朵桑則服之, 展衣以禮見王及見賓客則服之, 褖衣燕居服之"

49) **隋書** 志凡30卷 卷12 志第7 禮儀7 衣冠2

"皇太子妃褕翟 靑織成爲之 之文爲搖翟之形 靑質五色九等也 …(중략)… 公主 王妃 三師 三公及公侯伯夫人 服褕
翟 繡爲之 公主 王妃 三師三公及公夫人爲九等 侯夫人八等 伯夫人七等 助祭朝會 凡大事則服之 亦有鞠 …(중
략)… 子夫人 四品命婦 服闕翟之衣 刻赤繒爲翟 綴於服上 以爲六章 首飾六鈿 …(중략)… 男夫人 五品命婦 亦服
闕翟之衣 刻繒爲翟 綴於服上 以爲五章 首飾五鈿 若當從侍親桑 皆同鞠衣"

50) **明史** 志凡75卷 卷66 志第42 輿服2 皇后冠服

"皇后冠服 洪武三年定 受冊 謁廟 朝會 服禮服 其冠, 圓匡冒以翡翠 上飾九龍四鳳 大花十二樹 小花數如之 兩博鬢
十二鈿 褘衣 深靑繪翟 赤質 五色十二等"

51) **隋書** 志凡30卷 卷11 志第6 禮儀6 衣冠1 後周

"皇后衣十二等 其翟衣六 從皇帝祀郊禖 享先皇 朝皇太后 則服翬衣 素質五色, 祭陰社 朝命婦 則服衣, 靑質 五色,
祭羣小祀 受獻繭 受獻繭 '繭' 原作 '璽' 據通典六二改, 則服鷩衣 赤衣 朵桑則服鳩衣, 黃色, 從皇帝見賓客 聽女
敎 則服鶉衣白色, 食命婦 歸寧 則服衣, 玄色十有二等 以翬雉爲領標 各有二"

52) **明史** 志凡75卷 卷66 志第42 輿服2 皇妃 皇嬪及內命婦冠服

　　"內命婦冠服 洪武五年定 三品以上花釵翟衣 四品五品山松特髻 大衫為禮服. 貴人視三品以皇妃 燕居冠及大衫霞帔為禮服 以珠翠慶雲冠 鞠衣 褙子 緣襈襖裙為常服"

53) **明史** 志凡75卷 卷67 志第43 輿服3 命婦冠服

　　"四年 以古天子諸侯服袞冕 後與夫人亦服褘翟. 今群臣既以梁冠 絳衣為朝服 不敢用冕 則外命婦亦不當服翟衣以朝. 命禮部議之"

54) **明史** 志凡75卷 卷66 志第42 輿服2 皇后冠服

　　"永樂三年定制 其冠飾翠龍九 …(중략)… 翟衣 深青 織翟文十有二等 間以小輪花 紅領褾襈裾 織金雲龍文 中單玉色紗為之 紅領褾襈裾 織黻文十三 蔽膝隨衣色 織翟為章三等 間以小輪花四 以緅為領緣 織金雲龍文 玉穀圭長七寸 剡其上 瑑穀文 黃綺約其下 韜以黃囊 金龍文"

55) 명대 내외명부 중에서 봉과 함께 용이 장식된 용봉관은 공식적으로 황후와 황태자비만이 사용할 수 있었다. 황후는 적의와 함께 구룡사봉관(九龍四鳳冠)을 쓰며 상복의 관로로는 쌍봉익룡관(雙鳳翊龍冠)을, 황태자비는 적의를 착용할 때는 구휘사봉관(九翬四鳳冠)을 사용하였다. 그 외의 신분은 봉관이나 적관을 쓸 수 있었다.

56) **宋史** 志凡162卷 卷151 志第104 輿服3 后妃之服

　　"后妃之服 乾道七年所定也 …(중략)… 其常服 后妃大袖生色領 長裙霞帔玉墜子"

57) 白居易(772~846), **白居易集**. 北京: 中華書局(1979).

　　"虹裳霞帔步搖冠 鈿瓔纍纍珮珊珊"

　　溫庭筠(812~870?), **溫庭筠詩集**. 7권. 臺北: 臺灣商務印書館(1979).

　　"霞帔雲髮, 鈿鏡仙容似雪"

58) 高春明(2001). **中國服飾名物考**. 上海: 上海文化出版社. p.592.

59) 위의 책. p.593.

60) **大明會典** 卷61 命婦宮服 禮服

　　"顏色圓領衫"

61) 天水冰山錄에는 靑粧花羅女圓領, 靑織金羅女圓領 등이 있으며, 그 외 함께 대(帶)로는 鬧粧閙茉玉帶, 穿花鳳閙玉女帶, 白玉竹節女帶, 黑玉女帶版, 茶玉女帶版, 白玉金廂女帶 등이 기록되어 있다.

62) 黃能馥‧陳娟娟(1999). **中華歷代服飾藝術**. 北京: 中國旅游出版社. p.359.

63) **元史** 列傳 凡97卷 卷114 列傳第1 后妃1 世祖后察必

　　"又製一衣 前有裳無衽 後長倍於前 亦無領袖 綴以兩襻 名曰比甲 以便弓馬 時皆倣之"

64) 周錫保(1984). **中國古代服飾史**. 北京: 中國戲劇出版社. p.416.

65) 繆良云 主編(1999). **中國衣經**. 上海: 上海文化出版社. p.184.

66) 周錫保(1984). 앞의 책. p.410.

　　누비는 중들이 입고 다니는 법복인 납의(衲衣)에서 온 말이다. 원래는 사람들이 버린 낡은 헝겊들을 모아 기워 만든 옷이라는 뜻으로 쓰던 말로, 납(納)은 기웠다는 뜻이다. 그리고 이런 옷을 입은 중을 납승(衲僧) 또는 납사(衲師)라고 불렀다. 이러한 납의라는 말이 변하여 누비라는 새로운 말이 생겼으며, 여러 가지 헝겊을 깁는 대신 두 겹의 천을 안팎으로 하여 사이에 솜을 넣고 바느질을 한 옷으로 가리키게 되었다. 요즘에 누비(縷緋)라고 표기하는 것은 누비를 차자 표기한 것, 즉 이두로 적은 것이다.

67) http://baike.baidu.com/view/522372.htm 2010년 12월 23일 검색

68) 김정은(2007). 조선시대 삼장보살도의 기원과 전개-중국 명대 수륙도와의 비교. **東岳美術史學**, 8. p.133, 135.

69) 周錫保(1984). 앞의 책. p.410.

70) 繆良云 主編(1999). 앞의 책. p.82.

71) 中國織繡服飾全集委員會 編(2004). 앞의 책. p.237.

72) 周迅‧高春明(1988). **中國歷代婦女裝飾**. 台北: 南天書局有限公司發行. p.246

73) 叢書集成初編(1502~1503) 影印本 天水冰山錄. p.113.

74) 선조실록 선수 8권, 7(1574)년 11월 1일(辛未) 두 번째 기사

　　"女人旣嫁者 束髮于頂 而加以髮髻 其制北人結以鐵絲 南人用竹爲之 俱裹以絹 其制北人結以鐵絲 又捲絹爲首帕, 名曰鬏子 冬月則或以毛皮爲之 名曰暖額 自額繞髻 結于頂後 而上橫以笄 婦人因事出外 則开鬏子以文絹 或加金皮 新婦親迎之際 亦止戴此 而或施七寶粧嚴 俗所謂花冠也 背子之袖甚闊 而無長衣 其長裙不施趨短 而不務"

豊豊飾 其衣冠靚莊 而猶有儉約之俗如此 臣路見向化獳子之婦 又見其進貢廻還之輩 我國童男及女人斂髮之容 不幸而近之"

11장 조선 전기의 복식

1) 문화재청(2006). 문화재대관 중요민속자료 2 복식 · 자수편. 대전: 문화재청. pp.67-71.

2) 국립민속박물관(2005). 한민족역사문화도감. 서울: 국립민속박물관. p.28.

3) 明史 志 凡75卷 卷66 志第42 輿服2 皇帝常服

　　"皇帝常服 …(중략)… 永樂三年更定. 冠以烏紗冒之, 折角向上, 其後名翼善冠. 袍黃, 盤領, 窄袖. 前後及兩肩各織金盤龍一"

　　明史 志 凡75卷 卷66 志第42 輿服2 皇太子冠服

　　"其常服 …(중략)… 永樂三年定. 冠烏紗折角向上巾, 亦名翼善冠. 親王, 郡王及世子俱同. 袍赤"

4) 續五禮儀補 卷之2 嘉禮

　　"王 …(중략)… 袞龍袍以大紅緞爲之袍前後貼金五爪圓龍補左右肩亦同夏則用大紅紗玉帶以雕玉爲之裏以大紅緞而金畫之靴以黑鹿皮爲之夏則黑犀皮 …(중략)… 王世子 …(중략)… 袞龍袍以黑緞爲之制同殿下袍而惟前後貼金四爪圓龍補左右肩亦同夏則用黑紗玉帶不雕玉爲之裏以黑緞而金畫之靴同殿下靴冠禮前空頂幘制如冕而無版無旒 …(중략)… 王世孫 …(중략)… 翼善冠及袞龍袍制皆同王世子而惟袍前後貼金三爪方龍補左右肩無貼水精帶不雕裏以靑緞而金畫之."

5) 經國大典 卷3 禮典 儀章 服

6) 經國大典 卷3 禮典 儀章 冠

7) 經國大典 卷3 禮典 儀章

8) 續大典 卷3 禮典 儀章

　　"堂上三品以上 烏紗帽紋紗 淡紅袍 …(중략)… 堂下三品以下 烏紗帽單紗 紅袍."

9) 大典通編 卷3 禮典 儀章

　　"原典堂上官以上胷背與今判異堂下三品至參外官則只有靑綠色公服而無常服與胷背."

10) 이은주(2005). 조선시대 백관의 時服과 常服 변천. 服飾, 55(6). p.40.

11) 위의 글. p.39.

12) 단종실록 단종 2(1454)년 12월 10일 병술(丙戌)

13) 연산군일기 연산군 11(1505)년 11월 23일 갑진(甲辰)

14) 숙종실록 숙종 17(1691)년 03월 19일 을사(乙巳)

15) 영조실록 영조 21(1745)년 5월 26일 정유(丁酉)

16) 홍나영(1983). 朝鮮王朝 王妃法服에 관한 硏究. 이화여자대학교 대학원 석사학위논문. p.1.

17) 김소현(2010). 조선왕실의 적의. 아름다운 시작. 서울: 경운박물관. p.175.

18) 高麗史 卷72 志 卷第26 輿服

　　"恭愍王十九年五月 太祖高皇帝 孝慈皇后, 賜冠服. 冠, 飾以七翟二鳳, 花釵九樹, 小花如大花之數. 兩博鬢九鈿, 翟衣靑質, 繡翟九等. 素紗中單黼領, 羅縠爲緣, 以紅色. 蔽膝如裳色, 以緅爲領緣, 繡翟二等. 大帶隨衣色, 革帶, 金鉤䚢, 珮綬, 靑襪, 靑舃."

19) 김소현(2010). 앞의 글. p.175.

20) 홍나영(1983). 앞의 글. p.10.

21) 위의 글. p.26

22) 위의 글. p.42.

23) 김소현(2010). 앞의 글. p.178.

24) 성종실록 성종 12(1481)년 1월 18일 계사(癸巳)

25) 성종실록 성종 24(1493)년 2월 21일 병진(丙辰)

26) 광해군일기 광해군 08(1616)년 11월 22일 기축(己丑)

27) 태종실록 태종 12(1412)년 6월 14일 정묘(丁卯)

　　"…(중략)… 乞自今 四品以上正妻 著露衣襖裙笠帽 五品以下正妻 只著長衫襖裙笠帽 不許著露衣 …(하략)…."

28) 仁祖壯烈后嘉禮都監儀軌

"大紅花紋匹段胸背袂長衫 胸背四雙都監金鳳織造 …(하략)…"

哲仁王后殯殿魂殿都監儀軌

"長衫次生細布三十六尺式 …(하략)…"

昭顯世子嘉禮都監儀軌

"大紅匹段胸背袂長衫 …(하략)…"

明溫公主嘉禮謄錄

"公主衣服大紅的單露衣一大紅的袂長衫一 …(하략)…"

和緩翁主嘉禮謄錄

"一今此和緩翁主吉禮時物目 …(중략)… 大紅匹段袂長衫 …(하략)…"

國婚定例 1 30

"騎行內人肆人所着 紅苧布長衫貳 黃苧布長衫貳 …(하략)…"

國婚定例 2 30

"尙宮肆人所着 鴉靑紗單長衫肆 …(하략)…"

29) 권혜진(2009). 활옷의 역사와 조형성 연구. 이화여자대학교 대학원 박사학위논문. p.19.
30) 태종실록 태종 12(1412)년 6월 14일 정묘(丁卯)
31) 광해군일기 광해군 2(1610)년 5월 7일 신해(辛亥)
"會命婦時 入參人服 在平時則當用長衫首飾矣."
32) 송미경(2002). 조선시대 여성단령에 관한 연구. 服飾, 52(8). p.159.
33) 위의 글. p.153.

12장 센고쿠시대의 복식

1) 구태훈(2008). **임진왜란 전의 일본사회**. 사림 제29호. p.237.
2) 위의 책 p. 239.
3) 北村哲郎 著, 李子淵 譯(1999). **日本服飾史**. 경춘사. pp.118-119.
4) 河鰭實英・井上章(1971). **日本服飾美術史**. 東京: 家庭敎育社. p.73.
5) 北村哲郎 著, 李子淵 譯(1999). 앞의 책. p.123.
6) 河鰭實英・井上章(1971). 앞의 책. p.72.
7) 北村哲郎 著, 李子淵 譯(1999). 앞의 책. pp.93-95.
8) 日本風俗史學會 編集(1994). 縮小版 **日本風俗史事典**. 東京: 弘文堂. p.524.
9) 河鰭實英・井上章(1971). 앞의 책. p.65.
10) 北村哲郎 著, 李子淵 譯(1999). 앞의 책. pp.93-96.
11) 日本風俗史學會 編集(1994). 앞의 책. p.542.
12) 河鰭実英 編(1973). **日本服飾史辞典**. 東京: 東京堂出版. p.154.
13) 위의 책. p.144.
14) 北村哲郎 著, 李子淵 譯(1999). 앞의 책. p.98.
15) 日本風俗史學會 編集(1994). 앞의 책. p.336.
16) 袴는 단독으로 하카마(はかま)로 사용되지만 앞에 다른 단어가 붙으면 바카마(ばかま)로 표기된다.
17) 河鰭実英 編(1973). 앞의 책. p.50.
18) 北村哲郎 著, 李子淵 譯(1999). 앞의 책. p.98.
19) 河鰭實英・井上章(1971). 앞의 책. p.83.
20) Norio Yamanaka(1982). *The book of kimono*. Toky : Kodansha International. p.36.
河鰭実英 編(1973). 앞의 책. p.171.
21) 河鰭実英 編(1973). 앞의 책. p.185.
22) 河鰭實英・井上章(1971). 앞의 책. p.80.
23) 위의 책. p.81.
河鰭實英 編(1973). 앞의 책. p.16.
24) 河鰭實英・井上章(1971). 앞의 책. p.81.

25) 위의 책. p.82.

江馬 務(1983). **日本服装小史**. 京都: 星野書店. p.58.

26) 河鰭實英 · 井上章(1971). 앞의 책. p.82.

27) 위의 책. p.87.

28) 위의 책. p.89.

29) 日本風俗史學會 編集(1994). 앞의 책. p.17

우치기(ぅさぎ, 袿)는 여관(女官)이 예복을 입을 때 표착의(表著衣) 아래에 입는 옷으로 일종의 받침옷의 일종이다. 1~2장 입는 경우에서부터 12장을 입는 경우도 있다. 형태는 곧은 깃이 달리며 소매가 넓은 형태인데 소매의 형태가 네모지고 겹으로 만든다. 깃과 도련, 소맷부리[襟裾袖口]에 안감이 살짝 밀린 것처럼 밖으로 보이는 것이 특징인데 이것을 ォメリ(退)라 한다. 주로 겉감은 능직, 안감은 평견을 사용한다.

30) 三木文雄 編(1968). **日本の美術**, 6(26). 東京: 至文堂. p.70.

31) 井筒雅風 · 上村六郎 編(1975). **江馬務著作集 第二卷**. 東京: 中央公論新社. pp.135-136

32) 河鰭實英 · 井上章(1971). 앞의 책. pp.90-91.

33) 河鰭実英 編(1973). 앞의 책. p.59.

34) 北村哲郎 著, 李子淵 譯(1999). 앞의 책. p.128.

35) 위의 책. p.95.

36) 위의 책. p.96.

37) 河鰭実英 編(1973). 앞의 책. p.16.

38) 河鰭實英 · 井上章(1971). 앞의 책. p.92.

39) 井筒雅風 · 上村六郎 編(1975). p.142.

40) 日本風俗史學會 編集(1994). 앞의 책. p.376.

41) 河鰭実英 編(1973). 앞의 책. p.151에는 일본 고대 장도(長刀)의 일종인 雉刀와 유사한 형태여서 なぎそて란 명칭이 나온 것으로 추정하였다.

5부

전통복식의
확립과
서민문화의
대두

전후 안정기로 접어든 한·중·일

16세기 말 일본 통일을 이룩한 도요토미 히데요시豊臣秀吉, 1536~1598는 대륙 진출을 꿈꾸며 조선을 침략하였다. 그러나 조선, 일본, 명나라 모두 국력만 소모하는 결과를 낳았던 7년에 걸친 임진왜란은 1598년 히데요시의 사망을 계기로 끝을 맺게 되었다.

임진왜란 기간 동안 조선을 돕기 위하여 원군을 보냈던 명明, 1368~1644은 전쟁 이후에도 무리한 군비부담과 당쟁 등으로 대내외적으로 혼란한 상태가 지속되었다. 이러한 혼란을 틈타 중국 동북방에서 세력을 키우던 여진족은 1616년 후금後金, 1616~1636을 건국하여 명과 조선을 위협하였다. 이후 만주지역과 내몽골까지 영토를 확장한 후금은 조선을 침공하여 세력을 공고히 하였고, 1636년에는 국호를 청淸, 1636~1912으로 바꾸어 새로운 중국 왕조로 등장하였다.

7년에 걸친 한·중·일의 국제전에서 가장 큰 손실을 겪은 조선은 전쟁의 상처가 아물기도 전에 정묘호란1627과 병자호란1636이라는 두 번에 걸친 후금의 침략을 받게 되었다. 17세기의 조선은 계속되는 전쟁으로 국가의 기반이 모두 붕괴되는 최대의 위기를 맞게 되었으며, 이를 극복하기 위한 대대적인 조정과 변화가 필요한 시기였다.

종전과 함께 도요토미 정권이 붕괴된 일본의 경우, 지방 제후를 제압한 도쿠가와 이에야스德川家康, 1543~1616가 실권을 장악하고, 오늘날 도쿄에 해당하는 에도江戸에 새로운 막부江戸幕府, 1603~1867를 건설하였다. 이로써 일본은 도쿠가와 가문에 의한 약 265년에 걸쳐 전쟁 없는 평화시대가 시작되었다.

만주족의 나라, 청 왕조의 복식관

중국의 마지막 왕조였던 청의 역사는 여진부족을 통일한 누르하치努爾哈赤, 재위 1616~1626가 스스로 칸汗에 오르고 후금을 건설하면서 시작되었다. 그의 사후, 그의 아들 홍타시紅太極대에 와서 그 세력은 더욱 확장되었고 결국 1636년 황제의 위에 오르면서 국호도 청淸으로 바꾸었는데, 그가 바로 청 태종太宗, 재위 1626~1643이었다.

청 왕조는 만주족[1]의 전통을 잘 보존하는 것이 국운과 관련이 있다고 생각하여, 국초부터 국가제도 전반에 자신들의 문화적 특성이 유지되도록 노력하였는데, 이러한 정책은 복식제도도 예외가 아니었다. 2대 황제 태종은 만주족이 명의 복식과 관모를 모방하거나 만주 귀부인이 한족처럼 전족을 하거나 머리를 꾸미는 것을 금하였고,[2] 한족 남자들에게는 만주족 고유의 머리형과 복식을 강요하였다.[3]

만주복식을 유지하려는 강력한 정책은 중국복식에 획기적인 변화를 가져와서, 2000여 년 넘게 지속된 한족 특유의 넓은 소매와 넉넉한 형태의 복식양식이 좁은 소매에 비교적 몸에 잘 맞는 만주족의 양식으로 바뀌게 되었다.

숭명배청과 조선중화주의의 성립

17세기 중국대륙에서는 명이 멸망하고 청이 새로운 중국 왕조로 등장하였다. 조선의 입장에서 볼 때, 청은 부당하게 조선을 침략했던 오랑캐의 국가였기에 명의 멸망 후에도 청을 배척하고 명을 숭상하는 숭명배청崇明排清 의식이 만연하였다. 또한 중화中華가 없어지고 오랑캐의 왕조인 청이 들어선 상황에서, 조선만이 예와 덕을 존중하는 중화문화의 유일한 보존자이며 유교적 가치의 승계자라는 문화적 자부심도 고취되었다. 그 결과 조선의 선비들 사이에는 예제禮制를 중시하는 학풍이 더욱 발전하였으며, 복식에서도 예에 맞는 의관을 중시하는 풍조가 심화되었다. 이러한 '조선중화주의朝鮮中華主義'는 18세기 영·정조시대의 문예부흥의 배경 중에 하나가 되기도 하였다. 전통문화의 발전과 함께 복식문화도 발전하여 현재 우리가 알고 있는 전통복식의 양식이 형성되었으며, 중국에서 전래된 관복도 우리 식으로 변화되었다.

에도시대의 개막과 조닌 계층의 성장

17세기 중반 도요토미 히데요시 사후, 도쿠가와 이에야스는 일본의 실질적인 통치자로서 등장하였다. 이로부터 일본 전역에 걸쳐 전쟁이 없던 에도시대江戸時代, 1603~1868가 시작되었다. 에도시대라는 명칭은 실질적으로 일본을 통치한 쇼군의 통치기구인 바쿠후ばくふ 즉, 막부幕府가 에도에 있었기 때문에 붙여진 것이다. 또한 도쿠가와 가문에 의해 권력이 세습되었기 때문에 도쿠가와시대라고도 한다.

장기적인 평화와 정치적 안정은 부의 축적과 상업의 발달을 초래하였고, 교토京都 및 오사카大阪, 에도를 중심으로 한 도시경제의 성장은 상인商人과 직장職匠이라는 새로운 계층을 형성시켰다. 상업활동으로 축적된 이들의 부와 생활문화는 공가나 무가와는 다른 조닌町人계급의 독특한 문화를 발전시켰다. 반면에 전쟁이 없는 평화가 계속되자 무사들은 점차 관료나 지식인의 기능을 갖게 되었고, 특권도 약화되었다.[4] 상품경제가 발전하면서 무사나 농민은 궁핍해지는 반면, 상인의 힘이 상대적으로 강화되면서 조닌계급의 사회적 지위는 점차 향상되었다.[5] 이에 따라 상업자본의 발달과 경제적 풍요를 바탕으로 직업과 상황에 맞는 다양한 복식들이 등장하였다. 또한, 염직산업의 발달로 의복은 질적으로 향상되고 종류도 다양해져 각 계층마다 특색 있는 복식이 생겨났다.

---

1 만주족은 여진족의 일종으로 진(秦) 이전에는 숙신(肅愼), 한대에는 읍루(挹婁), 수·당시대에는 말갈(靺鞨), 송나라 이후는 여진(女眞), 16세기 말경부터는 스스로를 만주(滿州)라 호칭했던 퉁구스족이다.
　任桂淳(2000). 淸史: 滿洲族이 統治한 中國. 新書苑. p.21.
2 太宗文皇帝實錄 卷42 第一十頁. 崇德 3年 7月 丁丑.
　"論禮部曰 …(중략)… 若有效他國衣帽 及循婦人束髮裏足者 是身在本朝 而心在他國也 自今以後 犯者 俱加重罪"
3 周錫保(1984). 中國古代服飾史. 北京: 中國戲劇出版社. p.450.
4 閔斗其 著(1976). 日本의 歷史. 知識産業社. p.166.
5 이시나가 사부로 著, 이영 譯(2001). 일본문화사. 까치글방. p.203.

13장
청의 복식

한족의 양식에서 만주족의 양식으로

만주족滿洲族은 남녀 모두 긴 소매가 달린 좁고 길이가 긴 포를 입었다. 전신을 덮는 긴 포는 만주족의 활동무대였던 동북지역의 한랭한 기후에서 비롯된 것이다. 원래 만주족의 복식은 모두 기포旗袍, 즉 '치파오'라 하였는데, 이것은 건국 초에 정비된 팔기군八旗軍 제도에서 비롯된 것이다. 청 태조 누르하치努爾哈赤, 1559~1626는 여러 부족으로 구성된 휘하부대를 여덟 개의 군사조직으로 구성하고 정치·사회·경제 조직의 기능을 겸비하도록 하였으며, 각각의 조직을 상징하는 깃발의 색과 형태를 달리하여 팔기군八旗軍이라 하였다.[1] 이런 팔기군에 속한 자를 '기인旗人'이라 하였고 이들이 입는 옷은 기포旗袍, qipao 또는 chipao 즉, 치파오라 하였다. 청대 초기에는 치파오의 범위가 매우 넓어, 평상시에 입는 남녀의 긴 포뿐만 아니라 예복용 조포朝袍·망포蟒袍 등 만주족의 옷을 총괄하는 명칭으로 사용되었다. 그러나 청대 후기에는 만주 여자들이 입는 포 형태의 평상복만을 의미하게 되었다.[2]

치파오에는 추운 날씨에서 활을 쏘기 편하도록 '전수箭袖'가 달려 있는데, 생긴 모양이 말굽과 같아서 '마제수馬蹄袖'라고도 하였다. 생활 근거지가 중국내륙으로 바뀌어 말을 타고 활을 쏠 필요가 없어진 후에도 전통복식의 형태를 보존하기 위하여 청 왕조는 관복 및 모든 예복에 마제수를 달도록 규정하였다. 그러나 점차 실내생활이 늘면서 평상시에는 소맷부리가 일자형인 포를 입다가 예의를 갖춰야 할 경우에만 마제수처럼 생긴 소매를 덧씌워 입는 방식으로 간소화되기도 하였다.[3] 다만 관복에는 청 말까지도 반드시 마제수를 달았다.

치파오의 기본적인 형태는 만주 남자·만주 여자·한족 남자에 상관없이 모두 같았다. 그러나 만주 귀족남자의 포는 앞뒤 중심과 양옆, 모두 네 곳에 긴 트임을 주었는데, 이것을 '사개차포四開衩袍' 또는 '개포開袍'라 하였다.[4] 사개차포의 풍습 역시 추운 북방지역에서 말을 타고 활을 쏘던 생활양식에서 비롯된 것이다. 이것을 만주족의 상징으로 여겼던 청조淸朝는 황실과 종실 등의 만주 귀족들만이 사개차포를 입을 수 있도록 하였다. 반면에 만주 여자들이나 한족 남자가 입는 포는 양옆으로 두 개의 트임이 있는 것을 입었다. 그러나 실내생활이 일반화되면서 만주 귀족들도 평상복으로는 양옆에만 트임이 있는 포를 즐겨 입었다.

명대와 청대 복식의 가장 큰 차이점은 소매가 넓고 옷에 여유가 많은 명나라의 양식에서 비교적 몸에 잘 맞으며 좁은 소매가 달린 양식으로 변한 것이었다. 또한 기존에는 없었던 새로운 방식의 여밈과 다양한 형태의 깃이 사용되었으며, 명나라 복식에는 잘 사용되지 않았던 단추가 많이 사용된 것도 특징이었다.

만주족은 초창기부터 한족 남자의 머리모양과 복식에서 만주족의 양식을 따르도록 엄격하게 규제하였다. 그러나 한족 여자의 경우는 규제를 받지 않았기 때문에 일반 복식뿐만 아니라 예복도 명대의 것을 계승할 수 있었다. 반면에 만주족 및 몽고족 여자들이 한족의 복식을 모방하는 것을 엄격하게 금지하였다. 그 결과 여자복식에서는 만주족과 한족 상호 간의 부분적으로는 영향을 주고받으면서도 한족과 만주족 고유의 기본양식을 유지할 수 있었다.[5]

만주복식과 한족의 제도가 결합한 복식제도

청의 관복에는 조복朝服 · 길복吉服 · 상복常服의 제도가 있었다. 명칭과 용도는 명의 관복과 유사한 부분이 많으나, 청의 관복은 만주족의 복식을 기본으로 새로이 정해진 것으로, 기존에 사용되던 한족의 제복이나 조복, 상복과는 전혀 다른 복식 형태였다.

이 중에서도 상복은 형태뿐만 아니라 용도에서도 명대와 차이가 있었다. 청대의 상복은 황실이나 종친, 만주 귀족들의 '비교적 격식을 갖춘 평상시의 차림새'를 의미하였으며, 관리들의 집무복보다는 만주 귀족의 평상예복에 가까운 용도로 사용되었다. 만주족 고유복식의 특징이 가장 많이 나타나는 상복은 청대 남자 일상복의 기본형식이기도 하였다. 상복은 선장식이나 자수가 사용되지 않은 소박한 포와 모자, 허리띠帶로 구성되었다. 방한이나 격식을 갖출 필요가 있을 경우에는 맞깃에 길이가 긴 포 형태의 상복괘常服褂를 덧입기도 하였다. 상복괘의 좁은 소매에는 마제수가 달리지 않아 소맷부리가 일자인 것이 특징이었다.

모든 남자복식은 평상복과 관복에 상관없이 관모冠帽 · 포 · 허리띠를 기본으로 하였으며, 이는 황제부터 문무백관, 일반 평민에 이르기까지 같았다. 그러나 신분에 따라 옷감의 종류나 색상, 모자나 허리띠에 사용되는 장신구의 종류와 크기, 사용되는 무늬의 종류와 숫자 등을 달리하여 품계를 표시하였다. 특히, 발톱이 다섯 개 있는 오조룡五爪龍은 황제와 황실의 상징으로 여겨 황제와 황태자, 황후와 같은 최상층만이 사용할 수 있었다.

남자들의 평상복은 한족과 만주족 상관없이 모두 바지 · 저고리를 입은 후에 긴 포를 입고 그 위에 허리띠를 두른 차림을 하였다. 외투로는 상복괘와 비슷한 형태의 장괘長褂나 허리까지 오는 길이의 마괘馬褂 또는 조끼형의 마갑馬甲을 덧입었다. 예의를 갖춰야 할 경우에는 반드시 장괘를 입고 소모자나 예관을 써야 했다. 이러한 차림은 만주족의 평상예복인 상복에서 비롯된 것으로 한족과 만주족 남자 모두에게 사용된 복식이었다. 그러나 만주 귀족은 마제수가 달린 사개차포를 입은 것에 비하여 한족 남자는 마제수가 없으며 좌우 양옆에만 트임이 있는 것을 입었다. 이처럼 양쪽에만 트임이 있는 한족 남자의 포를 한족들은 만주족의 치파오, 즉 기포旗袍와 구분하여 장삼長衫, changshan 또는 장포長袍, changpao라 하였다. 만주 남자의 치파오는 포 위에 허리띠를 둘러 고정하는 것이 기본이었으나 한족 남자의 차림에는 허리띠가 생략된 경우도 쉽게 확인된다.

만주족 최고의 예복, 조복

조복朝服은 국가의 중요 대전례大典禮나 제사, 조하, 알현 시에 착용하였던 최고의 예복으로 그 제도는 조관朝冠 · 보복補服 · 조포朝袍 · 조주朝珠 · 조대朝帶로 구성되었다. 조복朝服의 중심이 되는 조포朝袍는 위아래가 한 판으로 구성된 다른 포와 달리 철릭처럼 상의와 치마가 연결된 것이 특징이었다. 조포 위에는 곤복袞服을 덧입기도 하였다.

청대의 곤복은 제복祭服으로 사용된 명대의 곤복과는 전혀 다른 것으로, 청대에는 황제의 조포나 길복포에 덧입었던 짙은 남색의 외괘外褂만을 의미하였다. 곤복의 형태는 상복괘와 마찬가지로 맞깃이며, 마제수 역시 달지 않아 소맷부리가 일직선인 것이 특징이었다. 가슴에는 황제의 상징인 용무늬의 보補를 달았다. 초기에는 제복으로 사용될 경우에만 곤복을 착용하였으나, 1683년강희 22부터 조복에도 곤복을 착용하도록 정해지면서 청대의 조복은 제복의 역할을 겸하게 되었다. 곤복의 형태는 297쪽 그림 8에서 확인할 수 있다.

황제의 조복은 상황에 따라 조포의 색상과 문양의 종류와 위치가 달라지는 것이 특징이었다. 태양에 제사를 지낼 때에는 홍색의 조포를, 기우제를 올리거나 하늘에 제사를 드릴 때는 남색의 조포를 입었다. 그 밖에는 황제의 색상으로 정해진 명황색

明黃色의 조포를 입었다. 황제의 조복에는 양어깨와 앞뒤, 허리, 치마 등에 용무늬와 함께 십이장문과 다채로운 색상으로 구름무늬를 수놓았는데, 십이장문은 황실에서도 황제만이 사용할 수 있었다. 청 왕조는 황색을 황실의 색상으로 삼아 다른 신분이 황색을 사용하는 것을 엄격히 금하였다. 또한 황실 내에서도 착용자의 신분에 따라 사용할 수 있는 황색을 세분화하여 황제는 명황색을, 황위 계승자인 황태자는 살구빛의 행황색杏黃色을, 황위 계승자가 아닌 황자皇子는 금황색金黃色을 사용토록 하였다. 그림 1은 명황색의 조복을 입고 조관을 쓴 건륭제乾隆帝, 1735~1795의 모습이다.

종친이나 친왕·군왕 이하 관원들의 조복에는 청색이나 남색이 사용되었다. 또한 신분에 따라 옷의 색상뿐만 아니라 사용되는 용의 종류와 숫자 등도 달라져 친왕·

군왕 이하 관원들의 조복에는 오조룡 대신에 망蟒, 즉 이무기를 새겨 넣었으며 품계가 낮을수록 망의 숫자도 적어졌다.

조포와 함께 쓰는 조관朝冠에는 그림 2처럼 모자의 꼭대기에 용龍이나 누각, 꽃가지 등을 새기고 그 사이사이에 커다란 진주나 홍보석, 감람석 등을 채운 비교적 높이가 있는 장식물을 세워 달아 품계를 나타냈다. 용무늬 사이사이에 커다란 진주를 층층이 올린 것이 가장 고귀한 것으로 황제의 조관에 사용되었다.

조대朝帶는 그림 3처럼 납작하면서도 넓게 짠 허리띠로 신분에 따라 색상과 장식을 달리하였다. 황제의 조대는 명황색이 사용되었으며, 용이 새겨진 금으로 만든 둥근 장식龍文金圓版을 네 개 달고, 양옆에는 백색과 남색의 긴 수건장식과 주머니, 칼, 그리고 매듭 풀 때 사용하는 송곳 등을 매달았다. 조대 역시 황실에서만 황색 계통을 사용할 수 있었고 일반 관리는 청색이나 남색, 석청색石淸色을 사용할 수 있었다.

02
황제의 조관
대만 국립고궁박물원 소장

03
황제의 조대
대만 국립고궁박물원 소장

04
조주
대만 국립고궁박물원 소장

조주와 피령

조주朝珠는 염주에서 유래된 목걸이 형태의 장신구로 사사로이 사용할 수 없으며 품계가 있는 황실과 종친 및 백관, 후비后妃, 명부들만이 착용할 수 있었다. 모두 108개의 둥근 구슬을 꿰어 만들며, 품계에 따라 사용되는 구슬의 종류와 장식을 달리하였다. 구슬 사이사이에는 '불두佛頭'라고 부르는 좀 더 크고 재질이 다른 구슬을 네 개 끼우는데, 불두는 사계절을 상징한다고 한다. 조주의 목 뒤에는 탑모양의 장식과 구슬을 꿰어 만든 끈을 늘어뜨리는데, 이것을 '배추背墜' 혹은 '배운背雲'이라 하였다. 만주 귀족이나 한족 관리뿐만 아니라 한족 귀부인들도 예복 차림에는 조주를 패용하여 신분을 표시하였다. 그림 4는 복숭아나 자두처럼 단단한 씨를 조각하

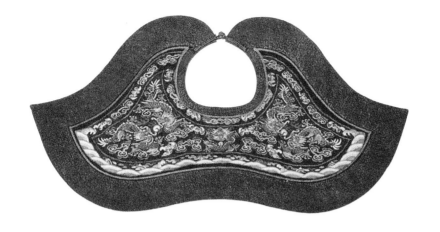

여 만든 청대의 조주이다.

피령披領은 조복이나 길복에 덧입는 탈부착이 가능한 칼라collar와 유사한 것이다. 형태는 그림 5에서 확인되듯이 풀 먹인 세일러 칼라와 비슷하며 착용한 모습은 그림 1과 같다. 짙은 남색 바탕에 금사로 용과 구름무늬 등을 화려하게 새겨 넣은 것으로 아래는 홍색비단을 받쳐 만든다. 계절에 따라 선장식을 달리하였는데 여름에는 회색이 감도는 짙은 청색石淸色 바탕에 금사金絲로 수놓은 선을 둘러 장식하였고 겨울에는 석청색의 해룡피海龍皮, 즉 바다사자의 털가죽을 둘러 장식하였다.[6] 양어깨를 덮도록 한 후에 턱 아래에서 단추로 고정하여 입었다.

길복의 특징, 망포와 보복

청대 관리의 대표적인 관복으로는 길복이 있었다. 길복은 용무늬가 새겨진 망포蟒袍와 길복관吉服冠 · 길복대吉服帶 · 조주朝珠로 구성되며, 경우에 따라 망포 위에 네모난 보가 달린 보복補服을 덧입거나 피령을 장식하기도 하였다.

길복의 중심이 되는 망포는 만주 고유의 기포의 특징이 그대로 반영된 포로 둥근 깃에서 연장된 넓은 섶을 오른쪽 겨드랑이 밑까지 S자모양으로 깊게 여며 입는다. 길이는 발목을 덮을 정도로 길며 좁은 소매 끝에는 마제수가 달린다. 몸 전체에는 커다란 용무늬를 짜 넣는데 신분에 따라 용무늬의 형태와 숫자가 달라졌다. 옷에 새겨진 용무늬 때문에 길복포를 '망포'라고도 하였다. 모든 종친과 관리의 망포는 청색 바탕

06
하급 관리의 망포(蟒袍)

07
망포, 보복, 길복관, 조주를 갖춘
관리의 길복 차림
북경 고궁박물원 소장

에 용무늬를 새겨 넣는다. 반면에 황제와 황태자의 길복포는 황실의 상징인 황색을 사용하였고 아홉 마리의 오조룡을 짜 넣는데 이것만을 특별히 '용포龍袍'라 하였다.

오래전부터 중국 민간에서는 오조룡五爪龍을 용이라 하고, 사조룡四爪龍을 망蟒으로 구분하는 풍습이 있었다. 그러나 용과 망의 형태는 발톱의 숫자 외에는 뚜렷한 차이는 없으며, 단지 머리모양과 갈기·꼬리와 불꽃의 모양이 약간 다를 정도였다.[7] 그림 6은 하급 관리의 망포로, 어깨와 가슴에 걸쳐 용의 숫자가 줄어든 것을 확인할 수 있다.

격식을 갖춘 자리에서는 그림 7처럼 망포 위에 보복을 입어 위의를 갖추었다. 관복으로 사용된 보복은 상복괘와 마찬가지로 만주족 고유의 겉옷인 외괘에서 유래한 것이다. 보복이란 명칭은 들짐승과 날짐승을 수놓아 품계를 나타낸 네모난 보를 앞뒤에 단 외형적 특징에서 유래한 것이다. 보복의 형태는 둥근 깃에 좌우 여밈이 마주보는 대금對襟이며, 망포보다 약간 짧아 보복 밑으로 물결무늬가 수놓인 망포 아랫자락이 노출되었다. 또한 일직선인 소맷부리 아래로도 망포의 마제수가 드러나는 것이 특징이다. 보복은 길복뿐만 아니라 조복의 겉옷으로도 사용되었으며, 신분에 관계없이 모두 남색이나 석청색을 입었다. 관리의 정식 차림은 망포 위에 보가 달린 보복을 입는 것이 정식이었으나, 삼복더위 때에는 보복을 입지 않기도 하였다.

관리의 외괘, 즉 보복은 네모난 보가 앞뒤로 달리는 것에 비하여 황제의 외괘에는

그림 8처럼 오조룡의 둥근 용무늬를 가슴과 등, 양어깨의 네 곳에 새겨 넣은 것으로, 이것을 특별히 곤복袞服이라 하였다.

한족 남자의 복식, 장삼과 장괘

청대 한족 남자복식의 가장 큰 특징은 만주족의 복식을 강요하였던 정책으로 인하여 수천 년간 지속되어 온 한족 특유의 양식이 좁은 소매와 몸에 붙는 형식으로 바뀐 것이다. 평상시에 입는 포는 만주족의 치파오와 마찬가지로 좁고 긴 소매가 달린 형식이었으나, 좌우 양쪽에만 트임이 있었고 소맷부리는 마제수가 없는 일자형으로 장삼, 또는 장포라 하였다.[8] 정식으로 문안을 드리거나 윗분을 방문하는 등 격식을 갖춰야 할 자리에서는 반드시 장삼 위에 장괘長褂를 덧입어야 했다. 한족 남자에게 외투 역할을 했던 장괘는 예복적 성격이 강하여 예괘禮褂, 겉에 입는다 하여 외괘라고도 하였다. 보복과 마찬가지로 맞깃에 좁은 소매가 달린 긴 외투이며 보는 달지 않았다.

한족의 평상예복인 장삼·장괘에 모자를 쓴 차림은 망포·보복·길복관과 기본적인 구성은 같다. 단지 용무늬와 보補, 마제수가 생략된 것으로 이는 기본적으로 만주족 남자들의 평상복과 같은 형식이었다.

군사복식에서 평상복으로, 마괘와 마갑

    마괘馬褂는 청나라 초기에는 호종扈從·영병營兵·시위侍衛 등의 군사들이 먼 길을 떠날 때 입었던 길이가 짧은 상의에서 발전한 것이다. 제4대 황제인 강희제康熙帝, 재위 1662~1722 말에서 제5대 옹정제雍正帝, 재위 1722~1735 연간부터 일반인의 평상복으로 착용되기 시작하였다. 길이가 짧아 '단괘短褂', 먼 길 나설 때 입는다 하여 '행괘行褂'라 하였고, 말을 탈 때 입으면 편하다 하여 '마괘馬褂'라고도 하였다.[9] 길이는 다양하여 배꼽 정도 오는 짧은 것부터 엉덩이를 가릴 정도로 긴 것까지 있으며 소매의 형태도 짧은 것에서 긴 것, 좁은 것에서 넓은 것 등 매우 다양하였다. 가장 대표적인 형태는 그림 9처럼 앞여밈이 맞깃인 대금對襟 마괘였다. 대금 마괘는 예복으로도 사용되었으며, 하늘색 바탕에 비교적 소매가 넓은 것은 외괘를 대신하여 하급 관리의 준예복으로도 사용되었다.[10] 깃의 형태에 따라 그림 10처럼 커다란 겉섶이 달리고 옆선에서 여미는 것은 대금大襟 마괘, 그림 11처럼 오른쪽 여밈의 아랫부분이 잘려나가 계단형의 여밈을 이루는 것은 비파금琵琶襟 마괘라 하였다.[11]

09
대금(對襟) 마괘를 입은 청 말의 관리들

10
대금(大襟) 마괘
Valery Garret 개인 소장

11
비파금 마괘

마갑馬甲은 소매가 없는 조끼형의 짧은 겉옷으로 배심背心·감견坎肩·반비半臂라고도 한다.[12] 마갑의 종류는 마괘와 마찬가지로 깃의 형태와 여밈에 따라 그 종류가 다양하여 맞깃형부터 사선으로 여미는 대금大襟, 비파금, 일자금一字襟 등이 있었다. 이 중에서 가장 독특한 것은 깃의 형태가 一자인 그림 12의 일자금 마갑이다. 과거에는 겉옷을 벗지 않고도 입고 벗을 수 있어 군사들이 가죽으로 만든 것을 포나 외투 속에 받쳐 입었던 것이나,[13] 민간에서는 비단으로 만들어 남녀 모두 착용하였다. 마갑은 단추로 여밈을 고정하였다.[14]

| 12 | 13 | 14 |

12
일자금 마갑
Royal Ontario Museum, Toronto 소장

13
비파금 마갑
베이징복장학원 민족복박물관 소장

14
대금(對襟) 마갑
베이징복장학원 민족복박물관 소장

남자의 머리모양과 모자

청대 남자들은 만주족과 한족 모두 만주족에서 기원한 변발辮髮, 즉 땋은 머리를 하였다. 청대의 변발은 머리둘레의 머리카락은 자르고 정수리 부분만 남겨 길게 땋아 내린 것으로 이러한 머리를 '치발薙髮'이라 하였다. 평상시에는 치발한 머리 위에는 작은 모자, 즉 소모小帽를 착용하였다. 그림 16의 소모는 도토리 뚜껑처럼 생긴 챙이 없는 둥글고 작은 모자로 명대의 육합모六合帽에서 기원한 것이다. 줄무늬 있는 모양이 수박西瓜처럼 생겼다고 해서 민간에서는 '서과피모西瓜皮帽'라고도 하였다.[15] 모자 위에는 붉은색의 작은 매듭을 장식하였으며 상례喪禮 시에는 흑색이나 흰색 매듭을 장식하였다.[16]

관원들이 쓰는 관모는 계절에 따라 종류가 달라져 여름철에는 갈대나 대나무 등을 엮어서 만든 그림 17의 양모涼帽를 썼고, 겨울철에는 융絨으로 만든 그림 18의 난모暖帽를 썼다. 겨울용 난모는 모자의 가장자리 챙 부분이 위로 꺾인 형태로 모자의

챙에는 물개 가죽의 일종인 해룡피海龍皮나 초피貂皮를 둘러 장식하였다. 관리의 모자에는 모자 전체가 덮이도록 모자 꼭대기부터 붉은 술장식을 드리운 것이 특징이었다.

평민들이 예모로 사용한 겨울용 모자와 여름용 모자 역시 관리의 것과 비슷한 형태였으나, 술장식 없이 모자의 바탕색이 그대로 보이도록 착용하였다. 모자의 중심 위에는 신분에 따라서 각종 보석이나 산호·수정·금·은·진주 등으로 장식하였다.

15

16 17 18

15
거리에서 변발하는 모습

16
소모

17
여름용 양모(凉帽)

18
겨울용 난모(暖帽)

신발의 종류와 형태

남자들의 신발로는 화靴와 혜鞋가 있었다. 한족 남자들은 명대明代와 마찬가지로 천으로 만든 혜를 즐겨 신었다. 일반적으로 비단으로 만든 신발이 많았고, 겨울에는 바닥이 두꺼운 양혜鑲鞋를 즐겨 신었다.[17] 신코에는 그림 19처럼 구름무늬를 주로 장식하였다.

만주족은 청 건국 이전인 후금 시절부터 평민들이 화를 신는 것을 금지하였기에, 화靴는 주로 만주 귀족과 관리들이 신었고 평민들은 거의 신지 않았다. 규제가 완화된 청 말에는 사대부들과 일반 백성들도 화를 즐겨 신었으나 광대와 시종처럼 천한 신분들은 화를 신지 않았다.

청대의 화는 크게 신코가 네모난 방화方靴와 앞부리가 뾰족한 첨화尖靴로 나뉜다. 그림 20의 방화는 관리가 조회에 참여할 때 관복과 함께 착용하기 때문에 조화朝靴

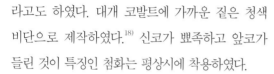

라고도 하였다. 대개 코발트에 가까운 짙은 청색
비단으로 제작하였다.[18] 신코가 뾰족하고 앞코가
들린 것이 특징인 첨화는 평상시에 착용하였다.

만주 귀부인의 궁정예복, 조복

만주 귀부인의 최고 예복인 조복은 조관朝冠·조괘朝褂·조포朝袍·조군朝裙으로
구성되었다. 남자의 예복과 마찬가지로 황색을 황실의 상징으로 여겨 황태후와 황
후의 조포는 명황색으로 만들었고 황비는 금황색, 황태자비는 행황색杏黃色, 황자비
는 향색좁色을 사용하였다. 행황색은 연한 살색을 띤 살구색을 말하며 향색은 다갈
색에 가까운 황색을 말한다. 그 외의 신분은 모두 짙은 청색의 조포를 입었다.

조포 위에 맞깃의 곤복이나 보복을 입는 남자와는 달리 여자는 조포 위에 소매가
없는 조괘를 덧입었다. 조괘의 길이는 조포와 같으며 신분에 상관없이 모두 남색이
나 회색이 가미된 짙은 청색인 석청색을 사용하였다. 황후나 황비가 입는 황실의 조
포와 조괘에는 금사와 오색사五色絲로 용무늬와 구름무늬를 짜 넣었다. 조복은 조회
에 참석하거나 책봉을 받을 때처럼 특수한 경우에 입는 예복이었고, 통상적인 의례
에는 남자와 마찬가지로 길복을 착용하였다. 남자의 경우 조복과 길복의 공통적인
외투로 보복이 사용되었으나, 여자의 경우 조복에는 조끼형의 조괘를 입었다. 그림
21은 황후 조괘의 그림이며, 그림 22는 조포 위에 조괘를 입은 건륭제의 황후 효현
순황후孝賢純皇后의 초상화이다. 여자의 조포와 조괘에 사용되는 용무늬 역시 신분에
따라 용의 종류와 형태, 숫자를 달리하였다.

21

22

21
황후 조괘
Mactaggart Collection 개인 소장

22
조복 차림의 건륭제의 첫 번째 황후의 초상
북경 고궁박물원 소장

조복의 부속 및 장신구

조복의 장신구로는 조주朝珠 · 피령披領과 함께 금약金約 · 영약領約 · 채세綵帨가 있었으며, 신분에 따라 재료와 장식을 달리하였다. 만주 귀부인들도 조복이나 길복과 같은 예복을 입을 때에는 남자와 마찬가지로 조주를 착용해야 했다. 남자는 조복과 길복에 상관없이 조주 한 줄만 착용하였으나, 여자는 조복의 경우 세 줄의 조주를 착용했다. 조복의 경우 세 줄의 조주를 착용할 때는 한 줄은 목에 걸어 앞으로 드리우고, 다른 두 줄은 어깨에서 겨드랑이를 지나 가슴 앞에서 교차하도록 사선으로 걸었다.[19] 그림 22의 초상화에는 흰색 한 줄과 가슴에서 교차시킨 붉은색의 두 줄을 확인할 수 있는데, 이것이 세 줄로 착용한 조주의 예이다.

그림 24의 금약金約은 금으로 만든 둥근 고리에 보석을 박아서 만든 것으로 조관 아래에 써서 관이 미끄러지지 않도록 하였다. 목에는 산호와 진주 등으로 장식한 둥근 고리를 두르는데, 이것을 영약領約이라 한다. 그림 25는 산호와 비취새 깃털로 꾸민 청대의 영약이다.

그림 26의 채세彩帨는 1m 정도 길이의 가늘고 긴 넥타이처럼 생긴 것으로 옷 단추에 걸어 장식하였다. 5품 이상의 귀부인만이 사용할 수 있으며 신분에 따라 사용할 수 있는 색과 문양이 달랐다.[20] 채세를 고정하는 고리에는 이쑤시개 통·부싯돌을 넣은 주머니·매듭을 풀 때 사용하는 송곳처럼 생긴 휴觿[21]·칼·주머니·향낭 등을 장식했는데, 이는 부싯돌이나 칼 등을 차고 다니던 유목적인 풍습의 잔재로 보인다.[22] 채세는 길복에도 착용하였다.

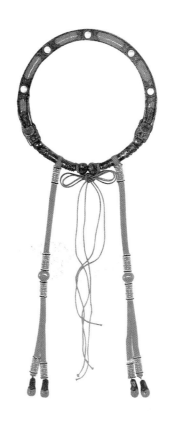

23

24

26 **25**

23
황후 조관
대만 국립고궁박물원 소장

24
라피즈라즐리[靑金石]와 진주로 꾸민
금약(金約)
대만 국립고궁박물원 소장

25
산호와 비취모로 꾸민 영약(領約)
대만 국립고궁박물원 소장

26
채세(綵帨)
대만 국립고궁박물원 소장

만주 귀부인의 예복, 길복과 팔단

여자의 길복 역시, 남자와 마찬가지로 길복관·길복포·길복괘로 구성되었다. 길복포는 남자의 망포에 해당하는 것으로 여자의 길복포도 신분에 따라 용의 형태와 숫자를 달리하였다. 황실의 귀부인은 남자와 마찬가지로 용무늬가 새겨진 황색의 포를 입었으며 특별히 황후의 길복포만을 용포라 하였다. 황자비 이하의 귀부인은 모두 석청색이나 청색 바탕에 사조룡四爪龍이 새겨진 망포를 입었다.

남자의 보복에 해당하는 길복괘는 보복과 마찬가지로 일자형의 소매가 달린 맞깃의 외투였다. 짙은 청색으로 만들며, 길이는 남자의 보복보다 길어 길복포와 나란한 정도였다. 남자와는 달리 보補는 달지 않으며, 대신에 용이나 꽃무늬로 장식한 커다란 둥근 무늬를 여덟 개 새겨 넣었다. 황족에 속하는 귀부인의 길복괘에는 둥근 용무늬를, 그 이하는 꽃이나 새들로 장식한 둥근 무늬를 수놓았다.

만주 귀부인의 예복 중에는 길복에서 발전한 팔단八團이란 것이 있었다. 팔단은 길복괘처럼 생긴 길이가 긴 짙은 청색의 외투에 다채로운 꽃무늬와 새, 길상무늬를 가득 채운 둥근 무늬 여덟 개를 수놓은 것으로, 마제수가 달린 붉은색 기포旗袍와 함께 신부의 혼례복으로 사용되었다. 기본적인 구조는 길복과 같으나 용무늬가 새겨진 조복이나 길복에 비하여 색상이 화려하고 다양한 문양이 사용된 점이 특징이다. 그림 27과 그림 28은 치파오와 예복용 괘를 한 벌로 만들고 학이 새겨진 둥근 무늬를 여덟 개 배치한 팔단 형식의 신부 예복이다. 이는 만주족의 복식 형태에 한족의 문양과 색감이 가미된 것으로, 만주족과 한족의 복식문화가 결합하여 새롭게 탄생된 것이다.

27 | 28

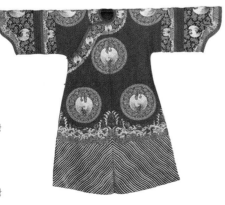

27
혼례용 치파오
Mactaggart Collection 개인 소장

28
혼례용 괘
Mactaggart Collection 개인 소장

만주족 여성의 일상복, 치파오

만주 여자들의 옷은 기포, 즉 치파오를 기본으로 하였다. 여자의 치파오에는 양옆
에만 트임을 주며, 허리띠를 매어 입는 남자의 치파오와 달리 허리를 매지 않고 있
었다.[23] 또한 소매 끝과 옷깃, 밑단 등에 다양한 색상의 천을 덧대어 화려하게 선장
식을 하는 것이 특징이었다. 청초에는 깃과 소매 끝에만 다른 천을 덧대어 장식하
였으나, 건륭제乾隆帝, 재위 1735~1795 이후부터 소매통이 넓고 화려한 것이 유행하면
서 덧댄 선장식의 숫자도 많아져서 함풍咸豊, 1851~1861과 동치同治, 1862~1874 연간에
는 원래의 몸판보다 장식 부분이 더 많은 면적을 차지하기도 하였다.

청 초기에는 남자의 치파오와 마찬가지로 마제수가 달린 좁고 긴 소매에 비교적
몸에 잘 맞는 형태였다. 그러나 후대로 갈수록 평상시에 입는 여자의 치파오에는
마제수가 없는 일자형 소매가 달리고 소매통과 몸통에 여유가 있는 형태로 변하였
다.[24] 그림 29는 18세기 초반의 치파오로 비교적 몸에 잘 맞고 마제수가 달린 초기
치파오의 특징을 확인할 수 있다. 반면에 그림 30은 마제수는 사라졌고 몸통과 소
매에 여유가 있으며, 선장식이 넓어진 청 말의 치파오이다.

29

18세기 초반의 치파오
메트로폴리탄 미술관 소장

30

청말의 치파오
Courtesy of the Powerhouse
Museum Collection, Sydney 소장

1890년대의 치파오는 서양복의 영향으로 몸에 딱 붙으면서 허리와 소매가 좁고 작으며 엉덩이를 가리기 힘들 정도로 옆트임이 깊고 발을 완전히 덮는 길이가 긴 형태로 변하였다.[25] 청 말에는 한족 여자도 즐겨 입는 복식의 하나가 되었다.[26]

원래 치파오의 목선은 그림 29처럼 둥근 선을 따라 굴려진 형태로 깃이 서있는 분량이 없었으나, 점차 그림 30처럼 목둘레의 깃이 곧게 세워지기 시작하여, 점차 현재의 차이나 칼라와 비슷해졌다. 청 말에는 지나칠 정도로 높은 형태가 유행하기도 하였으며, 깃이 없는 경우에는 그림 31처럼 좁고 긴 스카프 형태의 영건領巾을 두르기도 하였다.

치파오에 덧입는 옷들

만주족 여자는 남자들과 마찬가지로 길이가 긴 치파오를 입고 그 위에는 다양한 종류의 장괘長褂나 짧은 단괘短褂를 착용하였다. 또한 소매 없는 옷을 덧입기를 좋아하여 치파오 위에 길이가 짧은 마갑을 덧입기도 하였다. 여자들의 마갑도 남자의 마갑과 마찬가지로 깃의 형태와 여밈에 따라 대금大襟·맞깃對襟·일자금·비파금 등이 있었고, 때로는 스탠드 칼라를 달기도 하였다.

청대 여자들이 즐겨 입던 소매가 없는 조끼형의 옷 중에서 무릎을 넘는 긴 것을

31
치파오와 영건, 양파두 차림의 서태후
북경 고궁박물원 소장

32
맞깃의 비갑
북경고궁박물원 소장

33
대금(大襟) 형태의 비갑
북경고궁박물원 소장

비갑比甲이라 하였다. 원 세조의 황후가 처음으로 만들었다고 하며[27] 과거에는 북방 부녀자들이 즐겨 입었으나 청대에는 만주족·한족을 불문하고 모두 비갑을 즐겨 한족 여자는 오군襖裙 위에, 만주족 여자는 치파오 위에 착용하였다.

추운 겨울에는 방한을 위하여 피풍被風이라는 겉옷을 덧입기도 하였다. 피풍은 형태에 따라 두 종류로 나눌 수 있었다. 하나는 남색 비단에 다양한 색상으로 꽃무늬를 화려하게 수놓은 맞깃이 달린 외투로, 주로 한족 기혼여성의 방한용 예장으로 사용된 것이다. 장괘나 길복괘와 같은 외괘에서 발전된 것으로 예복적인 남자 것에 비하여 비교적 짧아 길이는 무릎을 덮을 정도이며, 비교적 넓은 소매가 달렸다.[28] 이러한 피풍은 홍군紅裙과 함께 기혼여성의 예복으로도 사용되었으나 미혼여성은 입을 수 없었다.

다른 하나는 소매 없는 망토나 케이프처럼 생긴 것으로 두봉斗篷이라고도 하였다. 두봉은 바람과 한기를 막기 위해 입던 몽고 의복에서 비롯된 것으로 청대에는 남녀의 여행용 외투로 사용되었다.[29] 본래는 방한을 목적으로 눈바람을 막기 위하여 입던 옷으로 길이가 짧은 케이프형에서 외투처럼 긴 망토형까지 다양하였고 깃의 형태도 낮고 둥근 것부터 높은 것까지 여러 종류가 있었다. 청대 중기 이후 부녀자들에게 보편화되면서 날로 정교해져 도시에서는 화려한 주단으로 제작하고 안쪽에는 모피를 덧댄 것이 유행하기도 하였다. 본래 격식을 갖춰야 하는 경우에는 삼가야 할 차림이었으나 점차 나이와 성별, 신분을 가리지 않고 즐겨 입으면서 일반화되었다. 두봉은 연봉의蓮蓬衣 또는 일구종一口鐘이라 부르기도 하였는데, 이는 몸에 걸친 모습을 연꽃봉오리나 종모양에 빗대어 지어진 것으로 보인다. 그림 34는 두봉을 걸친 서태후의 모습이다.

34
두봉을 입은 서태후의 모습

만주족 여자의 머리모양

기장旗裝이란 한족과는 다른 '만주 여자의 꾸밈새'를 의미하는 것으로 기포旗袍와 양파두兩把頭가 대표적이다. 원래 양파두는 그림 35처럼 정수리에서 머리를 두 갈래로 가른 후, 가른 두 다발을 길고 넓적한 막대처럼 생긴 편방扁方이라는 비녀에 감아 만든 것이었다. 머리를 양쪽으로 모아서 쥐고 만든다 하여 '양파두', 위에서 보면 가로지른 모습이 한자의 一처럼 생겼다 하여 '일자두一字頭', 감겨진 모습이 뒤에서 보면 그림 36처럼 구름과 같다 하여 '여의두如意頭'라고도 하였다.[30] 초기에는 납작하고 긴 형태였으나 후대로 갈수록 머리의 크기와 높이가 커지면서 점차 직물로 머리틀을 만들고 필요할 때마다 간편하게 쓸 수 있는 형태로 변하였다. 후대로 갈수록 가체를 사용하여 크게 빗은 머리보다 그림 37처럼 직물로 틀을 만든 간편한 것이 선호되었는데, 이러한 머리틀도 완성된 형태의 가계, 즉 가발의 일종이었다.[31]

양파두는 혼인여부와 상관없이 일정한 나이 이상의 만주족 여자면 누구나 할 수 있는 머리형이었다.

35
만주 여성의 양파두

36
양파두의 뒷모습

37
비취새 털과 보석으로 장식한 양파두
Beverley Jackson 개인 소장

한족 여자복식의 특징과 종류

한족 여자복식은 우리나라처럼 치마 위에 길이가 긴 상의를 입는 이부 형식으로, 이는 명대 여자복식에서 유래한 것이었다.[32] 예복 역시 만주족 귀부인과는 달리 명대 명부복식에서 유래한 봉관·하피를 착용하였다. 그 외에도 머리모양, 장신구, 전족의 풍습과 신발모양 등 여러 면에서 만주족의 복식과 많은 차이가 있었다.

한족 여인의 상의는 만드는 방법과 형태에 따라 삼杉, shān · 오襖, ǎo · 괘掛, guà가 있었다.

삼은 홑으로 만든 얇은 상의를 말하며, 오는 겹으로 만들거나 안에 솜을 넣은 비교적 두께감이 있는 상의로[33] 주로 가을, 겨울에 착용하였다. 그림 38은 청 말의 오인데, 치파오와 마찬가지로 오른쪽 옆선에서 깊숙이 여며 주는 대금大襟 형식의 여밈을 확인할 수 있다.

반면에 그림 39처럼 앞 중심에서 여미는 맞깃형의 상의는 괘라고 하였다. 한족 여자의 괘는 남자들의 외괘나 장괘보다 길이가 짧으며, 맞깃인 점을 제외하면 그림 38의 오와 흡사한 형태이다. 오襖에도 치파오처럼 깃과 소매, 밑단 등에 다른 색상의 직물을 덧대어 여러 겹의 선장식을 하였다.[34] 그러나 혼례 시에 입는 붉은 바탕에 용무늬를 수놓은 그림 40과 같은 망오蟒襖에는 선장식을 하지 않았다.

청 왕조 후기에는 삼·오·괘와 함께 바지를 입은 한족 여자도 확인되지만 대부

38
한족 여자의 오
대만 국립역사박물관 소장

39
한족 여자의 괘
대만 국립역사박물관 소장

40
한족의 혼례용 망오
Seattle Art Museum 소장

분 몸종이거나 신분이 낮은 경우였고, 신분이 높은 한족 여자는 길이가 긴 저고리에 치마를 입는 차림새를 고수하였다. 또한 만주족 여자와 마찬가지로 한족 여자들도 오군과 같은 치마·저고리 차림 위에 배심, 마갑 또는 비갑比甲과 같은 소매 없는 겉옷을 즐겨 입었다.

하피와 운견

청대의 하피霞帔는 명의 명부복식에서 유래한 것이나, 명대 하피와는 전혀 다른 모양으로 발전하였다. 가장 큰 변화는 바닥까지 내려오는 좁은 띠모양에서 엉덩이 길이로 짧아졌고 앞뒤 몸판이 마주 닿을 정도로 넓어져 그림 41처럼 소매 없는 상의로 변한 것이다. 하피 밑에 달리던 피추帔墜는 사라졌고 깃이 생겼으며, 가슴과 등에는 명대에는 사용되지 않았던 보補를 달아 품계를 나타냈다. 하피의 밑단에는 술장식이 달리는 경우가 일반적이었으나, 술장식이 없거나 매듭장식과 유사한 것이 달린 경우도 있었다.

한족들은 망오·봉관과 함께 하피를 함부로 입을 수 없는 명부예복으로 삼았기

때문에, 일반 부녀자들은 혼례복과 수의壽衣로만 착용할 수 있었다.[35] 명부예복을 혼례복과 수의로 사용한 것은 일생에 단 한 번뿐인 혼례에 특별한 의미를 부여했던 것과 마찬가지로 마지막으로 가는 길에 특별히 성장盛裝하였던 것으로 추정된다.[36] 그림 42는 성장을 한 한족 신부의 모습으로 하피와 봉관으로 구성된 한족 고유의 예복을 입고 있다.

운견雲肩은 탈부착이 가능한 칼라의 일종으로 평상시뿐만 아니라 혼례 시에도 하피와 같은 예복 위에 착용하였다. 사방의 뾰족한 끝 모양이 구름의 머리모양, 즉

여의두如意頭처럼 생겨 운건이라 하였다.[37] 주로 장식을 목적으로 착용한 것이나 당시에는 머리에 윤기를 주기 위해 식물성 기름을 수시로 바르는 풍습이 있었으며[38] 대부분의 예복이 세탁하기 힘든 비단으로 만들어졌다는 점을 고려하면, 머릿기름을 묻히지 않기 위한 실용적 목적도 배제할 수 없었을 것이다.

그림 43은 봉관과 운견을 한 한족 신부의 모습이며 그림 44는 1800년경에 제작된 신부의 운건이다.

치마의 종류와 특징

청대 한족 여자의 치마, 즉 군裙은 여러 폭을 연결한 하의란 뜻으로, 많은 천을 이어 붙여 만든 치마를 의미한다.[39] 청대 한족의 치마 역시 폭과 폭을 이어 붙이고 치마에 주름을 많이 잡아 준 형태로 대개 앞에서 둘러서 뒤로 매어 입었다. 청대의 치마는 주름을 잡는 방식과 만드는 방법에 따라 그 종류가 다양하였다. 대표적인 것으로 마면군馬面裙, 난간군欄幹裙, 백습군百褶裙, 어린백습군魚鱗百褶裙, 봉미군鳳尾裙 등이 있었다.

마면군은 청대 한족 여자의 가장 일반적인 치마로서, 치마의 앞면과 뒷면을 중심으로 양옆에 세로주름을 잡아 준 치마이다. 주름을 잡지 않은 넓은 면의 가장자리와 치마 밑단에는 선을 둘러 장식하고 그 위에 꽃과 새, 나비, 풀벌레 등을 수놓기도 하였다.[40] 난간군은 기본적으로 마면군과 같은 형태이나 치마 양옆에 가는 주름들을 잡고 가는 주름 사이사이에 선장식을 한 것으로, 그 모양이 난간처럼 보여 난간군이라 하였다. 백습군은 백간군百襉裙이라고도 하였다. 치마에 무수히 많은 가는 잔주름을 잡은 것으로, 때로는 주름 위에 수를 덧놓기도 한다. 예로부터 중국인들은 폭이 넓은 치마를 아름답게 여겼을 뿐만 아니라 귀족적으로 보여 좋아하였다. 또한 치마의 폭幅, fú과 복福, fú의 발음이 같기 때문에 폭幅이 많으면 복福이 많다고 여겼으며, 더불어 백습군처럼 주름이 많은 치마도 폭이 많은 것으로 여겨 좋아하였다.[41] 어린백습군魚鱗百褶裙은 흐트러지기 쉬운 백습군의 섬세한 주름을 가는 실로 교차하여 이은 것으로, 엮은 모양이 마치 물고기 비늘모양과 같아서 어린백습군, 또는 어린군魚鱗裙이라 하였다.[42] 봉미군鳳尾裙은 위가 좁고 아래가 넓은 형태의 긴 비단 띠들이 달려 마치 새의 긴 꼬리가 달린 것 같은 형태였다.

43

44

43
봉관과 운견을 한 한족 신부

44
청대 운견
Teresa Coleman Fine Arts,
Hong Kong 소장

신분에 따른 치마 색에 대한 특별한 규정은 없었으나 대개는 검정색을 입었고, 경사가 있거나 명절에 정실 부인은 빨간색을 입었다.[43] 신부 역시 붉은색 치마를 입었는데 이러한 붉은 치마를 홍희군紅喜裙이라 하였다. 그림 45는 청말 한족 여자들의 치마들로 모두 붉은색인 것이 특징이다. 홍희군은 특정 종류의 치마가 아니라 붉은색을 사용한 치마를 총칭한 것으로, 경사스러운 일에 붉은색을 즐겨 사용하는 중국의 풍습에서 유래한 것으로 보인다.

45
한족의 치마
마면군(좌)
어린백습군(중)
봉미군(우)

한족 여자의 머리모양

중국은 전통적으로 결혼한 여성은 이마의 잔털을 제거하고 올린 머리를 하는 풍습이 있었으며 이것을 청대에는 상두上頭라 하였다. 이러한 전통에 따라 기혼여성의 머리형은 올린머리가 기본이었으나 그 형태와 방법은 시대와 지역에 따라 매우 다양하였다.

청 초기에는 꽃모양으로 높게 빗어 올린 머리가 유행하였는데, 완성된 모양에 따라 목단두牧丹頭, 모란형 · 하화두荷花頭, 연꽃형 · 연화두蓮花頭 혹은 부용두芙蓉頭라 하였다. 만드는 방법은 모두 비슷하여 머리카락을 모두 위로 빗어 올린 후에, 끈이나 고리로 묶은 다음 올린 머리를 여러 갈래로 갈라주고 각각의 갈래를 둥그렇게 말아 올린 후 비녀로 고정하였다. 목단두의 경우 완성된 높이가 약 7치寸로 약 23cm 정도 되었으며[44] 머리숱이 적은 여자는 가발을 사용하여 풍성한 형태로 만들기도 하였다.[45] 그외에는 그릇이 뒤집어진 것처럼 높게 빗어 올린 발우계鉢盂髻도 유행하였다.[46]

청 중기에는 높게 올린 머리형이 점차 길게 늘어진 형태로 변하였다가 청 말기에는 우리나라의 쪽처럼 간단하게 감아올린 그림 47의 작고 둥근 원두圓頭가 유행하였다. 곱게 짠 망을 씌워 원두형의 머리를 고정하기도 하였다.[47]

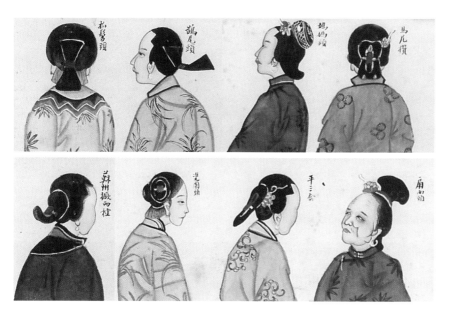

한족의 봉관과 만주족의 전자

봉관은 봉황장식이 있는 여자용 관을 말한다. 명대에서 기원하여 청대 한족 귀부인의 예관禮冠으로 전해진 봉관은 청대의 역사서나 예복제도에서는 찾아볼 수 없으나, 한족에게는 명부예관이자 신부의 혼례용 관으로 광범위하게 사용되었다. 그림 48은 청대 명부의 초상화로 하피와 함께 봉관을 착용한 모습을 확인할 수 있다.

청대의 봉관은 봉황이 중요 장식으로 사용되었던 명대의 것과는 달리, 봉황의 크기가 작아져 부수적인 장식으로 사용되었으며 봉관의 크기도 작아진 것이 특징이었다. 봉관의 소재도 다양화되어 금이나 은으로 만든 봉관 틀에 비취모를 오려붙이거나 칠보로 장식하고 보석과 보요를 달아 섬세하게 꾸민 것부터 그림 49처럼 주물로 만든 조잡한 틀에 실로 만든 작은 방울이나 구슬만 달아 장식한 것에 이르기까지 다양하였다. 혼례 때 착용하는 신부의 봉관은 일반적인 봉관과 사용방법이 조금 달라서 311쪽의 그림 43처럼 봉관 앞에 진주 줄을 빼곡히 달아 얼굴을 가리도록 하였다.

봉관의 제도가 없었던 만주 귀부인의 예장용 쓰개로는 전자鈿子가 있었다.[48] 전자란 철사나 등나무로 골격을 만들고 검은색 사紗나 실을 엮어 만든 그림 51의 모자와 비슷한 것이었다. 그림 51에서 확인되듯이 중앙은 높고 사방으로 점점 낮아져 전

46
청 말 한족 여자의 다양한 머리모양

47
한족 여자의 원두(圓頭)

체적으로 삼태기箕를 뒤집어 놓은 형태이다. 여기에 갖은 보석으로 꾸민 크고 작은 비녀를 빼곡히 꽂아 장식하였다. 특히, 혼례 시에는 보요가 달린 봉황 비녀를 비롯한 다양한 비녀를 이용하여 화려하게 꾸미는데, 그 모습이 마치 한족의 봉관과 비슷해서 신부의 꾸밈을 특별히 봉전鳳鈿이라 하였다.[49] 그림 50은 봉황모양의 수많은 비녀로 전자를 꾸민 만주 귀족 신부의 모습이며, 그림 51은 청대 전자의 유물이다.

전자는 착용자의 신분과 나이에 따라서 장식의 정도가 달라져 혼례 시에는 봉전을, 일반적인 의례 시에는 장식이 많은 만전滿鈿을, 과부이거나 나이가 많은 부인은 장식이 덜한 반전半鈿을 하였다. 혼인여부와 상관없이 일정 나이 이상의 만주족 여자면 누구나 할 수 있었던 양파두에 비하여, 전자鈿子는 기혼여성의 예장용 머리로 만주 귀족이라도 미혼여성은 사용할 수 없었다.

한족 여인의 전족과 만주족의 천족

한족은 예로부터 여아의 발을 긴 천으로 싸매어 뼈를 굴곡·변형시켜 발을 작게 만드는 전족의 풍습이 있었으며, 청대에도 대부분의 한족 여자들은 전족의 전통을 중시하였다. 전족의 신발로는 궁혜弓鞋가 있었다. 원래 궁혜는 바닥이 활처럼 휜 신발을 지칭하였으나, 점차 의미가 변하여 그림 52의 전족용 작은 신발만을 뜻하게 되었다. 청대의 궁혜는 바닥이 높은 것이 특징으로, 평상시에는 굽이 없거나 낮은 신발을 신던 여자들도 혼례婚禮 때에는 나무로 굽을 댄 붉은색 궁혜를 신었다.[50]

반면에 전족의 풍습이 없던 만주 여성의 자연스러운 발은 천족天足이라 하였다. 만주족 여자의 신발 역시 굽이 높은 것과 낮은 것으로 나눠지는데, 특히 굽이 높은 신발은 나무로 만든 신발의 굽이 양쪽에서 파낸 것처럼 중심을 향하여 오목하게 들어간 형태가 특징이었다. 생긴 모양이 말굽처럼 생겼다 하여 마제저馬蹄底, 화분처럼 생겼다 하여 화분저花盆底라고도 하였다.[51] 신발의 굽은 대개 3.5cm에서 6~7cm 정도였으나 후대에 갈수록 더욱더 높아져 심한 경우는 26cm에 달하기도 하였다. 화분저 형태의 높은 신발은 13~14세가 되어야 신을 수 있었다. 굽이 낮은 것은 평저平底라 하며, 나이가 많아지면 굽의 높이도 점점 낮은 것으로 바꿔 신었다.[52] 그림 53의 평저와 그림 54의 화분저 모두 몸체는 화려한 비단을 사용하고, 그 위에 다양한 꽃무늬를 수놓았다.

52	53
	54

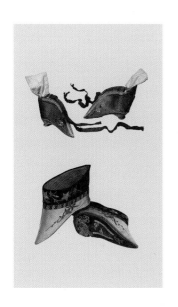

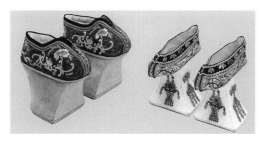

52
청대 한족의 궁혜
Glenn Robert 개인 소장

53
만주여자의 평저
Valery Garret 개인 소장

54
만주여자의 화분저 또는 마제저

14장

조선 후기의 복식

조선중화주의와 전통양식의 성립

17세기의 조선은 임진왜란1592~1598과 병자호란1636~1637의 여파로 생산기반이 파괴되고 신분질서가 붕괴된 어려운 시기였다. 대외적으로도 명1368~1644이 멸망하고 만주족의 왕조인 청1616~1912이 들어선 명청교체기明淸交替期로 매우 혼란하였다.

조선의 입장에서 새로운 중국 왕조인 청은 부당하게 조선을 침략한 오랑캐의 국가였으며, 중화中華를 존중하고 오랑캐를 물리친다는 '존화양이尊華攘夷'의 논리로 보아서도 배척해야 할 대상이었다. 또한 명이 멸망하였기에 조선만이 중화문화의 유일한 보존자이며 유교적 가치의 중심이라는 조선중화의식朝鮮中華意識이 발전하게 되었다.[1] 그 결과 예학禮學과 예제禮制를 중시하는 학풍을 낳았고 의례절차와 형식을 중시하는 사회적 분위기가 형성되었다.

이런 경향은 복식에도 영향을 미쳐 사대부에게는 복식을 통한 예의 표현과 격식에 맞는 옷차림을 중시하는 풍조가 생겨나게 되었다. 조선 후기에 유교적인 기원을 갖는 심의深衣와 사규삼四袗衫이 즐겨 착용되었고 도포道袍·창의氅衣·주의周衣 등의 편복포가 발달한 것은 위와 같은 상황 변화와 관련이 있었다. 포의 종류도 세분화되어 직령直領·철릭天翼·답호褡穫·심의深衣·도포道袍·창의氅衣·중치막中致莫·주의周衣, 두루마기 등이 사용되었다.

전쟁의 후유증이 어느 정도 극복된 17세기 말경부터 조선 사회는 점차 안정을 되찾기 시작하였다. 특히, 영조英祖, 재위 1724~1776 대에는 정치, 경제의 안정을 가져와 18세기 문예부흥의 기초를 마련하였다. 그 뒤를 이은 정조正祖, 재위 1776~1800는 선대부터 추진된 제도정비를 완성하고, 새로운 활자를 만드는 등 문화정치를 추진하였다. 학문적으로는 이론에만 치우쳤던 성리학性理學에 대한 반성으로 '실사구시實事求是'를 중시하는 실학이 등장하기도 하였다.

이러한 시대상 속에서 복식에도 많은 변화가 나타났다. 일상복에서는 오늘날 우리가 알고 있는 전통복식의 양식이 성립되었고 관복官服에도 국속화의 경향이 나타났다.

여성복식의 경우 몸매가 드러나지 않았던 조선 전기와는 달리, 후기에는 기녀들을 중심으로 가냘픈 상체가 드러나는 좁고 짧은 저고리와 하체를 강조한 풍성하고 긴 치마의 실루엣이 등장하여 양반층 여성들에게까지 유행되었다.[2] 이처럼 여성복식의 경우 사대부의 복식이 하향 전파되었던 남성복식과는 달리 하층민인 기녀의 복식이 사대부가의 부녀자들에게 상향 전파되는 양상을 보이기도 하였다.[3]

화려한 의례복과는 달리 조선 후기의 일상복식은 차분한 색조에 단아한 아름다움을 보이는 것이 특징이었다. 남녀 모두 허리선의 위치가 가슴 선까지 올라감으로써 우아한 실루엣을 보이며 옷자락이나 주름이 착용자의 동작에 따라 움직이는 아름다움을 강조하였다. 따라서 바탕과 무늬가 동색인 스민 무늬를 사용하고, 안감의 색을 겉감과 달리하여 움직임에 따라 색의 깊이가 달라 보이거나 살짝 드러나는 효과를 이용하기도 하였다. 계절에 따라 의복의 종류가 크게 달라지는 않지만 계절에 따라 소재를 달리하고 홑옷과 겹옷, 누비옷, 솜옷 등을 적절히 이용하였다.

어느 사회에서나 복식服飾은 신분과 지위의 표현수단으로 사용되며, 하층민들은 상류계층의 복식을 모방하려는 경향을 보인다. 이러한 현상은 18세기 조선에서도 나타나 사회문제로 등장하였고, 이 중에서도 신분의 격을 넘어선 사치와 부녀자의 가체加髢, 다리, 혼례의 사치가 가장 대표적이었다. 이에 영조는 당시에 만연한 사치풍조를 해결함과 동시에 왕실 스스로가 모범을 보이고자 『국혼정례國婚定例』와 『상방정례尙方定例』 등을 제정하여 왕실혼례 및 왕실복식의 간소화 정책을 추진하였다.[4] 또한 수차례에 걸친 가체금지령을 내려[5] 지나친 가체의 풍습을 개혁하고자 하였다. 사치풍조의 폐단과 윤리의식의 해이를 지적하는 비판적인 시각과 지속적인 사치금제奢侈禁制, 그리고 실학의 발달은 점차 실용성을 강조한 합리적인 복장으로 전환을 꾀하게 되었다.

관복제도의 혼란과 재정비

임진왜란과 병자호란의 두 전란 사이에 중국은 명에서 청으로 왕조가 바뀌었다. 하지만 조선의 관복제도는 청조淸朝와는 상관없이 전대의 제도를 그대로 유지하였다. 그러나 오랜 전쟁으로 인해 소실된 것이 많아 이전의 예복을 본 따 국내에서 제작할 수밖에 없었다. 또한, 과거의 예복제도를 그대로 구현한다는 것 자체가 쉬운 일이 아니어서 매번 제도가 일정치 않았고 이에 대한 논의도 분분하였다. 이러한 상황을 정리하고자 영조 대에 『속대전續大典』을 편찬하였고, 『국혼정례國婚定例』와 『상

방정례尙方定例』에 구체적인 예를 수록하면서 관복을 비롯한 예복제도를 정비하였고 이 제도가 조선 말까지 이어졌다.

왕의 면복, 조복, 상복 역시 전대의 제도를 기본으로 하였으나, 고종高宗, 재위 1863~1907이 황제로 즉위한 대한제국大韓帝國, 1897~1910시기에는 황제에 준하여 예복제도를 개정하였다. 명황제와 동일하게 면복冕服으로는 십이류면 십이장복으로 정하였으며, 조복은 통천관通天冠·강사포로, 상복으로는 익선관翼善冠·황룡포를 착용하였다. 황후의 예복 역시, 명황후의 예복이었던 12등 적의제도를 채택하였다. 명나라의 제도에서 비롯된 이러한 예복제도는 황실의 예복제도를 서구식으로 바꾼 1900년까지 착용되었다.

조선 후기의 백관복식, 즉 관복官服 역시 기본적인 골격은 조선 전기의 제도를 기본으로 하였으나, 제도의 시행과 세부적인 형태에서 변화된 부분도 적지 않았다. 조복의 경우『경국대전』에는 일품관에서 구품관까지 모두 착용하도록 규정하였으나, 조선 후기에는 사품관까지만 조복을 착용하였고 그 이하는 흑단령을 착용하였다.

공복의 경우, 조선 후기에는 제도 자체가 해이해져 착용되지 않았다는 견해가 있었다. 그러나『왕세자입학도첩王世子入學圖帖』과 같은 회화자료나 문헌기록에는[6] 예복으로 복두, 서대犀帶와 함께 공복公服이 나타나는 것으로 보아 사용빈도는 줄었지만 국말까지도 예복으로 사용하였음을 알 수 있다. 효명세자孝明世子, 1809~1830의 성균관 입학을 기념하여 제작된 그림 1에서도 왕세자의 교육을 담당한 박사가 복두와 공복을 입고 있는 것이 확인된다.

『경국대전』에 의하면 상복에는 품계에 따라 흉배를 달며 관모로는 사모를 사용하였다. 반면에 공복은 관모로는 복두를 쓰고 홀을 들며, 품계에 따라 홍포, 청포, 녹포로 옷의 색상을 다르게 규정하였다. 문헌기록에 의하면 공복과 상복의 차이는 관모가 복두, 사모라는 것과 흉배와 홀의 여부에 있었다. 또한 상복은 공복과는 달리 품계에 따른 옷의 색상이 정해지지 않아 다양한 색상의 단령을 착용할 수 있었다. 상복의 가장 큰 특징은 품계를 상징하는 흉배였다. 그러나『경국대전』이 제정된 성종 때에도 모든 단령에 흉배를 마련한다는 것은 쉽지 않은 일이었다.[7] 따라서 조회나 예연禮宴에 입던 흑단령에만 흉배를 다는 것이 관행으로 자리 잡게 되고 점차 아청鴉靑이나 현록玄綠 등의 검정색 단령이 선호되면서 흑단령에 흉배를 단 형식으로 정착된 것으로 보인다.[8]

단령에 사모를 쓰는 관복으로는 상복과 함께 시복時服이 있었다. 상복과 시복은 조선 초부터 용도와 명칭의 혼란이 심하였다. 『경국대전』에는 시복에 관한 규정이 없으나, 대체로 일상인 공무를 볼 때 입는 관리의 집무복을 시복이라 하였다. 기본적인 형태는 상복과 같지만 흉배를 달지 않는다. 즉, 격식과 위의威儀를 갖춰야 할 때는 그림 2처럼 흉배를 단 흑단령을 착용하였고, 일상적인 업무에서는 그림 3처럼 흉배 없는 홍단령을 착용한 것으로 보인다. 특히, 16세기 초에 상복에서 발전된 흑단령의 용도가 명확해지면서 시복과 상복에 대한 개념이 정립되기 시작하였고,[9] 다시 1610년광해군 2에 관복제도를 정비한 것을 계기로 흑단령은 상복으로, 홍단령은 시복으로 정착되었다.[10] 즉, 관리의 집무복 중에서 흉배 달린 흑단령은 의례복의 성격이 강한 상복으로, 홍단령은 일상 업무복의 성격이 강한 시복으로 유지되었다. 이러한 공복·상복·시복의 제도는 1884년고종 21에 이뤄진 관복제도 간소화와 함께 흉배가 달린 흑단령으로 통일되었다.

02

03

02
흉배 달린 흑단령
장유(1587~1638)의 초상
국립중앙박물관 소장

03
흉배 없는 홍단령
조영복(1672~1728)의 초상
경기도박물관 소장

단령의 변화와 다양한 포의 등장

조선 후기 남자복식에서 포가 발달한 것은 조선 전기와 마찬가지였으나, 같은 종류의 포라도 전기와는 형태적 차이나 제작방법의 변화가 뚜렷하며, 포의 종류가 더욱 다양화된 것이 특징이었다. 특히, 관복으로 착용된 단령의 경우가 그러하였다. 관복으로 사용된 조선 초·중기의 단령은 홑 단령 한 벌과 홑 직령 한 벌을 별도로 제작하여 깃이나 진동, 소맷부리 등에서 시쳐서 고정한 것이 일반적이었다. 이것이 임란 후에는 소매배래와 옆솔기, 등솔과 같은 부위에서 두 벌을 붙여 바느질하여 한 벌 옷으로 제작되었다. 또한 이전의 단령은 사각형의 넓은 무가 옆으로 펼쳐지고 무의 윗부분이 삼각형으로 삐친 과장된 형태였으나, 임란을 계기로 무의 윗부분이 사선으로 재단되면서 18세기 초부터 뒷길에 고정되기 시작하였다.[11] 그림 2의 초상화에는 뒤 몸판에 고정되기 전의 무가 위쪽으로 삐죽하게 올라간 단령의 형태를 확인할 수 있다. 소매통은 초기에는 진동과 부리가 모두 좁고 배래가 수구 쪽으로 사선이 되는 통수에서 후대로 갈수록 부리 부분이 넓어졌고, 말기에는 넓은 사각형의 양옆을 굴린 두리소매 형태로 발전하였다. 둥근 깃은 후대로 갈수록 너비가 넓어지고 파임이 깊어져서 U자형을 이루게 되었고 고름은 이전에 비하여 커지고 길어졌다. 표 1은 조선시대 단령의 형태변화를 시대순으로 정리한 것이다.

조선시대 남자의 포제 중 하나인 직령은 고려 말인 1387년우왕 13 하급 관리의 관복으로 제정된 것으로 조선시대에는 왕 이하 천인계급에 이르기까지 예복에서부터 상복, 편복 등으로 다양하게 착용되었으며 도포가 보편화된 17세기 이전까지는 대표적인 남성용 편복포였다. 직령의 형태는 깃을 제외하면 단령과 동일하였다. 특히, 단령과 같은 형태의 무는 직령을 곧은 깃이 달린 다른 포와 구분하는 특징이기도 하다.

조선 후기 사대부의 편복용 포에 나타난 흥미로운 점은 대표적인 포의 종류가 달라진 것이었다. 임진왜란 전에 즐겨 입던 액주름포나 철릭, 답호, 직령 대신에 간편하고 실용적인 포가 새롭게 등장하였는데, 특히 포의 양옆이나 뒤 중심에 트임이 있는 다양한 창의氅衣 종류와 주의周衣, 두루마기 등을 입었다. 창의나 주의 같은 실용적인 포가 새롭게 등장한 것은 실용성을 중시한 당시의 사회적인 분위기와 관련이 있어 보인다. 그 외에도 유학자 사이에서는 심의深衣나 도포道袍처럼 유교적 상징성을 갖는 포들도 즐겨 착용하였다.

표 1 단령의 무와 소매, 깃의 시대별 형태 변화

출토지	형태	
변수 묘 (1447 ~1524)	 길이 148 / 화장 122	
심수륜 묘 (1534 ~1589)	 길이 113 / 화장 115	무를 펼친 모습 무를 접은 모습
김확 묘 (1572 ~1633)	 길이 137 / 화장 127.5	
이연응 묘 (1818 ~1878)	 길이 129.5 / 화장 101	

04

05

임란왜란 이후, 사대부의 평상복으로 보편화된 도포는 문헌상으로는 선조宣祖 대의 기록[12]에서 처음 나타나지만, 사실상 그 이전부터 착용되었던 것으로 보인다. 도포의 형태는 그림 4처럼 깃이 곧고 소매가 넓으며 무가 달리고 뒤트임이 있는데, 뒷길에 별도의 뒷자락이 달려 있어 트임이 벌어져도 하의下衣가 드러나지 않는 것이 특징이다. 하층계급에는 도포의 착용을 불허하였으나 『목민심서牧民心書』에 기록된 '지금 농부나 종같이 미천한 자들이 모두 도포를 걸치고 큰 소매에 긴 자락으로 엄숙하기가 마치 조정의 벼슬아치 같다'[13]라는 내용을 보면 이 금제는 잘 지켜지지 않았던 것 같다.

중치막과 창의는 모두 곧은 깃이 달리고 옷의 옆선이나 뒤 중심선에 트임이 있는 옷으로, 트임의 위치나 소매너비 등을 기준으로 명칭이 달라진다. 모두 사대부들의 외출복이나 실내에서 입는 겉옷으로, 혹은 관복이나 도포처럼 소매가 넓은 다른 편복포의 받침옷으로 입혀졌다.[14]

'트임이 있는 옷'이라는 의미의 창의氅衣는 곧은 깃에 뒤 중심이 트이거나 양옆에

04
도포의 앞면과 뒷면
의원군 이혁(1661~1722) 묘 출토
경기도박물관 소장

05
학창의 앞면 모습과 뒷면 도식화
국립민속박물관 소장

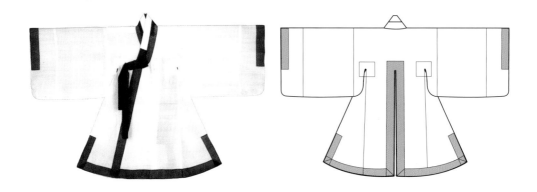

트임이 있는 포들을 말한다. 조선 후기에 이르면서 이전까지 관복의 받침옷으로 사용되었던 철릭 대신에 중치막이나 창의가 대신하게 되었고,[15] 창의류의 증가와 함께 직령이나 액주름 등의 편복 포들은 용도가 축소되거나 쇠퇴하는 경향을 보였다. 창의의 종류로는 대창의·학창의·중치막·창옷 등이 있었다. 대창의는 소매가 넓으며 뒤트임이 있고, 양옆에 큰 무가 달린 것이 특징으로 도포처럼 위엄있고 우아한 느낌이 드는 포이다. 학창의는 대창의와 같은 구조지만 그림 5처럼 깃·도련·수구 등에 검은 선을 두른 것이다.

06
중치막을 입은 선비의 모습
개인 소장

중치막은 깃이 곧고 양옆이 트인 창의의 일종으로, 조선 후기의 풍속화에서는 그림 6처럼 중치막을 입은 모습을 다수 확인할 수 있다. 중치막은 17세기 전반기까지는 통수筒袖이고 양옆에 무가 달린 채로 옆트임을 준 형태였다. 그러나 18세기에 이르면 양옆의 무는 자연스럽게 퇴화되었고 반면에 소매너비는 넓어져 광수, 즉 두리소매 형태로 변하였다.[16] 표 2는 16세기에서 19세기까지 중치막의 시대적 변화를 간략화한 것이다.

창옷은 소창의라고도 한다. 무가 없으며 양옆이 트인 것은 중치막과 비슷하지만 소매통이 좁고 옷의 길이 및 크기가 축소된 형태로 보다 활동적이고 기능적인 포이다. 창의와 함께 조선 후기에 새롭게 등장한 또 다른 포로 주의周衣가 있다. 주의는 '두루마기'라고도 하며 이는 '터진 곳이 없이 두루 막혔다'는 뜻에서 유래된 것이다. 처음에는 독립적인 웃옷이 되지 못하여, 사대부계급의 경우 집에서 쉴 때는 바지·저고리 위에 창옷이나 두루마기를 즐겨 입다가 외출 시에는 다시 중치막·도포를 덧입는 것이 일반적이었으며, 상민계급에서만 창옷·두루마기를 겉옷으로 입었다.[17] 그러던 것이 갑오개혁1894 이후 복식의 간소화가 진행되면서 같은 해 12월에는 조신朝臣의 대례복으로는 흑단령을 입고 대궐에 나올 때의 통상 예복으로는 흑색의 주의와 답호로 개혁하였다. 계속하여 그 다음 해에는 답호도 없애고 두루마기만을 입게 하면서 우리의 포제는 두루마기로 단일화되어,[18] 바지·저고리와 함께 우리 고유의 남자한복의 기본을 형성하게 된다.

표 2 중치막의 시대적 변화

시대 및 출처	앞모습	뒷모습
17세기 김확합장묘 출토	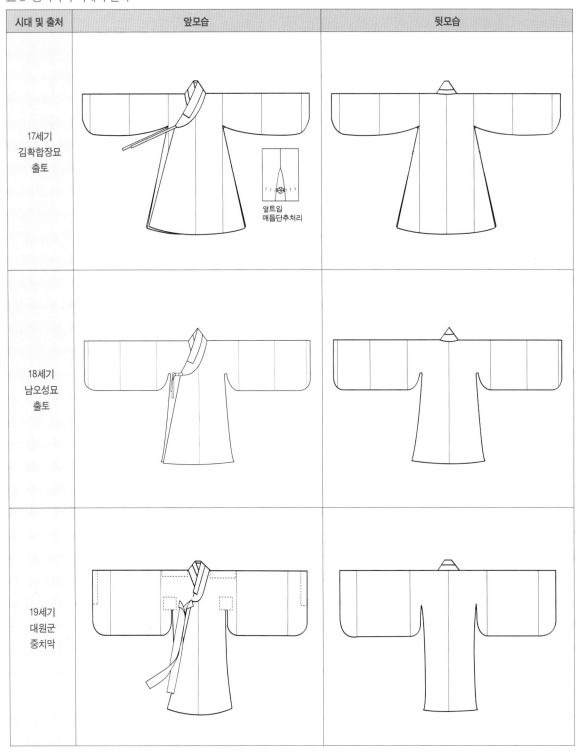	
18세기 남오성묘 출토		
19세기 대원군 중치막		

옆트임 매듭단추처리

철릭과 답호의 변화

조선 초부터 관리들이 융복戎服이나 관복의 받침옷으로 착용하였던 철릭은 임란 이후에는 용도가 변하여 겉옷으로 사용되면서 소매나 치마 등의 외형이 확대되는 양상이 나타났다. 철릭의 형태는 상의와 치마의 비례, 소매 형태, 치마의 주름너비 등의 변화가 심하였다. 특히, 임진왜란 직후부터 상의보다 치마 부분이 길어졌으며 소매는 붕어배래 형태로 확대되었다. 치마의 주름은 나비가 넓어지고 주름을 치맛단 끝까지 규칙적으로 잡아 주는 등의 전기와는 다른 변화가 나타났다. 또한 여밈의 깊이도 차츰 얕아져 여자 저고리의 흐름과 유사성을 보였다.

17세기 말엽부터 좁은 소매의 동다리와 전복으로 구성된 군복軍服이 나타남에 따라 철릭의 융복으로서의 기능이 약화되면서 착용빈도가 급격하게 줄었다.[19] 또한 전란 이후에는 철릭의 융복으로서의 기능적 측면보다 위엄있고 우아한 편복포의 외관을 추구하는 경향을 보인다. 이것은 임진왜란과 정묘호란1627, 병자호란1634의 전쟁을 겪으면서 관복 대신에 융복을 착용하는 기간이 길어지면서 철릭의 관복 받침옷으로의 역할이 약화되고, 대신에 겉옷으로의 역할이 강화되면서 일어난 변화일 것이다.[20] 조선 말기의 철릭은 소매에 철릭의 특징인 매듭단추가 달린 것으로 형식적이나마 탈착이 가능하지만 두리소매로 넓어져서 융복으로의 기능성이 상실된 형태로 변하였다. 또한 임진왜란 이전에 있었던 넓은 이중깃은 사라지고 조선 후기에는 칼깃의 형태로 바뀌었다.[21]

07
철릭, 16세기 말
경기도박물관 소장

『속대전』에 의하면 철릭을 융복으로 입을 때는 당상관은 남색藍色, 당하관은 청현색靑玄色을 입고 임금님의 수레를 수행하는 자는 홍색을 입어[22] 신분이나 직위에 따라 색을 달리하였다.

그림 7은 16세기 말경의 철릭으로 소매 양쪽 모두 분리할 수 있는 형태이다. 겉섶의 너비가 품과 동일하며 옆선에서 여며 입었다. 상의와 치마의 비례는 상의가 오히려 긴 편으로 이는 전기 철릭의 특징이기도 하다. 반면에 그림 8의 18세기 풍속화에서는 상의가 짧아진 조선 후기 철릭의 형태를 확인할 수 있다. 그림 9는 융복으로 사용된 조선 후기의 청철릭이다.

08
「회혼례첩」의 철릭, 18세기
국립중앙박물관 소장

09
청철릭
배화여자대학 전통의상과 재현품

조선 말기에 사용된 반소매이거나 소매가 없는 남자의 포로는 답호, 더그레, 전복, 호의號衣, 쾌자快子 등이 있었다.

답호는 단령의 받침옷이나 액주름, 철릭 등의 포 위에 덧입던 옷으로 조선 전기에는 그림 10처럼 직령포의 소매를 반으로 자른 형태로 깃과 섶, 무가 있는 것이 많았다. 임진왜란 후에는 그림 11과 같은 소매가 없는 답호가 나타났고, 후대로 갈수록 같은 깃과 섶이 없는 맞깃 형태의 그림 12와 같은 형태로 변하였다.

더그레와 답호의 관계는 아직까지 명확하지 않으나 더그레는 몽골어 더걸러이 degelei에서 온 것으로 보기도 한다. 또한 고려시대부터 전해진 중국어 학습서인 『노걸대老乞大』와 1677년숙종 3에 편찬된 『박통사언해朴通事諺解』에는 搭胡, 褡護, 搭忽로 표기하고 더그레로 언해하고 있다.[23] 왕실 기록 중에는 더그레를 加文剌로 표기한 것도 확인되는데,[24] 이는 이두 표기법을 이용한 것으로 加文剌에서 加는 '더할 가'에서 '더'를, '글월 문文'에서는 '글'을, 剌는 '발랄할 랄剌'에서는 ㄹ을 탈락시킨 라를 취하여 더글라가 되며 이는 더그레를 의미한다고 한다. 이러한 기록으로 보아 조선 초기부터 답호와 더그레는 같은 종류의 옷을 뜻하였던 것으로 보인다.

전복戰服은 조선 후기에 나타난 답호의 일종으로 그림 12처럼 깃·소매·섶이 없는 형태의 옷을 말한다. 무관들은 소매가 좁고 몸판과 소매 색상이 다른 두루마기 형태의 동달이 위에 간소화된 답호를 입고 그 위에 넓은 광대를 두르고 전대戰帶를 매었는데, 이러한 답호가 군복으로 사용되면서 전복이라는 명칭이 유래된 것으로 보인다. 군복의 관모로는 펠트로 만든 전립戰笠, 氈笠을 사용하였다. 여기에 병부兵符와 호패號牌를 허리에 차고, 목화木靴를 신고, 어깨에는 화살을 담는 동개筒箇를 메고 채찍의 일종인 등채藤鞭와 환도를 갖춘 것이 정식 군복 차림이었다.

호의號衣는 각 영문營門 군사들이나 관에 소속된 하급군졸의 소속을 표시하기 위해 입던 전복의 일종을 말한다.

쾌자는 한자로는 快子라고 쓰며, 역시 전복의 일종이다. 1882년에 거행된 순종 가례 시의 의복발기와 관대의대에 '쾌자와 군복', 또는 '쾌자와 주의'가 한 벌로 기록된 것으로 보아[25] 궁중에서도 쾌자를 전복이나 답호와 혼용하고 있음을 알 수 있다. 이러한 명칭의 혼용은 답호 형태의 시대적 변화와 조선 말기에 단행된 복식 간소화에서 비롯된 것으로 보인다.

10
16세기 초의 답호
국립민속박물관 소장

11
탐릉군(1636~1731) 묘 출토
답호 재현품
개인 소장

12
19세기의 전복
국립민속박물관 소장

실용성과 기능성을 갖춘 의복류

우리 옷의 기본형인 치마저고리와 바지저고리는 종류별로 그 모양이 일정하여 계절이 바뀐다고 해서 소매의 길이나 디자인이 바뀌는 법이 없었다. 그 대신 계절의 변화에 맞는 바느질 방법이나 계절별 소재가 다양하였다. 여름철에는 곱솔로 바느질한 홑옷이나 겹옷의 솔기를 가늘게 깎아 바느질한 옷을 입었고 겨울에는 솜을 두거나 누비를 한 옷이나 안에 털을 댄 갖저고리를 입기도 하였다. 또한 겨울에는 무명이나 단緞·주紬 등의 따뜻한 옷감을, 여름에는 모시·삼베·사紗·라羅 등의 성글고 시원한 옷감을 주로 사용하였다.

임진왜란 이전에는 남녀 저고리 모두 길이가 허리 아래까지 내려오는 형태였으며, 후대로 올수록 작아지고 짧아진 여자 저고리와 달리 남자 저고리는 거의 변화가 없었다.[26] 또한 다양한 종류의 회장저고리가 발달하였던 여자와는 달리 남자들은 주로 민저고리를 입었다. 바지는 마루폭·큰사폭·작은사폭·허리로 구성된다. 바지통이 넓기 때문에 활동에 편하도록 발목부위를 끈대님, 다님으로 묶어 입었으며 외출하거나 장거리를 보행할 때는 행전行纏을 다리에 둘러 바지통을 보다 가뿐하게 만들었다. 바지저고리 위에 반드시 포를 입어야 했던 양반들에게 바지저고리는 속옷이자 잠옷처럼 사용되었으나 평민들에게는 평상복이자 노동복으로 사용된 실용적인 복식이었다.

13
바지·저고리 부분과 명칭

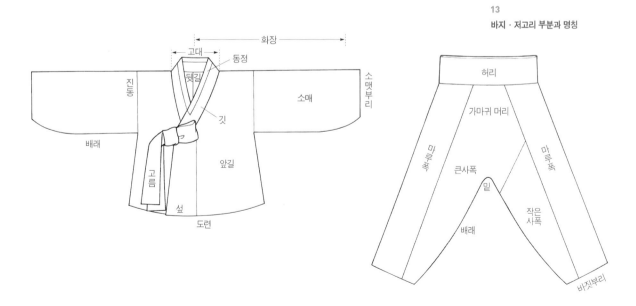

실용성과 장식성을 겸한 덧입던 옷으로 배자가 있었다. 배자란 원래 앞여밈이 겹치지 않고 마주 내려오는 옷의 총칭으로 우리나라뿐만 아니라 중국, 일본의 역대 복식에서 모두 나타난다. 나라와 시대에 따라 그 이름과 형태가 다양하였는데, 조선시대에는 왕비예복으로 사용되었던 길이가 길고 소매가 달린 화려한 배자가 있었는가 하면 일상복으로 입었던 평범한 배자도 있었다. 일상용 배자는 소매가 없는 등거리 형식의 간편하고 실용적인 형태로 저고리 위에 덧입는 옷이었다. 왕에서부터 서민 남녀까지 보편적으로 착용하였다. 여자의 배자는 저고리 길이에 맞게 짧으며 옆선이 막힌 형태이며, 남자 배자의 길이는 허리를 덮을 정도이며 앞보다 뒤가 길고 양옆선이 트여 있다.[27]

옷의 매무새를 정리하기 위하여 고름 외에도 다양한 띠를 사용하였는데 가장 기본적인 것이 허리띠와 대님과 같은 천으로 만든 포백 띠였다. 그 외에도 도포와 중치막, 철릭 등의 각종 포에는 다양한 색상의 명주실로 엮어 짠 허리띠를 둘러 매무새를 정리함과 동시에 장식을 겸하였다. 그 종류는 크게 광다회廣多繪와 동다회童多繪로 나뉜다. 광다회는 폭이 넓고 납작하게 짠 것으로 문무관의 융복용 철릭에 사용하였다. 동다회는 단면을 둥글게 짠 것으로 원다회圓多繪라고도 하며 용도에 따라 가늘게 또는 굵게 짰다. 동다회 중에서도 가는 것을 세조대라 하며 도포나 창의와 같은 겉옷 위에 착용하였다. 품계品階에 따라 색상을 달리하여 당상관堂上官은 붉은색이나 자주색을, 당하관은 청색 또는 녹색을 그 외는 흑색黑色을 사용하였다. 후대로 갈수록 제도를 벗어나 자유로이 색상을 선택하였으며, 상중喪中에는 모두 백색을 띠었다.

그 외에도 추위나 더위를 막기 위해서나 옷소매가 흘러내리는 것을 방지하기 위하여 팔목에 끼는 토시套袖, 돈이나 소지품을 넣기 위한 만든 주머니 등의 실용성과 장식성을 겸비한 장신구를 평상시에도 즐겨 착용하였다.

14
남자 배자(상)와 여자 배자(하) 재현품
개인 소장

고유 입제의 성립, 갓

　18세기 남자의 기본 차림새는 바지·저고리를 입고 그 위에 도포·중치막·창의 등의 포를 덧입은 후에 갓을 쓴 모습이다. 평상시의 관모冠帽로는 갓, 즉 흑립黑笠이 대표적이었다. 본래 갓과 챙이 있는 모자 립笠은 햇빛을 가리려는 실용적인 목적에서 출발하였지만, 어느 시점에서부터인가 신분과 체면을 나타내는 징표로서의 사회적 상징성을 지니게 되었다. 갓 중에서는 말총으로 만든 흑립을 최상급으로 여겼으나,

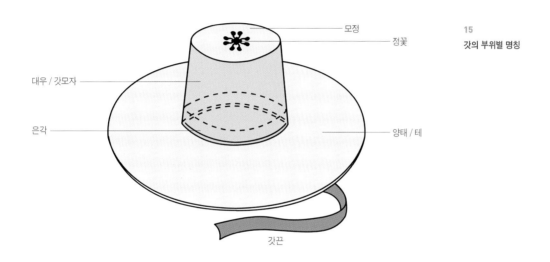

모정
정꽃
대우 / 갓모자
은각
양태 / 테
갓끈

15
갓의 부위별 명칭

표 3　조선시대 회화에 나타난 갓의 형태 변화

갓의 형태			
특징	모정이 둥근 조선 초기의 형태	높은 모정에 비하여 테가 작은 형태의 갓	모체가 높고 테도 넓은 조선 후기의 갓	테가 작고 모체도 낮은 국말의 갓
시대	15세기	17세기 초	18세기 말	대한제국 말

재료와 색상에 따라 갓의 종류가 다양하여 마미립馬尾笠 · 저모립豬毛笠 · 죽사립竹絲笠 · 포립布笠 · 주립朱笠 · 백립白笠 등이 있었다. 표 3에서 확인되듯이 조선 초기의 갓은 모정이 둥그스름한 형태였으나 점차 모정이 평편해지면서 전형적인 갓의 형태를 갖추게 되었다. 갓의 형태는 조선 후기로 갈수록 확장되고 거대해져 원통형의 몸체帽屋, 대우, 갓모자는 가늘면서도 높게 솟고 챙凉太, 양태은 어깨를 덮을 정도로 큰 모양이 되었는데, 이는 양반층의 신분과시와 당시의 미의식이 반영된 결과로 생각된다. 갓은 깊숙이 눌러쓰는 모자가 아니어서 턱 밑에서 묶어 모자를 고정시키는 실용적인 형겊 끈이 있었으나, 사대부들은 이와 별도로 대나무나 각종 구슬을 연결하여 만든 화려한 갓끈을 가슴 아래로 길게 늘여 장식하기도 하였다. 이러한 장식적인 갓끈을 입영笠纓이라고 하며, 사대부의 멋과 풍류를 나타냄과 동시에 신분의 상징이기도 하였다. 갓끈의 재료로는 옥玉 · 마노瑪瑙 · 산호珊瑚와 같은 보옥寶玉과 대나무를 잘라 만든 죽영竹纓 등이 사용되었다.

갓과 함께 사용되는 부속물로는 망건網巾 · 풍잠風簪 · 관자貫子 · 동곳 · 상투관이 있었다. 망건은 말총으로 만든 그물처럼 생긴 것으로 상투를 틀 때 머리카락이 흘러내리지 않도록 하기 위하여 머리에 둘렀다. 망건은 위쪽 가장자리의 당, 아래쪽 가장자리의 편자, 그물처럼 성글게 짠 앞, 망건의 양끝이며 뒤통수를 감싸는 부위인 뒤, 이렇게 네 부분으로 구분되며 당과 편자에 당줄이 있어 이것을 당겨 고정하였다.

망건의 당줄을 꿰는 작은 단추모양의 고리는 관자貫子라고 하였다. 관자는 당줄을 감아 고정하는 실용적인 기능과 함께 계급을 표시하기도 하였다. 『경국대전』에서는 1·2·3품의 당상관은 금과 옥을 사용한다고만 하였는데, 국말의 경우를 살펴보면, 1품은 질 좋고 새김장식이 없는 작은 옥관자, 정2품은 새김장식이 없는 작은 금관자, 종2품은 새김장식의 큰 금관자, 정3품은 꽃 · 대나무 · 연꽃 등을 새긴 대형 옥관자

를 사용하였다. 즉, 품계가 높을수록 관자의 크기가 작고 단순한 것이 특징이었다.[28]

풍잠은 그림 16처럼 망건 앞에 다는 장식품으로 갓이 넘어가지 않고 제자리에 있도록 하는 역할을 한 것이다. 재료로 신분을 표시하지는 않았지만 상류층에서는 주로 대모·호박·마노 등을 사용하였고, 서민은 소뿔이나 뼈, 나무로 만든 것을 사용하였다.

동곳은 상투를 고정시키는 일종의 비녀와 같은 것으로 관자처럼 품계를 가르는 구실을 하지는 않았지만, 상류계급에서는 풍잠과 같이 금은보석이나 보패寶貝로 만들어 장식하였다. 일반 서민은 나무나 소뿔·소뼈·주석·백동·철·동·놋쇠 등으로 만들었고 상중에는 나무나 흑각으로 만든 것을 사용하였다. 상투관은 상투를 겨우 덮을 수 있는 그림 17과 같은 작은 관으로 양관 형태가 많다. 그러나 기본적으로는 관을 축소시켜서 만드는 것이었으므로 모양과 크기가 다양하였다.

편복용 관모의 발달

의관정제衣冠整齊를 예禮의 기본으로 삼았던 유교의 영향으로 조선의 사대부는 의관을 제대로 갖추지 않을 때에도 맨상투를 드러내지 않았으며, 집에서 손님을 맞이할 때는 관모를 쓰고 접대하는 것을 예의로 생각하였다. 이처럼 예의와 격식을 중시하는 풍조는 흑립 대신 착용할 수 있는 다양한 건巾과 관冠의 발전을 가져왔으며 그 종류로는 유건·복건幅巾·사방관四方冠·방건方巾·탕건宕巾·감투·정자관程子冠·동파관東坡冠·충정관沖正冠·와룡관臥龍冠등이 있었다.[29] 이 중에서 정자관과 탕건을 제외하고는 거의 중국의 제도를 수용한 것이다.

복건幅巾과 유건儒巾은 생원과生員科에 합격한 생원이나 성균관의 학생, 재야의 사인士人들이 착용한 것이다. 복건은 고대 중국에서 관을 대신하여 쓰기 시작한 것으로, 후한대後漢代부터 유행한 것이다. 송宋, 960~279대에는 유학자들이 즐겨 사용하면서 심의에 복건을 쓴 모습을 유가儒家의 법복으로 숭상하였다. 복건은 검정 헝겊으로 만들며 머리에 쓰면 위는 둥글면서 뾰족 솟은 모양이고 뒤로는 긴 자락이 길게 늘어진 모양이 된다. 양옆에 끈이 있어서 뒤로 돌려 매었다. 주자학의 전래와 함께 우리나라에 전해졌으나 일반화되지 못하였고 유생들이나, 미혼 남자들이 통상 예복 차림에 착용하였다. 지금은 돌날 남자아이들에게도 복건을 씌운다.

유건의 형태는 두건과 비슷한 형태로 양측으로 귀가 나있고 흑색의 베·모시·무명 등으로 만들며 끈을 달아 갓끈처럼 매기도 하였다. 탕건宕巾은 앞쪽이 낮고 뒤쪽은 높아 턱이 진 형태로 평상시 쓰기도 하였고 사대부 계층에서는 갓이나 사모의 밑받침 관으로 사용하기도 하였다. 방건方巾은 모두 사각이 각진 관으로 그 형태는 사방이 평정平定한 것을 의미한다고 한다. 방건은 위가 터진 것과 막힌 것이 있으며 주로 말총을 엮어 만들며 장인의 솜씨에 따라 문양을 넣기도 하였다. 일명 사방관四方冠이라고도 하였다.

정자관은 사대부계급이 평상시에 착용하던 것으로, 말총을 엮어 그림 22처럼 山자모양을 2단, 3단으로 겹쳐 만들기 때문에 만든 모양에 따라 이층관, 삼층관으로 부르기도 하였다. 와룡관은 관직자나 학자가 일선에서 물러난 후에 연거복이나 학창의와 함께 착용한 것으로 유품자有品者의 예모禮帽로 알려져 있다. 앞뒤로 5개의 세로골이 진 형태로 모서리에 나선형이 나타난다. 제갈공명이 즐겨 썼다 하여 제갈건諸葛巾이라고도 하였다.[30] 그림 23은 흥선대원군 이하응李昰應, 1820~1898의 초상화로 망건과 탕건 위에 와룡관을 쓰고 있다.

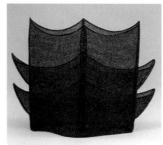

평민들의 관모

평민들이 즐겨 사용한 관모로는 패랭이와 초립草笠이 있었다. 패랭이는 신분이 낮은 사람이나 상중에 있는 상제喪制가 쓴 것으로 평량자平凉子, 차양자遮陽子, 폐양자蔽陽子라고도 하였다. 대나무를 가늘게 쪼갠 댓개비를 엮어서 만든 것으로 전체적인 형태는 흑립과 비슷하나 흑립, 즉 갓의 몸체는 윗부분이 평편하고 챙과 몸체의 경계가 뚜렷한 것에 비하여, 패랭이의 몸체는 전체적으로 둥글면서 챙과 몸체 부분의 경계가 없는 것이 다르다. 원래 방립方笠이나 삿갓과 마찬가지로 일반인에게 통용된 것이었으나, 후대로 갈수록 사용이 줄어들어 상喪을 당한 사람이나 역졸의 쓰개, 보부상과 같은 천민의 모자로만 사용되었다. 민간에서는 소색素色을 그대로 썼으나, 역졸은 검은 칠을 해서 사용했고 보부상은 꼭대기에 목화송이를 달아 신분을 표시하기도 하였다.

초립은 일반 서민 또는 관례冠禮를 치른 나이 어린 남자가 쓰던 것으로 가는 대오리나 왕골 등을 엮어 만든다. 모양은 패랭이와 비슷하나, 모자의 몸체와 챙의 구분이 분명하며, 챙은 위로 살짝 뻐드러진 형태이다. 패랭이보다는 한층 흑립에 가까운 형태이지만 크기가 작은 편이다. 재료나 만드는 방법으로 보아 패랭이에서 흑립으로 이행하는 중간 단계의 것으로 보인다. 조선 초기에는 선비나 서민이 함께 사용하였으나 흑립이 일반화되면서 초립은 패랭이와 함께 서민들의 쓰개가 되었다.

| 24 | 25 |

24
패랭이
국립민속박물관 소장

25
초립
국립민속박물관 소장

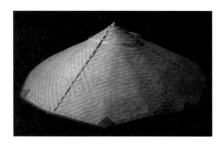 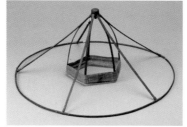 

삿갓과 방립方笠은 모자 꼭지부터 모자 아래까지 비스듬히 내려온 형태로 비가 올 때나 여름철 햇볕으로부터 보호하기 위해 쓰는 모자들이다. 삿갓은 갈대를 짜개서 말린 '삿'을 원료로 하여 원추형으로 만든 것으로 대개 농군들이 많이 사용하여 농립農笠이라고도 하였다. 부녀자들이 외출할 때 내외를 하기 위하여 삿갓을 쓰기도 하였는데 이때는 삿갓을 더 크고 깊게 만들어 썼다. 중앙은 뾰족하게 위로 솟았으며 둘레는 얼굴을 가릴 수 있도록 둥글거나 육각으로 만들고 안에는 삿갓을 받칠 수 있는 미사리를 넣어 주었다. 방립은 삿갓을 원형으로 하되 재료와 모양이 진보된 것이다. 가늘게 쪼갠 댓개비를 겉으로 하고 왕골로 안을 받쳐 삿갓처럼 만들고 가장자리는 4개의 꽃잎모양으로 귀퉁이가 우묵하게 패였고 그 밖의 부분은 조금 둥그스름하다. 임진왜란 이후 상을 당한 사람이 써서 상갓喪笠이라고도 불렀다.

겨울철에는 그림 29처럼 갓이나 사모 아래에 방한용 쓰개를 받쳐 쓰기도 하였는데, 이러한 방한용 쓰개를 총칭하여 이엄耳掩이라 하였다. 이 중에서 휘항揮項은 주로 상류층에서 사용한 것으로 목덜미와 뺨까지 감싸도록 길고 풍성한 형태의 이엄을 말한다. 이엄의 제도는 신분身分이나 복식에 따라 달라져 관복과 평상복에 사용되는 것이 달랐고, 같은 양반이라도 문무文武에 따라 구별이 있었다.[31] 문무 관리의 경우 조정의 허락이 있으면 10월 초부터 정월 말일까지 사모 아래 이엄을 사용할 수 있었다. 당상관은 초피貂皮, 즉 담비털을, 당하관은 서피鼠皮, 즉 쥐 종류에 속하는 동물의 털을 안감으로 사용하였다.[32] 만선두리滿縇頭里는 주로 무신들이 전립 밑에 사용한 것으로 만선두리란 이름은 모자의 가장자리 선을 초피貂皮로 둘렀기 때문에 생긴 것이다.[33] 길이가 길어 뒤로 길게 넘어가며, 끝은 제비꼬리모양이며 가장자리는 담비털로 선을 둘러 장식하였고 볼끼가 달린 형태였다.

민간에서 쓰는 대표적인 방한용 쓰개로는 남바위와 풍차가 있었다. 대개 검정색

29
휘항을 쓴 선비
국립중앙박물관 소장

30
남바위
국립민속박물관 소장

31
풍차
경운박물관 소장

32
볼끼
이화여자대학교 담인복식미술관 소장

으로 만들어 남녀노소 모두 사용하였으나, 여자의 것은 자주색이나 남색 비단을 주로 사용하고 자수를 놓거나 산호나 진주 구슬을 달아 장식하기도 하였다. 상류층에서는 담비털이나 수달, 족제비털 등을 사용하였지만, 민간에서는 토끼털이나 양털을 사용하거나 솜을 넣어 만들기도 하였다. 그림 30은 장식으로 보아 여성용으로 추정되는 남바위이다. 풍차는 남바위와 유사한 형태이나 볼을 완전히 감싸는 볼끼가 붙어 있는 것이 특징이다. 그림 31은 털을 사용하지 않고 검정 비단으로만 만든 풍차이다. 볼끼는 그림 32처럼 두 뺨과 턱을 보호하는 비교적 짧고 넓은 띠 형태의 것인데, 안쪽에는 털을 받치고 겉은 주로 남색이나 자주색 비단을 받친다. 때로는 가죽이나 헝겊조각에 솜을 두어 만들기도 한다. 중심이 턱을 가리도록 하고 양끝의 끈을 머리 정수리에서 잡아매는데, 노인들은 이 위에 남바위를 덧쓰기도 하였다.

남자의 신발

조선시대 양반들이 편복便服에 신던 고급 신은 가죽으로 신창을 만들고 겉을 비단으로 싸서 만들며, 마른 땅에서만 신기 때문에 마른신이라고 하였다. 남자의 대표적인 마른신으로는 그림 33의 흑혜黑鞋와 그림 34의 태사혜太史鞋가 있었다. 흑혜는 문무백관들이 조복과 제복에 신었던 신발로 흑피혜黑皮鞋라고도 하였다. 태사혜는 검은색 바탕에 앞 콧등과 뒤축 부분에 흰색으로 무늬를 새겨 넣는 것으로, 아동용에는 연두색이나 분홍색 바탕에 붉은색 또는 연두색으로 무늬를 넣기도 하였다. 남자 신발 중에서 그림 35처럼 신코와 뒤축에 구름무늬를 장식한 것은 운혜雲鞋라고 하였다.

상류계급의 노인들이 즐겨 신었던 발막신 역시 마른신의 일종으로 뒤축과 코에 꿰맨 솔기가 없고 코 끝이 넓적한 형태로 '발막이'라고도 한다. 외코신은 비혜鼻鞋라고도 하며 신코와 뒤꿈치에 아무 장식 없이 중심축에 흰줄만 넣어 준 소박한 신발을 말한다.

관복에 사용된 신발로는 흑피혜黑皮鞋와 흑피화黑皮靴, 목화木靴가 대표적이다. 흑피혜는 문무백관이 조복朝服과 제복祭服에 신던 운두가 낮은 검은 가죽신으로 별다른 장식이 없는 것이 특징이다. 흑피화는 공복과 상복에 착용하던 검은 가죽으로 만든 신목이 긴 신발이다. 목화 역시 단령과 함께 관복에 사용된 것이나 19세기에서야 문헌에서 명칭이 확인되고 있어[34] 조선 후기에 관복용 화로 사용된 것으로 보인다. 대개 신바닥은 가죽을, 신목 부분은 모직물을 사용하였고 신의 높이는 정강이 반을 가릴 정도로 짧은 편이다. 간혹 바닥으로 나무 조각을 사용하기도 하였다.[35] 그림 36은 조선 말기의 목화로 높이는 27cm 정도이다.

수화자水靴子는 무관이 신었던 목화와 비슷한 신발로, 물이 스며들지 않도록 바닥에 기름을 먹인 천이나 가죽 또는 종이를 깔아 만든 것이 특징이다.

비 오는 날이나 습한 곳에서 신는 신은 진신이라고 하였다. 진신은 물기로부터 발을 보호해야 하기 때문에 신발에 별도의 처리를 한다든지 소재를 달리하거나 구조를 마른신과는 달리하였다. 이러한 진땅에서 신는 신발에는 유혜와 나막신이 있었다. 유혜油鞋는 가죽으로 만든 마른신에 기름을 절여서 만들었다. 유혜는 진땅에서 신는다고 해서 '진신', 또는 마른신과 달리 바닥에 금속으로 만든 징을 박았으므로 '징신'이라고도 하였다. 이렇게 징을 박으면 굽이 높아져 물기가 신발 안으로 들어오는 것을 피할 수 있고 가죽 신바닥이 닳지 않는 효과도 있었다. 나막신은 진

33
흑혜
국립민속박물관 소장

34
태사혜
국립민속박물관 소장

35
운혜
국립민속박물관 소장

36
목화
국립민속박물관 소장

37
짚신
국립민속박물관 소장

38
미투리
국립민속박물관 소장

흙길이나 눈·비가 올 때 신었는데 굽이 높아 물이 들어오는 것을 피할 수 있었다.

서민들의 신발로는 그림 37의 짚신과 그림 38의 미투리가 있었다. 짚신草履은 가장 서민적인 신발로, 고운 것은 왕골·부들 등을 가늘게 꼬아 촘촘히 만들었고, 거친 것은 볏짚으로 성글게 만들었다. 삼 껍질을 이용하여 만든 미투리는 짚신보다 더 섬세하고 고급이었기에 유생이나 중인층에서 주로 신었다. 한지를 노끈처럼 가늘게 꼬아서 지총미투리를 만들어 신기도 하였는데, 나라에서 금지할 정도로 한때 성행 하기도 하였다.

혼례복으로 사용된 여성예복, 원삼과 활옷

조선 전기에는 왕비와 세자빈을 비롯한 명부예복으로 적의 외에도 단삼團衫[36]·노의露衣[37]·국의鞠衣[38]·장삼長衫[39]의 다양한 제도가 있었다. 이것이 후대로 갈수록 점차 간소화되어 왕비의 적의를 제외하고는 국속화된 원삼圓衫·활옷·당의唐衣로 집약되었다.[40] 이 중에서도 조선 후기의 대표적인 여성예복으로는 원삼과 활옷을 들 수 있다.

원삼은 '둥근 형태의 맞깃'이 달린 옷으로 크게 궁중용과 민간용으로 나눌 수 있다. 궁중 원삼의 종류로는 왕비의 홍원삼紅圓衫, 비빈의 자적원삼紫赤圓衫, 공주·옹주의 녹원삼綠圓衫과 대한제국 시기에 사용된 황후의 황원삼黃圓衫이 있었다. 원삼은 신분에 따라 색상과 무늬가 달라, 황원삼에는 금사로 용무늬를 짜 넣고 소매 끝에는 다홍과 남색 두 줄의 색동을 좁게 넣었다. 홍원삼에는 봉황무늬가 사용되며 색동으로는 황색과 남색을, 자적원삼에는 황색과 다홍색을 색동으로 사용하였다. 공주와 옹주의 녹원삼에는 다홍과 노랑의 색동을 넣고 금직이나 금박으로 꽃무늬를 장식하였다. 유물 중에는 수복壽福무늬를 금박한 자적원삼과 녹원삼도 남아 있다. 허리에는 길이가 약 7자尺, 즉 약 2m 정도의 긴 대대大帶를 뒤에서 매어 드리웠다. 대대에도 직금이나 부금으로 무늬를 넣었다.

원삼에 다는 흉배 역시 착용자의 신분이나 의례의 종류에 따라 달리하였다. 황후나 왕비가 국경일 같은 큰 경사에 원삼을 대례복으로 입을 때에는 금실로 수놓은 오조룡五爪龍의 둥근 보를 양어깨와 앞뒤에 모두 4개를 붙여 장식하였다. 행사에 따라서는 봉황을 수놓은 쌍봉문雙鳳紋의 흉배를 앞뒤로 두 개만 붙이기도 하였다. 빈궁·공주·옹주의 경우는 쌍봉문의 흉배를 앞뒤에만 달았다. 특히, 공주·옹주의 녹원삼은 일반 부녀자들의 예복으로 허용된 것으로 활옷과 함께 혼례복으로 사용되었다.[41] 그러나 궁에서 사용된 녹원삼과 민간 원삼은 형태상의 차이가 있었다. 궁중용은 소매가 길고 넓으며 앞과 뒤의 길이 차이가 많은 것이 특징이었다. 또한 색동의 나비가 좁으며, 전체적으로 직금織金이나 금박金箔으로 화려하게 꾸민 것이 많다. 반면에 민간 원삼은 옷과 소매의 길이가 짧고 소매통과 품도 좁되, 소매의 색동의 폭이 넓고 색동의 수가 많은 것이 특징이었다. 금박도 대대에만 사용하거나 전혀 사용하지 않기도 하였고, 깃을 붉은색이나 자주색으로 달기도 하였다. 지역에 따라서

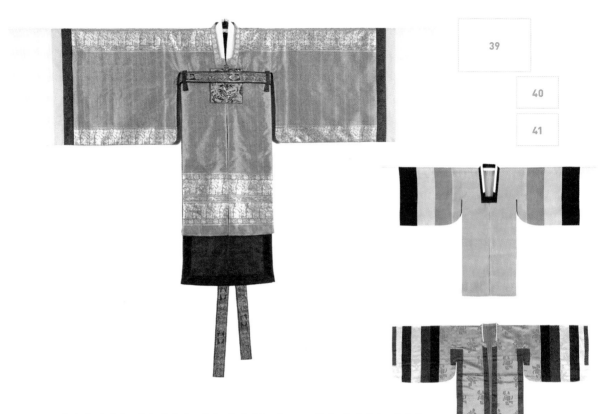

는 초록 대신에 남색을 사용하거나, 선단 장식선을 밖으로 대어 화려함을 더하기도 하였다. 그림 39는 궁중용 녹원삼을 재현한 것이며, 그림 40은 19세기 말에서 20세기 초까지 사용되었던 민간용 녹원삼을 재현한 것이다. 그림 41은 개성지역의 원삼을 재현한 것으로 녹색 바탕에 다홍색 선을 덧대어 장식한 것이 특징이다.

원삼의 바느질은 초기에는 안과 겉을 따로 만든 후 안팎을 마주하여 끝동과 가장자리를 시쳐서 연결하였으나, 후대에는 안팎을 붙여 함께 바느질하였다.[42] 형태에도 변화가 있어 표 4에서 확인되듯이 17세기에는 사선에 가까운 곡선이었던 것이 18세기에는 세련된 곡선으로 발전하였다가 19세기에는 앞뒤자락이 직선화되면서 개화기에는 완전한 직선 형태로 나타난다.

혼례 시에 사용한 또 다른 예복으로 다홍색 바탕에 화려한 무늬의 수를 놓은 활옷이 있었다. 활옷의 기원은 정확하게 밝혀져 있지 않으나, 공주나 옹주, 대군부인의 혼례복으로 사용되었던 홍장삼紅長衫에서 유래된 것으로 추정된다. 서민층에게도 혼례에 한하여 착용이 허용되었다.

활옷이라는 용어의 어원 역시 출처가 명확하지 않다. 다만 화제華制 즉 중국복식

39
19세기 궁중용 녹원삼 재현품
개인 소장

40
민간용 녹원삼 재현품
개인 소장

41
개성 원삼
석주선기념박물관 소장

표 4 17~19세기 대표적인 원삼 형태

시 대	17세기 해평 윤씨(1660-1701) 원삼	18세기 후반(1732년경) 화순옹주 원삼	19세기 조선 말기 궁중 원삼
형 태			
특 징	길이 141 / 품 58 / 화장 132.5	길이 133 / 품 41 / 화장 109	길이 139 / 품 43.5 / 화장 111

42
활옷과 화관
대란치마를 입은 모습

에서 나온 것이라는 의미인 '화의華衣'와, 또는 꽃무늬가 있다고 하여 '화의花衣'라 하던 것이 '활옷'으로 변한 것으로[43] 추정되어 왔다. 그러나 근래에는 우리 고유어 중에 '할아버지'의 경우처럼 크다는 의미의 '할'과 '옷'이 결합하여, 큰 옷을 의미하는 '할옷'이라는 말이 생겨났다고 보기도 한다.[44] 활옷은 남색으로 안을 하고 겉감은 다홍색 비단을 쓰며, 장수와 길복을 의미하는 물결무늬 · 바위 · 불로초 · 어미봉과 새끼봉 · 나비 · 연꽃 · 모란꽃 · 동자 등을 화려하게 수놓고 이성지합二姓之合 · 만복지원萬福之源 · 수여산壽如山 · 부여해富如海 등의 문자무늬도 수놓는다. 대개 앞면보다 뒷면에 더 많은 수를 놓았다.

일상용 치마와 예복용 치마

조선 전기에는 홑이나 겹으로 만든 치마 외에도 솜치마나 누비치마 등도 즐겨 입었으나, 조선 후기에 와서는 솜을 넣거나 누빈 치마는 거의 사라지고 주로 겹치마와 홑치마만 사용되었다.[45] 치마폭의 변화는 심하지 않았으나 길이가 많이 길어졌는데, 이는 전기에 비하여 저고리 길이가 짧아지면서 상대적으로 치마가 길어졌기 때문이다. 조선 후기에는 치마의 종류가 다양해져 평상시에 입는 치마와 함께 스란치마, 대란치마 등의 예복용 치마가 있었다.

양반층의 예복용 치마는 평상시의 치마보다 폭이 넓으며 치마 길이도 30cm 이상 길어 땅에 끌리게 입었다. 특히, 출토된 16세기 예복용 치마 중에는 그림 43처럼 치마에 가로로 턱tuck을 잡거나 다트처럼 접어 박아 뒤로 갈수록 지면에 끌리는 부분이 많아지도록 제작한 것도 있다.[46] 앞은 일반 치마의 길이 정도이지만 옆선에서 뒤쪽으로 갈수록 길게 끌려 입으면 그림 44처럼 우아한 선이 나타난다.

스란치마는 예복용 치마의 일종으로 스란단이 있는 치마를 말한다. 스란이란 한자로는 '膝襴'이라고 표기하며 직금단織金緞을 무릎 위치에서 가로방향으로 두른 것을 말한다. 조선 중기까지는 직접 금사로 무늬를 짜 넣은 직금단으로 치마를 만들었으나 조선 말기에는 별도의 천에 금박을 찍은 단을 덧붙이는 방식이 일반화되었다. 이처럼 스란단을 따로 제작한 이유는 세탁과 보관이 용이하기 때문이다. 대한제국 시기의 유물 중에는 금박과 함께 직금으로 된 스란치마도 다수 확인된다.

대란치마는 그림 45의 다홍치마처럼 밑단 도련선과 무릎 높이에 스란을 두 개 붙인 것이다. 원삼이나 활옷과 같은 대례복에 착용한 것으로 알려졌으나, 당의에 대란치마를 입은 덕혜옹주의 사진이 남아 있고 삼회장저고리에 대란치마를 입었다는[47] 기록이 있는 것으로 보아 예복용 치마로서 활용도가 높았던 것 같다.

예복용 치마는 치마를 이중으로 겹쳐 입고 아랫단이 보이도록 위에 입은 치마를 살짝 올려 입기도 하였다. 스란치마를 겹쳐 입을 경우에도 그림 45처럼 밑에 입은 치마의 스란단이 보이도록 위의 치마를 살짝 들어 올리거나, 그림 46처럼 밑의 스란치마를 땅에 끌릴 정도로 길게 입기도 하였다.

그림 47의 전행웃치마는 국말에 궁중에서만 사용하던 예복용 치마로 대례복을 입을 때 대란치마 위에 입었던 것이다. 남색으로 만들며 허리에 세 자락이 달려 있으며 각각의 자락에는 수복壽福이나 석류문, 불로초문, 다남多男의 문자무늬를 직금하였고 허리말기부터 밑단 끝까지 잔주름을 촘촘히 잡았다.

양반들은 평소에도 땅에 끌릴 정도로 긴 치마를 입었다. 따라서 보행 시에는 조선 후기 풍속화에서 확인되듯이 외출 중인 기녀나 서민여성의 모습처럼 치마를 걷어올리고 허리띠를 묶어 고정하였는데, 이를 거들치마라 하였다. 일할 때는 치마 위에 행주치마를 둘러 입었다.[48] 신분이 낮은 천인의 경우는 그림 48처럼 속옷이 밖에 드러날 정도로 치마 자락을 바짝 치켜 여며 신분을 표시하기도

43

44

하였다. 또한 가난한 사람들은 종아리를 가리지 못할 정도로 짧은 치마를 입고 일을 하였는데, 이런 치마를 '두루치'라고 하였다.[49]

치마의 색상은 혼례 전이나 출가하여 아이를 낳을 때까지는 다홍치마를 주로 입었고 중년이 되면 남치마를 입었다. 노년이 되면 옥색이나 회색 계통의 치마를 입었으나 아무리 나이가 많아도 남편이 생존해 있으면 경사가 있을 때에는 남치마를 입었다고 한다.

긴 저고리에서 예복으로 발전한 당의

당의는 조선 전기에 예복용으로 입던 긴 저고리가 발전한 것이다.[50] 16세기 저고리 중에 옆트임이 있는 긴 저고리들은 금선단金線緞을 배색으로 사용하거나 길과 소매, 또는 길의 상하에 다른 무늬의 천을 사용하는 등 장식적인 요소가 강하게 나타나고 있어 평상복보다는 예복용 저고리로 사용된 것으로 추측하고 있다.[51] 또한 16세기의 긴 저고리와 당의의 중간 형태인 광해군비 유씨1576~1623 저고리의 경우 후대의 당의와 유사하게 옆선의 트임이 진동선 바로 아래부터 시작되며, 당의의 가장 일반적인 색상인 초록색에 자주색 고름이 나타났다. 엉덩이를 가릴 정도의 긴저고리의 길이가 점차 길어지고 양옆의 트임이 깊어져서 조선 후기에 이르러 오늘의 형태로 완성되었다.

당의라는 명칭이 『조선왕조실록』에서 처음 등장한 것도 1610년광해군 2에 기록된 명부예복을 통해서였다.[52] 이러한 당의는 표 5에서 확인되듯이 18세기에는 화순옹주1720~1758 당의처럼 길이 좁고 옆선의 가운데가 오목하게 휘면서 둥근 곡선을 이루게 되었다. 반면에 진동과 소매 폭은 매우 좁아져서 오늘날의 당의와 유사해졌다.

표 5 당의의 변천과정

시 대	16세기 후반 청주한씨(淸州韓氏) 옆트임 저고리	17세기 광해군비 당의	18세기 화순옹주 당의
형 태			
특 징	저고리 길이 81 / 품 76 / 화장 100	저고리 길이 71 / 품 52 / 화장 91	저고리 길이 67 / 품 36 / 화장 67

당의는 궁중에서는 일상적으로 입는 옷이었지만 민간에서는 궁중에 출입할 때나 특별한 행사가 있을 때 입을 수 있는 예복이었다. 일반적으로 겉감은 초록색 길에 같은 감으로 깃을 만들고, 안감은 진분홍이나 다홍색으로 하였다. 겉고름과 안고름은 자적색이나 홍색을 사용하였으며 소매 끝에는 창호지 속을 넣은 흰 천의 거들지를 덧대었다. 초록당의 외에도 자주색, 남송색藍松色, 아청색, 백색 등도 사용되었는데, 백색당의는 여름철이나 상중喪中에만 착용하였다.[53] 왕비, 왕세자빈, 공주 등 왕족의 당의에는 직금이나 부금으로 장식하였고 가슴·등·어깨에 보補나 흉배를 붙이기도 하였다. 그림 49는 순조의 3녀 덕온공주1822~1844의 자적紫的 직금당의이다. 겉감은 수, 복 문자를 금사로 짜 넣었고 안감은 분홍색 명주를 곱게 다듬어 사용하였다. 반면에 사대부 집안이나 민간에서는 직금이나 금박이 없는 초록색의 민당의를 착용하였다.

당의의 종류에는 겹당의와 홑당의가 있으며, 특수한 당의로는 궁중이나 왕실의 지체 높은 여인들이 가례나 관례 등의 특별한 행사에만 입었던 '네 겹 당의'와 한여름용으로 사용된 '깎은 당한삼'이 있다. 홑당의는 당적삼, 당한삼이라고도 부르는데, 궁중에서는 단오 전날 왕비가 흰색 홑당의로 갈아입으면 단옷날부터 모두 당적삼으로 갈아입었고, 추석 전날 왕비가 겹당의로 갈아입으면 추석날부터 모두 겹당의로 갈아입었다.[54] 그림 50은 20세기 초에 제작된 홑당의이다.

민간에 사용된 당 중에 특이한 것으로 그림 51의 어린이용 색동당의가 있다. 이는 혼례 시에 화동花童역할을 하였던 어린 소녀들이 착용하였던 것으로 소매를 색동으로 하고 꽃을 수놓은 흉배를 달아 화려함을 더한 것이다.

하후상박下厚上薄의 고유양식 형성

유교사회였던 조선에서는 여자의 사회적 활동과 외출이 금지되었기에 조선 후기의 여자복식은 포 위주의 남자와는 대조적으로 치마저고리를 중심으로 전개되었다. 이 처럼 치마저고리는 평상복과 외출복으로 항상 착용되었기 때문에 특히 여자 저고리의 종류가 다양하였다. 표 6은 여자 저고리의 종류와 세부명칭을 정리한 것이다.

외관상으로는 배색이 있고 없음에 따라 민저고리, 회장저고리, 곁마기 등으로 나눌 수 있다. 만드는 방법에 따라서는 홑으로 만든 적삼이 있었고 겹저고리와 누비저고리, 뜯지 않고 그대로 빨아서 입는 박이저고리 등이 있었다. 그 외에도 겨울철에는 솜저고리, 즉 핫저고리나 모피를 안에 대어 만든 갖저고리를 덧입기도 하였다. 평상시는 민저고리나 반회장저고리를 즐겨 입었으나 예복용으로는 비단으로 만들고 거들지가 달린 곁마기, 즉 오늘날의 삼회장저고리를 갖춰 입기도 하였다.

조선 후기 여자 저고리는 가문의 당파에 따라 달라지기도 하였다. 노론가의 깃은 당코의 끝이 움푹 파여 세련된 선으로 된 반면에, 소론가의 깃은 당코를 파지 않고 밖으로 삼각모양으로 뾰족하게 만든 것을 즐겨 입었다.[55]

조선 후기의 여자 저고리는 종류가 세분화되었을 뿐만 아니라 형태와 크기에서도 많은 변화가 나타났다. 현존하는 저고리 중에 가장 오래된 16세기경의 '안동김씨 저고리'의 경우 길이가 58cm 정도로 허리를 덮는 길이에 품이 넉넉하며 삼각형 무처럼 생긴 곁마기가 달린 형태였다. 깃은 안깃과 겉깃 모두 목판깃 형태였으며 도련은

표 6 조선 후기 여자 저고리의 종류와 세부명칭

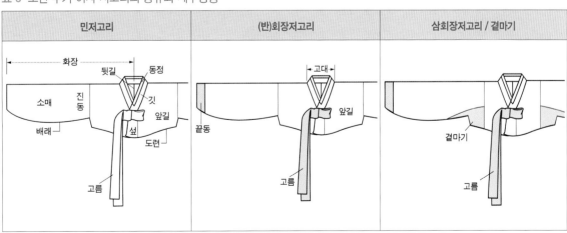

현재의 당의처럼 둥글려져 있다. 여자 저고리는 17세기에 들어서면서 형태 변화와 함께 종류가 세분화되는 경향을 보인다. 의례용으로 사용되었던 긴 저고리는 당의로 발전되었고, 평상복 저고리는 품과 길이가 좁아지고 짧아져서 외관상의 차이가 뚜렷해졌다. 17세기에 나타난 다른 새로운 변화는 기존의 목판깃 형태에서 끝부분이 잘려나간 당코식 목판깃이 나타난 것이었다. 이것은 1622년 광해군비의 긴 저고리에서 확인된다.[56] 당코식 목판깃의 깃 궁둥이는 여전히 각진 형태였으며 1890년대를 지나서야 깃 궁둥이가 둥글려진 형태의 당코깃 형태가 되었다. 지금과 같은 둥그레깃이 나타난 것은 1900년대 이후로 여겨진다.[57]

표 7 여자 저고리의 변천

구분	전체 모습	깃의 모양	겉섶의 모양	배래의 변화
안동 김씨 수의 저고리 (1560)	길이 58cm / 화장 70cm / 품 45cm			
광해군비 당의 (17세기)	길이 71cm / 화장 91cm / 품 52cm			
여흥 민씨 솜저고리	길이 54cm / 화장 79cm / 품 58cm			
안동 권씨 저고리 (1664~1772)	길이 41cm / 화장 74cm / 품 41cm			
청연군주 저고리 (18세기 후반)	길이 22cm / 화장 53cm / 품 30cm			
둥그레깃 유물 (19세기 말)	길이 21cm / 화장 72cm / 품 43cm			

18세기로 갈수록 저고리 길이와 품의 변화는 더욱 심해져 등길이와 소매너비가 현저히 줄어들었다. 18세기 말에는 길이가 짧아짐과 동시에 품과 소매통이 좁아져서 신체의 선이 드러날 정도였다. 이와 함께 섶·동정·끝동은 같이 작아졌으며 도련과 배래에는 곡선이 사용되기 시작하였다. 이러한 여자 저고리의 단소화短小化 경향은 개화기까지 지속되었다. 반면에 고름과 곁마기는 커지는 경향을 보였다.

저고리와 치마 밑에 입는 속옷

저고리 안에는 속저고리와 속적삼을 받쳐 입었다. 속적삼은 홑으로 된 속옷을 말하는데 형태는 저고리와 같으나 저고리에 비해 약간 작으며 고름은 없고 매듭단추를 달아 앞에서 여며 입었다. 아무리 삼복더위라 할지라도 적삼 한 겹만 입는 법은 없었고 반드시 속적삼을 받쳐 입었다. 겨울에는 이 속적삼 위에 겹으로 된 속저고리를 입고 또 그 위에다 저고리를 입었다. 속적삼은 제철 옷감으로 지어 입는 것이 일반적이었으나, 혼례 때는 아무리 엄동설한이라도 분홍 모시 적삼을 입었는데, 이는 엄한 시집살이 속에서도 '속 시원하게 살라'는 뜻이었다고 한다.

비교적 간단한 저고리의 받침옷에 비하여 치마 밑에 입는 속옷은 매우 복잡하여 기본적으로 다리속곳, 속속곳, 속바지, 단속곳을 입으며, 예장용으로는 그 위에 다시 너른바지와 무지기, 대슘치마를 덧입었다. 여자의 하의용 속옷은 무지기와 대슘치마를 제외하고 모두 바지형인 것이 특징이다.

가장 밑에 입는 다리속곳은 요즈음의 팬티 역할을 하는 것으로 적당하게 접은 긴 천에 허리띠를 달아 입는 형태이다. 속속곳은 양 가랑이가 넓고 밑이 막힌 바지로 통이 넓었다. 생김새는 바지 위에 입는 단속곳과 같았으나 치수가 약간 작았다. 피부에 직접 닿는 것이므로 주로 면직물을 사용하지만, 삼베나 명주로 만들기도 하였다. 속속곳 위, 단속곳 아래 입는 바지는 엉덩이와 허벅지는 넓고 바짓부리로 내려올수록 좁아지는 형태이다. 남자바지와는 달리 밑이 벌어져 열린다. 무더운 여름에는 모시나 삼베로 홑으로 만들어 입기도 하는데, 이 홑바지를 고쟁이라고도 한다. 단속곳은 바지 위, 치마 바로 아래에 입는 속옷이어서 쉽게 밖으로 드러날 수 있어 비교적 좋은 옷감으로 만들었다.

너른바지는 상류층에서 예복을 입을 경우 하체를 풍성하게 보이도록 받쳐 입는 옷이다. 무지기 역시 예장용 속치마로 한자로는 무족상無足裳, 무죽이無竹伊라 한다. 모시 12폭으로 만드는데, 각기 길이가 다른 여러 개의 치마를 겹쳐서 홀수로 3층이나 5층, 7층을 만들어 한 허리에 이어 붙인다. 층마다 가는 주름을 잡아 서양의 페티코트와 같은 역할을 하였다. 젊은 사람은 각각의 단을 다른 색깔로, 나이 든 사람은 단색으로 염색하기도 하였으며 길이는 무릎을 덮을 정도이다. 이러한 속속곳, 바지, 단속곳, 너른바지, 무지기를 갖춰 입으면 항아리를 엎은 듯한 조선 후기의 실루엣이 완성된다.

왕실에서는 예복을 입을 때에 무지기 위에 대슘치마를 입기도 하였다. 대슘치마는 모시 12폭으로 만드는데 치마 단에 너비 4cm 정도의 창호지 백비[58]단을 붙여 만든 예장용 속치마의 일종이다.

저고리 길이가 짧아지면서 상의와 하의의 중간적 역할을 하는 속옷으로 가슴을 가리기 위한 허리띠가 사용되기도 하였다. 조선 말기 저고리 길이가 짧아지면서 겨드랑이 밑을 가리기 힘들게 되자 저고리와 치마 사이로 드러나는 가슴을 가리기 위하여 착용하였다.

속옷은 아니지만 바지처럼 생긴 여자복식으로 그림 53의 말군袜裙이 있었다. 말군은 바지처럼 양쪽 다리에 끼워 입는 옷으로 말을 타고 외출할 때 치마 위에 덧입는 옷이다. 『세조실록』에는 양반집 부인이 말군 없이 말을 탔다가 기생으로 오해받고 봉변을 당했다는 내용이 있으며, 『가례도감의궤嘉禮都監儀軌』에도 화문릉花紋綾 말군의 기록과 상궁과 일부 나인이 말을 탈 때나 가마에 오를 때 입었다는 기록이 있

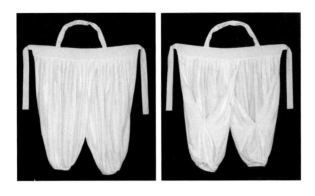

다.[59] 원래 신분이 높은 여자들만 입었으나 후기로 갈수록 여자가 말을 타는 경우가 사라지면서 그 사용이 줄었다.

여자의 머리모양

여자의 머리모양은 가체를 사용하여 크게 올리고 각종 장신구로 꾸민 예장 시의 머리와 평상시의 머리로 나눌 수 있다.

예장용 머리에는 큰머리가 있다. 큰머리는 넓은 의미로는 부인이 예장할 때 가체와 비녀, 댕기 등의 온갖 장신구로 머리를 크고 화려하게 꾸민 모양을 통칭하는 것이다. 왕비와 빈궁이 가례·책례 시에 하는 대수大首를 비롯한 거두미巨頭美나 어여머리도 큰머리에 속한다. 이 중에서 대수는 조선 전기 적관을 대신한 궁중의 예장용 머리로, 여러 개의 다리를 두르거나 덧얹어 만든 다른 예장용 머리와 전체 가발처럼 완성된 형태를 머리에 쓰도록 만든 것이다. 1922년 영친왕비가 사용했던 실물과 착용 당시의 사진이 남아 있어 현재 고증한 사진이나 유물을 쉽게 접할 수 있는 편이다. 유물의 형태는 위가 높고 아래로 내려올수록 넓게 퍼지는 삼각형 모양으로 어깨 높이까지 늘어진 머리의 양끝에는 봉황 비녀를 꽂아 팽팽하게 하였다. 앞머리는 여러 가지 떨잠과 비녀 등으로 화려하게 장식하였다.

어여머리는 어염족두리를 얹은 후에 머리에 얹는 다리를 두르고 떨잠이나 화려한 비녀들로 장식한 커다란 머리를 말한다. 큰머리 중에는 나무로 만든 커다란 가체가 있었는데, 궁중에서는 이것을 '어우미於于味', 민간에서는 '떠구지'라 하였다. 떠구지

표 8 조선시대 여자 머리모양

명 칭	형 태	수식(首飾)	명 칭	형 태
대수			얹은머리	
거두미			쪽머리 북계(北髻)	
어여머리			댕기머리 땋은 머리	
첩지머리			새앙머리 생머리	
얹은머리			종종머리	

는 가발을 뒤에 꽂아 고정하는 나무로 만든 큰비녀로, "큰머리를 떠받친다."는 뜻에서 유래한 것이다. 나무로 만든 가체는 거두미를 대신하여 정조1752~1800 대에 제도화된 것으로 가체로 둥글게 말아 올린 어여머리 위에 올려서 장식하였다.[60]

그 외 예장용 머리로 조짐머리와 첩지머리가 있다. 조짐머리는 쪽머리가 일반화되자 쪽을 돋보이게 하기 위하여 가체를 사용한 머리였다. 다리를 소라딱지 비슷하게 크게 틀어 쪽찐 머리에 더한 것으로 주로 외명부가 궁중 출입을 할 때 사용하였다. 첩지疊地머리란 가르마 부분에 봉황이나 개구리모양의 장식을 얹고 양 가닥을 머리와 한데 섞어 쪽을 찐 것을 말한다. 궁중에서는 신분의 상징으로 왕비는 도금鍍金으로 봉황모양을, 내명부와 외명부는 은이나 흑각으로 개구리모양을 만들어 평상시에도 첩지머리를 하였다. 첩지장식은 가체금지령 이후 생긴 것으로, 신분상징의 기능 외에도 화관이나 족두리를 고정시키는 역할을 하였다.

부녀자들의 일반적인 머리형으로는 얹은머리와 쪽머리가 있다. 얹은머리는 두발을 땋아 머리 위로 둥글게 얹는 형태로 고대부터 이어온 머리형이었다. 조선 전기에는 반가부녀를 비롯하여 일반 부녀자 및 기녀에 이르기까지 신분고하를 막론하고 성행한 머리형이었다. 그러나 조선 중기에 이르러 가체의 풍습이 성행하고 임진·병자 양란 이후에는 그것이 사회적인 문제가 될 정도로 심각해져서 영·정조 대에 수차례의 가체금지령을 통하여 쪽머리로 대체되었다. 쪽머리는 쪽찐 머리, 또는 낭자머리라고도 하며, 영·정조 대의 가체금지령 이후 부녀자의 대표적인 머리였다. 대개 뒤통수 아래에 틀어 올리고 비녀로 고정했으나 조선 말에는 저고리 깃에 닿을 정도로 내려앉기도 하였다. 당쟁이 극심할 때에는 여자의 머리모양에서도 당색이 나타났는데, 일반적으로 노론측은 어깨에 닿을 정도로 느슨하게 쪽을 찌었으며 소론의 경우는 뒤통수에 올려붙여 쪽을 찌었다고 한다.[61] 쪽머리를 반듯하게 만들기 위하여 얼굴과 이마의 잔머리를 제거하기도 하였다. 특히, 신부는 혼례 며칠 전부터 분이 잘 받도록 얼굴의 솜털을 제거하고 쪽머리가 반듯하게 각지도록 이마의 잔머리 털을 뽑는 등의 단장을 하였는데 이것을 성적成赤이라 하였다.[62]

미혼여성의 머리로는 댕기머리와 새앙머리가 있었다. 댕기머리는 땋은 머리라고도 하며 결혼하지 않은 처녀총각의 일반적인 머리형이었다. 머리를 이마의 한가운데에서 좌우로 가르고 양쪽 귀 위에서 귀밑머리를 땋은 것을 뒤에서 모아 하나로 엮어 늘어뜨린다. 끝에는 댕기를 매어 고정하는데 처녀는 홍색, 총각은 검정색 댕기를 드리웠다.

새앙머리는 궁중에서 관례 전인 궁중의 여아들이 하던 예장용 머리이다. 머리를 두 가닥으로 갈라서 각각 양쪽에서 땋아서 내린 다음, 두 줄로 땋은 머리를 밑에서부터 말아 올려 뒷머리에 두개의 쌍상투雙紒 형식으로 붙여 만들었다. 이 쌍상투를 '사양' 혹은 줄여서 '생' 이라고 하는데, 어린 궁녀의 머리를 사양머리 또는 생머리라 하는 것은 이 때문이었다. 쌍상투를 말아 올린 뒤에는 자주색의 끈으로 쌍상투의 중간을 한데 묶어 고정시킨 다음, 댕기를 엉덩이까지 내려오도록 길게 늘여 장식하였다. 공주나 옹주도 관례 전에는 이 머리를 하였는데, 다만 귀한 신분의 생머리는 댕기의 크기, 사용되는 옷감, 보석 장식 등에 차이가 있었다.

나이가 어려 땋은 머리를 할 수 없는 어린 소녀들은 종종머리를 하고 어린이용 도투락댕기 또는 말뚝댕기로 장식하였다. 종종머리는 바둑판 머리라고도 불렀다.

가체금지령과 머리모양의 변화

현재 우리가 조선시대 부녀자의 머리형으로 알고 있는 쪽머리는 조선 말기에 비로소 일반화된 것으로, 조선 후기까지도 부녀자들의 머리형은 가체加髢, 다리를 넣어 높게 올린 얹은머리였다. 조선 후기로 갈수록 그 정도가 심해져 가체를 이용하여 크게 얹은머리와 머리장식에 쏟는 사치는 사회적 문제가 될 정도였다. 조선 후기에 쓰인 『청장관전서靑莊館全書』에 의하면 '부잣집에서는 머리를 치장하는 데 7～8만의 비용을 들였다' 는 내용과 함께 '근래 나이 13세의 어느 부잣집 며느리가 다리를 얼마나 높고 무겁게 하였던지 시아버지가 방에 들어서자 갑자기 일어나다 다리 무게에 눌려 목뼈가 부러졌다고 하니 사치가 사람을 죽이고 있다'[63]고 하였다. 그 결과 영·정조 대에는 가체금령加髢禁令을 수차례 내려[64] 풍습을 개혁하고자 하였으나, 그림 54의 풍속화에서 확인되듯이 얹은머리의 습속은 쉽게 사라지지 않았다.

『오주연문장전산고五洲衍文長箋散稿』에 의하면 '정조 신해辛亥이후 가발을 금하고 북계北髻, 속칭 낭자라고 하는 것을 쓰게 하였는데, 그것은 머리를 땋아 머리 뒤쪽에 둥글게 서린 후에 비녀를 꽂고 족두리를 쓰게 하였다' 고 하였다. 또 '순조純祖, 재위 1800～1834 중엽 이후로 전국의 부녀가 다리로 머리를 얹는 법을 없애고 자기 두발로 머리 뒤쪽에 쪽을 지은 후 작은 비녀를 꽂았는데, 이것이 그대로 풍속이 되었다' 는

54
55

54
19세기의 얹은머리
해남 녹우당 소장

55
19세기의 쪽머리
동아대학교박물관 소장

내용이 확인된다. 즉, 수차례의 노력에도 불구하고 가체를 대신하여 권장된 그림 55 와 같은 쪽머리北髻의 제도는 쉽게 일반화되지 않다가, 순조 대에 가서야 일반 부녀 자의 머리형으로 사용되었다.[65]

비녀와 장신구

장기간에 걸친 가체와 머리장식에 대한 규제로 부녀자의 머리형은 쪽머리로 일원 화되었다. 기존의 얹은머리에는 비녀가 필요하지 않은 것은 아니었으나, 쪽머리에는 반드시 비녀를 사용해야 했기에 비녀는 가장 중요한 머리 장신구로 부각되었다. 이 에 사치는 다시 비녀로 관심이 돌려졌으며 각종 뒤꽂이가 발달하였다. 쪽머리가 일 반화되면서 일상생활에서는 자신의 머리로만 쪽을 쪄서 짧은 비녀로 고정하고, 예 복을 입을 때는 쪽에 가체를 더하여 비교적 큰 낭자머리를 하고 긴 비녀를 꽂는 이 중구조가 생겨났다.[66] 특히, 혼례에는 엄격한 금제에서 해방되어 명부의 예복인 원 삼이나 활옷을 입고 비녀와 떨잠, 댕기 등으로 장식된 큰머리를 할 수 있었다. 이는 1788년정조 12에 비변사에서 올린 『가체신금절목加髢申禁節目』에는 사대부와 일반 부 녀자의 가체사용과 얹은머리는 금지하면서도 내외명부와 신부의 어유미於由味와 거 두미巨頭味는 그대로 둔다는[67] 항목과도 일치하는 부분이다. 또한 왕실 외에는 사용 이 금지되었던 용잠이나 봉잠을 사용할 수 있었다.

비녀의 명칭은 재료와 머리 부분의 모양을 따른 것이 많 은데 용잠龍簪, 봉잠鳳簪, 매죽잠梅竹簪, 죽절잠竹節簪, 모란 잠牡丹簪, 국화잠菊花簪 등은 모두 비녀머리의 모양을 따른 것이다. 명칭에서 알 수 있듯이 대부분 절개나 길상적인 것이 주를 이룬다. 평상시에는 비교적 장식이 없는 단순한 것을 사용하였는데, 가장 일반적인 것은 비녀머리가 약간 크고 각진 형태의 민비녀였다. 비녀머리가 작고 둥근 콩비 녀, 즉 두잠豆簪이라 하였고, 반구형으로 우뚝 올라선 것 은 버섯비녀라고 하였다. 그림 56은 재질과 형태가 다양한 조선 말기의 비녀이다. 그림 57과 같은 혼례용 비녀는 평

56
다양한 모양의 비녀머리
개인 소장

57
혼례용 큰비녀, 매죽잠과 용잠
온양민속박물관 소장

58
칠보(七寶) 뒤꽂이
서울역사박물관 소장

59
떨잠
국립민속박물관 소장

상시의 비녀보다 길이가 길고 장식부위인 잠두簪頭가 크며 칠보장식을 한 것이 특징이다.

그림 58의 뒤꽂이는 쪽머리 뒤에 덧꽂는 장식품으로 뾰족한 곳을 쪽에 꽂아 장식한다. 재료나 장식의 모양에 따라 여러 종류가 있었다. 민간에서는 귀이개나 빗치개의 실용성을 겸한 뒤꽂이도 즐겨 사용하였다. 빗치개는 여인들이 가르마를 갈라 머리를 정리하거나 머릿기름을 바르는 도구로 빗살 틈에 낀 때를 빼는 데도 사용하였다.

그림 59의 떨잠은 뒤꽂이처럼 머리에 꽂아 장식하는 것으로 일명 '떨철반자'라고도 하였다. 왕실이나 상류층 부녀자들이 어여머리나 큰머리를 할 때 머리 앞 중심과

양옆에 하나씩 꽂아 장식하였다. 원형이나 사각형, 나비형의 옥판에 금은보패로 꾸미고, 은사로 가늘게 용수철을 만들어 끝에 꽃이나 새모양의 떨새를 고정시켰는데, 떨잠이란 명칭은 옥판 위의 떨새가 움직일 때마다 흔들리기 때문에 생긴 것이다.

일반 부녀자의 예장용 관모로는 족두리와 화관이 있었다. 두 종류 모두 조선 후기 가체금지령과 함께 궁중과 민간에서 의례용 수식으로 폭넓게 사용되다가 오늘날의 전통 혼례복식에까지 이어져 왔다. 족두리의 유래에 관해서는 고려 후기에 원, 즉 몽골부인들의 관모인 고고관姑姑冠이 고려왕실에 전해지면서 궁중양식이 되었고, 이것이 조선에 전해진 것이라는 몽골복식 기원론이 있다.[68] 그러나 고고관과 족두리의 관계는 조선 말기 유학자들의 견해일 뿐이며, 실증적인 자료가 없고 형태상으로도 차이가 많아 앞으로 연구가 필요한 부분이다.

그림 60은 조반趙胖, 1341~1401의 부인 계림 이씨鷄林 李氏, ?~1433의 초상으로 머리에는 족두리와 비슷한 것을 쓰고 있다. 앞이 낮고 뒤가 높으며 모두 6~7개의 조각으로 연결되어 있고 정수리가 둥글고 크고 편평한 것이 그림 61의 18세기 족두리 형태와 매우 비슷하다. 차이점은 17세기의 경우 뒷머리에 쪽을 찌고 앞머리 위에 족두리를 얹었지만, 조반부인은 머리카락을 모두 위로 올려 빗은 후에 모자처럼 그 위에 덮어 쓴 것으로 보인다.

즉, 조선 초기의 족두리는 머리의 상부를 덮을 정도로 둘레가 큰 형태였으며 18세기 가체금지령이 내려졌던 시기만 해도 검은 천으로 만들어 가체처럼 머리를 대신하여 사용되었던 것으로 보인다. 이것이 18세기에 들어 둘레와 높이가 줄어들었고 정수리의 원도 다소 작아지는 양상을 보였다. 이처럼 족두리는 후대로 내려오면서 작아지고 장식화되면서 예관으로 발전하였고,[69] 오늘날의 족두리 형태가 완성된 것은 19세기 말로 추정된다.

족두리는 만드는 방법과 형태에 따라서 솜족두리 · 홑족두리 · 어염족두리로 구분된다. 홑족두리는 솜을 두지 않아 각이 진 형태의 족두리를 말한다. 당파에 따라 사용하는 족두리의 형태도 달라서 노론의 부녀자들은 솜족두리를, 소론의 부녀자들은 홑족두리를 착용하였다.[70] 어염족두리는 비단 안에 솜을 둔 후 가운데를 잘록하게 묶은 것으로 관모라기보다는 머리를 높고 크게 올리던 풍습에서 생긴 가체의 변형이 아닌가 한다.[71] 어여머리를 할 때 어염족두리를 쓰고 그 위에 큰 다리를 올려 머리를 크고 높게 올리는 역할을 하였다.

화관은 대체로 반가에서 혼례 시나 경사 시에 대례복 혹은 소례복을 입을 때 착용한 예장용 관모를 의미하지만, 넓은 의미로는 궁중의 무기舞妓나 무녀巫女들이 사용한 사방관四方冠이나 부용관芙蓉冠 등의 꽃장식이 있는 관모를 포함하기도 한다.[72] 족두리와 마찬가지로 영·정조 대에 가체 대용으로 화관이나 족두리를 사용하게 함으로써 크게 일반화되었다. 조선 말기에는 활옷이나 당의를 입을 때 많이 착용하였다. 그림 62는 조선시대의 족두리와 화관을 재현하여 만든 것으로 왼쪽부터 홑족두리, 솜족두리, 화관의 순서이다.

내외를 위한 여성용 쓰개의 발달

유교사상이 강했던 조선에서는 내외가 심했기 때문에 여성이 외출할 때는 반드시 얼굴을 가려야 했다. 조선 초기에는 양반층 부녀자들만이 말을 타고 외출할 때

너울을 사용하는 정도였으나, 유교가 생활 깊숙이 자리 잡은 중·후기에는 일반 여성들에게도 내외법이 지켜지고 여성의 외출이 더욱 엄격히 제한되는 경향을 보이면서 너울, 쓰개치마, 장옷 등의 내외용 쓰개가 발달하였다. 상류층에서는 외출 시에 말이나 나귀 대신에 가마를 많이 사용하면서 너울의 사용은 줄어든 반면, 일반인을 중심으로 쓰개치마나 장옷처럼 휴대와 보관이 편리한 쓰개가 주로 사용되었다.[73] 이 중에서 너울은 조선 말까지 궁중양식으로 존재하여 왕비부터 빈, 상궁 및 기행나인 등이 착용하였다. 그 형태와 제도는 계급에 따라 차이가 있었으나 기본적인 형태는 모두 동일하여 대나무로 짠 모자형의 틀 위에 자루형의 천을 씌운 것이다.

가장 보편적인 내외용 쓰개로는 쓰개치마와 장옷이 있었다. 쓰개치마는 상류층에서 간편함을 좇아 너울 대신에 사용한 것이다. 치마와 같은 형태이나 치마허리를 얼굴에 맞게 만들어 둘렀다. 계절에 따라 홑, 겹으로 또는 솜을 두어 사용하였으며 개성지방에서는 '쓸치마'라 하였다. 그림 64는 1786년 황해도 안릉의 신임현감으로 부임하는 광경을 묘사한 「안능신영도安陵新迎圖」의 일부분이다. 행렬에 참여한 기녀들에서 전모와 쓰개치마를 확인할 수 있다.

장옷은 조선 초에는 옷으로도 착용했던 것이 쓰개로 용도가 변한 것이다. 초록색 무명이나 명주로 만들고 안은 자주색을 사용하였다. 346쪽 그림 48의 풍속화처럼 소맷부리에는 거들지를 달았으며, 깃에는 동정 대신 넓고 흰 헝겊을 대어 이마 위 정수리에 닿도록 하였다. 양쪽에는 이중 고름을 달고 손으로 잡아 고정하였다.

흥미로운 점은 제주도에서는 장옷을 혼례복으로 착용하기도 하였다는 점이다. 혼

63
너울을 쓴 상궁의 모습
「철종 가례도감의궤 반차도」 부분

64
전모와 쓰개치마를 착용한 기녀들
「안능신영도」 부분
국립중앙박물관 소장

면사를 쓴 세자빈의 모습
배화여자대학 전통의상과 재현품

례 시에는 장옷을 최고의 예복으로 여겨 두 벌을 준비하여 한 벌은 입고 한 벌은 머리 위에 써서 얼굴을 가리는 용도로 사용하였다.[74] 신분이 낮은 계층에서는 장옷과 비슷하지만 길이가 짧고 소매가 없는 것을 쓰기도 하였는데 이것을 천의, 또는 처네라고 한다. 다홍색 겉과 연두색 안을 하고 그 사이에 솜을 두어 방한용으로 사용하였다.

면사面紗는 면사보面紗褓 혹은 면사포面紗布라고도 하였다. 왕비나 공주는 물론 반가의 혼례에서 신부의 쓰개로 사용되었다. 자주색이나 남색의 얇은 비단으로 만들며, 크기는 220 X 140cm 정도의 직사각형 형태이다. 면사에는 그림 65처럼 봉황무늬나 길상어문吉祥語紋 등을 금박하기도 하였다.

방한용 쓰개와 특수계층 여성의 쓰개들

겨울에는 여자들도 방한용 난모를 사용하였는데 대표적인 것으로 남바위, 풍차, 굴레, 아얌, 조바위 등이 있었다. 남바위와 풍차는 남자들과 같은 형태였으나 검정색 외에도 자주색을 사용하거나 술장식과 산호줄, 금박 등으로 화려함을 더한 것을 선호하였다. 조바위는 그림 66처럼 뺨이 닿는 곳을 동그랗게 오무려 귀와 볼을 덮는 형태로 개화기에 여성의 외출이 자유로워지면서 생겨난 것으로 추정된다. 그림 67의 아얌은 귀를 덮지 않는 형태이며 그림에서 확인되듯이 뒤로는 길게 드리운 아얌드림이라는 댕기가 특징이다. 댕기 위에는 밀화나 금판으로 만든 매미를 군데군데 달아 장식하였다.

그림 68의 굴레는 돌쟁이를 비롯하여 4~5세 남짓의 아이들에게 남녀 구분없이 사용하던 방한과 장식을 겸한 아동용 쓰개이다. 지방마다 특색이 있어 서울에서는 세 가닥으로, 개성을 비롯한 북쪽은 아홉 가닥으로 빈틈없이 연결한 것이 특징이다.

66

68 67

66
조바위의 옆면
서울역사박물관 소장

67
아얌
온양민속박물관 소장

68
19세기 초의 굴레, 정면 모습
서울역사박물관 소장

　의녀와 기녀가 사용했던 쓰개로 가리마가 있었다. 한자로는 '加尼麼' 또는 '加里
丫' 라고 쓰고, 다른 말로는 차액遮額이라 하였다. 검거나 붉은 비단을 접어 두 겹으
로 만들고, 그 사이에 두꺼운 종이를 겹쳐서 붙여 만든다. 앞 가르마에서부터 뒤집
어쓰면 어깨나 등까지 내려간다. 그림 69은 문헌과 회화자료를 바탕으로 재현된 가
리마이다.

　전모氈帽는 그림 70처럼 위는 납작하고 챙이 넓은 쓰개로 댓가지로 틀을 만들고
기름을 먹인 유지油紙로 만들며 반가에서는 사용하지 않았고, 주로 기녀들이 사용
하였다. 전모에는 예쁜 문양이나 글자 등을 넣기도 하였다.

69
가리마
배화여자대학 전통의상과 재현품

70
전모
석주선기념박물관 소장

장식과 실용을 겸한 댕기

댕기는 머리를 고정하거나 장식하기 위하여 드리우는 좁고 긴 천으로, 혼인여부나 신분, 나이, 지방 및 옷차림에 따라 다양한 종류가 있었다. 대표적인 일상용 댕기로는 제비부리댕기, 쪽댕기, 말뚝댕기, 뱃씨댕기 등이 있다.

제비부리댕기는 처녀, 총각이 머리에 드린 댕기이다. 머리를 거의 다 땋은 뒤에 댕기의 중간을 머리에 끼운 후 머리와 함께 두세 번 땋은 후에 고를 만들고 댕기의 한쪽 끝으로 땋은 머리를 두 번 정도 묶어 내린다. 그림 71에서 확인되듯이 댕기 끝이 제비부리처럼 뾰족하여 붙여진 이름이다. 쪽댕기는 쪽머리를 곱게 하기 위하여 사용하였던 것으로 젊은 사람은 붉은색, 나이 든 사람은 자주색, 과부는 검은색, 상주는 흰색을 사용하였다. 얹은머리를 할 때의 자적댕기나 큰머리에 하는 매개댕기 등도 쪽댕기의 일종이다. 그림 72의 말뚝댕기는 어린이용 댕기로 머리카락이 짧아 아직 제비부리댕기를 할 수 없는 대여섯 살 이하의 여자아이들이 하였다. 뱃씨댕기는 서너 살이하 여자아이의 앞머리를 정리해 주기 위해 종종머리나 바둑판머리를 할 때 사용하였다.

예복용 댕기에는 혼례 시에 신부를 장식하는 큰댕기와 앞댕기가 대표적이다. 그림 73의 큰댕기는 족두리나 화관을 쓴 신부의 쪽머리 뒤쪽에 길게 늘어뜨린 뒷댕기를 말하며 '주렴朱簾'이라고도 하였다. 삼각형으로 된 머리판과 뾰족한 정점에서부터 좌우 두 갈래의 몸판으로 구성되며, 대개 25cm 정도의 나비에 길이는 1m

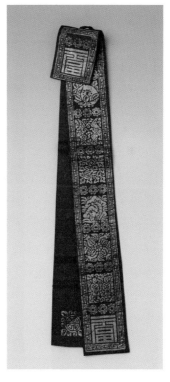

71
금박으로 장식한 제비부리댕기
석주선기념박물관 소장

72
말뚝댕기
이화여자대학교 담인복식미술관 소장

25cm 남짓으로 치마보다 약간 짧은 정도로 달아 준다.[75] 일반적으로 검은빛이 도는 자주색 얇은 비단으로 만들며 금박을 박아 화려하게 꾸민 것이 많다. 때로는 삼각형의 정점에 석웅황石雄黃과 옥판玉板을 달거나 석웅황石雄黃이나 밀화蜜花, 옥으로 만든 매미로 두 갈래의 댕기를 연결하여 장식하였다. 그림 74의 앞댕기는 드림댕기라고도 하며 큰댕기와 짝을 이뤄 혼례용 댕기로 사용되었다. 큰비녀 양쪽에 여유분을 감은 후 길이를 맞춰 양어깨 위로 드리웠다. 큰댕기와 마찬가지로 검은 자주색 비단으로 만들며 금박으로 장식하고 양끝에 작은 진주나 산호구슬로 꾸몄다.

평안도 지방에서 혼례 때 신부가 드리는 댕기로 고이댕기라는 것이 있었다. 큰댕기에 비해 길이가 길고 너비는 좁은 편이다. 오른쪽에는 모란꽃 세 송이, 왼쪽에는 십장생을 수놓고, 양끝에는 각종 색사로 능형무늬를 수놓아 뾰족하게 한다. 댕기를 반 접어서 비녀머리에 한두 번 감은 후 그림 74처럼 앞으로 늘어뜨린다.

개성지방 신부는 혼례 시에 그림 75와 같은 큰댕기 대신 진주댕기를 사용하였다. 진주댕기는 흑색 공단으로 만들며 위쪽에는 진주를 촘촘히 붙인 둥근 장식 두 개를 나란히 달고, 산호구슬을 빽빽하게 붙인 마름모의 장식을 바로 아래에 달아 장식한 것이다.

여자의 신발과 버선

여자들의 신발로는 당혜唐鞋 · 운혜雲鞋 · 궁혜宮鞋 · 진신 · 미투리 · 짚신 · 나막신 등이 있었다. 당혜는 신코와 뒤축에 당초무늬唐草紋를 두른 것에서 명칭이 유래한 것이고, 운혜는 코와 뒤꿈치에 구름무늬를 장식한 것으로 제비부리처럼 생겼다고 해서 '제비부리 신'이라고도 하였다. 또한 바닥이 푹신하다고 하여 온혜라고도 한다. 궁혜는 궁중 여인들이 신던 마른신으로, 안은 융같이 푹신한 재료로 하고 겉은 화사한 비단을 여러 겹 붙여 두텁게 만들었다. 진신은 가죽을 기름에 절여 만든 것으로 형태는 당혜와 같으며 유혜油鞋라고도 한다. 바닥에 징을 둘러 박았기 때문에 징신, 진땅에서 신는다고 하여 진신이라고도 한다. 미투리, 짚신, 나막신 역시 남자의 신발과 같다.

신발 안쪽에는 남녀 모두 무명이나 광목으로 만든 버선을 신는다. 문헌기록에는 버선 대신에 말襪이나 족의足衣, 족건足件 등으로 기록되었으나, 1527년 최세진崔世珍이 쓴 『훈몽자회訓蒙字會』에는 '보션 말'이라고 쓰여 있는 것으로 그 이전부터 '보션', 즉 버선이라 불리었음을 알 수 있다. 모양은 버선코가 위로 치켜졌고, 버선 입구, 즉 버선목에 비해 발목 부분, 즉 회목이 좁은 편이다. 형태에 따라 곧은 버선과 누인 버선이 있으며, 곧은 버선은 고들목 버선이라고도 하였다. 만드는 방법에 따라서는 홑버선, 겹버선, 솜버선, 누비버선 등으로 나눌 수 있다. 곧은 버선은 수눅의 선이 곧게 내려오다가 버선코를 향하여 약간의 곡선을 이루는 것으로 신으면 회목에 여유가 있다. 누인 버선은 수눅의 선이 사선으로 되어 있어 회목이 끼게 되어 있다. 버선은 맵시를 중시하여 실제 발 크기보다 작게 만들고 솜을 통통하게 넣어 발의 윤곽선이 고와보이도록 했다.

어린이용 버선으로는 타래버선이 있었다. 타래버선은 오목버선, 누비버선이라고도 하였는데, 양볼에서 서로 마주보게 대각선으로 누비고 수를 놓은 것으로 이러한 자수는 유아용 버선에만 사용하였다.

기타 장신구

— 띠돈
— 끈목
— 주체
  매듭
— 술

78

79

조선시대 여성들은 목걸이와 팔찌를 하지 않는 대신 노리개와 가락지를 즐겨 패용佩用하였다. 귀고리는 유교사상으로 인해 귀를 뚫는 것을 기피함에 따라 귀를 뚫지 않고 귓바퀴에 거는 귀고리로 변했는데, 그마저 사용이 줄어들었다. 대부분 은이나 백동, 호박 등으로 천도天桃모양의 장식 아래에 붉은색 술을 늘어뜨려 만들었다. 손에는 은이나 백동과 같은 금속제는 물론 비취, 옥 등을 재료로 한 반지와 가락지가 애용되었다. 진주나 보석을 넣어 만든 반지보다는 앞뒤 굵기 차이 없이 만든 가락지가 더 많았으며 가락지 표면에는 박쥐와 국화와 같은 무늬를 음각으로 넣거나 부분적으로 칠보를 올려 꾸미기도 하였다.

노리개는 조선시대 여자의 저고리 고름이나 치마허리에 달던 장신구로 궁중을 비롯한 상류층에서 평민에 이르기까지 널리 패용되었다. 노리개는 걸개 역할과 장식을 겸한 띠돈, 주된 장식물인 주체主體, 주체를 걸고 있는 매듭과 장식 술流蘇, 그리고 이들을 연결하는 끈목으로 구성된다. 노리개 하나를 찼을 때는 단작單作노리개, 세 개를 동시에 찼을 때는 삼작三作 노리개라고 부르는데, 단작은 평상시에 삼작은 명절이나 경사 시에 예복을 착용할 때 주로 사용한다. 삼작 노리개는 달려 있는 주체의 재료나 형태를 통일한 경우가 많았다. 재료에 따라서는 금삼작, 은삼작, 옥삼

78
삼작노리개의 형태와 구성
석주선기념박물관 소장

79
귀주머니와 두루주머니
한양대학교박물관 소장(위)
개인 소장(아래)

작, 비취삼작, 밀화삼작 등으로 나누며, 형태에 따라서는 호리병삼작, 투호삼작, 박쥐삼작 등으로 분류하기도 한다. 삼작노리개 중에서 재료와 형태가 각기 다르며 주체의 크기가 크고 호화로운 것을 대삼작노리개라고 하는데, 주로 궁중과 반가에서 사용하였다. 대삼작노리개는 밀화를 불수감佛手柑으로 조각한 것, 옥나비 한 쌍, 그리고 산호가지가 한 세트를 이룬다. 단작노리개에는 소박하면서도 정성이 깃든 수향낭이나 수노리개도 많이 사용하였으며 향갑이나 침낭, 장도처럼 장식적이면서 실용적 노리개도 있었다.

주머니는 우리 옷에 포켓이 없기 때문에 조그만 소지품을 넣어 허리에 차거나 손에 들고 다니는 장신구로 남녀노소 누구나 지녔다. 허리에 차는 주머니는 형태상으로 염낭과 귀주머니로 분류되는데 염낭은 주머니 둘레가 둥근 것으로 '두루주머니'라고도 하였다. 귀주머니는 납작한 형태에 양쪽에 모가 난 것으로 '줌치' 또는 '각낭角囊'이라고도 하였다.

15장

에도시대의 복식

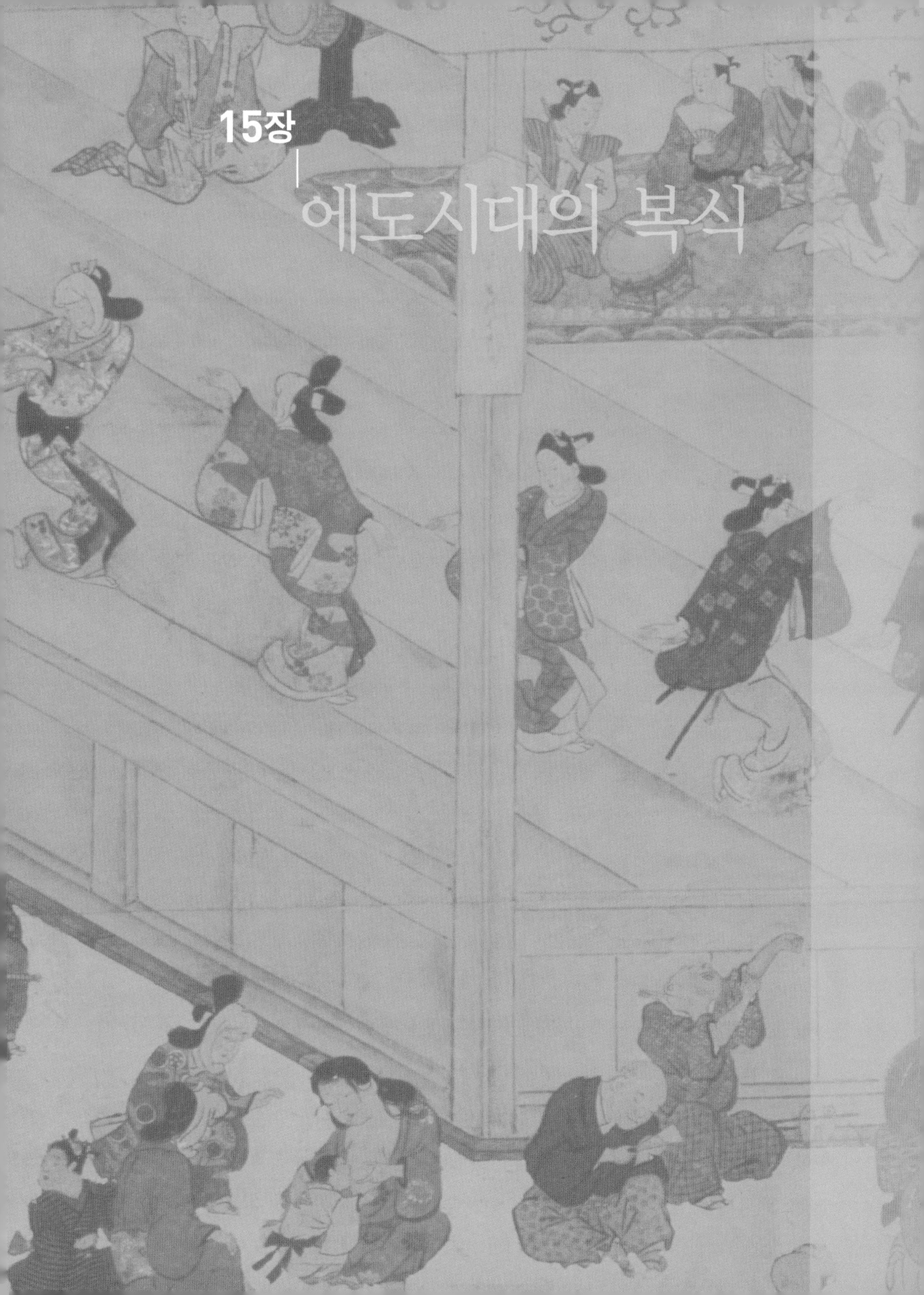

조닌의 성장과 새로운 문화예술의 발달

　에도시대는 사농공상士農工商의 순서로 평가되는 폐쇄적이면서도 엄격한 신분제 사회였다. 조선에서 지배계층인 '사士'는 유교적 교양을 몸에 익히고, 과거를 통하여 관료로 진출하여 정치를 담당하는 선비, 즉 사대부士大夫를 의미하였다. 반면 일본에서의 '샤'는 무사武士를 뜻하며, 서민계층에 속하는 '공'과 '상'은 도시 거주민으로 상공업에 종사하는 조닌町人을 의미하였다. 그러나 지배계급인 무사들 중에는 지식과 교양 면에서 서민과 별반 다르지 않은 경우도 있었으며, 오히려 서민계급인 조닌 중에도 지식인이 있었다.[1] 이와 같이 조닌과 무사의 차이가 명확하지 않았기에, 일본의 지배계층은 옷차림과 같은 외형外形을 규제하는 것이 신분질서를 유지하기 위한 중요한 방법이라고 여겼다.[2] 에도막부는 풍속을 규제한다는 명목으로 신분에 따른 의상, 가옥, 각종 탈 것 등에 대한 금령을 자주 내렸다. 이러한 금령에 의하면 서민은 비단 옷을 입을 수 없었고, 무사신분 간에도 서열에 따라 사용할 수 있는 비단의 종류가 정해져 있었다.

　도시에 거주하는 조닌은 상공업이라는 생업을 떠나서 생활할 수 없으며, 막대한 부와 재력을 갖춘 조닌이라도 제도적으로 신분상승의 기회가 전혀 없었다. 그들이 누릴 수 있었던 것은 경제적 부를 바탕으로 한 과시적 소비생활과 문화예술 활동에 탐닉하는 것뿐이었다. 이러한 조닌문화는 분라쿠文樂 인형극과 일본의 대표적인 고전 연극인 가부키歌舞伎의 발전뿐만 아니라 일본고유의 시詩 형식 중의 하나인 하이쿠俳句, 호색好色소설과 단편소설, 그리고 우키요에浮世繪의 유행에도 큰 영향을 미쳤다.

　우키요에란 에도시대에 성립된 풍속화의 일종으로 유곽의 창부들, 스모 씨름꾼과 유명한 가부키 배우들의 초상화나 예술공연의 특정장면을 주제로 한 것이 많아, 당시의 풍속과 복식문화를 엿볼 수 있는 좋은 자료이다.

도시적인 미의식과 조닌문화의 발달

　에도시대의 조닌은 계급제도상에서는 피지배계급이었다. 그러나 화폐경제의 발달과 경제력에 대한 사회적 가치가 강조되면서 그들은 경제력을 바탕으로 기존과는 다른 독특한 복식문화를 발전시켰다.

주로 다다미 위에 앉아서 생활하는 도시의 조닌들에게 의복의 기능성이나 활동성은 중요하지 않았다. 무사들은 평상복으로도 하카마를 착용하였던 것에 비하여 조닌들은 평소에는 하카마를 생략하고 그림 1처럼 간편하게 고소데 위에 하오리를 걸친 차림을 즐겼다.

오늘날 일본남자 전통복식의 기본을 이루는 고소데형의 나가기なが着, 長着와 재킷형의 하오리로 구성되는 차림은 당시의 부유한 도시 조닌의 생활양식에 맞게 발달된 옷차림에서 비롯된 것이다.[3] 에도시대 조닌계급의 사회적 지위가 향상되면서 점차 무사계급들도 고소데에 하오리를 걸친 차림을 즐기게 되었다. 서민에서 무사에 이르기까지 모든 계급이 거의 유사한 형태의 복식을 착용하게 되면서 복식을 통한 계급 간의 구분은 의미를 잃게 되었다. 조닌 중에서도 상위 무사나 강력한 권력을 가진 다이묘だいみょう, 大名를 고객으로 삼았던 에도의 조닌들은 남자들도 배우나 멋쟁이들을 흉내 낼 정도로 멋과 유행의 변화에 민감하여 새로운 유행주체로 부각되었다.

에도시대 초반까지만 하더라도 복식미의 중심은 화려하게 겉멋을 살린 귀족적인 취향이 중심이었다. 그러나 막부로부터 화려하고 아름다운 의상을 금하는 법령이 지속적으로 내려지자, 에도 중반 이후부터 교토를 중심으로 한 화려하고 장식적인 '가미가타かみがた, 上方'의 취향과는 다른 에도풍이 나타나기 시작하였는데, 이것이 '이키いき'의 미의식이었다. 이키의 취향은 화려함을 직설적으로 표현하지 않고 간접적으로 표현하는 데 있었다. 특히, 색상의 절제가 특징으로 그림 2처럼 검은색, 회색의 무채색과 갈색, 감색紺色 등의 차분하고 수수한 색을 중심으로 줄무늬나 잔잔한 무늬의 옷감을 겉옷으로 사용하고, 그 속에 화려한 색의 옷을 받쳐 입어 화려함이 살짝 엿보이도록 하는 새로운 착장방법이 성행하였다.[4] 그러나 18세기에 들어서면서 억제된 우아함과 세련미를 추구하던 이키의 미의식은 본래의 의미를 상실하고, 단지 멋을 부리고 희화戱化하는 것으로 변질되었다. 또한 무엇이든 진지한 것은 '야보やぼ, 野暮'라 하며 멸시하는 경향이 생겨나기도 하였다.[5]

그러나 농사일에 종사하는 농민이나 육체노동으로 하루하루를 살아가는 도시의 하층민들은 근대에 이르기까지도 그림 3처럼 소매통이 좁고 길이가 짧은 상의에 통이 좁은 바지로 구성된 작업복을 평상복처럼 착용하였다.

02

03

02
이키풍의 차림
도쿄국립박물관 소장

03
에도시대 도시 하층민의 차림
영국 대영박물관 소장

무사의 예장 가미시모

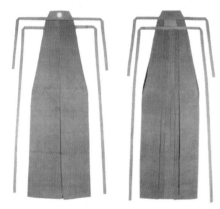

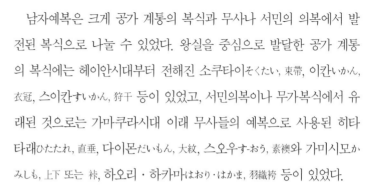

남자예복은 크게 공가 계통의 복식과 무사나 서민의 의복에서 발전된 복식으로 나눌 수 있었다. 왕실을 중심으로 발달한 공가 계통의 복식에는 헤이안시대부터 전해진 소쿠타이そくたい, 束帶, 이칸いかん, 衣冠, 스이칸すいかん, 狩干 등이 있었고, 서민의복이나 무가복식에서 유래된 것으로는 가마쿠라시대 이래 무사들의 예복으로 사용된 히타타레ひたたれ, 直垂, 다이몬だいもん, 大紋, 스오우すおう, 素襖와 가미시모かみしも, 上下 또는 裃, 하오리・하카마はおり・はかま, 羽織袴 등이 있었다.

이 중에서도 에도시대 무사들의 대표적인 복식이었던 가미시모かみしも, 上下, 裃의 유래는 무로마치시대1336~1573까지 거슬러 올라간다. 당시에는 복식 명칭이 아니라, 히타타레나 스오우 중에서 상의와 바지를 같은 직물로 만든 '한 벌 옷'을 뜻하는 용어였다. 그러나 에도시대에는 그 의미가 변하여 등걸이 형태의 가타기누かたぎぬ, 肩衣와 바지인 하카마를 같은 천으로 만든 한 벌 옷을 특별히 '가미시모'라 하였고, 이것을 무사들의 공복公服이자 예복으로 삼았다.[6] 에도시대 예복으로 사용된 가미시모는 비교적 자연스러웠던 이전의 가타기누와는 달리, 그림 4처럼 어깨가 과장되게 확장된 것이 특징이었다. 때로는 좌우의 어깨에 주름을 접어 장식하거나, 고래수염을 넣어 一자 모양으로 만들기도 하였다.[7] 앞쪽에 드리워진 양쪽의 곧은 깃은 그림 7처럼 하카마 안에 집어넣어 입었다.

예복용 가미시모는 사용할 수 있는 옷감의 종류나 색상 등에 제약이 많아서 반드시 검정색・감색紺色・다색茶色・흑갈색 등의 짙은 색으로 염색한 무늬 없는 마직물을 사용해야 했다. 또한 그림 4와 그림 5에 나타나듯이 가타기누의 등과 양쪽 가슴, 그리고 하카마의 뒤 허리에는 집안을 상징하는 무늬인 가몬か-もん, 家紋을 새겨 넣었다.[8]

이처럼 가미시모는 원래 마직물로 만드는 것이 정식이었으나, 일부 다이묘나 쇼군 중에는 얇은 비단이나 금사를 넣어 짠 금란金襴과

04

05

06

04
가미시모의 가타기누 재현품

05
가미시모용 나가바카마의
앞면과 뒷면 재현품

06
노시메
분카[文化]학원복식박물관 소장

같은 고급 옷감을 사용하기도 하였다.[9] 가미시모의 밑받침 옷으로는 고소데를 입었다. 특히, 정식의 차림에서는 노시메のしめ, 熨斗目라 하여 그림 6처럼 허리 부분만 다른 색으로 하고 그 곳에 줄무늬나 격자무늬를 짜 넣은 고소데를 받쳐 입었다. 평상시에는 가몬家紋 만을 넣은 단색의 고소데를 받쳐 입었다.

가미시모에 사용되는 하카마는 길이에 따라 나가바카마なが-ばかま, 長袴와 한바카마はん-ばかま, 半袴가 있었다.[10] 정식 예복에는 그림 5처럼 바짓부리를 발끝에서 30~40cm 정도 끌리도록 길게 만든 나가바카마를 입었다. 바지길이가 발목까지 오는 그림 7의 한바카마는 신분이 낮은 무사와 서민의 예복으로 사용되었으며, 특히 서민들의 혼례복으로도 사용되었다.[11]

예복용 가미시모와 달리 그림 8처럼 가타기누와 하카마를 서로 다른 천으로 만든 것은 츠기카미시모つぎかみしも, 継裃[12]라 하였으며, 주로 무사의 약식 예복이나 근무복으로 사용되었다. 그림 8의 츠기카미시모와 함께 입는 고소데에는 비교적 제약이 없어 잔잔한 작은 무늬나 줄무늬가 있는 고소데가 사용되기도 하였다.[13]

08
07

07
한바카마의 가미시모
다나카혼가[田中本家]박물관 소장

08
츠기카미시모 차림의 무사
영국 대영박물관 소장

하카마의 다양화와 예복화

일본 고유의 바지인 하카마는 바지통이 치마처럼 넓은 것이 특징이었다. 에도 초기에는 무사의 경우 평소에도 하카마를 입는 것이 기본이었다. 그러나 후대로 갈수록 무사들 사이에서도 집에서 쉴 때나 퇴임 후에는 하카마를 생략하고 고소데 차림으로만 지내는 것이 일반화되었다. 반면에 평상시에는 하카마를 입지 않던 상인들의 경우 격식을 갖춘 자리에는 반드시 하카마를 입었는데, 이것이 풍속화되면서 점차 하카마는 예복화되었다.[14]

초기의 하카마는 옷감 네 폭을 연결하여 만든 단순한 형태였으나, 에도시대 이후로 변화가 생겨 바지폭은 넓어진 반면에 허리띠는 가늘어졌으며, 이전에 없던 요판 腰板 등 뒤에 생기면서[15] 현재의 하카마 형태가 되었다. 허리의 앞과 뒤가 옆선에서 분리된 하카마는 그림 5처럼 뒤판이 앞판보다 높으며, 착용 후에는 요판 때문에 그림 9처럼 뒷부분이 위로 솟은 형태가 된다.

에도시대에는 용도에 따라 히라바카마ひら-ばかま, 平袴, 우마노리바카마うま-のりばかま, 馬乗袴, 노바카마の-ばかま, 野袴 등 다양한 종류의 하카마가 사용되었다. 히라바카마는 하카마 안에 넣어 입는 긴 고소데가 거추장스럽지 않도록 밑위가 길고 여유가 많은 것이 특징이었다. 주로 견직물이나 줄무늬가 있는 면직물로 만들었다. 처음에는 상인용이라 하여 말을 타는 무사들은 착용하지 않았으나 덴마이天明, 1781~1789경부터 무사들도 착용하면서, 오히려 히라바카마平袴를 승마에 적합하도록 변형시켜 밑 위를 짧게 만든 우마노리바카마馬乗袴가 고안되었다. 노바카마野袴는 히라바카마와 같은 형태이지만 바짓부리에 검정 벨벳으로 선장식을 두른 것으로, 여행을 하거나 화재와 같은 위급한 상황에 착용하였다.[16]

그 외에도 활동을 위하여 바지통을 좁게 만든 것이나, 위는 넉넉하고 아래는 좁은 형태로 눈이 많은 지방에서 방한 및 작업용 바지로 즐겨 입는 가루상カルサン, 軽衫 등 다양한 종류의 바지가 착용되었다. 이 중에서 가루상은 남만풍의 영향으로 포르투갈 사람들이 입던 바지, 즉 칼쏜calção을 차용한 것이다. 활동성과 편리함 때문에 무사들 사이에서 유행하면서 일본복식의 하나가 되었다.[17]

새로운 남자예복, 하오리·하카마의 출현

하오리는 고소데 위에 오비 없이 덧입는 재킷형의 짧은 상의로 옷이 더러워지는 것을 방지하거나 한기를 막기 위해 덧입던 도우부쿠どうぶく, 胴服에서 유래한 것이다. 초기에는 무사들이 평상복 위에 걸쳐 입는 간편한 덧옷으로 사용되었으나, 도시 상인들이 즐겨 입으면서 일반화되었고 점차 시민계급 남자들의 예복으로도 사용되었다. 원래는 평상시에 덧입는 간편한 복식이므로 손님을 맞이하면 하오리를 벗는 것이 예의였으나, 에도 중기 이후에는 하오리를 입은 차림이 오히려 정식으로 여겨져서, 하오리·하카마 차림은 점차 가미시모 다음 가는 통상예복으로 사용되었다.[18]

에도시대 하오리는 시대에 따라 길이의 변화가 심하였다. 겐로쿠元祿, 1688~1704 연간에는 짧은 것이, 겐분元文, 1736~1741경에는 고소데와 같을 정도로 긴 것이 유행하였다가 호우레키宝暦, 1751~1764 연간에 다시 짧아졌으며, 안에이安永, 1771~1781와 덴메이天明, 1781~1789 연간에는 다시 긴 것이, 분카文化, 1804~1818경에는 짧은 하오리로 바뀌는 등 유행의 변화가 반복되었다.[19]

하오리에 가몬家紋을 새겨 넣는 풍습은 에도시대 중기 이후에 생겨난 것으로 정식으로는 다섯 개를 넣은 것이 격에 맞는 차림이었으나, 중류층 이하의 신분에서는 뒤 중심 위쪽에 가몬을 한 개만 넣은 것을 입기도 하였다. 초기에는 색상과 형태가 매우 다양하여 화려하게 장식한 하오리도 즐겨 입었으나 점차 예복으로 사용되면서 색과 무늬가 수수해졌고 18세기 전반부터 검정색 바탕에 흰색으로 가몬을 넣은 것만이 정식예복으로 사용되었다. 기타 무늬 없는 단색이나 섬세한 잔무늬, 줄무늬가 있는 것은 약식예복으로 사용되었다.[20] 그림 10은 18세기 말에 제작된 「에도풍속도권江戸風俗図巻」에 표현된 부유한 상인의 모습이다. 섬세한 줄무늬의 고소데 위에 가몬이 새겨진 하오리를 입고 있다. 하오리의 여밈은 원래 같은 천으로 만든 가는 끈을 사용하였으나, 에도시대부터는 별도로 짠 끈을 사용하기 시작하였다. 하오리의 좌·우 깃을 연결하는 장식적인 매듭 끈은 하오리히모はおりひも, 羽織紐라고 한다.

에도시대에는 용도와 형태에 따라 하오리의 종류가 세분화되었다. 이전에는 전쟁터에서 주로 입었던 소매가 없는 그림 11의 진바오리じん-ばおり, 陣羽織는 야외에서 행사를 치를 때 무사들이 입는 예장이 되었고, 칼을 차거나 말을 탈 때 적합하도록 허리부터 등솔기에 트임을 준 그림 12의 붓사키바오리ぶつ-さきばおり, 打裂羽織는 약식으

10
하오리를 입은 상인의 모습과 하오리 매듭의 세부도
「에도풍속도권」 부분

로만 착용되었다. 붓사키바오리의 일종으로 뒤 중심에 트임이 있으며 가죽이나 라사처럼 잘 타지 않는 소재로 만든 카자이바오리か-さいはおり, 火災羽織는 화재 시에 착용되었다.[21] 카자이바오리 중에서도 가죽으로 만든 것은 점차 소방수 중에서도 우두머리의 복식으로 사용되면서 뒤집어 입을 수 있도록 안과 겉에 다른 색으로 염색하거나 깃이나 옷자락에 기호나 글자, 무늬 등으로 멋을 내기도 하였다.

실용성을 겸비한 겉옷의 발전

하오리가 예복화되자 추위와 비바람을 막기 위한 목적으로 가빠かっぱ, 合羽, 히후ひふ, 被風 또는 被布, 핫피はっぴ, 法被, 한텐はんてん, 半天·半纏 등의 실용적인 겉옷이 사용되면서 평상시에 입는 외투의 종류가 다양해졌다.

가빠는 스페인어 '카파capa'에서 유래한 것으로 근세 초기 일본에 온 스페인 선교사들의 망토를 모방하여 만든 것이었다.[22] 초기에는 종이에 기름을 먹여 만든 간단한 것이었으나 점차 무명

이나 라사와 같은 모직물 등을 사용하면서
종류가 다양해졌다. 형태도 그림 13이나 그림
14의 망토형과 그림 15처럼 소매가 달리고 앞
에서 여며 입는 재킷형으로 분화되었다.

목에는 스탠드 형태의 깃을 달고 갈고리단
추의 일종으로 금속이나 뿔·상아 등으로 만
든 고하제こはぜ, 鞐 또는 小鉤나 고리 단추로 고
정하여 실용성과 장식을 겸하였다.[23] 종이에
오동나무 기름을 먹어 만든 붉은색 가빠는
주로 하급무사들이 착용하였고, 일반인들은
견이나 무명으로 짠 가스리絣, ikat로 만든 것을 여행용으로 착용하였다.[24] 여기서 가
스리란 직조織造 전에 원하는 무늬에 맞게 경사나 위사를 실로 묶어 방염防染을 한
후, 그 실로 무늬를 짠 일본 고유의 이카트ikat 직물이다. 무늬의 윤곽이 붓이 살짝
지나간 것처럼 아른거리는 것이 특징이다. 그림 14는 이와이 시자쿠岩井紫若라는 가
부키 배우의 1832년 공연을 묘사한 우키요에로[25] 그림의 배우는 가스리로 만든 가
빠를 입고 있다.

히후는 넓은 소매가 달린 품이 넉넉한 겉옷으로 가빠와 하오리를 혼합한 형태이
었다. 18세기 초까지는 예능에 종사하는 남자들이나 다도를 즐기는 풍류인처럼 특
수한 계층에서만 사용되었다. 19세기 초에 검정 벨벳으로 깃을 만들고 금사로 매듭
장식을 한 면 지지미綿 ちぢみ로[26] 만든 화려한 히후가 조닌계급 사이에서 유행하면
서, 지방 세력가나 무사의 후실後室이나 속세를 떠나 출가한 부녀자들도 히후를 착
용하기 시작하였다. 메이지시대明治時代, 1868~1912에 와서는 면 지지미나 부드러운
감촉의 비단으로 만든 긴 소매의 히후는 부녀자의 예복으로 사용하였고, 조끼 형태
의 것은 주로 아동용으로 사용하였다.[27] 오늘날에는 여자들의 방한용 외투로 사용
된다. 그림 16은 우타가와 쿠니사다歌川国貞, 1786~1865의 작품으로, 그림 속의 인물
들은 다양한 형태의 히후를 입고 있다.

하오리와 비슷한 형태의 핫피는 홑으로 만든 실용적인 외투로 주로 무가武家의 고
용인이나 가마꾼, 큰 상점의 종업원이나 직인들이 착용하였다. 무명천을 다갈색이나
옥색으로 염색하고, 등과 옷자락에는 소속된 상점이나 집안의 문장을 큼지막하게

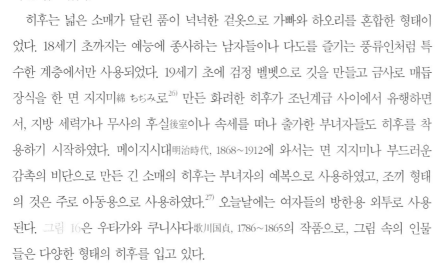

15

16

15
소매가 달린 가빠

16
풍속화에 나타난 다양한 모양의 히후
「신판 성전참조도(新版 成田參詣圖)」
부분

넣어 장식하였다. 여밈은 같은 천으로 만든 얇은 끈으로 묶어 고정하였다.

서민들이 방한용으로 즐겨 입은 것은 하오리보다 단순하며 길이가 짧은 한텐半天·半纏이었다. 한텐은 무가 없어 옆선이 일직선이며, 깃이 젖히는 하오리와 달리 깃이 고정되어 있었다. 뒷목둘레와 깃의 윗부분에만 검정색을 덧댄 반금半襟 형식이 일반적이었다. 옷감으로는 명주나 무명을 사용하였으며 솜을 넣어 방한용으로도 착용하였다.[28] 특히, 11대 장군인 도쿠가와 이에나리德川家齊, 1773~1841 통치 무렵부터 한텐이 크게 유행하였다.

후대로 올수록 한텐과 핫피의 외형적 특징이나 소재의 특성 등이 비슷해져서, 오늘날에는 한텐과 핫피가 거의 유사해졌다.[29]

방한용 외투, 도테라와 탄젠

도테라どてら, 褞袍는 평상시에 방한용으로 덧입던 외투의 일종이었다. 형태는 고소데와 비슷하나 크고 여유가 있으며 소매 폭이 넓은 편이었다. 안쪽에 솜을 넣어 만들며 대개 안감과 수구, 깃 부분에 검은색으로 배색을 하였다. 간혹 가빠 대신 입기도 하였으며, 매사냥을 하는 사람들이나 장인匠人의 우두머리들은 그림 17처럼 목욕할 때 입던 유카다 위에 도테라만을 입고 외출하기도 하였다.[30]

탄젠たんぜん, 丹前 역시 도테라와 비슷한 옷으로 솜을 넣고, 군데군데를 징거서 만든 외투의 일종이다. 탄젠이라는 어원은 에도의 간다神田지역의 탄젠 저택 앞에 있던 온천여관에서 유래한 것이다. 여기를 드나들던 젊은이들은 앞을 다투어 과시적인 차림을 즐겼는데,[31] 특히 화려한 줄무늬 천을 성글게 누빈 풍성한 외투를 넓은 허리띠로 느슨하게 묶은 차림이 대표적이었으며 이것을 '탄젠풍' 이라 하였다.

서민과 무사들의 평상복이 된 고소데

고소데こそで, 小袖란 원래 대수大袖에 대응하는 명칭으로, 큰 소매가 달린 예복의 받침 옷으로 사용된 좁은 소매가 달린 옷을 뜻하였다. 이처럼 초기의 고소데는 맨살 위에 바로 입어 속옷의 역할을 한 것이었으므로 주로 흰색을 사용하였다. 그러

나 복식의 간소화 현상과 함께 고소데가 밖으로 노출되는 경우가 많아지면서 무로마치 이후에는 무늬를 넣거나 염색한 고소데가 일반화되기 시작하였다.[32)]

남자의 고소데小袖 역시 좁은 소매가 달린 긴 포 형태로 길이가 길다는 특징 때문에 '나가기ながぎ, 長着'라고도 한다.[33)] 복식이 다양하지 않았던 일반 서민들은 에도시대 이전부터 남녀 모두 고소데를 평상복으로 착용해 왔으나, 무가의 남자들은 집안에서 쉴 때처럼 아주 사적인 경우에만 고소데를 착용하였고 외출할 때나 예복 차림에는 반드시 하카마를 덧입었다. 그러나 조닌문화의 발달과 함께 서민부터 무사에이르기까지 고소데 위에 하오리만을 걸친 간단한 차림이 선호되면서, 점차 고소데는 무사들의 평상복으로도 사용되었다. 무사들이 하카마 대신에 고소데·하오리를 약식예복으로 착용하게 된 배경에는 전국시대와는 달리 전쟁이 없었던 시대적 상황과 관료와 학자의 기능을 수행하게 된 무사의 역할 변화와도 관련이 깊다.

에도시대에 들어서면서 여자의 고소데는 소매와 오비 형태 등에서 많은 변화를 보인 것에 비하여 남자의 고소데는 별다른 변화없이 무로마치시대부터 내려온 기본형태를 그대로 유지하였다. 오비도 폭이 약 7~8cm 정도 되는 좁은 형태의 가쿠오비かく-おび, 角帶를 그대로 사용하였다. 고소데의 기본적인 구성은 남녀 모두 비슷하지만 차이점도 있어 남성용은 겨드랑이 트임이 없으며 소매 안쪽도 막힌 형태였다. 또한 남성용 고소데는 여성의 화려한 고소데에 비하여 검정색과 갈색, 감색紺色 등의 소박한 색과 잔잔한 줄무늬나 작은 무늬가 반복된 것이 선호되었다.[34)]

18

19

18
공가의 간무리시타의 형태

19
촌마게

촌마게와 사카야키

에도시대 남자의 머리형은 이마를 밀지 않고 그대로 묶은 형태와 이마부터 정수리는 반달모양으로 밀고 남은 머리를 묶은 형태로 나눌 수 있다.

이마를 밀지 않고 그대로 묶은 그림 18과 같은 머리형을 '간무리시타かんむりした, 冠下'라 하는데, 이는 예복에는 반드시 관冠이나 에보시烏帽子을 착용하던 공가복식에서 유래된 것이다. 에도시대에는 의사나 떠돌이 무사, 스모 씨름꾼과 같은 특수계층만이 즐겨하였다.

무사나 서민들은 정수리와 이마를 반달모양으로 밀고, 남은 머리를 위로 묶는 그림 19 형태의 일본 고유의 상투머리를 하였는데 이것을 '촌마게ちょんまげ, 丁髷'라 하

였다.[35] 쵼마게는 반달모양으로 밀어준 부분 때문에 사카야키さかやき, 月代라고도 하였다. 사카야키는 관을 쓸 때 머리카락이 밖으로 나오지 않도록 앞머리를 반달모양으로 밀어 준 풍습에서 시작되었다.[36] 이러한 머리형은 전국시대 무사들 사이에서 유행하였는데, 이는 무거운 투구를 쓰고 전투에 임하면 열기熱氣 때문에 두통이 생길 수 있어, 이를 막기 위하여 머리를 둥그렇게 깎았던 풍습에서 비롯되었다고 한다. 오닌의 난応仁の 亂, 1467~1477 이후, 무사 사이에 유행하기 시작하여 무로마치室町 말기에는 남성의 일반적인 머리형으로 자리 잡았으며,[37] 에도시대에 와서는 상투를 감거나 올리는 방식에 따라 더욱 다양해졌다.

여성복식의 기본, 고소데의 발전

에도시대 여자복식의 기본은 '고소데こ-そで, 小袖'였다. 앞에서 언급하였듯이 고소데는 공가에서는 카라기누모からぎぬも, 唐衣裳와 같은 예복 안에 입었던 좁은 소매의 속옷을 지칭하는 말이었다.[38] 공가에서는 고소데를 속옷으로 사용하였으나 복식의 종류가 단순하였던 서민들은 에도시대 이전부터 고소데를 겉옷이자 평상복으로 입어 왔다.

대부분의 무가는 전국시대 이래 신분이 낮은 자들이 무력을 통하여 신분상승한 경우가 일반적이었다. 따라서 그들의 배우자들도 공가나 궁정출신이 아닌 경우가 대부분이었기 때문에 서민 여성들과 마찬가지로 고소데를 즐겨 입었다. 그러나 지위와 부의 상승으로 인해 서민과는 차별화된 차림새를 추구한 결과, 공가의 전통적인 가사네기 방법을 적용하여 고소데를 여러 벌 겹쳐 입는 무가 여성의 차림새가 등장하였다. 이후 여러 겹의 고소데는 종류와 형태가 세분화되고 다양한 장식이 더해져 우치카케, 아이기, 시타기 등으로 발전하였다.

과거부터 속옷이면서 동시에 겉옷으로도 사용되었던 고소데는 원래부터 신분에 따른 특별한 규정이 없었다. 그러나 고소데의 쓰임이 다양해지자 각종 규제가 새로이 만들어졌고, 신분에 따른 엄격한 제약도 생겨났다. 규제의 범위는 직물과 색상, 문양뿐 아니라 예복에 사용할 수 있는 고소데의 숫자까지 제한하기도 하였다. 대개 조닌을 비롯한 서민들의 예복으로는 세 벌의 고소데를 겹쳐 입는 것이 보편적이

20
삼마이가사네의 구성과 착용의 예
다나카혼가[田中本家]박물관 소장

었으며, 이것을 삼마이가사네さん-まいがさね, 三枚襲 또는 三枚重ね라 하였다. 그림 20은 1910년대의 부유한 조닌가문에서 사용하던 사마이가사네 형식의 고소데이다. 그러나 신분에 따른 각종 규제와 제약에도 불구하고 모든 여성들이 고소데라는 동일한 형식의 옷을 입게 되면서 복식을 통한 계층 간의 구분은 점차 의미를 잃게 되었다.

에도시대는 여성복의 변화가 많았던 시기였다. 중기 이후 경제적 안정과 기술의 발전을 토대로 고소데의 외관은 더욱 장식적으로 발전하였다. 특히, 조닌계급과 도시여성을 중심으로 새롭고 화려한 복식을 선호하는 경향이 심하였는데, 당시의 유행을 선도하였던 가부키 배우나 게이샤 등의 화려하면서 정교한 고소데에서 영향을 받아 일반인의 고소데도 더욱 화려하고 장식적으로 발전하였다.

고소데 형태와 소매의 변화

21
고소데 소매의 변천
a 16세기 말의 나기소데(なぎそで)
b 에도 후기의 도메소데[留袖]
c 에도 후기의 후리소데[振袖]
d 16세기 후반의 남자 고소데
e 에도 후기의 남자 고소데

고소데의 형태는 무로마치시대까지 남녀 모두 비슷한 형태였다. 그런데 에도시대에 여자 고소데 구성이 크게 변하면서 남녀 간에 차이가 나타나게 되었다. 여자 고소데에서 가장 큰 변화는 소매길이와 옷길이가 눈에 띄게 길어진 점으로 길어진 옷자락은 발등을 덮을 정도였다. 외출 시에는 땅에 끌릴 정도로 긴 옷자락을 허리 부분에서 위로 당겨 길이를 조절한 다음, 넓은 허리띠抱え帯로 고정하여 입었다. 이것

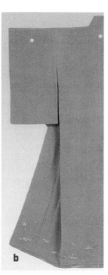

을 가카에오비かかえおび, 抱え帯라 한다.[39]

고소데의 변화는 사용되는 옷감의 너비와도 관련이 있었다. 모모야마시대 이래 고소데를 만드는 데 사용되던 견직물의 너비는 43cm 정도였다. 이것을 이어서 고소데를 만들면 몸통은 지나치게 넓고, 소매는 길이가 짧아 활동하기 불편한 형태가 되었다. 이것이 1664년 막부에 의해 직물의 기준 치수가 개정된 이후[40] 기모노 옷감의 너비는 점차 35cm 정도로 좁아졌고 고소데는 몸에 잘 맞는 형으로 변하였다.[41] 고소데의 외관상의 변화는 매우 뚜렷하여 소매통은 넓어졌으나 몸통과 소매를 연결하는 진동넓이는 오히려 줄어 소매에 후리振り가 있는 현재의 고소데와 비슷한 외관이 되었다.

에도시대 초기의 고소데의 소매 형태는 전국시대와 마찬가지로 소매길이는 짧은 대신에 소매너비는 넓고 배래가 둥근 '나기소데なぎそで'였다. 오늘날과 같은 사각형의 넓고 긴 모양이 일반화된 것은 겐로쿠1688~1704 말경이었다.[42] 점차 후리가 있는 소매가 일반화되면서 그림 22처럼 여자 기모노의 겨드랑이 아래쪽과 소매 안쪽에 트임이 생겼으며,[43] 이러한 후리와 소매 트임은 여자 고소데의 특징이 되었다. 젊은 여성을 위한 후리소데의 소매는 후대로 갈수록 넓어져 17세기 말경에는 약 76cm 정도였으나, 18세기 중엽에는 약 106~110cm 정도로 넓어졌다. 또한 옷길이도 길어져 18세기 후반에는 발이 안 보일 정도였으며 외출 시에는 옷 끝을 걷어올려 손에 쥐고 걸어야 할 정도였다.[44]

전통적으로 미혼여성과 신부는 연령에 상관없이 소매가 넓은 후리소데를 착용하고, 결혼한 후에는 소매의 늘어진 부분이 짧은 고소데를 입는다. 결혼 후에는 미혼의 상징인 후리소데의 긴 소매를 자르는 '수류袖留', 즉 소데토메そでとめ라는 의식을 치렀는데, 오늘날 기혼여성이 입는 비교적 짧은 소매의 기모노를 '도메소데とめそで, 留袖'라 부르는 것은 과거 혼인풍습에서 비롯된 것이다.

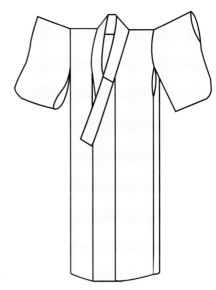

22
여자 기모노의 특징인 겨드랑이와
소매의 트임

장식성이 강화된 오비

오비おび, 帯는 여밈을 단정하게 고정하기 위한 것으로, 초기에는 천을 접어 박은 가는 끈 형태였다. 대체로 천으로 만든 것을 선호하였으나, 모모야마시대부터 에도시대 초기에는 우리나라의 끈목 기술이 전해져,[45] 동다회나 세조대처럼 실을 엮어 짠 '나고야오비なごやおび, 名古屋帯'가 사용되기도 하였다. 여성의 오비는 칸분寬文, 1661~1673시대 전기까지도 너비가 7cm 정도밖에 안 되는 길고 좁은 끈 형태였다. 묶는 방법도 단순하여 끈을 허리에 감아 고정하고, 그 끝자락을 오비 사이에 끼워 주거나 꽃이나 리본모양으로 묶는 것이 고작이었다. 이것이 후대로 내려올수록 장식성이 강화되어, 간에이寬永, 1624~1644경에는 게이샤를 중심으로 너비가 15cm 정도되는 넓은 오비가 유행하였고, 이후 간에이와 엔보우延宝, 1673~1681 무렵에는 일반인들도 넓은 폭의 오비를 선호하였다.[46] 특히, 유명한 가부키 배우가 기존의 것보다 폭이 넓고 긴 오비를 매고 무대에 섰던 것을 계기로 오비의 폭과 길이가 더욱 넓고 긴 형태로 변하였다.[47] 겐로쿠元祿, 1688~1704시대에는 약 27cm에 달할 정도로 넓은 폭의 오비가 유행하기도 하였다.[48]

오비에 사용되는 옷감의 종류도 무늬 있는 비단에서 벨벳에 이르기까지 다양해졌을 뿐 아니라 자수나 홀치기 등을 복합적으로 이용하여 화려하게 장식하였다. 초기에는 고소데의 앞에서 묶는 것이 자연스러웠으나, 점차 장식성이 강조되면서 묶는 방식도 달라져 옆이나 뒤로 묶는 방법이 선호되었다. 넓어진 오비 때문에 고소데의 허리 부분이 많이 가려지게 되자, 고소데의 디자인도 변하기 시작하였다. 오비를 기점으로 윗부분과 아랫부분이 구분되면서 어깨에서 밑단까지 문양이 대담하게 이어졌던 형태에서, 아랫부분에 비하여 윗부분이 간략화되는 경향을 보였다.[49]

23
풍속화에 나타난 다양한 형태의 오비

그림 23은 에도시대 풍속화에 표현된 다양한 형태의 오비들이다. 현재도 사용되는 리본모양의 분코무스비ぶん-こむすび, 文庫結び는 호우레키宝暦, 1751~1764와 메이와明和, 1764~1772경에 시작된 것이며, 현재 가장 일반적인 형태인 오타이코무스비お-たいこむすび, 御太鼓結び는 분카文化, 1804~1818 시기에 게이샤들이 즐겨 묶던 형태에서 비롯된 것이다. 분카에서 분세이文政, 1818~1830를 거치면서 뒤에서 묶는 장식적인 오비가 일반화되었고 넓어진 오비를 고정하기 위하여 오비가 풀리지 않도록 다른 끈, 즉 오비도메おび-どめ, 帯留를 하게 된 것도 이때부터였다.[50]

예복용 고소데와 우치카케의 변천

에도시대 모든 법제의 중심은 막부였으며, 막부의 최고 수장인 쇼군의 사생활은 여인들만 모여서 지내는 오오쿠おお-おく, 大奥에서 이루어졌다. 오오쿠란 쇼군이 거주하는 성안 깊숙이 있는 내실로서 쇼군의 어머니와 부인과 첩, 시중을 드는 여관女官 등 여자들만이 거주하는 공간을 뜻한다. 오오쿠에서는 우치카케うち-かけ, 打掛와 고소데 차림이 예복이면서 동시에 평상복으로 사용되었기에 신분·장소·계절에 따

24
에도 후기 조닌 가문의 여자혼례복
다나카혼가[田中本家]박물관 소장

른 규정이 엄격하였다. 이러한 규칙은 막부뿐만 아니라 전국의 크고 작은 무사 가문에도 적용되었다. 또한 오오쿠에서 여관으로 종사하였던 여인이 고향으로 돌아간 이후에도 오오쿠의 풍습과 복식을 따르는 경우가 많아 이곳의 복식 풍습은 자연스럽게 일반인들에게 전파되었다.[51]

오오쿠의 복식은 우치카케와 고소데로 구성되며, 고소데는 다시 표면장식이 많고 겉옷으로도 사용되는 아이기あい-ぎ, 間着[52]와 형태는 같으나 밑받침 옷의 역할을 하는 시타기したぎ, 下着로 나뉜다. 이처럼 같은 형태의 옷을 여러 벌 겹쳐 입는 무가여성의 예복은 공가의 가사네기かさね-ぎ, 重ね着 전통에서 유래한 것으로, 이 중에서 가장 위에 덧입던 장식적인 고소데가 발전한 것이 우치카케이다.

초기의 우치카케는 고소데와 같은 형태였으나 에도 중기 이후 형태가 변하여 고소데보다 약 15cm 정도 길게 만들고, 밑단에는 솜을 넣어 밑으로 갈수록 팔八자 형으로 퍼지도록 만들어 장중함과 무게감을 표현하였다. 걸쳐 입는 옷의 특성상 여밈이 없어서 걸을 때는 옷의 아랫단을 손으로 잡고 걸어야 하기 때문에 가이도리かい-どり, 搔取라고도 하였다.[53] 우치카케 역시 소매의 형태에 따라 도메소데와 후리소데 형태로 나뉘며, 후리소데 형태는 미혼여성의 예장으로 사용되었다. 우치카케는 본래 무가의 상류층 여성의 예복으로 사용된 것이었으나, 점차 공가 귀부인의 평상복이나 외출복으로도 착용되었다. 후대로 갈수록 사용범위가 넓어져 부유한 조닌 가문에서는 신부의 혼례복으로 사용하였고, 심지어는 유녀遊女들의 외출복으로까지 사용되면서[54] 신분을 상징하던 의미는 사라졌다. 그림 24는 에도시대 부유한 조닌 가문의 혼례복으로 고소데 위에 덧입은 흰색 옷이 우치카케이다.

우치카케의 받침옷이면서 우치카케를 입지 않을 경우는 겉옷 역할을 했던 아이기는 붉은색이나 흰색, 황색의 다양한 색을 사용하고, 꽃과 나무와 같은 무늬들로 화려하게 장식하였다.[55] 겨울에는 시타기 위에 우아기를 입은 후에 우치카케打掛를 걸치며, 여름에는 아이기와 시타기를 입고 얇게 만든 우치카케를 바닥에 끌리도록 허리에 감아 입었는데, 이것을 고시마키こしまき, 腰巻き라 하였다. 결국 예장의 중요 구성인 우치카케, 아이기, 시타기는 모두 고소데에서 분화된 것이므로 에도시대 여자 예복 역시 고소데에서 발전한 것이라 하겠다.

시로무쿠와 이로우치카케의 전통

여성의 혼례복은 우치카케의 색상에 따라 그림 25의 시로무쿠しろむく, 白無垢와 그림 26의 이로우치카케いろうち-かけ, 色打掛로 나누어진다. 시로무쿠는 '겉옷과 속옷, 기타 부속품을 모두 흰색을 입는다'는 뜻으로 우치카케를 포함하여 신부가 모든 것을 흰색으로 차려입은 모습을 뜻하기도 한다. 단, 우치카케의 안감만은 길사吉事를 상징하는 의미로 붉은색을 쓰기도 하였다. 혼례 시에 흰색을 입는 풍습에 관하여는 여러 가지 설이 있다. 예로부터 일본에서는 흰색을 몸과 마음의 고요함과 깨끗함을 표현하는 색으로 출생·장례·혼례와 같은 중요한 의례 시에 착용하는 옷은 모두

25
시로무쿠의 우치카케
분카[文化]학원복식박물관 소장

26
붉은색의 이로우치카케
분카[文化]학원복식박물관 소장

흰색을 사용하였다.[56] 이처럼 시로무쿠의 기원은 흰색을 숭상하는 풍습에서 유래한 것으로 보거나,[57] 어떠한 색으로도 염색할 수 있는 순수한 흰색처럼 신부가 시댁의 가풍家風을 쉽게 따르기를 바라는 의미에서 시작된 것으로 해석하기도 한다. 또는 혼례를 장례로 가장하여 악령을 속인다는 민간의 믿음에서 비롯된 것이라고도 한다.[58] 혼인 후 사흘째에는 다시 화려하게 장식된 고소데와 함께 붉은색으로 만든 그림 26의 이로우치카케色打掛로 갈아입는 '오이로나오시おいろ-なおし, お色直し'라는 행사를 치르는데, 이는 성스러운 식을 마치고 세속의 생활로 돌아가 보통의 생활을 시작한다는 의미가 있다고 한다. 또는 순결과 처녀를 상징하는 흰색에서 붉은색으로 갈아입는 것은 붉은색이 행복과 행운을 상징하기 때문이라고도 한다.[59]

유가타

유가타ゆかた, 浴衣는 '유가타비라ゆかたびら, 浴帷子'에서 유래한 것으로, 목욕할 때 남에게 피부를 보이지 않으려고 홑겹의 포를 입었던 공가와 궁중의 풍습에서 유래

27
유가타를 입고 불꽃놀이에 참석한 사람들
Victoria & Albert Museum 소장

한 것이다.[60] 이러한 유가타가 민간에 유행하게 된 것은 무로마치 말기에서 에도 초기에 밤새도록 춤을 추며 즐기는 본오도리盆踊り란 축제에 참석한 서민들이 화려하게 염색한 유가타를 입기 시작하면서부터였다. 그림 27은 에도시대 풍속화가인 우타가와 토요쿠니歌川豊國, 1769~1825의 작품이다. 불꽃놀이를 구경하러 나온 사람들을 묘사한 것으로 남녀 모두 다양한 형태의 유가타를 입고 있다.

겐로쿠元禄, 1688~1704 무렵에는 온천지역을 중심으로 면이나 마직물, 지지미縮緬 등으로 만든 간편한 유가타가 선호되기도 하였다. 이러한 홑겹의 유가타는 세탁이 쉽고 입기 편하다는 장점 때문에 비 올 때는 '가빠' 대신 사용되기도 하였고[61] 에도 말기에는 서민들 사이에서 여름철 평상복으로 고소데 대신에 유가타를 입기도 하였다.

원래 목욕용 포에서 시작된 유가타는 흰색의 면이나 마를 사용하여 만드는 것이 기본이었다. 점차 여름철 평상복이나 외출복으로 사용되면서 무늬를 넣어 짠 옷감을 쓰거나 오글오글하게 짠 얇은 지지미縮緬 바탕에 염색을 하여 무늬를 넣기도 하였다. 특히, 쪽으로 짙게 염색하거나 홀치기염색으로 다양한 무늬를 넣은 것이 선호되었다.

화장과 흑치의 풍습

에도시대의 화장법은 매우 다양하며, 남녀 모두 관직의 유무·계급·직업·연령·지방·계절·장소에 따라 매우 복잡한 것이 특징이었다. 당시의 화장법은 크게 두 종류로 나눌 수 있었다. 하나는 소박한 에도 고유의 화장법이었고, 다른 하나는 궁궐이 있었던 교토京都에서 비롯된 것이었다.

무가武家의 질박하고 소박한 전통을 이어받은 에도에서는 본디 소박한 화장을 즐겼으며 편안한 맨 얼굴의 아름다움을 높이 샀다. 반면에 교토지역에 위치한 궁중과 공가에서는 농염濃艶한 화장을 즐겼으며, 맨 얼굴을 혐오하는 경향이 있었다. 에도시대의 우키요에에 확인되는 농염한 화장은 민간의 유녀나 가부키 배우와 같은 하층민이 교토의 궁중 화장법을 수용하여 발전시킨 것이[62] 다시 상류층의 무가여성에게 수용된 것이다.

에도시대 화장법 중에서 가장 눈길을 끄는 것은 얼굴 가장자리나 뒷목덜미, 이마의 머리카락이나 눈썹을 뽑거나 다듬는 '기와きわ, 際'의 풍습이었다. 이마를 면도하는 풍습은 도요토미 히데요시가 정권을 잡았던 모모야마시대부터 상류계층에서 유

행한 것으로 이러한 화장의 목적은 얼굴과 신장, 이마의 비율을 조절하여 이상적인 비례에 근접하는 것이었다. 키가 크고 얼굴이 작은 경우는 이마를 면도하여 크게 하였고, 키가 작고 얼굴이 큰 경우는 묵을 사용하여 얼굴이 작게 보이도록 하였고, 큰 얼굴에 이마가 좁은 경우는 이마의 털을 제거하였고 작은 얼굴에 이마가 넓은 경우는 묵을 사용하여 이마가 좁아보이도록 하였다.[63] 눈썹과 머리카락을 제거하고 백분으로 짙은 화장을 한 후에 윤곽선을 명확하게 하고, 다시 인위적인 눈썹을 그리는 이러한 화장법은 모모야마시대부터 에도시대 중반인 18세기 초까지 선호되었다.

눈썹을 그리는 풍습은 중국 당唐의 화장을 모방한 공가의 귀부인들 사이에서 시작된 것이다. 원래의 눈썹을 제거한 후에 청흑색의 먹묵대, 墨黛으로 다시 그리는 것이 유행하였는데 시대에 따라 변화가 있었다. 초기에는 중국에서 전해진 것을 그대로 모방하여 아스카시대 이래 가늘고 긴 눈썹을 선호하였으나, 헤이안시대에 들어서면서 새로운 전환기를 맞아 눈썹을 뽑는 화장법으로 변하였다. 눈썹을 그리는 위치도 원래 눈썹이 있던 곳에 그려 넣는 것부터 머리털이 나는 이마 경계선에 이르기까지 세분화되었다. 6~7세 정도까지는 얼굴을 사랑스럽게 보이게 하기 위하여 눈썹을 뽑기도 하였고,[64] 10세부터 14세까지는 눈썹을 아

28

28
우키요에에 표현된 청미
야마구치현립하기미술관·무라가미기념관 소장

29
철장으로 이를 염색하는 모습
일본 우키요에박물관 소장

래부터 일자형으로 면도해 주고 눈썹에 심을 넣은 것처럼 먹으로 굵게 그렸는데 이 것을 대형미大形眉 또는 안입미岸立眉라고도 하였다. 여자들의 가는 눈썹은 병약함으로 여겨 눈썹을 짙게 그리는 것을 선호하였다.[65] 결혼 직후나 임신 후에는 눈썹을 면도한 후에 다시 그리지 않기도 하였는데, 그림 28처럼 면도하여 파르스름한 모양의 눈썹을 청미靑眉라 하였다.[66] 눈썹을 제거하는 것은 기혼여성이라는 것을 의미하였으나,[67] 중년이 넘으면 당미唐眉라 하여 눈썹을 작게 그리기도 하였다. 당미는 타원형으로 그린 눈썹의 양쪽 구석을 흐릿하게 농담을 준 것이 특징이었다. 노년이 되면 작고 가는 형태의 사미絲眉를 하였다.[68]

궁정과 공가의 눈썹 그리기는 여자뿐만 아니라 남자들에게도 행해진 풍습이었다. 그러나 공경公卿 중에서도 나이가 들면 눈썹 손질을 하지 않았는데 이것을 '미작어면眉作御免'이라 하였다. 막부에서도 공가公家식의 대례를 행하는 경우는 눈썹을 깎고 그리기도 하였다. 그러나 무가와 민간을 통틀어 평상시에도 눈썹을 관리하는 남자는 배우들뿐이었다.[69]

이를 검게 물들이는 흑치 혹은 치흑齒黑의 풍습은 고대부터 비롯된 것이나 그 기원은 명확하지 않다. 다만 옻칠한 것처럼 반짝이는 검은색을 아름답게 여겼기 때문이라는 심미적인 측면과 이를 검게 칠하면 약품 때문에 충치예방 효과가 있기 때문이라는 실용적 측면이 이유로 제시되기도 한다. 헤이안시대까지는 남성들도 이를 검게 물들였지만, 에도시대에 내려와서는 일부 공가나 왕실의 남성에게만 지켜졌을 뿐, 여성 전유의 풍습으로 남게 되었다. 또한 역한 냄새와 번거로움 때문에 젊은 여성들에게도 경원시되어 기혼여성의 상징으로 여겨지기도 하였다. 그 외에도 나이가 꽉 찬 미혼여성, 유녀遊女나 게이샤의 화장법으로 사용되었다.[70] 대개 눈썹을 밀고 먹으로 다시 그리는 화장법引眉, 또는ひきまゆ과 병행되는 것이 일반적이었다.

철 조각을 술이나 식초 속에 담근 후 적당량의 물을 가해 밀폐시킨 후, 몇 개월을 보관하면 불쾌한 냄새가 나는 갈색의 액체가 된다. 이것을 놋쇠 그릇에 넣고 끓여서 완성한 액체를 철장이라고 한다. 이렇게 완성된 철장을 붓과 같은 깃털이 달린 이쑤시개에 묻히고, 그 끝에 오배자분을 발라 치아에 도포하면 검은빛을 띠게 된다. 그러나 영구적인 것이 아니어서 며칠에 한 번씩 다시 염색해야 색을 유지할 수 있었다. 그림 29는 이를 검게 염색하고 있는 여인을 그린 에도시대의 우키요에이다.

머리모양과 장신구

에도시대 이전까지 여자들의 머리모양은 긴 머리를 끈으로 간단히 묶거나, 머리다발로 둥글게 고리를 만든 후 나머지를 늘어뜨리는 것이 일반적이었다. 에도시대에는 다양하게 틀어 올린 머리가 유행하여, 둥근 고리를 2~4개 만들고 여분의 머리를 뿌리 부분에 감아 고정한 그림 30의 가라와からわ, 唐輪나, 가라와를 변형한 그림 31의 효고마게ひょうごまげ, 兵庫髷 등이 유행하였다.

이 중에서도 에도시대를 대표하는 여자의 머리모양으로는 시마다마게しまだまげ, 島田髷를 들 수 있다. 시마다마게의 기원에 대해서는 다양한 설이 있으나, 남성의 머리형인 분킨마게ぶんきんまげ, 文金髷에서 유래되었다는 설과 시마다しまだ, 島田지방의 유녀遊女들이 고안해 냈다는 설이 유력하다. 17세기 전반부터 유행하였으며, 그 후에도 다양한 형태로 세분화되어 미혼여자의 대표적인 머리모양이 되었다.[71] 현재 신부의 머리형으로 사용되는 분킨시마다ぶんきんしまだ, 文金島田도 시마다마게의 일종이다. 그러나 상류 무가계급이나 왕실에서는 머리를 올리지 않고 늘어뜨리는 것을 정식으로 여겨, 올린 머리가 일반화된 이후에도 왕실에서는 최고 의례복을 착용할 때는 반드시 머리를 풀어 길게 늘어뜨렸다.[72] 그림 32는 우키요에에 나타난 시마다마게의 형태들이다.

막부에서는 수차례의 금령을 내려 여자들의 머리모양을 규제하려 했지만 틀어 올린 머리를 화려하게 꾸미는 풍습은 계속되어, 에도 말기부터 메이지시대 초기에는

300여 종류의 머리 형태가 있을 정도였다.[73] 특히, 옆머리를 양쪽으로 길게 펼친 그림 33의 토로빈とうろうびん, 灯籠鬢처럼 크게 올린 머리가 유행하면서 머리 장신구도 거대해지는 양상을 보였다. 머리모양의 다양화와 함께 장신구의 종류와 형태도 다양해져, 머리를 꾸미는 장식용 빗인 쿠시くし, 櫛와 비녀의 일종인 커다란 고가이こうがい, 笄는 중요한 장식품이 되었다.

여성용 모자의 유행

여자가 모자를 쓰는 풍습은 무로마치시대 말경에 시작되었다. 처음에는 나이든 여자들의 방한용으로 시작되었으나 점차 젊은 여자 사이에도 유행하였다. 특히, 기름을 발라 윤을 내고 크게 올린 머리가 유행하였던 에도시대에는 그림 34처럼 외출 시에 머리가 망가지지 않도록 머리 위에 덧쓰는 다양한 여성용 모자가 유행하였다. 모자는 외출할 때 정장 차림에 주로 사용되었으나 점차 실내에서도 면모자綿帽子, わたぼうし, 양모자揚帽子, あげぼうし, 연모자練帽子, ねりぼうし 등을 착용하기도 하였다. 신부용 쓰개로도 사용된 그림 35의 쯔노카쿠시つのかくし, 角隠し는 양모자의 일종[74]으로 장방형 천을 머리에 두른 간단한 형태이다. 역시 신부의 모자로 사용된 와타보우시わたぼうし는 명주솜을 넣어 만든 모자이다. 와리보우시ねりぼうし는 정련된 흰색의

34
에도시대의 와타보우시(좌)와 쯔노카쿠시(우)

35
쯔노카쿠시를 쓴 현대 신부의 머리모양

부드러운 비단으로 만든 것으로 안감은 붉은색을 사용하기도 한다.[75]

일설에 의하면 신부용 모자는 여자가 질투 때문에 화가 나면 뿔이 돋아나 귀신이 된다는 속설이 있어서, 이를 방지하기 위한 주술적 의미로 사용되었다고 한다.[76]

미 주

5부 전통복식의 확립과 서민문화의 대두

13장 청의 복식

1) 欽定八旗通志 卷1 旗分志

2) 繆良云 主編(1999), 中國衣徑, 上海: 上海文化出版社, p.94.

3) 徐珂(1874~1908), 淸稗類鈔 服飾類.
   "有於常式衣袖之外, 或前後不開衩之袍而權作爲禮服, 別綴馬蹄袖於常式袖之來縫中, 緊以紐者, 俗謂之曰龍吞口.
   禮畢則解之袍, 袍仍爲常服矣"

4) 王智敏(2003), 保値收藏龍袍, 北京: 天津人民美術出版社, p.123.
   淸稗類鈔 服飾類.

5) 黃能馥 · 陳娟娟(1999), 中國歷代服飾藝術, 北京: 中國旅游出版社, p.476.
   周錫保(1984), 앞의 책, p.484.

6) 淸史稿 凡135卷 卷103 志78 輿服二 皇帝冠服.
   "披領 及袖皆石青 緣用片金 多加海龍緣 …(중략)… 披領及裳俱表以紫貂"

7) 華梅(2001), 服飾與中國文化, 北京: 人民出版社, p.306.

8) Claire Roberts(1997), Evolution & Revolution: Chinese Dress 1700s~1990s, Sydney: Powerhouse, p.53.
   홍콩을 중심으로 한 광동지역에서는 cheungsam이라고 한다.

9) 趙翼(1790), 陔余叢考.
   "凡扈從及出使, 皆服短褂 · 缺襟及戰裙, 短褂亦曰馬褂, 馬上所服也"

10) 繆良云 主編(1999), 앞의 책, p.88.

11) 周錫保(1984), 앞의 책, p.465.

12) 위의 책, p.465.

13) 高春明(2001), 中國服飾名物考, 上海: 上海文化出版社, p.597.

14) 周錫保(1984), 앞의 책, p.465.
    위의 책, p.596.

15) 華梅(2001), 앞의 책, p.298.
    淸稗類鈔 服飾類.
    "六瓣合縫, 綴以簷, 如箸, 創於明太祖, 以取六合一統之意 …(중략)… 俗名西瓜皮帽"

16) 華梅(2001), 앞의 책, p.227.

17) 周汛 · 高春明(1996), 中國衣冠服飾大辭典, 上海: 上海辭書出版社, pp.125-126.
    高春明(2001), 앞의 책, p.745.

18) 福格 撰(淸), 聽雨叢談.
    "方靴用天青緞爲之, 以別于衆也"

19) 高春明(2001), 앞의 책, p.454.

20) 위의 책, p.452.

21) 觽는 일종의 송곳모양으로 생긴 고대의 패식(佩飾)으로 매듭을 풀 때 사용한다.

22) 黃能馥 · 陳娟娟(1999), 앞의 책, p.458.

23) 王智敏(2003), 앞의 책, p.131.

24) 周錫保(1984), 앞의 책, p.484.

25) 王智敏(2003), 앞의 책, p.121.

26) 周錫保(1984), 앞의 책, p.484.

27) 元史 列傳 第1卷 后妃.

28) 繆良云 主編(1999), 앞의 책, p.94.

29) 內田道夫 圖說 · 青木正兒 圖編(1986), 北京風俗圖譜, 東京: 平凡社, p.103.

30) 黃能馥 · 陳娟娟(1999), 앞의 책, pp.476-478.
    周錫保(1984), 앞의 책, p.484.

31) 繆良云 主編(1999). 앞의 책. p.95.

32) 周錫保(1984). 앞의 책. p.485.
　　"漢族婦女仍沿前明形制, 以上身着襖衫"

33) 高春明(2001). 앞의 책. p.554.

34) **清稗類鈔**. 服飾類.

35) 高春明(2001). 앞의 책. p.597.

36) **清稗類鈔**. 服飾類.

37) 高春明(2001). 앞의 책. p.584.

38) 內田道夫 圖說 · 靑木正兒 圖編(1986). 앞의 책. p.109.

39) 高春明(2001). 앞의 책. p.606.
　　民衆書館編輯局 編者(2000). **漢韓大字典**. 민중서관. p.384.

40) 黃能馥 · 陳娟娟(1999). 앞의 책. p.487.

41) 王智敏(2003). 앞의 책. p.188.

42) 黃能馥 · 陳娟娟(1999). 앞의 책. p.486.

43) 繆良云 主編(1999). 앞의 책. p.191.

44) 1촌은 약 3.33cm 정도이다.

45) 繆良云 主編(1999). 앞의 책. p.83.
　　周錫保(1984). 앞의 책. p.488.

46) 葉夢珠 撰(1693). **閱世篇**.
　　"順治初 …(중략)… 然高捲之髮, 變而圓如覆盂"
　　周錫保(1984). 앞의 책. p.488.

47) 周錫保(1984). 앞의 책. p.489.

48) **舊京瑣記**.
　　"大裝則戴珠翠爲飾 名曰鈿子"

49) 繆良云 主編(1999). 앞의 책. p.90.

50) Hongkong Museum of History(1987). **本地華人傳統婚禮**. 香港: 香港博物館. p.36.

51) 繆良云 主編(1999). 앞의 책. p.97.

52) **清稗類鈔** 服飾類.
　　"旗女之馬蹄底鞋平底鞋"

14장 조선 후기의 복식

1) 이상익(2004). 주자학과 조선시대 정치사상의 정체성 문제. 한국철학논집, 14. 한국철학사연구회. p.95.
　　여기서 조선이 생각한 중화는 단순히 지리적인 개념의 중국 땅이 아니라 중국에서 비롯된 유교적 가치이념을 말한다.
　　정옥자(1988). **조선 후기 조선중화사상연구**. 일지사. pp.41-42.

2) 홍나영(2006). 조선시대 복식에 나타난 여성성. 한국고전여성문학연구, 13. p.82.

3) 위의 글. p.95.

4) 박성실(1995). 조선 후기의 服飾構造. **東洋學**, 25(1). 단국대학교 동양학연구소. p.366.

5) 영조실록. 32(1756)년 1월 16일 갑신(甲申), 33(1757)년 11월 1일 기축(己丑).
　　정조실록. 12(1788)년 10월 3일 신묘(辛卯), 14(1790)년 2월 19일 경오(庚午).

6) 1870(고종 7)년, 길례요람(吉禮要覽).
　　1872(고종 9)년, 영혜옹주가례등록(永惠翁主嘉禮謄錄).
　　1893(고종 30)년, 의화군가례등록(義和君嘉禮謄錄).

7) 이은주(2005). 조선시대 백관의 時服과 常服제도 변천. 복식, 55(6). pp.44-45.
　　성종실록 권138. 16(1485)년 윤 4월 19일 기해(己亥) 네 번째 기사.
　　본문에는 경국대전이 완성된 1485(성종 16)년의 예연(禮宴)에 참석할 때조차도 흉배를 달지 않기 때문에 상의원에서 값을 받고 직조하여 주기로 하였다는 내용이 확인된다.

8) 이은주(2005). 앞의 글. p.38.

9) **중종실록** 36권, 14(1519)년 6월 8일 경오(庚午) 두 번째 기사.

"안처함(安處諴)이 아뢰기를, '조정에 있는 사람들의 복색(服色)이 각각 달라, 상참(常參)과 조참(朝參) 같은 때는 반드시 시복(時服)을 입고 경연(經筵) 때에는 상복(常服)을 입는데, 그렇게 하는 본의는 알 수 없지만, 어전(御前)에 입시할 적에는 순색(純色)을 입어야 할 것입니다.' 하고, 한충(韓忠)이 아뢰기를, '중국 조정에서는 당상관은 모두 비의(緋衣)를 입고, 당하관은 모두 검은색을 입습니다. 우리나라에서는 비록 모두 검은색을 입지는 못하더라도 마땅히 순색을 입어야 할 것입니다.' 하니, 상이 이르기를, '서사 설치와 복색 개정에 대한 가부를 대신들과 의논해야 하겠다.' 하였다"

10) **광해군일기** 33권, 2(1610)년 9월 8일(庚戌) 첫 번째 기사.

"예조에서 아뢰길 …(생략)… 세상에서 말하기로는 홍단령(紅團領)을 상복이라 하고 흑단령(黑團領)을 시복(時服)이라고 합니다만, 오례의(五禮儀)에 기재된 것을 보면 흑단령을 상복으로 삼은 곳이 매우 많은데, 가령 칙사를 영접할 때의 의례라든가 조참(朝參)·상참(常參) 등의 의례 그리고 배표(拜表)할 때 입는 사자(使者)의 복색 모두를 상복으로 기재해 놓고 있습니다. 이를 본다면, 이번에 알성(謁聖)하고 인재를 뽑을 때 독권관 이하의 복색을 상복으로 마련한다 하더라도 실제로는 흑단령 차림으로 입시하는 셈이 됩니다."

11) 박성실(1995). 앞의 글. p.367.

유희경(1981). 기사계첩(耆社契帖)에 나타난 복식에 관하여. 韓國文化硏究院 論叢, 37. p.104.

12) **선조수정실록** 8권, 7(1574)년 11월 1일 신미(辛未) 두 번째 기사.

"紅袍 靑袍 襞積 一如道袍 而不如團領"

13) 정약용(1762~1836). **牧民心書** 禮典.

14) 홍나영(2008). 출토복식을 통해서 본 조선시대 남자 편복포의 시대구분. 복식, 58(5). p.128, 131.

15) **순조실록** 순조 34권, 34(1834)년 4월 29일 갑자(甲子) 첫 번째 기사.

"장신(將臣)과 직책을 가진 무변(武弁)의 공복(公服) 아래에 지금도 모두 군복을 입는데, 문관(文官)과 음관(蔭官)은 철릭이 지금은 창의(氅衣)로 변하였습니다."

16) 홍나영(2008). 앞의 글. p.131.

17) 유희경(1975). **한국복식사연구**. 서울 : 이화여자대학교 출판사. p.632.

18) 위의 책. pp.616-617.

고종실록 권32, 32(1894)년 12월 16일 무오(戊午) 첫 번째 기사.

"조신(朝臣)의 대례복(大禮服)은 흑단령(黑團領)으로 하고 대궐에 나올 때의 통상 예복은 검은색 토산 명주로 지은 두루마기와 답호 및 사모와 목긴 신[靴]으로 하여 명년 설날부터 시행하라."

19) 박성실(2008). **정사공신 신경유公墓 출토복식**. 단국대학교출판부. p.201.

20) 정혜경(2000). 조선시대 철릭과 남자 포류의 상호관계. 한국의류학회지, 24(2). p.233

21) 홍나영(1996). 조선중엽 출토복식에 관한 연구-이황 묘 출토 첩리와 창의를 중심으로. 한국의류학회지, 20(3). pp.136-137.

22) **續大曲** 卷之3 禮曲 冠服

23) 서정원(2003). 『老乞大』 刊本을 통해 본 14~18세기의 복식관련 용어 비교연구. 이화여자대학교 대학원 석사학위논문. p.37.

24) **昭顯世子嘉禮都監儀軌, 仁祖莊烈后嘉禮都監儀軌, 純祖純元后嘉禮都監儀軌, 尙房定例 1.**

25) 이명은(2003). **궁중발기에 나타난 행사 및 복식연구**. 단국대학교 대학원 석사학위논문. p.259

26) 이경자·홍나영 외(2003). **우리 옷과 장신구**. 열화당. pp.216-217.

27) 위의 책. p.248.

28) 유희경·김문자(1998). 앞의 책. p.226.

29) 위의 책. pp.233-235.

30) 석주선(1993). **관모와 수식**. 석주선기념 민속박물관. pp.203-204.

국립중앙박물관 미술부(2007). **조선시대 초상화 I**. 서울 : 그라픽네트. p.197.

31) **세종실록** 88권, 22(1440)년 1월 25일 무진(戊辰) 두 번째 기사.

"의정부에서 예조의 정문에 의거하여 아뢰기를, …(생략)…초피(貂皮)는 희귀한 물건이온데, 지금 초구(貂裘)와 초피(貂皮)·이엄(耳掩)은 사람마다 모두 쓰고 입는 것은 미편하오니, 지금부터 초구와 토표구(土豹裘)는 집현전(集賢殿) 부제학(副提學) 이상이라야 쓰고 입게 하고, 3품 이하는 단지 이피(狸皮)·호피(狐皮)·서피(鼠皮)만을 허락하고, 이엄(耳掩)은 3품 이상이면 초피를 쓰고, 4품 이하이면 이피(狸皮)·호피(狐皮)·서피(鼠皮)를 쓰고, 공상

(工商) · 천례(賤隷)의 옷과 이엄은 단지 호피 · 이피와 잡색 모피(毛皮)만을 쓰게 하옵소서 하니, 그대로 따랐다."

32) 세종실록 58권, 14(1432)년 11월 10일 을축(乙丑) 두 번째 기사.
"대소 조회(大小朝會)와 상참 조계(常參朝啓)를 행할 때, 바람이 차가운 날 늙고 병이 있는 신하가 추운 것을 무릅쓰고 행례(行禮)하는 것은 미편하니, 이제부터는 대소 신료들이 중국의 예에 따라 평상시는 이엄(耳掩)을 쓰되, 부제학(副提學) 이상은 초피(貂皮)와 단자(緞子)를 사용하고, 사간(司諫) 이하 9품까지는 서피(鼠皮)와 청초(靑綃)를 사용하도록 하라."

33) 오주연문장전산고(五洲衍文長箋散稿) 권45, 暖耳袹裌護項煖帽辨證法

34) 곽경희(2003). 조선시대 남자용 革, 布製 신에 관한 연구. 이화여자대학교 대학원 석사학위논문. p.33.

35) 곽경희(2006). 조선시대 남자용 화(靴)에 관한 연구. 服飾, 56(1). p.50.

36) 조선왕조실록.
문종 즉위(1450)년 8월 3일 갑술(甲戌), 단종 3(1455)년 4월 22일 정유(丁酉), 세조 2(1456)년 4월 20일 기미(己未), 예종 1(1469)년 2월 4일 기미(己未), 성종 1(1470)년 5월 1일 무인(戊寅), 성종 8(1470)년 2월 4일 계유(癸酉), 성종 12(1481)년 5월 16일경인(庚寅), 중종 13(1518)년 4월 21일(己丑), 선조 36(1603)년 4월 27일 계축(癸丑), 광해군 9(1617)년 11월 9일 (更午).

37) 조선왕조실록.
태종 12(1412)년 6월 14일 정묘(丁卯), 세조 6년 4월 9일(乙卯), 세조 13년 10월 22일(甲寅), 선조 36년 3월 18일(甲戌).

38) 조선왕조실록.
성종 8(1477)년 윤 2월 25일 계해(癸亥), 성종 8(1477)년 윤 2월 27일 을축(乙丑), 성종 12(1481)년 1월 18일 계사(癸巳).
중종 8(1513)년 2월 11일(庚戌)에는 왕이 '禮文에 말한 鞠衣란 무슨 옷이냐?' 라고 하문하는 내용으로 보아 鞠衣는 자주 착용되지는 않은 것으로 보인다.
선조 35(1602)년 7월 1일 경신(庚申).

39) 조선왕조실록.
태종 12(1412)년 6월 14일 정묘(丁卯), 세종 15년 8월 29일(己酉), 세조 6(1433)년 4월 9일 을묘(乙卯), 세조 13(1467)년 10월 22일 갑인(甲寅).

40) 유희경 · 김문자(1998). 앞의 책. p.186.

41) 위의 책. p.281.

42) 구남옥(2008). 조선 후기 복식에 나타난 합봉[合縫]현상에 관한 연구. 복식, 58(9). p.9.

43) 문화공보국 · 문화재관리국 편(1981). 조선시대 궁중복식. 문화공보부 문화재관리국. p.95.

44) 권혜진(2009). 활옷의 역사와 조형성 연구. 이화여자대학교 대학원 박사학위논문. p.53.

45) 김남정(2000). 조선시대 치마에 관한 연구. 이화여자대학교 대학원 석사학위논문. p.39.

46) 박성실(1996). 조선조 치마 재고-16세기 출토복식을 중심으로. 복식, 30. p.298.

47) 박성실 · 조효숙 · 이은주 공저(2005). 조선시대 여인의 멋과 차림새. 단국대학교출판부. p.134.

48) 유희경(1975). 앞의 책. p.495.

49) 위의 책. p.506.

50) 이경자(2003). 우리옷의 전통양식. 이화여자대학교 출판부. p.170.

51) 이은주(2000). 16세기 중엽의 上衣類에 대한 조형적 고찰-경북 안동시 정상동 一善 文氏 묘 출토복식을 중심으로. 아시아민족조형학보. p.123.
박성실(2006). 출토복식을 통해 보는 임진왜란 이전 남녀복식의 조형적 특징. 한국복식, 24. p.99.

52) 광해군일기 광해 29권, 2(1610)년 5월 7일 신해(辛亥) 두 번째 기사.
"명부의 모임에 참석하는 사람의 복식은, 평시에 있어서는 마땅히 장삼을 입고 머리를 수식해야 할 것이다. 그러나 이번에는 기일이 촉박하여 형편상 구비하기가 어려울 듯하니, 임인년 가례 때에 행하던 예에 따라 양이엄에 당의를 입고 입시토록 하라."

53) 「사절복색자장요람」에는 여름 동안 흰색 옷을 입는다는 기록이 있으며, 발기에도 '백광사 당적삼', '은조사 당적삼', '백광사 당저고리', '은조사 당저고리' 가 있어 여름철에는 얇은 옷감으로 흰색 당의를 만들어 입었음을 알 수 있다. 상복(喪服)용 당의로는 흰색 옥양목 홑당의 유물이 전해진다.

54) 유희경(1975). 앞의 책. p.484.

55) 이규태(1999). 한국인의 역사구조 4. 신원문화사. p.49.

56) 박성실(1996). 앞의 글. pp.371-375.

박성실 · 조효숙 · 이은주 공저(2005). 앞의 책. p.54 .

57) 김문자(1981). 朝鮮時代 저고리 깃에 대한 硏究. 복식, 5. p.196.

58) 백비란 배악비의 준말로 가죽신이나 함지박 따위를 질기고 단단하게 하려고 여러 겹으로 덧붙인 헝겊이나 종이를 말한다.

59) 정미숙(2007). 조선시대 말군의 실물 제작법에 관한 연구 -인천 석남동 출토 말군을 중심으로. 57(7). p.154.

60) 김지연(2008). 앞의 글. p.83, pp.86-93.

61) 한국정신문화연구원(1991). 한국민족문화대백과사전 17. 한국정신문화연구원. p.158.

62) 한글학회(1992). 우리말 큰사전. 어문각. p.2323.

63) 靑莊館全書, 권30. 士小節, 婦儀一.

"服飾 凡今婦人 雖隱忍從俗 不可務向侈大貴富家 費錢至七八萬 廣蹜仄繢 作隆馬勢 飾以雄黃版 珤瑯簪 眞珠繻 基衆不可支 家長禁婦女愈侈 而愈恐其不大 近有 婦家婦 年方十三 辮髢高重 其舅入室婦遽起立 髢壓而頸 骨折 侈能殺人"

64) 영조실록. 영조 25(1749)년 9월 23일 무진(戊辰) 첫 번째 기사, 32(1756)년 1월 16일 갑신(甲申) 두 번째 기사, 33(1757)년 11월 1일 기축(己丑) 첫 번째 기사.

정조실록. 정조 12년 10월 3일 신묘(辛卯), 14(1790)년 2월 19일 경오(庚午) 여덟 번째 기사, 18(1794)년 10월 5일 기미(己未) 첫 번째 기사.

65) 유희경(1975). 앞의 책. p.406.

66) 오선희(2007). 조선시대 여자비녀에 관한 연구. 이화여자대학교 대학원 석사학위논문. p.10.

67) 정조실록 26권. 12(1788)년 10월 3일(辛卯) 다섯 번째 기사.

"1. 사족(士族)의 처첩과 여염의 부녀자들이 다리를 머리에 얹는 것과 밑머리를 땋아 머리에 얹는 것을 일체 금지한다. …(중략)… 1. 어유미(於由味)와 거두미(巨頭味)는 명부(命婦)들이 항시 착용하는 것이나, 일반 백성들 집에서 혼인할 때 착용하는 것은 금지하지 않는다(一, 士族妻妾 閭巷婦女 凡係編髢加首 本髮加首之制 一切禁止. …(중략)… 一, 於由味 巨頭味 係是命婦常時所着 人家醮婚所用 勿爲禁)"

68) 유희경 · 김미자(1998). 앞의 책. p.162.

이규경(李圭景, 1788~1856). 오주연문장전산고(五洲衍文長箋散稿) 제15 동국부녀수발변증법(東國婦女首飾辨證法).

69) 김지연(2008). 위의 글. p.111.

70) 석주선(1992). 한국복식사. 서울 : 보진재. p.64.

71) 김지연(2008). 위의 글. p.122.

72) 홍나영(2000). 화관에 관한 연구. 복식, 50(3). p.32.

73) 이경자 · 홍나영 · 장숙환(2003). 우리옷과 장신구. 열화당. p.66.

74) 고부자(1981). 제주도 통과의례복의 연구. 단국대학교 대학원 석사학위논문. p.27.

75) 이화여자대학교 박물관(2004). 박물관 문화, 6. p. 5

76) 김동욱 · 황옥현(1982). 댕기(唐只), 한국의 복식. 한국문화재보호협회. p.180.

15장 에도시대의 복식

1) 구태훈(2005). 에도시대 무가사회의 신분과 형식. 한일군사문제연구, 3. pp.140-141.

노경애(2002). 17세기 후기 일본 町人社會와 道樂. 중앙대학교 대학원 석사학위논문. pp.6-7.

2) 구태훈(2005). 위의 글. p.128.

3) 이시나가 사부로 著, 이영 譯(2001). 일본문화사. 서울 : 까치글방. p.210.

4) 小池三枝 · 野口ひろみ · 吉村佳子 共著(2000). 槪說 日本服飾史. 日本: 光生館. p.89.

5) 민두기(1976). 日本의 歷史. 서울 : 지식산업사. pp.168-169.

6) 河鰭実英 編(1973). 日本服飾史辭典. 日本: 東京堂出版. p.59.

7) 三木文雄 編(1968). 日本の美術 6(26). 東京: 至文堂. p.76.

8) 河鰭実英 編(1973). 앞의 책. p.74.

9) 北村哲郎 著, 李子淵 譯(1999). **日本服飾史**. 서울 : 경춘사. p.115.

10) 大江スミ 編(1938). **禮義作法全集: 第三卷**. 東京: 中央公論社. pp.31-32.

11) 小池三枝・野口ひろみ・吉村佳子 共著(2000). 앞의 책. p.74-75.

12) 河鰭実英 編(1973). 앞의 책. p.60.

13) 小池三枝・野口ひろみ・吉村佳子 共著(2000). 앞의 책. p.75.

14) 北村哲郎 著, 李子淵 譯(1999). 앞의 책. pp.198-199.

15) 河鰭実英(1973). 앞의 책. pp.186-187.

16) 日本風俗史學會 編(1979). **日本風俗史事典**. 東京: 弘文堂. pp.507-508.

17) 河鰭実英(1973). 앞의 책. p.64.

18) 北村哲郎 著, 李子淵 譯(1999). 앞의 책. pp.186-187.

19) 위의 책. pp.190-191.

20) 小池三枝, 野口ひろみ・吉村佳子 共著(2000). 앞의 책. p.76.

21) 日本風俗史學會 編(1979). 앞의 책. p.105.

22) 河鰭実英(1973). 앞의 책. p.52.

23) 北村哲郎 著, 李子淵 譯(1999). 앞의 책. p.195.

24) 日本風俗史學會 編(1979). 앞의 책. pp.113-114.

25) Faulkner, Rupert(1999). *Masterpieces of Japanese printing: ukiyo-e from the Victoria and Albert Museum*. Tokyo: Kodansha Internationa. p.148.

26) 바탕에 오글오글 잔주름이 잡히게 짠 옷감이나 그렇게 짜는 방법을 일본어로 지지미-오리(ちぢみ-おり, 縮(み)織(り)), 또는 간단히 지지미(ちぢみ)라고 한다.

27) 日本風俗史學會 編(1979). 앞의 책. p.545.

28) 河鰭実英(1973). 앞의 책. p.194

29) 日本風俗史學會 編(1979). 앞의 책. p.524, pp.534-535.

30) 北村哲郎 著, 李子淵 譯(1999). 앞의 책. p.161.

31) 日本風俗史學會 編(1979). 앞의 책. p.462.

32) 北村哲郎 著, 李子淵 譯(1999). 앞의 책. pp.122-123.

33) 고소데[小袖]의 명칭은 시대에 따라 변화가 많았다. 명치(明治) 이후 오늘날까지 일반적으로는 기모노[着物]라 부르고 있으나, 소화(昭和) 초기부터는 긴 포 형태를 특징삼아 특별히 나가기[長着]로 부르기도 한다.

34) 小池三枝・野口ひろみ・吉村佳子 共著(2000). 앞의 책. pp.77-80.

35) 河鰭実英・井上章(1971). **日本服飾美術史**. 東京: 家庭敎育社. p.110.

36) 日本風俗史學會 編(1979). 앞의 책. p.252.
자료검색일 2010. 2. 25, 자료출처 http://www.cosmo.ne.jp/~barber/sakayaki.html

37) 위의 책. p.252.

38) 井筒雅風 著・李子淵 譯(2004). **日本女性服飾史**. 서울 : 경춘사. p.69.

39) 小池三枝・野口ひろみ・吉村佳子 共著(2000). 앞의 책. p.78.

40) 日本風俗史學會 編集(1994). 앞의 책. p.228.
井筒雅風 著, 李子淵 譯(2004). 앞의 책. pp.111-112.

41) 井筒雅風 著, 李子淵 譯(2004). 위의 책. p.108.

42) 北村哲郎 著, 李子淵 譯(1999). 앞의 책. p.158.

43) 井筒雅風 著, 李子淵 譯(2004). 앞의 책. pp.126-127.

44) 위의 책. p.126.

45) 河鰭実英(1973). 앞의 책. p.592.
이 오비는 다이쇼[大正, 1912~1926]시대 나고야여자학교에서 제작되어 유행하였던 오비와는 다른 것이다.

46) 北村哲郎 著, 李子淵 譯(1999). 앞의 책. p.170.

47) 小池三枝・野口ひろみ・吉村佳子 共著, 허은주 譯(2005). **일본복식사와 생활문화사**. 서울 : 語文學社. p.96.

48) 北村哲郎 著, 李子淵 譯(1999). 앞의 책. p.170.

49) Liza Crihfield Dalby(2001). *Kimono: Fashioning Culture*. Washington D.C.: University of Washington Press, pp.44-48.

50) 北村哲郎 著, 李子淵 譯(1999). 앞의 책. pp.170-174.

51) 井筒雅風 著, 李子淵 譯(2004). 앞의 책. p.136.

52) 北村哲郎 著, 李子淵 譯(1999). 앞의 책. p.154.

53) 日本風俗史學會 編(1979). 앞의 책. p.41.

54) 위의 책. p.41.

55) 井筒雅風 著, 李子淵 譯(2004). 앞의 책. pp.136-137.

56) 大江スミ 編(1948). 앞의 책. p.234.

57) Sadao Hibi(2000). *The Colors of Japan*. Tokyo: Kodansha Internationa. p.70.

58) 江守五夫(1981). 日本의 婚姻成立儀禮의 史的考察과 民俗. 일본학, 1. p.47.

59) Helen Benton Minnich(1986). *Japanese Costume and the Makers of Its Elegant Tradition*. Rutland: Charles E. Tuttle Co. Inc. pp.341-342.

60) 日本風俗史學會 編(1979). 앞의 책. p.661.

61) 위의 책. p.660

62) 江馬務(1976). **江馬務著作集 第四卷**. 東京: 中央公論社. p.368.

63) 위의 책. pp.368-369.

64) 위의 책. p.372.

65) 위의 책. p.371.

66) 陶 智子(2005). **江戸美人の化粧術**. 東京: 講談社. pp.85-86.

67) 大坊郁夫・神山 道(1996). **被服と化粧の社會心理學**. 京都: 北大路書房. p.29.

68) 江馬務著(1976). 앞의 책. p.370.

69) 위의 책. p.371.

70) 나카니시 레이 저, 양윤옥 역(2002). **게이샤의 노래**. 서울 : 문학동네. p.37.
日本風俗史學會 編(1979). 앞의 책. p.71.

71) 河鰭実英・井上章(1979). 앞의 책. p.110.

72) 田中本家博物館 編(1998). **田中本家伝來の婚礼衣裳**. 東京: 田中本家博物館. p.6.

73) 자료검색일 2011. 2. 25. 자료출처 http://www.nijo.co.jp (株) 二条丸八.

74) 日本風俗史學會 編(1994). 앞의 책. p.593.

75) 자료검색일 2011. 2. 25. 자료출처 http://dictionary.goo.ne.jp

76) 김시덕(2001). **혼례, 가까운 이웃나라 일본: 일한공동개최 현대생활문화전**. 국립민속박물관. p.28.

6부

서구복식의
도입과
전통복식의
변화

16장 한·중·일 복식문화의 변화

서구복식의 도입과 전통복식의 변화

아시아와 아프리카 대부분의 국가가 그러하듯이 우리나라, 그리고 중국과 일본 모두 서구문명과 만나면서 많은 변화를 겪었다. 한중일 삼국 중 가장 먼저 복식의 변화가 나타난 것은 일본이다.

19세기 서구 열강들은 동아시아의 각국에 끊임없이 통상을 요구하였다. 18세기 산업혁명의 결과 기계생산이 가능해지자 직물을 비롯한 각종 공산품의 생산량 증가로 인해 원료의 공급처와 새로운 판매처를 개척할 필요가 생겼기 때문이었다. 그러나 한중일 삼국은 서구 열강의 개항요구에 대하여 적극적인 대처보다는 최소한의 개방이나 쇄국으로 대처하였고, 계속되는 개항요구와 무력에 압도되어 불평등한 조약을 맺고 나라의 문호를 개방하는 등 그 과정에 공통점이 있었다.

이 세 나라는 모두 유교를 바탕으로 높은 문화수준을 가진 자국에 비해 서구세력을 문화적으로 열등한 오랑캐 집단으로 여기고 이들의 접근에 대해 상당한 불안과 거부감을 갖고 있었다. 하지만 몇 차례의 접촉을 통해 그들의 강력한 과학기술과 무기의 위력을 실감하고, 발전된 서구의 제도와 물질문명을 받아들이고자 노력하였다. 서구문화와의 접촉은 정신적인 면은 물론 각종 사회제도의 변혁과 기간시설, 건축, 복식 등 물질문화에도 뚜렷하게 반영되었다. 서양복식의 수용은 국가차원에서 새로운 제도와 기구를 설립하면서 그 담당자의 제복制服으로부터 시작되었다. 특히, 서양식 군대와 무기, 훈련방법 등을 도입하면서 자연스레 서양군복이 들어오게 되고, 전기와 철도, 학교 등의 설립과 더불어 서구식 제복이 들어왔다. 서구복식을 수용한 시기에는 다소 차이가 있지만 그 과정은 서구의 문물을 먼저 수용한 일본의 모습과 유사하였다.

따라서 서양복은 남성들이 공적 장소에서 입는 옷이 되었다. 반면 외부 활동이 적었던 여성의 경우는 서양복의 수용이 상대적으로 늦었고 따라서 공적 행사에 전통복을 입는 현상이 오랫동안 이어졌다. 이것은 아시아, 아프리카 등 19세기 이후 서양복을 수용한 비 서구사회의 공통적인 현상이다. 또한 같은 남성들 사이에서도 양복 착용자를 입신출세한 사람으로 대우하던 사회적 분위기 역시 같았다.

세계사적으로도 19세기 말에서 20세기 초에는 많은 변화가 있었다. 여성의 사회활동이 늘어나고 여권에 대한 인식이 높아졌다. 또 산업혁명 이후 대량생산한 직물이 공급되고, 화학염료와 재봉틀이 발명되었다. 그 결과 의생활은 이전보다 훨씬 풍요로워졌으며, 여성복의 유행은 이전보다 훨씬 다채로웠다.

한·중·일
복식문화의 변화

서구문화의 유입과 일본의 복식문화

1853년 미국 페리함대 소속의 함선艦船 4척이 일본에 도착한 후, 그 다음 해에는 8척의 배를 끌고 와 개항과 수호통상조약을 요구하였다. 불평등한 조약을 통해 개항을 한 일본의 막부는 이를 계기로 권위를 잃었다. 이에 1867년 메이지明治왕은 유신을 앞세워 왕권을 강화하고 개혁을 주도하였다. 서양의 군대와 무기뿐 아니라 사회제도를 도입하고, 앞선 과학문명을 받아들이기 위해 노력하였다. 서구의 사상과 문화는 일본인들의 사고를 변화시켰으며, 새로운 제도와 산업의 도입은 새로운 직업을 만들어냈다. 또 서구에서 들어온 각종 생활용품은 호기심 많은 일본인들의 생활문화에 많은 영향을 주었다.

일본은 15세기 무로마치시대 말기 남만인南蠻人으로 알려진 포르투갈인의 복식을 통해 새로운 요소가 복식에 도입된 일이 있었지만 19세기 서구의 영향은 그에 비할 바가 아니었다. 서구의 옷을 입고 서양요리를 먹고 양옥에 거주하는 것이 세련된 취향이고 '재래식'은 무엇이든지 낡고 개선해야 할 것으로 여겨졌다. 이와 같은 서구 문물에 대한 지나친 애호에 대해 비판적인 시각도 적지 않았지만 그럼에도 불구하고 서구화의 큰 흐름은 계속되었다.

이러한 추세는 전쟁과 세계적인 불황으로 인해 제동이 걸리게 되었다. 일본은 1931년 만주사변에 이어 1937년 중국 본토를 침략하였다. 1941년 미국이 일본에 경제 제재와 석유 금수 조치를 취하자 일본은 진주만 공격으로 대응하여 2차 세계대전이 아시아 지역으로 확대되었다. 일본 사회는 부족한 자원으로 연이은 전쟁을 치르기 위해 배급을 실시하는 등 물자절약에 노력하였다. 남자들에게는 국민복, 여자들에게는 서양식과 일본식 표준복이 제정되고, 방공복과 몸뻬의 착용이 장려되는 등 전시에 적합한 옷차림이 권유되었다.[1]

단발령과 새로운 머리모양의 유행

의식주 중 서양화가 일찍 진행된 부분은 의생활이며, 그중에서는 의복보다 머리모양[2]이었다. 단발은 막부 친병대에서 병사들이 훈련복과 모자를 채용하면서 먼저 시작되었다.[3] 1861년 막부에서는 의복과 모자, 신발들에 있어서 이상한 모양을 착용하지 말라는 명령을 내렸는데, 군함과 큰 배의 승무원과 무예를 배우는 사람들은 예외로 하였다.[4] 즉, 서양식 군사훈련과 관련된 사람들 외에는 단발과 양복을 금지하였다. 이는 비공식적으로는 서양식 포술砲術훈련을 위해 서양 옷을 입은 사람들이 이미 있었다는 사실을 말해 준다.[5]

하지만 1873년에 왕이 머리를 짧게 자르자, 신문과 지방 관리들은 이를 곧바로 왕에 대한 존경으로 연결시켰다. 단발은 위생적이며 경제적이라고 선전되었다. 이후 지방 관리들은 단발령을 시행하기 위해 머리 자르기를 거부하는 사람들에게 세금을 부과하고 경찰은 단발령을 어긴 사람을 적발 즉시 머리를 자르게 하는 등 다양한 방법을 동원했다. 1873년에는 열 명 중 여덟이나 아홉은 벌써 자른 걸 보니 이 정책은 크게 성공했다는 기사가 실렸다.[6]

사실 당시에는 단발을 하는 것이 재래식 머리모양보다 비용이 더 많이 드는 경우가 많았다. 그래서 도쿄의 학생들은 짧은 헤어스타일에 '아쉬운 상투'나 '후회스러운 상투'라는 별명을 붙였다. 왜냐하면 그들은 짧은 머리를 다듬느라 많은 비용을 내는 게 아까웠기 때문이다.[7]

한편 여성들의 머리모양은 서서히 그리고 자율적으로 바뀌었다. 1885년 즈음 이미 일본 전통 머리모양은 불결하고 불편하니 이를 개량하자는 주장이 제안되고 있었다. 이에 따라 서양의 포니테일ponytail형으로 묶은 머리모양이 소녀들에게 수용되었다. 성인여성에게는 팜프도아 혹은 히사시가미ひさし-がみ, 庇髪라고 하는 머리모양이 메이지 후기에 등장하여 러일전쟁1904~1905경에 유행하였다. '팜프도아'란 프랑스의 루이 15세의 애첩으로 알려진 퐁파드르Madame de Pompadour, 1721~1764의 머리모양을 본 따 앞으로 불룩하게 내밀어 올린 머리를 말한다. 이후 헤어스타일은 세계적인 유행의 흐름과 궤를 같이 하여 1920년대에는 단발이, 1930년대에는 퍼머넌트permanent로 웨이브를 준 스타일이 유행하였다.

양복의 수용

개항을 요구하는 서구의 군함과 군복을 접한 일본인들은 개항 후 군대의 조직과 군복부터 바꾸었다. 1867년 막부는 프랑스에서 군사교관을 초대해 육군의 훈련을 시작하였다. 이후 1870년메이지 3에는 프랑스 육군과 영국 해군을 모델 삼아 군복을

제정하고 이후 여러 차례에 걸쳐 군복을 개정하였다.[8] 이 군복의 형태는 이후 철도원, 경찰관 등의 제복을 정하는 데 영향을 미쳤다. 1872년에는 궁중의 예복제도가 정해졌는데 소쿠타이束帶, 이칸衣冠과는 별도로 대례복과 통상예복을 서양복으로 정했다. 1877년부터는 약식예복으로 플록코트frock coat가 더해졌고, 관리와 교사들도 양복을 입게 하였다. 이것은 양복에 대한 일본인들의 가치매김에 커다란 영향을 주게 되었다. 양복이 일본 옷보다 공적 성격이 더 강한 의복이며 격식을 갖춘 옷으로 인식되었다.[9] 그림 1은 양복을 입은 메이지왕의 모습이다.

일반인들은 일본에 들어온 서양인들에게 직접 양복을 주문해 입기도 하였다. 1869년 영국인이 양복상회를 연 것을 필두로 독일에서도 재봉사를 초청하였고 1873년에는 일본인이 세운 양복점이 등장하였다.[10] 하지만 구제품을 사서 입는 경우도 많아서 옷의 크기와 용도가 맞지 않는 옷을 입는 사람이 많았다. 때문에 당시 이를 본 서구인들에게 그 모습이 해학적으로 보였다고 한다. 대부분의 사람들이 서양식 생활문화와 예절에 대해 알지 못했기 때문에 이에 관한 책도 출간되었는데 그 내용은 의생활 중에서도 남성복에 초점이 맞추어져 있었다. 이와 같이 서양복의 수용은 남성복 위주로 이루어졌다.[11] 그림 2는 1875년 일본 전통복식에 서구식 모자와 신을 착용한 모습이다.

양복을 입은 사람은 공공장소에서 남보다 좋은 대우를 받았다. 예를 들어, 엔도오 요시자부로오遠藤吉三郎는 1916년에 출간된 『서양중독』이라는 책에서 "궁내성宮內省에서 무언가 의식儀式이 있을 때에 일본 옷을 입은 남자는 입장을 허락받지 못하니, 천하에 괴상한 일은 이것이다."라며 한탄하고 있다.[12] 한편 서양풍에 젖은 사람들을 '하이칼라'라고 지칭했는데, 이것은 당시 남자 양복 셔츠의 희고 빳빳한 높은 깃 즉, 'high collar'에서 유래된 말이다. 하이칼라라는 말에는 부러움과 경멸이 동시에 섞여 있었다.

02

03

와후쿠와 화양혼용

서양문물이 들어오면서 서양 옷은 양복, 일본 전통 옷은 와후쿠和服로 지칭하게 되었다. 양복에 일본 전통복식을 섞어 입는 풍속은 '화양혼용和洋混用'이라고 하였다. 그런데 옷보다는 체형의 영향을 적게 받는 물품인 모자, 구두, 양산, 숄, 핸드백 등이 먼저 받아들여졌다. 그 결과 기모노 밑에 셔츠를 입고 구두를 신는 화양혼용은 자연스럽게 이루어졌으며, 기모노 위에 서양식 외투와 망토를 입거나 서양의 모직물로 기모노를 입는 것도 유행하였다. 그림 3에서 2등열차를 타러가는 양복, 기

02
와후쿠에 서양식 모자와 구두를
신은 남자

03
다양한 옷차림의 메이지 시대
기차 승객들

모노에 서양식 망토와 숄을 두른 메이지시대 인물들을 볼 수 있다.

서구 영향을 받은 이후에도 고소데는 일본의 대표적인 전통복식으로 남아 있었다. 다만 새로운 것은 여교사나 여학생 등 신여성들이 하카마를 착용한 것인데, 이것은 가슴을 조이는 오비를 매지 않아도 되기 때문에 활동적인 신여성에게 적합하였다. 그림 4는 1904년 하카마를 입은 여학생 모습이다. 오늘날에도 졸업식과 성인식에서 미혼여성들이 후리소데를 입고 그 위에 남자복식처럼 하카마를 입은 모습을 볼 수 있다.

기모노는 옷의 형태보다는 직물에 유행이 반영되었다. 메이지시대 기모노는 수수한 색이 주를 이루었고, 모직물과 자카드jacquard 직기에 의한 문직물, 화학 염료에 의한 염색 등이 서양에서 도입되었다. 그 결과 문양이 다양해져 아르누보 양식을 비롯한 각종 서양풍 문양도 등장하였다. 러일전쟁 이후에는 체크무늬처럼 여러 가지 색으로 기하학적 무늬를 전개한 겐로쿠元祿문양이 호평을 받았다.

여성의 양장 보급과 여학교 교복

여자가 양장을 착용하게 된 것은 남자보다 십년 정도 늦었다. 당시 여성은 공적인 장소에 참여할 기회가 적었기 때문에 여성이 서양복을 입는 것은 일부 상류층에 한정되었다. 1883년 문을 연 서구식 사교관 로쿠메이칸鹿鳴館무도회에 귀족과 고관의 부인이나 딸들이 주일외교관들과 함께 버슬 스타일bustle style의 이브닝드레스를 입고 춤을 추어 화제가 되었다. 1884년에는 왕비와 왕족 여성들이, 1886년에는 궁중 여관女官도 양장을 입게 되었다.[13] 그림 5는 메이지시대 버슬 스타일의 드레스를 입은 여성의 모습이다.

일반인 중 처음 양장을 접한 사람들은 사범학교 학생과 여교사들이었다. 1880년대 중반에 여자사범학교 제복으로 양장이 채용된 것을 시작으로 각종 학교 교복이 서양복으로 바뀌었다. 다이쇼大正, 1879~1926시기에는 양장이 사회활동을 하는 여성들에게 보급되었으며, 양재학원과 서양옷을 가르치는 강습회가 열렸다.[14] 1920~30년대는 일반 여성들 사이에서도 양장 수용이 본격화되었다. 여성의 사회적 진출과 복장의 간소화라고 하는 세계적 흐름 속에서 직장 여성뿐만 아니라 가정주부들에게도 양장이 편리하다는 의견이 많아지기 시작했다. 게다가 관동대지진1932 때 기모노를 입은 여성들이 많이 사망하자, 활동성이 떨어지는 기모노에 대한 비판적인 의견들이 있었고, 이를 계기로 양장이 더욱 적극적으로 보급되기 시작하였다. 양장의 보급이 늘어가면서 일본 패션은 서구 패션의 흐름과 무관하지 않았다. 한편 여학생 교복으로는 세일러복에 주름치마가 정착되었다.[15]

05
메이지 20년 버슬 스타일의 드레스

대량생산과 상업적인 유행의 발생

19세기의 서양복식이 상류층에 한정되었다면 20세기에 들어서면서 그 영향은 점차 서민층에게도 나타났다. 예를 들어, 고급 서양구두가 아닌 신바닥에 고무밑창을 단 개량버선이 만들어져 1923년에는 지카다비tabi boots, 地下足袋가 생산되었다. 재봉틀이 보급되어 기성복 생산도 가능해졌다. 일본에서는 1907년부터 싱거Singer 미싱의 월부판매가 시작되었을 뿐만 아니라 같은 해에 요즘의 세탁소에 해당되는 백양사白羊舍[16]가 설립되는 등 새로운 세계가 펼쳐지게 되었다.

한편 서민층의 의생활이 풍족해짐에 따라 에도의 상류층 중심으로 전개되던 유행의 변화가 중산층으로, 또 에도에서 전국으로 퍼져나가게 되었다. 서양 영화의 주인공이 입은 옷차림은 곧 일본인들에게 영향을 주었다. 메이지부터 다이쇼 초기에 걸쳐서 최신 유행이 만들어지는 장소는 백화점이고 그 유행을 과시하는 장소는 극장 복도였다고 한다. 메이지시대에도 유행은 있었지만 생산과 판매가 대량화되면서 상업적인 목적 아래 유행이 계획적으로 만들어지고 퍼지게 된 것은 다이쇼 초기부터였다.[17]

이와 같은 서구화의 추세는 태평양 전쟁을 기점으로 바뀌게 되었다. 전쟁기간 동안 군수물자 생산을 위해 여성들의 노동력도 동원되었고, 이에 따라 검소하고 기능적인 옷차림이 강조되었다. 남자들은 카키색의 국민복, 여성들은 간단복이나 몸뻬와 같은 노동복이 권장되었다. 그림 6의 몸뻬는 원래 동북지방 농촌 여자들이 오래전부터 활동이 편리해 입어 왔던 옷이었다.

중국 복식문화의 변화

청나라는 18세기 말 영국의 문화개방 요구에도 불구하고 쇄국정책을 펴, 광저우 외에는 개항하지 않았다. 그러나 아편전쟁1840에 패한 뒤 1842년에 홍콩을 99년 동안 영국에게 빌려 주게 되고, 상하이를 비롯한 다섯 개 항구를 개항하게 되었다. 아편전쟁의 패배는 중국인들에게 큰 충격을 가져왔다. 서구 열강들은 이권을 위해 중국에서 치열하게 경쟁하였고, 중국의 급진적 관료와 지식인들은 서구에 대항하기 위해 중국의 전통을 타파하고 스스로 서양의 발달된 기술과 제도, 문물 등을 배워야 한다고 주장했다.[18]

무엇보다 부국강병을 이루기 위해 신식 무기제조와 공업을 진흥하고자 하였다. 낡은 제도를 없애고 서구의 제도를 받아들여 신식 군대와 서양식 직조공장, 신식 학교를 설립하고자 노력하였다. 그러나 청일전쟁1894~1895의 패배와 러일전쟁 1904~1905으로 인해 그 뜻을 이루기 쉽지 않았다.

더욱이 이미 만주족이 통치했던 청 왕조가 아닌 한족 공화국을 지향하는 혁명세력이 자라나고 있었다. 그 결과 1911년 신해혁명辛亥革命이 일어나 청 왕조는 끝을 맞이했다. 혁명이 시작되자, 중국의 사상과 법률, 관습들은 빠른 속도로 무너졌다. 1912년 중화민국이 성립되었으며, 1921년에는 중국 공산당이 창단되었다. 쑨원孫文, 1866~1925의 뒤를 이은 장제스蔣介石, 1887~1975정권은 중국 공산당과 협력하여 일본에 대항하였지만, 결국 공산당에게 밀려 1949년 타이완臺灣으로 이전하여 오늘에 이르고, 중국 본토에는 1949년 중화인민공화국이 성립되었다.

양복의 도입으로 인한 변화

세상의 중심임을 자부하였던 중국인들은 아편전쟁의 패배 이후 적어도 물질문화에서는 서양이 동양을 앞섰다는 것을 인정하게 되었다. 따라서 앞선 서구 물질문명을 받아들여 부국강병하고자 하였던 개혁파들은 복식에 있어서도 모든 백성이 단발을 할 것과 관복을 개정할 것을 주장했다. 보수적인 백성들은 이에 대해 반대하였고, 정부에서도 서구식 학교의 제복 외에는 전통복장을 고수하도록 했다.[19]

하지만 1872년경부터 농업과 산업을 배우기 위해 미국 유학에 갔던 중국인들은 서양인들이 긴 포袍를 입은 자신들을 여성으로 오인하는 일이 있게 되자 황제에게 양복을 입게 해달라고 청원했다고 한다.[20] 이후 중국으로 들어오는 서양인이 증가하고, 중국인들도 서구에 유학을 하고 오는 인구가 증가하면서 서양의 문물은 나날이 익숙해져 갔고 서양복은 점차 중국인 사이에서 인기가 높아졌다. 일본과 마찬가지로 양복은 개화와 멋쟁이의 상징이 되었다. 청나라의 복식도 서양의 문물을 접하면

장포와 마괘를 입은 신사

서 크게 달라졌고 중국식과 양복을 절충한 양식도 등장하였다.

서구문물을 접한 후 중국 전통복식도 변화하였다. 크고 복잡하였던 옷들은 모두 간편하게 바뀌었다. 남자 옷 중에는 가장 기본적인 복식 즉, 장포長袍, changpao, 마괘馬褂, magua, 그리고 저고리衫, sam 혹은 襖, ao와 바지袴, fu가 살아남았다. 여기에 전통적인 과피소모瓜皮小帽를 쓰거나 중절모 같은 서양식 모자를 썼다. 20세기 초 도시에서는 그림 7과 같이 장포에 마괘와 서양식 바지를 입고 중산모나 중절모를 쓰는 것과 같은 서양식과 중국식이 혼합된 양식을 많이 볼 수 있었다.

변발 타파와 각종 제복의 개혁

청 왕조가 끝나고 새로운 시대를 맞이하여 만주식 머리모양인 변발辮髮을 없애고 여성의 발을 억압하는 구습인 전족을 폐지하자는 개혁이 시도되었다. "나의 머리를 자를지언정 머리카락을 자를 수 없다."라는 강한 거부감과 반발이 당시 백성들의 뜻이었다. 하지만 세계사의 큰 흐름을 거스를 수도 없었다. 20세기 초 도시의 남자들은 길게 길러 땋은 머리를 깎고, 짧은 머리를 하였다. 다만 오지奧地에서는 1940년대까지도 변발하는 노인이 있었다. 중국은 거대한 국가이고 따라서 지역에 따라 문물을 받아들이는 정도에 큰 차이가 있었기 때문이다.

새 정부의 구성과 함께 1912년에는 남녀 예복이 정해졌다. 예복은 서양식과 중국식, 대례복大禮服과 상례복常禮服으로 나누고, 대례복은 다시 낮과 밤에 따라 각각 예복을 정했다.[21] 남자의 주간晝間 예복은 검은 양복 재킷과 바지, 그리고 볼러햇 bowler hat이었고 야회복은 연미복과 탑햇top hat이었다.[22] 이후 1929년 국민당도 「복제조례服制條例」를 반포하여 공무원의 공식복을 중산복中山服, sunyatsen suit으로 정했다.[23] 당시의 예복은 서양식이거나 '중산복'과 같이 중국식과 서양식을 혼합한 양식이었다.[24] 표 1은 1920년대 출판물에 그려진 남자예복과 여자예복의 모습이다. 당시 학생복은 일본 제복과 비슷하게 생겼는데, 이 옷은 사실상 유럽 복식을 따른 것이었다. 서양의 헌팅캡hunting cap처럼 생긴 압설모鴨舌帽에 스탠딩 칼라를 하고 앞길에 포켓이 달린 모습인데, 우리나라 1980년대 이전 남학생들의 교복도 이와 비슷하였

표 1 민국 초기의 남녀 예복들

구 분	예 복		상 복	
주간용				
야회용				
신 발	야회용		주간용	
모 자	대례모		상례모	
중국 전통식 남자예복	괘		포	
여자예복				

다. 군인과 경찰의 제복은 서양 군복의 형식을 도입하였다.

학생복처럼 생긴 양복의 구조에 중국의 전통사상의 의미를 부여한 중산복은 쑨원선생이 솔선하여 착용하여 그의 호를 따서 붙인 이름이다. 이 옷에는 『역경易經』, 『주례周禮』 등의 내용을 근거로 의미가 부여되었다. 즉, 앞길에 달린 네 개의 주머니는 예禮, 의義, 염廉, 치恥를 앞 여밈에 단 다섯 단추는 서양의 삼권분립과 차별화되는 중국의 오권 분립행정·입법·사법·고시·감사을, 소매 끝에 달린 세 개의 단추는 삼민주의민족·민권·민생를 각각 상징하였다.[25]

그림 8에는 중화민국 총통이었던 장제스蔣介石, 1887~1975와 마오쩌둥毛澤東, 1893~1976이 모두 중산복을 입고 있다. 민족주의와 이데올로기에 미치는 의상의 힘을 인식하고 있었던 마오쩌둥은 1949년 다른 공산당 지도자들과 함께 중산복을 변형한 옷을 입고 나왔다. 그들의 복장은 인민복 혹은 마오 룩으로 알려지게 되었다. 1997년 덩샤오핑鄧小平 사망 이후에야 중국에 서양복이 다시 등장하게 되었다.

전족의 폐지와 중국 여성 복식의 변화

군인이나 관리의 제복부터 서구화된 남성들의 복식과 달리 여성복은 사회체제의 변화에 따라 일률적이며 강제적으로 시행된 것이 아니었다. 우리나라나 일본도 마찬가지이지만 중국의 여성 복식도 비교적 천천히 그리고 자율적으로 바뀌었다.

다만 전족纏足만은 태평천국1851~1864에 이어, 1911년 신해혁명辛亥革命을 계기로 다시 금지되었다. 전족이란 비인간적인 관습은 이미 청 왕조에서부터 금하였던 풍속이 지속되어 온 구습이었지만, 이를 단번에 없애기는 쉽지 않았다. 수천 년을 내려온 전통을 바꾸는 데에는 상당한 시간이 소요될 수밖에 없었다. 20세기 초까지도 중국 일부에서는 전족을 행하였으며, 20세기 후반까지도 전족을 한 여자 노인들을 쉽게 볼 수 있었다. 1949년 중국 공산당이 정권을 잡은 후 다시 강력한 전족금지령을 내릴 정도였다.

개항 초기 극소수의 여성들만이 서양식 옷을 입었으며 대부분의 여성들은 전통 복식을 입었다. 한족 여성은 오襖, ao와 군裙, qun을 입었고, 만주족 여성들이 입었던 치파오旗袍, qipao를 입는 것이 일반적이었지만 이러한 관습에 변화가 나타났다.

1910년대 상의인 오襖는 점점 날씬해지고 길어져 엉덩이를 덮었고 점차 무릎 아래에 달했다. 그 밑에는 발등까지 오는 치마를 입었다. 오군襖裙은 한족 여성의 전통 복식에서 비롯된 것이지만, 당시에는 무늬가 없는 옷감으로 만든 것이 유행이었다. 이 옷차림은 일본 유학생이 많아지면서 나타난 것으로 알려져 있다. 치마가 아닌 바지褲, kun를 입는 여성도 있었다.[26]

20년대로 가면서 오는 깃이 높아졌다 다시 낮아졌으며 몸에 더욱 꼭 끼게 되었다. 소매의 길이는 팔꿈치를 지나지 않았는데, 마치 나팔모양으로 도련이 둥글게 만들어진 것이 새로운 스타일이었다. 가장자리는 화려하게 장식한 것이 유행이었고, 치마는 짧아져서 무릎 아래 길이였다. 치마는 주름 없이 플레어 스타일에 자수나 구슬, 혹은 장식단 등으로 가장자리를 꾸민 것이 유행하였다.

시골 여성들은 몸매의 선을 드러낸다는 이유에서 치파오를 입지 않았다.[27] 최초로 치파오를 입은 한족 여성들은 상하이의 여학생들이었다. 1920년대 이들은 남색 치파오를 입고 거리에 나가 사람들의 주목을 끌었으며 다른 여성들도 서로 다투어 이를 모방했다고 한다.[28] 1920년대 중반에서 1930년대 초반 치파오는 도시여

성 패션의 주류가 되었으며 1940년대까지 널리 유행하였다. 치파오를 홍콩 등지에서는 청삼이라 하였다. changsam과 cheungsam은 장삼長衫의 광동어와 북경어의 발음 차이일 뿐이었다. 이후 치파오는 영화 등으로 외국에 소개되면서 차이니즈 드레스로 알려져 있다.

원래 청淸의 치파오는 품이 넉넉하였다. 길이도 길어 발까지 이르렀다. 옷의 구조도 우리나라나 일본의 옷과 마찬가지로 평면적이었다. 그러나 상해와 홍콩 등 서양인을 접촉한 지역에서부터 곡선화의 경향이 나타났다. 1920년대에 허리선을 강조한 치파오가 등장하기 시작하여, 허리선이 드러나도록 다트darts를 넣기도 하였다. 디자인에 변화가 있었을 뿐 아니라 변화의 속도도 빨라졌다. 1930년대에는 치파오의 깃이 귀까지 높이 올라온 모양이 유행하더니 다시 목둘레가 깊이 파인 것이 유행하기도 하였다. 소매 역시 긴 것이 유행할 때는 손목을 덮을 정도였고 짧은 것이 유행할 때는 팔꿈치가 다 드러날 정도였다. 치파오는 더욱 몸에 꼭 끼게 만들었으며 트임도 깊어졌다. 치파오 아래에는 바지 대신 실크 스타킹과 하이힐을 신게 되었다. 그림 9는 1930년대 허리선이 곡선화 된 치파오이다. 1940년대에는 아예 소매가 없는 치파오가 등장하였다.

유행에 따라 치파오의 모양이 계속 변했기 때문에 당시 복장 선전문구 중에는 구식이라고 생각되는 치파오도 잘 보관해 두었다가 8~10년이 지나 다시 꺼내 입으면 신식이 될 것이라고 하기도 했다.[29] 옷길이도 길 때는 땅에 끌렸고, 짧을 때는 무릎까지 왔다. 옆트임 역시 무릎 또는 허벅지까지 올라갔다.

여자들의 전통적인 머리모양으로는 나계螺髻, 무풍舞風, 원보元寶 등이 있었으며, 민국 초기 일자두一字頭, 유해두劉海頭, 장변長辮 등이 유행하였다. 20년대는 머리를 짧게 깎고, 비단 띠를 매거나 보석과 아름다운 꽃으로 장식한 머리띠발고, 髮箍를 하는 것이 유행하였다. 30년대는 퍼머넌트가 수입되어 웨이브진 머리가 유행하였다.

한국의 개화기 복식

서구의 강압에 의한 개항요구에 의해 쇄국정책을 폈던 조선은 1876년 일본과의 불평등한 수교조약을 통해 개항을 하고, 연이어 서구 열강과도 불평등조약을 맺게 되었다. 개항 후 조선은 중국이나 일본과 마찬가지로 서구문물을 받아들이고 각종 제도를 개혁하고 국호를 대한제국1897~1910으로 바꾸는 등 노력을 하였으나 1910년 일제에 의해 병합되어 1945년까지 일제의 지배를 받게 되었다.

당시의 복식은 전통복식을 간편하게 개량하는 방향과 서구복식의 수용이라는 두 방향으로 진행되었다. 그러나 우리보다 앞서 개항한 일본이나 중국과 마찬가지로 남자 관리들을 선두로 서민층과 여성들로 확산되는 서구화의 흐름이 이어졌다.

전통복식의 간소화

서양의 문물을 접한 대부분의 동양 국가에서는 양복에 비해 자국의 전통복식에 개선할 점이 많다고 인식하였던 것이 당시의 일반적인 경향이었다. 구한말 관리들의 복식을 간소화한 것도 그 일환이라고 볼 수 있다.

갑오경장보다 10년이나 앞선 1884년 고종은 갑신의제개혁甲申衣制改革을 실시하였다. 개혁의 주된 내용을 살펴보면, 먼저 관복은 조복 · 공복 · 상복 · 제복 등으로 나뉘었던 것을 소매통이 좁은 흑단령에 흉배로 통합했다. 또 양반을 상징하던 넓은 테의 갓과 도포, 창의 등의 소매가 넓은 포袍를 없앴다. 대신 좁은 소매의 두루마기에 답호를 입고 사대를 띠고, 좁은 테의 갓을 쓰게 하였다.[30] 이로부터 십 년 후인 1894년 갑오경장[31] 때에는 관복은 착수단령에 혁대, 통상복은 칠립, 답호, 사대, 주의를 착용하게 하였다. 그나마도 다음 해인 1895년 을미개혁에서는 답호도 폐지하고 두루마기만을 착용하도록 간소화하였다.

여성 복식의 개량운동은 사회활동을 하는 신여성과 여학생을 중심으로 일어났다. 당시 신문기사에는 여성의 자각을 촉구하면서 한복의 개량을 주장하는 글이 실린 것을 볼 수 있다. 1906년부터 제국신문帝國新聞 등의 자료를 보면 여자들의 옷을 개량하자는 건의가 적지 않게 보인다. 여러 가지 개량 안案 중에서 저고리의 길이를 길게 하고, 치마를 통으로 만들되 치마의 길이를 짧게 한 것이 수용되었다.

단발령과 양복의 도입

전통적인 예복을 간소화하면서 우리 옷의 정체성과 전통을 유지하려는 노력에도 불구하고 서세동점西勢東漸의 세계사적인 흐름 속에서 양복의 도입은 이미 시작되고 있었다. 1895년 고종은 솔선하여 단발을 하고 다음 해 정월을 기해 양력을 사용하게 하고 백성들에게 단발령을 내렸다. 관리들은 가위를 들고 거리에 나가 백성들의 머리를 강제로 깎게 하였다. 음력폐지와 단발령의 배후에 일본의 세력이 있다고 생각한 백성들의 반발은 극도에 달하였다. 더욱이 우리나라에는 예부터 신체발부身體髮膚는 부모에게서 받은 것이니 감히 훼상毀傷하지 않는 것이 효도의 시작이라는 유교의 가르침에 따라 많은 선비들은 '손발은 자를지언정 두발頭髮을 자를 수는 없다'고 완강하게 반대하였다.

하지만 단발령의 시행과 함께 관복의 양복화도 차례로 진행되었다. 무관복武官服이 먼저 양복으로 정해졌고 뒤이어 1900년광무 4에는 문관복文官服이 양복으로 정해졌다. 고종황제는 문관의 양복보다 앞서 군대를 통수하는 대원수로서의 서양식 군복을 착용했다.[32] 그림 10은 고종황제의 예복 차림이고 그림 11은 행차에 실크햇과 망토를 입은 모습이다. 서양복을 입은 가마꾼의 모습에서 서구복식이 왕실과 공공기관에서 먼저 채용된 사실을 확인시켜 준다.

물론 양복을 처음 입은 사람은 1881년 조사시찰단朝士視察團으로 파견되었던 김옥균, 서광범, 유길준, 홍영식, 윤치호 등으로 알려져 있다.[33] 당시 세계의 흐름과 문명을

10 11

10
정장을 한 고종황제

11
궁 밖으로 행차하는 양복 차림의
고종황제와 가마꾼

시찰하기 위해 조선 정부는 일본수신사와 조사시찰단을 파견하고, 청에는 무기제조법 등의 기술을 배울 영선사營繕司를 보냈다. 단기간에 소수 인원의 파견에 그쳤지만 귀국 후 미친 사회적 영향력은 상당하였다. 다만 그 후 학교, 철도, 우편 등 서양식 제도를 들여오는 과정에서 도입된 양복의 파급력은 이에 못지 않게 지대하였을 것이다. 이들의 제복은 앞서 서구화 과정을 겪은 일본 제복制服의 영향을 적지 않게 받았다.

남자 양복의 도입과 절충양식

1881년 조사시찰단을 수행하였던 김옥균, 유길준, 서광범, 윤치호 등이 일본과 구미를 시찰하고 돌아보고 오는 길에 일본에서 색코트sack coat를 맞추어 입고 왔다는 사실은 잘 알려져 있다. 하지만 이는 매우 특별한 경우에 속했다. 1888년 박정양이 주미대사로 부임할 때 한복을 입어 화제가 되었다는 기사가 실리기도 하였다. 그 다음 해인 1899년 외교관복장이 서구화되었다. 한국복식사에서 양복의 도입은 군인과 경찰, 황제, 문관의 순서로 제복의 형식으로 도입되었다.[34] 군복과 경찰복은 1895년 갑오경장 때 제도화되었고, 문관복은 대한제국 선포 후인 1900년광무 4에 제도화되었다. 물론 제복을 입지 않았던 일반인들은 대부분 여전히 한복을 입었다. 그림 12에서 서양식 군복을 입은 시위보병과 한복을 입은 일반인이 한자리에 있는 것을 볼 수 있다.

서구식 교육기관이 늘어나면서 처음에는 두루마기에 교모校帽만을 착용하기도 했지만 양복스타일의 교복이 늘어났으며, 서구식 교육을 받은 지식인들이 늘어나면서 양복 착용자도 증가하였다. 하지만 여전히 양복의 가격은 비쌌으며, 좌식생활을 하는 우리나라에는 역시 한복이 편리한 점이 많았다. 그래서인지 관청이나 직장에 나갈 때는 양복을 입어도 집에서는 한복을 갈아입는 것이 일반적이었다.

한복에도 변화가 있었다. 단추와 포켓이 달린 서양의 베스트vest를 한복에도 도입하여 조끼를 만들어 입게 된 것이다. 또 여름 한복이

12
시위보병연대 장교의 양복

나 두루마기 등에 옷고름 대신 단추를 달아 편리함을 추구하기도 하였다. 6·25까지는 양복 착용인구가 증가하는 추세였지만 여전히 노인층과 농촌에서는 한복을 입는 인구가 많았다.

모자와 신발은 일찌감치 서양식으로 바뀌었고, 한복에 서양식 구두와 모자를 착용하는 것이 어색하지 않을 정도로 보편적이었다. 단발령 이후 고종의 국상國喪에 백립 대신 파나마 모帽를 쓰게 된 것이 계기였다고 한다. 하지만 국상기간이 지난 후에도 중절모 혹은 파나마 모가 갓을 대신하였다. 구두는 가격이 상당히 높아 일반인들과는 거리가 멀었으나, 1920년대부터 생산된 고무신은 점차 전통적인 모든 신을 대체하게 되었다.

양장과 통치마 저고리, 그리고 간소화된 여자 속옷

여자의 복식은 남자복식과는 달리 자발적이고 자연스러운 변화의 과정을 겪었다. 최초의 양장을 입은 여성들은 외교관의 아내나 해외유학을 마치고 온 여성들이었다. 버슬 스타일의 양장을 입은 엄비의 사진이 남아 있지만, 이는 특수한 예에 속하는 것이었다.

여성의 외모 중에 가장 큰 변화는 장옷이나 쓰개치마를 쓰지 않게 된 것이었다. 남녀평등을 주장하면서 얼굴을 가릴 수 없다고 하여 여학생들에게 쓰개치마를 입지 못하도록 하자 우산이나 삿갓을 쓰고 등교하는 학생도 있었다. 일반 여성들도 장옷이나 쓰개치마보다는 조바위, 아얌을 머리에 썼으며, 겨울철에는 방한용으로 두루마기를 입었다.

옷보다 먼저 변한 것이 머리모양이었다. 쓰개치마를 벗자 머리모양이 눈길을 끌었다. 개화기 초 신여성들은 트레머리, 히사시가미, 챙머리, 둘레머리, 첩지머리 등을 했다. 세계적인 유행의 흐름도 직간접적으로 우리나라에 전해졌다. 1920년대에는 단발머리, 1930년대에는 파마머리가 유행했다.

구두를 비롯한 패션 소품들이 먼저 받아들여졌다. 양장에는 구두를 신었지만 가격이 비싸서 경제적으로 여유 있는 신여성들이나 신을 수 있었다. 통치마 저고리를 입을 때에도 도회지의 멋쟁이들은 양말과 구두를 신었지만, 농촌에서는 버선에 고무신을 신었다. 1920년대에 고무신이 생산되기 시작하자 전통적인 갖신은 점차 수요가 줄어 사라지게 되었다. 숄shawl, 양산, 핸드백 등이 한복과 어울리는 아이템으로 많이 착용되었다.

한복개량은 저고리를 길게 하고 발목이 드러나는 짧은 통치마를 입는 방향으로 이루어졌다. 가슴에 묶어 입었던 치마허리는 1914년 이화학당에서 어깨허리로 바꾸기 시작하여, 짧은 통치마가 아닌 재래식 자락치마에도 어깨허리를 달아 입는 사람이 점차 늘어났다. 그림 13은 저고리·통치마를 입은 여학생들의 모습이다.

통치마와 저고리는 여학생뿐 아니라 신여성들이 외부활동을 할 때 입었다. 그림 14는 통치마·저고리에 두루마기를 입고 하이힐을 신은 이화여대 초대 총장 김활란 박사의 1928년 모습이다. 통치마 저고리가 보급된 배경에는 기독교 선교사와 전도부인, 그리고 여학교의 영향이 컸다. 1970년대까지만 해도 여성 인사들 중에 통치마 저고리를 입고 다니는 분이 적지 않았다.

1920년대에는 특수층 이외에는 일반적으로 저고리 길이나 화장, 진동, 배래, 수구 등이 모두 넉넉해지고, 1930년대를 전후해서는 저고리 길이가 더욱 길어졌다. 배래선은 더욱 곡선을 이루고 고름은 넓고 길어지며 동정도 넓어졌다. 1940년대 이후로는 옷고름도 거추장스럽다고 하여 단추로 대신하였다. 일제 강점기 사진 중에는 단추를 단 두루마기 차림도 종종 보인다.

양장의 보급에는 여학교의 교복이 중요한 역할을 하였다. 연이은 여학교의 설립은 양장교복의 출현으로 이어졌다. 1896년 최초의 근대식 여성교육기관으로 설립된 이화학당의 교복은 한복이었지만, 이후 설립된 여학교에서 양장을 교복으로 정하는 예가 점차 늘어났다.

이와 같이 양장이나 통치마를 입게 되자 속옷에도 변화가 나타났다. 겹겹이 입던 속곳 대신, 사루마다와 속치마를 입게 되었다. 긴 치마에도 허리에 고무줄을 넣어 만든 고쟁이와 속치마를 입었다. 메리야스 속옷도 나왔다.

여성의 화장에도 변화가 있었다. 조선사회는 유교적인 가치관 때문에 여염집 여성의 화장은 기피하는 경향이 있었다. 기생들이나 사용하던 분을 조선조 말에는 혼수품에 넣어줄 정도로 일반화되기 시작하였다. 중국과 일본을 통해 들어오던 밀수 화장품이 인기를 얻자 1916년 국내에서 생산하기 시작한 박가분朴家粉을 비롯해 미안수란 이름의 화장수와 각종 크림이 판매되었다.[35]

13

14

13
저고리와 통치마 차림의 여학생들

14
두루마기 차림의 김활란 박사

6부 서구복식의 도입과 전통복식의 변화

16장 한 · 중 · 일 복식문화의 변화

1) 鷹司綸子(1983). 服裝文化史. 東京: 朝倉書店. p.98.

2) 허은주 역, 코이케미츠에 저(2005). 일본복식사와 생활문화사. 서울: 어문학사. p.124.

3) 李子淵 역, 北村哲郎 저(1999). 日本服飾史. 서울: 경춘사. p.203.

4) 李子淵 역, 北村哲郎 저(1999). p.204.

5) 佐藤泰子(1983). "日本の洋裝化", 近代の洋裝. 文化學園服飾博物館. p.50.

6) O' Brien Suzanne G.(2008), "Splitting Hairs: History and Politics of Daily Life in Nineteenth-Century Japan", *The Journal of Asian Studies, 67*(4). p.1339.

7) 위의 글. p.1326

8) 허은주 역, 코이케미츠에 저(2005). 앞의 책. p.114.

9) 앞의 책. pp.116-119.

10) 李子淵 역, 北村哲郎 저(1999). 앞의 책. pp.206-207.

11) 허은주 역, 코이케미츠에 저(2005). p.118.

12) 정대성 역, 미나미히로시 저(2007). 다이쇼문화 1905~1927-일본대중문화의 기원. 세이엔씨. p.204.

13) 허은주 역, 코이케미츠에 저(2005). 앞의 책. p.122.

14) 鷹司綸子(1983). 앞의 책. pp.93-94.

15) 허은주 역, 코이케미츠에 저(2005). 앞의 책. p.132.

16) 정대성 역, 미나미히로시 저(2007). 앞의 책. p.81.

17) 위의 책. pp.209-210.

18) 이재정(2005). 의식주를 통해 본 중국의 역사. 서울: 가람기획. p.149.

19) 이재정(2005). pp.149-150.

20) Claire Robert(ed.1997). *Evolution & Revolution: Chinese Dress 1700s~1900s.* New York: Powerhouse Publishing. p.41.

21) 黃能馥 · 陳娟娟(2004). 中國服飾史. 上海人民出版社. pp.612-613.

22) Claire Robert(ed.1997). 앞의 책. p.18.

23) 위의 책. p.18.

24) 이재정(2005). 앞의 책. p.105.

25) 이재정(2005). 위의 책. p.106.

26) Valery M Garret(1994). *Chinese Clothing.* New York: Oxford University Press. pp.103-104.

27) 위의 책. p.104.

28) 이재정(2005). 앞의 책. p.150.

29) 위의 책. pp.151-152.

30) 비변사 등록 고종21년 6월 3일.

31) 1894년 7월 초부터 1896년 2월 초까지 3차에 걸쳐 추진된 개혁운동. 을미사변을 계기로 추진된(1895년 8월 ~1896년 2월) 3차 개혁을 분리하여 '을미개혁'이라고 함.

32) 이경미(2010). 사진에 나타난 대한제국기 황제의 군복형 양복에 관한 연구. 한국문화, 50. pp.83-104.

33) 俞水敬(1990). 韓國女性洋裝變遷史. 서울: 一志社. p.27

34) 이경미(2010). 앞의 글. p.83.

35) 俞水敬(1990). 앞의 책. p.162, 200, 247.

단행본

국 내

국립민속박물관(2005). 한민족역사문화도감. 서울: 국립민속박물관.

김소현(2003). 호복: 실크로드의 복식. 서울: 민속원.

김소현(2010). 조선왕실의 적의. 아름다운 시작. 서울: 경운박물관.

국립부여박물관(1998). 중국낙양문물명품전. 서울: 통천문화사.

김동욱 · 황옥현(1982). 댕기(唐只). 한국의 복식. 서울: 한국문화재보호협회.

김시덕(2001). 혼례, 가까운 이웃나라 일본: 일한공동개최 현대생활문화전. 서울: 국립민속박물관.

나카니시 레이 저, 양윤옥 역 (2002). 게이샤의 노래. 서울: 문학동네.

데 바이에르 저, 박원길 역(1994). 몽골석인상의 연구. 서울: 혜안.

리득춘(1996). 조선어어휘사. 서울: 박이정.

마쓰창 · 띵밍이 · 리위췬(2006). 중국 불교석굴. 서울: 다홀미디어.

문화재청(2006). 문화재대관 중요민속자료 2 복식 · 자수편. 대전: 문화재청.

문화공보국 · 문화재관리국 편(1981). 조선시대 궁중복식. 서울: 문화공보부 문화재관리국.

민두기(1976). 日本의 歷史. 서울: 지식산업사.

민족문화추진회 편(1977). 宣和奉使高麗圖經. 서울: 민족문화추진회.

民衆書館編輯局 編者(2000). 漢韓大字典. 서울: 민중서관.

박성실(2008). 정사공신 신경유公墓 출토복식. 용인: 단국대학교출판부.

박성실 · 조효숙 · 이은주(2005). 조선시대 여인의 멋과 차림새. 서울: 단국대학교출판부.

박원길(1999). 몽골의 문화와 자연지리. 서울: 두솔.

변경식 · 원주변씨원천군종친회(2010). 원천군 변수 유물. 원주: 원주변씨원천군종친회.

北村哲郎 著, 李子淵 譯(1999). 日本服飾史. 서울: 경춘사.

徐兢 著, 趙東元 譯(2005). 고려도경: 중국 송나라 사신의 눈에 비친 고려 풍경. 서울: 황소 자리.

석주선(1992). 한국복식사. 서울: 보진재.

석주선(1993). 관모와 수식. 서울: 단국대학교출판부.

小池三枝 · 野口ひろみ · 吉村佳子 共著, 허은주 譯(2005). 일본복식사와 생활문화사. 서울: 語文學社.

수덕사 근역성보관(2004). 지심귀명례: 한국의 불복장. 충남: 수덕사 근역성보관.

심연옥(1998). 중국의 역대직물. 서울: 한림원.

심재기(1982). 국어어휘론. 서울: 집문당.

亞細亞文化社 編(1973). 高麗史節要 2. 서울: 아세아문화사.

유금와당박물관(2009). 도용: 매혹의 자태와 비색의 아름다움. 서울: 유금와당박물관.

俞水敬(1990). 韓國女性洋裝變遷史. 서울: 一志社

유희경(1975). 한국복식사. 서울: 이화여자대학교 출판부.

유희경 · 김문자(1998). 한국복식문화사. 서울: 교문사.

유희경 · 김문자(2002). 개정판 한국복식문화사. 서울: 교문사.

이경자(2003). 우리옷의 전통양식. 서울: 이화여자대학교 출판부.

이경자 · 홍나영 외(2003). 우리 옷과 장신구. 서울: 열화당.

이규태(1999). 한국인의 역사구조 4. 서울: 신원문화사.

이시나가 사부로 著, 이영 譯(2001). 일본문화사. 서울: 까치글방.

이은주 · 조효숙 · 하명은 공저(2005). 17세기의 무관 옷 이야기. 서울: 민속원.

이재정(2005). 의식주를 통해 본 중국의 역사. 서울: 가람기획.

이택후 저, 윤수영 역(1991). 美의 歷程. 서울: 동문선.

이한상(2004). 황금의 나라 신라. 파주: 김영사.

任桂淳(2000). 淸史: 滿洲族이 統治한 中國. 서울: 新書苑.

정대성 역, 미나미히로시 저(2007). 다이쇼 문화 1905~1927-일본대중문화의 기원. 서울: 세이엔씨.

정옥자(1988). 조선 후기 조선중화사상연구. 서울: 일지사.

井筒雅風 著, 李子淵 譯(2004). 日本女性服飾史. 서울: 경춘사.

조선일보사(1991). 소련 국립에르미타주 박물관 소장 스키타이 황금. 서울: 조선일보사.

趙在三 原著, 林基中 編著(1987). 松南雜識. 서울: 동서문화원.

한국정신문화연구원(1991). 한국민족문화대백과사전 17. 한국정신문화연구원.

한글학회(1992). 우리말 큰사전. 서울: 어문각.

華梅 저, 박성실 · 이수웅 역(1992). 中國服飾史. 서울: 경춘사.

국 외

[중 국]

Berthold Laufer(1978). SINO-IRANICA: Chinese contributions to the history of civilization in ancient Iran. 台北: 聲問出版社有限公司.

Hongkong Museum of History(1987). 本地華人傳統婚禮. 香港: 香港博物館.

高格 著(2005). 細說中國服飾. 北京: 光明日报出版社.

高春明(2001). 中國服飾名物考. 上海: 上海文化出版社.

臺灣商務印書館 編(1979). 溫庭筠詩集 7. 臺北: 臺灣商務印書館.

道森 編, 呂浦 譯(1983). 出使蒙古記. 北京: 中國社會科學出版社.

繆良云 主編(1999). 中國衣徑. 上海: 上海文化出版社.

白居易(1979). 白居易集. 北京: 中華書局.

上海市戲曲學校中國服裝史硏究組 編著(1983). 中國歷代服飾. 上海: 學林出版社.

新疆維吾尔自治區博物館(2010). 古代西域服飾擷萃. 北京: 文物出版社.

沈從文 編著(1981). 中國古代服飾硏究. 台北: 南天書局有限公司.

沈從文(1988). 中國古代服飾硏究. 台北: 南天書局有限公司.

吳洛(1976). **中國度量衡史**. 臺北 : 常務印書館.

王智敏(2003). **保值收藏龍袍**. 北京: 天津人民美術出版社.

袁仄(2005). **中國服裝史**. 北京: 中國紡織出版社.

周錫保(1984). **中國古代服飾史**. 北京: 中國戲劇出版社.

周迅·高春明(1988). **中國歷代婦女裝飾**. 台北: 南天書局有限公司發行.

周汛·高春明(1996). **中國衣冠服飾大辭典**. 上海: 上海辭書出版社.

中國織繡服飾全集委員會 編(2004). **中國織繡服飾全集 4. 歷代服飾 卷下**. 天津: 天津人民美術出版社.

中華書局 編(1979). **白居易集**. 北京: 中華書局.

中華書局 編(1985). **影印本 天水氷山錄**. 北京: 中華書局.

包銘新·李曉君·趙敏(2004). **中國服飾这棵树**. 上海: 世紀書店出版社.

鴻宇(2004). **服飾: 中國民俗文化**. 北京: 宗敎文化出版社.

華梅(2001). **服飾與中國文化**. 北京: 人民出版社.

黃能馥·陳娟娟(1999). **中國歷代服飾藝術**. 北京: 中國旅游出版社.

黃能馥·陳娟娟((2004). **中國服飾史**. 上海: 上海人民出版社.

[일 본]

Faulkner, Rupert. Lane, Richard(1999). *Masterpieces of Japanese prints*. Tokyo: Kodansha International.

Norio Yamanaka(1982). *The Book of Kimono*. Tokyo: Kodansha International.

Sadao Hibi(2000). *The Colors of Japan*. Tokyo: Kodansha International.

杉本正年(1979). **東洋服裝史論攷 古代編**. 東京: 文化出版局.

江馬務(1976). **江馬務著作集 第四卷**. 東京: 中央公論社.

関根眞隆 著(1974). **奈良朝服飾の硏究 圖錄編**. 東京: 吉天弘文館.

內田道夫 圖說, 靑木正兒 圖編(1986). **北京風俗圖譜**. 東京: 平凡社.

大江スミ 編(1938). **禮義作法全集 第3卷**. 東京: 中央公論社.

大坊郁夫·神山 道(1996). **被服と化粧の社會心理學**. 京都: 北大路書房.

陶 智子(2005). **江戶美人の化粧術**. 東京: 講談社.

東京出版同志會(1908). **類聚近世風俗志: 守貞漫稿 26**. 東京: 東京出版同志會.

林已奈夫(1976). **漢代の文物**. 京都: 京都大學人文科學硏究所.

文化出版局 編(1979). **服飾事典**. 東京: 文化出版局.

三木文雄 編(1967). **日本の美術 19 はにわ 26**. 東京: 至文堂.

三木文雄 編(1968). **日本の美術 26**. 東京: 至文堂.

杉本正年(1984). **東洋服裝史論攷 中世編**. 東京: 文化出版局.

小池三枝·野口ひろみ·吉村佳子 共著(2000). **槪說 日本服飾史**. 東京: 光生館.

守屋磐村(1979). **覆面考料**. 東京: 原流社.

原田淑人(1963). **古代人の化粧と裝身具**. 東京: 創元新社.

鷹司綸子(1983). 服装文化史. 東京: 朝倉書店.

日本風俗史學會 編(1979). 日本風俗史事典. 東京: 弘文堂.

日本風俗史學會(1994). 日本風俗史事典. 東京: 弘文堂.

日野西資孝 編(1968). 日本の美術 26 服飾. 東京: 至文堂.

佐藤泰子(1983). 近代の洋装. 東京: 文化學園服飾博物館.

河鰭實英(1973). 日本服飾史辭典. 東京: 東京堂出版.

河鰭実英 · 井上章(1971). 日本服飾美術史. 東京: 家庭教育社.

河鰭實英 · 井上章(1979). 日本服飾美術史. 東京: 家政教育社.

[기 타]

Beverley Jackson(2001). *KINGFISHER BLUE: Treasures of an Ancient Chinese Art*. Berkeley: Ten Speed Press.

Claire Roberts(1997). *Evolution & Revolution: Chinese Dress 1700s~1990s*. Sydney: Powerhouse.

Helen Benton Minnich(1986). *Japanese Costume and the Makers of Its Elegant Tradition*. Rutland: Charles E. Tuttle Co. Inc.

James C.Y. Watt · Anne E. Wardwell(1998). *When silk was gold: Central Asian and Chinese textiles*. New York: The Metropolitan Museum of Art.

Liza Crihfield Dalby(2001). *Kimono: Fashioning Culture*. Washington D.C.: University of Washington Press.

학위논문

고부자(1981). 濟州島 通過儀禮服의 硏究. 단국대학교 대학원 석사학위논문.

곽경희(2003). 조선시대 남자용 革, 布製 신에 관한 연구. 이화여자대학교 대학원 석사학위논문.

권혜진(2009). 활옷의 역사와 조형성 연구. 이화여자대학교 대학원 박사학위논문.

김남정(2000). 조선시대 치마에 관한 연구. 이화여자대학교 대학원 석사학위논문.

김문숙(2000). 고려시대 원간섭기 일반복식의 변천. 서울대학교 대학원 박사학위논문.

김민지(2000). 渤海 服飾 硏究. 서울대학교 대학원 박사학위논문.

김정호(1989). 고구려 고분벽화복식과 사회계층. 숙명여자대학교 대학원 석사학위논문.

김지연(2008). 朝鮮時代 女性禮冠에 관한 硏究. 이화여자대학교 대학원 박사학위논문.

노경애(2002). 17세기 후기 일본 町人社會와 道樂. 중앙대학교 대학원 석사학위논문.

서정원(2003). 老乞大 刊本들을 통해 본 14~18세기의 복식관련용어 비교 연구. 이화여자대학교 대학원 석사학위논문.

오선희(2007). 조선시대 여자비녀에 관한 연구. 이화여자대학교 대학원 석사학위논문.

이명은(2003). 궁중발기에 나타난 행사 및 복식연구. 단국대학교 대학원 석사학위논문.

이미현(2004). 고구려 고분벽화에 나타난 남자복식의 양식 분석. 이화여자대학교 대학원 석사학위논문.

이승해(2001). 주변 국가를 통해 본 고려시대 전·중기 관복에 관한 연구. 이화여자대학교 대학원 석사학위논문.

이은경(1993). 韓國과 中國의 布帛尺에 關한 硏究. 서울여자대학교 대학원 박사학위논문.

임경화(2008). 고려 초기 공복제도의 특수성과 내적 의미 연구. 가톨릭대학교 대학원 박사학위논문.

홍나영(1983). 朝鮮王朝 王妃法服에 관한 硏究. 이화여자대학교 대학원 석사학위논문.

홍나영(1986). 여성 쓰개(蔽面)에 관한 연구. 이화여자대학교 대학원 박사학위논문.

정기간행물

국 내

江守五夫(1981). 日本의 婚姻成立儀禮의 史的考察과 民俗. 일본학, 1.

곽경희(2006). 조선시대 남자용 화(靴)에 관한 연구. 服飾, 56(1).

구남옥(2008). 조선 후기 복식에 나타난 합봉[合縫]현상에 관한 연구. 服飾, 58(9).

구태훈(2005). 에도시대 무가사회의 신분과 형식. 한일군사문제연구, 3.

구태훈(2008). 임진왜란 전의 일본사회. 사림, 29.

김문숙(2004a). 13~14세기 고려복식에 수용된 몽고복식에 관한 연구. 몽골학, 17.

김문숙(2004b). 몽골 요선오자의 구조적 특징. 한국의상디자인학회지, 6(3).

김문자(1981). 朝鮮時代 저고리 깃에 대한 硏究. 服飾, 5.

김사엽(1991). 관동지방의 한문화. 일본학, 10.

김소현·조규화(1993). 秦始皇陵 出土 兵俑의 服飾 硏究. 韓國衣類學會誌, 17(1).

김영재(1997). 瑟瑟·鈿考. 服飾, 31.

김정은(2007). 조선시대 삼장보살도의 기원과 전개: 중국 명대 수륙도와의 비교. 東岳美術學, 8.

金漢植(1981). 明代 中國人의 對韓半島 認識. 東洋文化硏究, 8.

박성실(1995). 조선 후기의 服飾構造. 東洋學, 25(1).

박성실(1996). 조선조 치마 재고-16세기 출토복식을 중심으로. 服飾, 30.

박성실(2006). 출토복식을 통해 보는 임진왜란 이전 남녀복식의 조형적 특징. 한국복식, 24.

송미경(2002). 조선시대 여성단령에 관한 연구. 服飾, 52(8).

이경미(2010). 사진에 나타난 대한제국기 황제의 군복형 양복에 관한 연구. 한국문화, 50.

이상익(2004). 주자학과 조선시대 정치사상의 정체성 문제. 한국철학논집, 14.

이은주(1988). 철릭의 명칭에 관한 연구. 한국의류학회지, 12(3).

이은주(1994). 한국전통복색에서의 청색과 흑색. 한국의류학회지, 18(1).

이은주(2000). 16세기 중엽의 上衣類에 대한 조형적 고찰-경북 안동시 정상동 一善 文氏 묘 출토복식을 중심으로. 아시아민족조형학보.

이은주(2005). 조선시대 백관의 時服과 常服 변천. 服飾, 55(6).

임경화 · 강순제(2006). 고려초 공복제 도입과 복색 운용에 관한 연구. **服飾**, 56(1).

정미숙(2007). 조선시대 말군의 실물 제작법에 관한 연구-인천 석남동 출토 말군을 중심으로. **服飾**, 57(7).

정혜경(2000). 조선시대 철릭과 남자 포류의 상호관계. **한국의류학회지**, 24(2).

최은수(2003). 변수(邊脩: 1447~1524)묘 출토 요선철릭에 관한 연구. **服飾**, 53(4).

홍나영(1996). 조선중엽 출토복식에 관한 연구 -이황 묘 출토 첩리와 창의를 중심으로. **한국의류학회지**, 20(3).

홍나영(2000). 화관에 관한 연구. **服飾**, 50(3).

홍나영(2006). 조선시대 복식에 나타난 여성성. **한국고전여성문학연구**, 13.

홍나영(2008). 출토복식을 통해서 본 조선시대 남자 편복포의 시대구분. **服飾**, 58(5).

황선영(1987). 고려 초기 공복제의 성립, 역사와 경계. **부산경남사학회**, 12.

국 외

O' Brien Suzanne G.(2008). Splitting Hairs: History and Politics of Daily Life in Nineteenth-Century Japan. *The Journal of Asian Studies*, 67(4).

內田吟風(1976). 胡ということば. **服裝文化**, 150.

王彥民; 姜楠(1994). 登封王上壁畫墓發掘簡報. **文物** 1994年 10月.

焦作市文物工作隊 · 修武縣文物管理所(1995). 河南修武大位金代雜劇塼調墓. **文物** 1995年 2月.

고문서

국내

三國史記	仁祖實錄	和緩翁主嘉禮謄錄
高麗史	肅宗實錄	吉禮要覽
高麗史節要	英祖實錄	永惠翁主嘉禮謄錄
宣和奉使高麗圖經	正祖實錄	義和君嘉禮謄錄
太宗實錄	純祖實錄	備邊司謄錄
世宗實錄	國朝續五禮儀補 序例	北學議
文宗實錄	經國大典	五洲衍文長箋散稿
端宗實錄	大典通編	靑莊館全書
世祖實錄	續大典	東史綱目
睿宗實錄	國婚定例	四節服飾資粧要覽
成宗實錄	嘉禮都監儀軌	星湖僿設
燕山君日記	仁祖壯烈后嘉禮都監儀軌	增補文獻備考
中宗實錄	哲仁王后殯殿魂殿都監儀軌	林下筆記
宣祖實錄	昭顯世子嘉禮都監儀軌	牧民心書
光海君日記	明溫公主嘉禮謄錄	

국외

三國志	金史	長春眞人西遊記
後漢書	大金國志	元明事類鈔
晉書	元史	高麗圖經
宋書	明史	三才圖會
南齊書	明宮史	大明會典
梁書	明太祖實錄	万葉集
北史	清史稿	太宗文皇帝實錄
隋書	釋名	欽定八旗通志
舊唐書	禮記	陔余叢考
新唐書	周禮	清稗類鈔
宋史	黑韃事略	聽雨叢談
遼史	南村輟耕錄	舊京瑣記

그림 출처

1부　아시아복식의 원류와 한·중·일의 복식

개요그림 1　Piotrovskig, B. B.(1981). スキタイ黃金美術. 東京: 講談社.

1장　고대 중국의 복식

그림 1　중국역사박물관(1982). 中國歷史博物館. 東京: 講談社.

그림 3　黃能馥 陈娟娟(1999). 中國歷代服飾藝術. 北京: 中國旅流出版社.

그림 4　高濱秀 外(2000). 世界美術大全集 東洋編. 東京: 小學館.

그림 5　常沙娜(2004). 中國織繡服飾全集 3 歷代服飾 卷上. 天津: 天津人民美術出版社.

그림 7　中華五千年文物集刊編輯委員會(1986). Chinese Costumes, part 1. 臺北: 中華五千年文物集刊編輯委員會.

그림 8　黃能馥·陳娟娟(1999). 中華歷代服飾藝術. 北京: 中國旅游出版社.

그림 10　陝西始皇陵秦俑坑考古発掘隊·秦始皇兵馬俑博物館(1983). 秦始皇陵兵馬俑. 東京: 株式会社平凡社.

그림 11　陝西始皇陵秦俑坑考古発掘隊·秦始皇兵馬俑博物館(1983). 秦始皇陵兵馬俑. 東京: 株式会社平凡社.

그림 12　陝西始皇陵秦俑坑考古発掘隊·秦始皇兵馬俑博物館(1983). 秦始皇陵兵馬俑. 東京: 株式会社平凡社.

그림 13　常沙娜(2004). 中國織繡服飾全集 3 歷代服飾 卷上. 天津: 天津人民美術出版社.

그림 17　中國美術全集編輯委員會(1988). 中國美術全集 雕塑編 3. 北京: 人民美術出版社.

그림 18　常沙娜(2004). 中國織繡服飾全集 3 歷代服飾 卷上. 天津: 天津人民美術出版社.

그림 20　서울역사박물관(2007). 中國國寶展. 서울: (주)솔대.

그림 21　常沙娜(2004). 中國織繡服飾全集 3 歷代服飾 卷上. 天津: 天津人民美術出版社.

그림 22　中國古代書畵鑑定組(1997). 中國繪畵全集 1. 北京: 文物出版社.

그림 23　中國古代書畵鑑定組(1997). 中國繪畵全集 1. 北京: 文物出版社.

그림 24　中國古代書畵鑑定組(1997). 中國繪畵全集 1. 北京: 文物出版社.

그림 25　黃能馥·陳娟娟(1999). 中華歷代服飾藝術. 北京: 中國旅游出版社.

그림 26　유창종·금기숙(2009). 도용: 매혹의 자태와 비색의 아름다움. 서울: 유금와당박물관.

그림 28　서울역사박물관(2007). 中國國寶展. 서울: (주)솔대.

그림 29　中華五千年文物集刊編輯委員會(1986). 中華五天年文物集刊. 臺北: 中華五千年文物集刊編輯委員會.

그림 30　中華五千年文物集刊編輯委員會(1986). 中華五天年文物集刊. 臺北: 中華五千年文物集刊編輯委員會.

그림 31　湖南省博物館(1981). 湖南省博物館. 東京: 講談社.

2장　고대 한국의 복식

그림 2　김원룡(1974). 韓國美術全集 4. 서울: 동화출판사.

그림 3　이태호·유홍준(1997). 高句麗古墳壁畵. 서울: 풀빛.

그림 5　조선유적유물도감편찬위원회(2000). 북한의 문화재와 문화유적 Ⅰ. 서울: 서울대학교 출판부.

그림 6　국립부여박물관(2005). 百濟人과 服飾. 부여: 국립부여박물관.

그림 7　중국미술전집편집위원회(1989). 中國美術全集 12. 北京: 人民美術出版社: 文物出版社.

그림 8　조선유적유물도감편찬위원회(2000). 북한의 문화재와 문화유적 Ⅰ. 서울: 서울대학교 출판부.

그림 9　조선유적유물도감편찬위원회(2000). 북한의 문화재와 문화유적 Ⅰ. 서울: 서울대학교 출판부.

그림 10   이태호 · 유홍준(1997). **高句麗古墳壁畵**. 서울: 풀빛.

그림 11   조선유적유물도감편찬위원회(2000). 북한의 문화재와 문화유적 Ⅰ. 서울: 서울대학교 출판부.

그림 12   이태호 · 유홍준(1997). **高句麗古墳壁畵**. 서울: 풀빛.

그림 13   조선유적유물도감편찬위원회(2000). 북한의 문화재와 문화유적 Ⅰ. 서울: 서울대학교 출판부.

그림 14   조선유적유물도감편찬위원회(2000). 북한의 문화재와 문화유적 Ⅰ. 서울: 서울대학교 출판부.

그림 15   조선유적유물도감편찬위원회(2000). 북한의 문화재와 문화유적 Ⅰ. 서울: 서울대학교 출판부.

그림 16   국립부여문화재연구소(2008). **백제의 직물**. 부여: 국립부여문화재연구소.

그림 17   국립중앙박물관(2009). **신라토우 영원을 꿈꾸다**. 서울: 국립중앙박물관.

그림 18   국립경주박물관(2001). **신라황금: 신비한 황금의 나라**. 서울: 씨티파트너.

그림 19   조선유적유물도감편찬위원회(2000). 북한의 문화재와 문화유적 Ⅱ. 서울: 서울대학교 출판부.

그림 20   국립대구박물관(1994). **국립대구박물관**. 서울: 국립대구박물관.

그림 21   국립공주박물관(2010). **국립공주박물관: 상설전시도록**. 공주: 국립공주박물관.

그림 22   국립경주박물관(2001). **신라황금: 신비한 황금의 나라**. 서울: 씨티파트너.

그림 23   조선유적유물도감편찬위원회(2000). 북한의 문화재와 문화유적 Ⅰ. 서울: 서울대학교 출판부.

그림 24   국립부여문화재연구소(2008). **백제의 직물**. 부여: 국립부여문화재연구소.

그림 25   조선유적유물도감편찬위원회(2000). 북한의 문화재와 문화유적 Ⅰ. 서울: 서울대학교 출판부.

그림 26   조선유적유물도감편찬위원회(2000). 북한의 문화재와 문화유적 Ⅰ. 서울: 서울대학교 출판부.

그림 27   국립중앙박물관(2010). **(2010년 기획특별전) 황남대총: 황금의 나라 신라의 왕릉**. 서울: 국립중앙박물관.

그림 28   이태호 · 유홍준(1997). **高句麗古墳壁畵**. 서울: 풀빛.

그림 29   조선유적유물도감편찬위원회(2000). 북한의 문화재와 문화유적 Ⅱ. 서울: 서울대학교 출판부.

그림 30   김원룡(1974). **韓國美術全集** 4. 서울: 동화출판사.

그림 31   국립부여문화재연구소(2003). **百濟의 짚신**. 부여군: 국립부여문화재연구소.

그림 32   국립경주박물관(2001). **신라황금: 신비한 황금의 나라**. 서울: 씨티파트너.

그림 33   국립공주박물관(2010). **국립공주박물관: 상설전시도록**. 공주: 국립공주박물관.

그림 34   국립중앙박물관(2010). **(2010년 기획특별전) 황남대총: 황금의 나라 신라의 왕릉**. 서울: 국립중앙박물관.

그림 35   국립중앙박물관(2010). **(2010년 기획특별전) 황남대총: 황금의 나라 신라의 왕릉**. 서울: 국립중앙박물관.

그림 36   국립중앙박물관(1972). **국립중앙박물관 명품도록**. 서울: 三和出版社.

그림 37   조선유적유물도감편찬위원회(2000). 북한의 문화재와 문화유적 Ⅰ. 서울: 서울대학교 출판부.

그림 38-a 이태호 · 유홍준(1997). **高句麗古墳壁畵**. 서울: 풀빛.

그림 38-b 조선유적유물도감편찬위원회(2000). 북한의 문화재와 문화유적 Ⅰ. 서울: 서울대학교 출판부.

그림 38-c 이태호 · 유홍준(1997). **高句麗古墳壁畵**. 서울: 풀빛.

그림 38-d 이태호 · 유홍준(1997). **高句麗古墳壁畵**. 서울: 풀빛.

그림 38-e 조선유적유물도감편찬위원회(2000). 북한의 문화재와 문화유적 Ⅰ. 서울: 서울대학교 출판부.

그림 38-f 조선유적유물도감편찬위원회(2000). 북한의 문화재와 문화유적 Ⅰ. 서울: 서울대학교 출판부.

그림 38-g 이태호 · 유홍준(1997). **高句麗古墳壁畵**. 서울: 풀빛.

그림 38-h 이태호 · 유홍준(1997). **高句麗古墳壁畵**. 서울: 풀빛.

그림 38-i 조선유적유물도감편찬위원회(2000). 북한의 문화재와 문화유적 Ⅰ. 서울: 서울대학교 출판부.

그림 38-j 조선유적유물도감편찬위원회(2000). 북한의 문화재와 문화유적 Ⅰ. 서울: 서울대학교 출판부.

그림 38-k 조선유적유물도감편찬위원회(2000). 북한의 문화재와 문화유적 II. 서울: 서울대학교 출판부.

그림 38-l 이태호 · 유홍준(1997). **高句麗古墳壁畵**. 서울: 풀빛.

3장　고대 일본의 복식

그림 1 古岡 滉(1980). **日本美術全集 第1卷 原始 · 古代の美術**. 東京: 學習硏究社.

그림 2 국립공주박물관(2001). **백제 斯麻王**. 서울: 통천문화사.

그림 3 三木文雄(1989). **日本の美術 19 はにわ**. 東京: 至文堂.

그림 4 三木文雄(1989). **日本の美術 19 はにわ**. 東京: 至文堂.

그림 5 三木文雄(1989). **日本の美術 19 はにわ**. 東京: 至文堂.

그림 6 三木文雄(1989). **日本の美術 19 はにわ**. 東京: 至文堂.

2부　국제교류가 활발했던 동아시아의 복식

4장　수, 당, 오대십국, 송의 복식

그림 3 上海市戲曲學校中國服裝史硏究組(1983). **中國歷代服飾**. 上海: 學林出版社.

그림 4 上海市戲曲學校中國服裝史硏究組(1983). **中國歷代服飾**. 上海: 學林出版社.

그림 5 유창종 · 금기숙(2009). **도용: 매혹의 자태와 비색의 아름다움**. 서울: 유금와당박물관.

그림 6 黃能馥 · 陳娟娟(1999). **中華歷代服飾藝術**. 北京: 中國旅游出版社.

그림 7 中國古代書畵鑑定組(1999). **中國繪畵全集 3**. 北京: 文物出版社 · 杭州: 浙江人民美術出版社.

그림 8 中國歷代藝術編輯委員會(1995). **中國歷代藝術 繪畵篇 上**. 臺北: 臺灣大英百科股份有限公司.

그림 9-a 中國歷史博物館(1982). **中國歷史博物館**. 東京: 講談社.

그림 9-b 中國歷史博物館(1982). **中國歷史博物館**. 東京: 講談社.

그림 9-c 中國美術全集編輯委員會(1988). **中國美術全集. 雕塑編 4**. 北京: 人民美術出版社.

그림 9-d 中華五千年文物集刊編輯委員會(1986). **中華五千年文物集刊**. 臺北: 中華五千年文物集刊編輯委員會.

그림 9-e 國立故宮博物院(1971). **中華民國國立故宮博物院藏品 第13卷, 故宮圖像選萃**. 臺北: 國立故宮博物院.

그림 9-f 國立故宮博物院(1971). **中華民國國立故宮博物院藏品 第13卷, 故宮圖像選萃**. 臺北: 國立故宮博物院.

그림 10 高春明(2009). **中國歷代服飾藝術**. 北京: 中國靑年出版社.

그림 11 黃能馥 · 陳娟娟(1999). **中華歷代服飾藝術**. 北京: 中國旅游出版社.

그림 12 유금와당박물관 · 동양복식연구회(2010). **아름다운 여인들**. 서울: 미술문화.

그림 13 유금와당박물관 · 동양복식연구회(2010). **아름다운 여인들**. 서울: 미술문화.

그림 15 黃能馥 · 陳娟娟(1999). **中華歷代服飾藝術**. 北京: 中國旅游出版社.

그림 16 陝西省咸陽市文物局(2002). **咸阳文物精华**. 北京: 文物出版社出版发行.

그림 17 周汛 · 高春明(1997). **中國歷代婦女裝飾**. 上海: 學林.

그림 18 中國國家博物館(2003). **文物中國史 6**. 太原: 山西敎育出版社.

그림 19 陝西省博物館(1981). **陝西省博物館**. 東京: 講談社.

그림 20   국립중앙박물관(2003). **국립중앙박물관 소장 西域美術**. 서울: 한국박물관회.

그림 21   國立故宮博物院(1973). **中華民國國立故宮博物院藏品 第27卷 故宮人物畫選萃**. 臺北: 國立故宮博物院.

그림 22   中國古代書畫鑑定組(1997). **中國繪畫全集 1**. 北京: 文物出版社 · 杭州: 浙江人民美術出版社.

그림 23   中國國家博物館(2003). **文物中國史 5**. 太原: 山西教育出版社.

그림 24   中國國家博物館(2003). **文物中國史 6**. 太原: 山西教育出版社.

그림 27   古宮博物院藏畫集編輯委員會(1978). **中國歷代繪畫: 古宮博物院藏畫集**. 北京: 人民美術出版社.

그림 28   中國美術全集編輯委員會(1988). **中國美術全集 繪畫編 兩宋繪畫 下**. 北京: 文物出版社.

그림 29   上海市戲曲學校中國服裝史研究組(1983). **中國歷代服飾**. 上海: 學林出版社.

그림 30   高春明(2009). **中國歷代服飾藝術**. 北京: 中國青年出版社.

그림 34   中國美術全集編輯委員會(1988). **中國美術全集 繪畫編 兩宋繪畫 下**. 北京: 文物出版社.

그림 35-a   國立故宮博物院(1971). **中華民國國立故宮博物院藏品 第13卷 故宮圖像選萃**. 臺北: 國立故宮博物院.

그림 35-b   高春明(2009). **中國歷代服飾藝術**. 北京: 中國青年出版社.

그림 35-c   中國美術全集編輯委員會(1988). **中國美術全集 彫刻編 5 五代宋雕塑**. 北京: 人民美術出版社.

그림 35-d   中國古代書畫鑑定組(1999). **中國繪畫全集 2**. 北京: 文物出版社 · 杭州: 浙江人民美術出版社.

그림 35-e   黃能馥 · 陳娟娟(1999). **中華歷代服飾藝術**. 北京: 中國旅游出版社.

그림 36   國立故宮博物院(1971). **中華民國國立故宮博物院藏品 第13卷 故宮圖像選萃**. 臺北: 國立故宮博物院.

그림 38   常沙娜(2004). **中國織繡服飾全集 3 歷代服飾 卷上**. 天津人民美術出版社.

그림 39   國立故宮博物院(1971). **中華民國國立故宮博物院藏品 第13卷 故宮圖像選萃**. 臺北: 國立故宮博物院.

그림 40   國立故宮博物院(1971). **中華民國國立故宮博物院藏品 第13卷 故宮圖像選萃**. 臺北: 國立故宮博物院.

그림 41   常沙娜(2004). **中國織繡服飾全集 3 歷代服飾 卷上**. 天津人民美術出版社.

그림 42   大英博物館 監修(1982). **西域美術 第2卷 敦煌繪畫**. 東京: 講談社.

그림 43   高春明(2009). **中國歷代服飾藝術**. 北京: 中國青年出版社.

그림 44   中國古代書畫鑑定組(2000). **中國繪畫全集 12**. 北京: 文物出版社; 杭州: 浙江人民美術出版社.

그림 45   沈從文(1981). **中國古代服飾研究**. 台北: 南天書局有限公司.

그림 46-a   沈從文(1981). **中國古代服飾研究**. 台北: 南天書局有限公司.

그림 46-b   沈從文(1981). **中國古代服飾研究**. 台北: 南天書局有限公司.

그림 46-c   沈從文(1981). **中國古代服飾研究**. 台北: 南天書局有限公司.

그림 46-d   中國美術全集編輯委員會(1988). **中國美術全集 繪畫編 兩宋繪畫 下**. 北京: 文物出版社.

5장   통일신라, 발해, 고려 전기의 복식

그림 1   호암미술관 · 삼성문화재단(1996). *Masterpieces of the Ho-Am Art Museum*.
Seoul: Samsung Foundation of culture.

그림 2   국립경주박물관(2005). **고고관**. 서울: 통천문화사.

그림 3   국립경주박물관(2005). **고고관**. 서울: 통천문화사.

그림 4   한국 문화관광부 한국복식문화 2000년 조직위원회(2001). **우리 옷 이천년**. 서울: 미술문화.

그림 5   경상북도 경주시 외동읍 괘릉리 산 17. 사적 제26호(보물 제1427호).

그림 6   Albbaum, L. I.(1980). **古代サマルカンドの壁畫**. 東京: 文化出版局.

그림 7   국립경주박물관(2005). 고고관. 서울: 통천문화사.

그림 8   국립경주박물관(2005). 고고관. 서울: 통천문화사.

그림 9   中國美術全集編輯委員會 編(1985). 中國美術全集 繪畵編 12. 北京: 文物出版社.

그림 10 이동주(1981). 高麗佛畵. 서울: 중앙일보사.

6장   아스카, 나라, 헤이안시대의 복식

그림 1   松本包夫(1984). 正倉院裂と飛鳥天平の染織. 京都: 紫紅社.

그림 2   松本包夫(1984). 正倉院裂と飛鳥天平の染織. 京都: 紫紅社.

그림 3   松本包夫(1984). 正倉院裂と飛鳥天平の染織. 京都: 紫紅社.

그림 4   関根真隆(1974). 奈良服飾の研究-図録編. 東京: 吉川弘文館.

그림 5   奈良国立博物館(2003). 第55回 正倉院展. 奈良: 奈良国立博物館.

그림 6   文化庁 監修(2004). 国宝 高送塚 古墳壁畵. 東京: 中央公論術出版.

그림 7   文化庁 監修(2004). 国宝 高送塚 古墳壁畵. 東京: 中央公論術出版.

그림 8   奈良国立博物館(2003). 第55回 正倉院展. 奈良: 奈良国立博物館.

그림 9   學習研究社(1978). 日本美術全集 2 飛鳥, 白鳳の美術. 東京: 學習研究社.

그림 10 関根真隆(1974). 奈良服飾の研究-図録編. 東京: 吉川弘文館.

그림 11 奈良国立博物館(2005). 第57回 正倉院展. 奈良: 奈良国立博物館.

그림 12 関根真隆(1974). 奈良服飾の研究-図録編. 東京: 吉川弘文館.

그림 13 奈良国立博物館(2004). 第56回 正倉院展. 奈良: 奈良国立博物館.

그림 14 奈良国立博物館(2010). 第62回 正倉院展. 奈良: 奈良国立博物館.

그림 16 松岡辰方·故實叢書編輯部(1930). 冠帽圖會. 東京: 吉川弘文館.

그림 19 出光美術館(1986). やまと絵. 東京: 平凡社.

그림 20 五島邦治 監修(2004). 源氏物語 六條院の生活. 京都: 宗教文化研究所.

그림 26 古岡 滉(1979). 日本美術全集 第10巻 鎌倉の繪畵: 繪巻と肖像畵. 東京: 學習研究社.

그림 28 河村まち子(1984). 時代衣裳の縫い方. 東京: 源流社.

그림 29 동경국립박물관(1955). 日本美術全集 第1巻. 東京: 東都文化.

3부   격동의 동아시아, 유목민족과 무사복식의 부각

7장   북방 유목민족과 원의 복식

그림 1   內蒙古自治區文物考古研究所·孫建華 編著(2009). 內蒙古遼代壁畵. 北京: 文物出版社.

그림 3   정영양(2005). Silken threads. New York: H.N. Abrams.

그림 4   常沙娜(2004). 中國織繡服飾全集 4 歷代服飾卷 下. 天津: 天津人民美術出版社.

그림 5   內蒙古自治區文物考古研究所·孫建華 編著(2009). 內蒙古遼代壁畵. 北京: 文物出版社.

그림 6   高春明(2009). 中國歷代服飾藝術. 北京: 中國青年出版社.

그림 7   王靑煜(2002). **遼代服飾**. 瀋陽: 遼寧畵報出版社.

그림 11   黃能馥 · 陳娟娟(1999). **中華歷代服飾藝術**. 北京: 中國旅游出版社.

그림 12   **문희귀한도(文姬歸漢圖)**. 타이베이 國立故宮博物院.

그림 13   趙評春 · 遲本毅(1998). **金代服飾**. 北京: 文物出版社.

그림 14   Watt, James C. Y. · Wardwell, Anne E.(1997). *When silk was gold: Central Asian and Chinese textiles*. New York: Metropolitan Museum of Art in cooperation with the Cleveland Museum of Art. p.106, 113, 124

그림 15   中華五千年文物集刊編輯委員會. **中華五千年文物集刊**. 服飾篇. 臺北: 中華五千年文物集刊編輯委員會.

그림 16   中華五千年文物集刊編輯委員會. **中華五千年文物集刊**. 服飾篇. 臺北: 中華五千年文物集刊編輯委員會.

그림 17   趙評春 遲本毅(1998). **金代服飾**. 北京: 文物出版社.

그림 18   좌: Watt, James C. Y. · Wardwell, Anne E.(1997). *When silk was gold: Central Asian and Chinese textiles*. New York: Metropolitan Museum of Art in cooperation with the Cleveland Museum of Art.
우: 赵丰 · 金琳(2005). 黃金 · 絲綢 · 靑花瓷. 艺纱堂 · 服饰工作队.

그림 19   Watt, James C. Y. · Wardwell, Anne E.(1997). *When silk was gold: Central Asian and Chinese textiles*. New York: Metropolitan Museum of Art in cooperation with the Cleveland Museum of Art.

그림 20   赵丰 · 金琳(2005). **黃金 · 絲綢 · 靑花瓷**. 艺纱堂 · 服饰工作队.

그림 21   赵丰 · 金琳(2005). **黃金 · 絲綢 · 靑花瓷**. 艺纱堂 · 服饰工作队.

그림 22   Fong, Wen. · Metropolitan Museum of Art (New York, N.Y.)(1992). *Beyond representation: Chinese painting and calligraphy, 8th-14th century*. New York: Metropolitan Museum of Art. p.193.

그림 23   赵丰 · 金琳(2005). **黃金 · 絲綢 · 靑花瓷**. 艺纱堂 · 服饰工作队.

그림 26   赵丰 · 金琳(2005). **黃金 · 絲綢 · 靑花瓷**. 艺纱堂 · 服饰工作队. p.60.

그림 27   Paludan, Ann(1998). *Chronicle of the Chinese emperors*. London: Thames and Hudson.

그림 28   유창종 · 금기숙(2009). **도용: 매혹의 자태와 비색의 아름다움**. 서울: 유금와당박물관.

그림 29   赵丰 · 金琳(2005). **黃金 · 絲綢 · 靑花瓷**. 艺纱堂 · 服饰工作队.

그림 30   아주문물학회 · 서울시립미술관(2003). **위대한 얼굴**. 서울: 아주문물학회. p.60.

표 1-①   國立故宮博物院(1971). **中華民國國立故宮博物院藏品 第13卷, 故宮圖像選萃**. 臺北: 國立故宮博物院. 도31.

표 1-②-a   國立故宮博物院(1971). **中華民國國立故宮博物院藏品 第13卷, 故宮圖像選萃**. 臺北: 國立故宮博物院. 도32.

표 1-②-b   常沙娜(2004). **中國織繡服飾全集 4 歷代服飾卷 下**. 天津: 天津人民美術出版社. p.130.

표 1-③-a   赵丰 · 尚剛(2005). *Silk Road and Mongol-Yuan Art*. 艺纱堂 · 服饰工作队. p.223.

표 1-③-b   常沙娜(2004). **中國織繡服飾全集 4 歷代服飾卷 下**. 天津: 天津人民美術出版社. p.131.

표 1-④-a   赵丰 · 尚剛(2005). *Silk Road and Mongol-Yuan Art*. 艺纱堂 · 服饰工作队. p.69.

표 1-④-b   赵丰 · 金琳(2005). **黃金 · 絲綢 · 靑花瓷**. 艺纱堂 · 服饰工作队. p.69.

8장   고려 후기의 복식

그림 1   이동주(1981). **高麗佛畵**. 서울: 중앙일보사.

그림 2   수덕사 근역성보관(2004). **至心歸命禮: 韓國의 佛腹藏**. 충남: 수덕사 근역성보관.

그림 3   수덕사 근역성보관(2004). **至心歸命禮: 韓國의 佛腹藏**. 충남: 수덕사 근역성보관.

그림 4   이강칠 · 이미나(2003). **역사인물초상화대사전**. 서울: 현암사.

그림 5   王圻(2004). **三才圖會 二**. 서울: 민속원.

그림 6   수덕사 근역성보관(2004). **至心歸命禮: 韓國의 佛腹藏**. 충남: 수덕사 근역성보관.

그림 7   수덕사 근역성보관(2004). **至心歸命禮: 韓國의 佛腹藏**. 충남: 수덕사 근역성보관.

그림 8   조선미(1983). **韓國의 肖像畵**. 서울: 열화당.

그림 9   심봉근(2002). **密陽古法理壁畵墓**. 부산: 동아대학교 박물관.

그림 10 조선미(1983). **韓國의 肖像畵**. 서울: 열화당.

그림 11 이동주(1981). **高麗佛畵**. 서울: 중앙일보사.

그림 12 이동주(1981). **高麗佛畵**. 서울: 중앙일보사.

그림 13 동화출판사(1974). 한국미술전집 4권. 서울: 동화출판사.

그림 14 이동주(1981). **高麗佛畵**. 서울: 중앙일보사.

그림 15 이강칠 · 이미나(2003). **역사인물초상화대사전**. 서울: 현암사.

그림 16 정우택 · 국죽순일(1996). **高麗時代의 佛畵**. 서울: 시공사.

그림 17 이강칠 · 이미나(2003). **역사인물초상화대사전**. 서울: 현암사.

그림 18 심봉근(2002). **密陽古法理壁畵墓**. 부산: 동아대학교 박물관.

그림 19 온양민속박물관(1991). **1302年 阿彌陀佛腹藏物의 調査硏究**. 온양: 온양민속박물관.

그림 20 온양민속박물관(1991). **1302年 阿彌陀佛腹藏物의 調査硏究**. 온양: 온양민속박물관.

그림 21 온양민속박물관(1991). **1302年 阿彌陀佛腹藏物의 調査硏究**. 온양: 온양민속박물관.

그림 22 국립중앙박물관(2006). **북녘의 문화유산**. 서울: 국립중앙박물관.

표 1-1 이동주(1981). **高麗佛畵**. 서울: 중앙일보사.

표 1-2 한국 문화관광부 한국복식문화 2000년 조직위원회(2001). **우리 옷 이천년**. 서울: 미술문화.

표 1-3 심봉근(2002). **密陽古法理壁畵墓**. 부산: 동아대학교 박물관.

표 1-4 심봉근(2002). **密陽古法理壁畵墓**. 부산: 동아대학교 박물관.

표 2-2 정우택 · 국죽순일(1996). **高麗時代의 佛畵**. 서울: 시공사.

표 2-4 국립중앙박물관(2009). **조선시대 향연과 의례**. 서울: 국립중앙박물관.

9장   가마쿠라, 무로마치 전기의 복식

그림 1   世界文化社(1980). **世界の美術 7**. 東京: 世界文化社.

그림 2   古岡 滉(1979). **日本美術全集 10 鎌倉の繪畵: 繪卷と肖像畵**. 東京: 學習硏究社.

그림 3   水野敬三郎 · 工藤圭章 · 三宅久雄(1991). **日本美術全集 運慶と快慶**. 東京: 講談社.

그림 4   朝日新聞社(1985). **日本美術美に描かれた女性たち**. 東京: 朝日新聞社.

그림 6   小林忠 · 村重寧 · 灰野昭郎(1990). **宗達と光琳: 江戶の繪畵 Ⅱ**. 東京: 講談社.

그림 8   古岡 滉(1979). **日本美術全集 10 鎌倉の繪畵: 繪卷と肖像畵**. 東京: 學習硏究社.

그림 9   中央公論社(1980). **戰國合戰繪屛風集成 6 戦国武家風俗図**. 東京: 中央公論社.

그림 10 切畑 健 · 市田ひろみ(1985). **日本の女性風俗史**. 京都: 京都書院.

그림 11 世界文化社(1980). **世界の美術 日本の名畫 Ⅰ**. 東京: 世界文化社.

그림 12 濱田隆(1983). **日本吉寺美術全集**. 東京: 集英社

4부 동아시아 국가질서의 형성과 예복제도

10장 명의 복식

그림 1 常沙娜(2004). **中國織繡服飾全集 4 歷代服飾卷 下**. 天津: 天津人民美術出版社.

그림 2 中國古代書畵鑑定組(1988). **中國繪畵全集 彫刻篇 6**. 北京: 文物出版社.

그림 3 王圻(2004). **三才圖會 四**. 서울: 민속원.

그림 4 常沙娜(2004). **中國織繡服飾全集 4 歷代服飾卷 下**. 天津: 天津人民美術出版社.

그림 5 王圻(2004). **三才圖會 四**. 서울: 민속원.

그림 6 공자박물관 소장 명대의 오량관. http://tieba.baidu.com/f?kz=798357446

그림 7 王圻(2004). **三才圖會 四**. 서울: 민속원.

그림 8 王圻(2004). **三才圖會 四**. 서울: 민속원.

그림 9 黃能馥 · 陳娟娟(2002). **中國絲綢科技藝術七年史**. 北京: 中國紡織出版社. p.301.

그림 10 常沙娜(2004). **中國織繡服飾全集 4 歷代服飾卷 下**. 天津: 天津人民美術出版社.

그림 11 常沙娜(2004). **中國織繡服飾全集 4 歷代服飾卷 下**. 天津: 天津人民美術出版社.

그림 12 趙豊(2005). **中國絲綢通史**. 蘇州: 蘇州大學.

그림 13 Clunas, Craig(2007). *Empire of great brightness*. Honolulu: University of Hawaii Press. p.44.

그림 14 王圻(2004). **三才圖會 四**. 서울: 민속원.

그림 15 黃能馥 · 陳娟娟(1999). **中華歷代服飾藝術**. 北京: 中國旅游出版社.

그림 16 黃能馥 · 陳娟娟(1999). **中華歷代服飾藝術**. 北京: 中國旅游出版社.

그림 17 國立故宮博物院(1971). **中華民國國立故宮博物院藏品 第13卷 故宮圖像選萃**. 臺北: 國立故宮博物院.

그림 18 정영양(2005). *Silken threads*. New York: H.N. Abrams.

그림 19 北京文物精粹大系編委會 · 北京市文物局(1999). **織繡卷**. 北京: 北京出版社. p.87.

그림 20 常沙娜(2004). **中國織繡服飾全集 4 歷代服飾卷 下**. 天津: 天津人民美術出版社.

그림 21 上海市戲曲學校中國服裝史研究組(1983). **中國歷代服飾**. 上海: 學林出版社.

그림 22 中華五千年文物集刊編輯委員會 · 吳哲夫(1986). **中華五千年文物集刊中華五千年文物集刊. 服飾篇**.
        臺北: 中華五千年文物集刊編輯委員會.

그림 23 王圻(2004). **三才圖會 四**. 서울: 민속원.

그림 24 上海市戲曲學校中國服裝史研究組(1983). **中國歷代服飾**. 上海: 學林出版社.

그림 25 上海市戲曲學校中國服裝史研究組(1983). **中國歷代服飾**. 上海: 學林出版社.

그림 26 北京市昌平区十三陵特区办事处(2006). **定陵出土文物图典**. 北京: 北京美術攝影出版社.

그림 27 上海市戲曲學校中國服裝史研究組(1983). **中國歷代服飾**. 上海: 學林出版社.

그림 28 常沙娜(2004). **中國織繡服飾全集 4 歷代服飾卷 下**. 天津: 天津人民美術出版社.

그림 29 國立故宮博物院(1971). **中華民國國立故宮博物院藏品 第13卷 故宮圖像選萃**. 臺北: 國立故宮博物院.

그림 30 山西省博物館(1988). **寶寧寺明代水陸畵**. 北京: 文物出版社.

그림 31 王圻(2004). **三才圖會 四**. 서울: 민속원.

그림 32 이은주 · 조효숙(2005). (길짐승흉배와 함께하는) 17세기의 무관 옷 이야기. 서울: 민속원.

그림 33-a   山西省博物館(1988). **寶寧寺明代水陸畫**. 北京: 文物出版社.

그림 33-b   上海市戲曲學校中國服裝史研究組(1983). **中國歷代服飾**. 上海: 學林出版社. p.253.

그림 33-c   上海市戲曲學校中國服裝史研究組(1995). **中國服飾五千年**. 商務印書館(香港)有限公司. p.158.

그림 33-d   上海市戲曲學校中國服裝史研究組(1983). **中國歷代服飾**. 上海: 學林出版社.

그림 33-e   國立故宮博物院(1971). **中華民國國立故宮博物院藏品 第13卷 故宮圖像選萃**. 臺北: 國立故宮博物院.

그림 33-f   常沙娜(2004). **中國織繡服飾全集 4 歷代服飾卷 下**. 天津: 天津人民美術出版社.

그림 34   常沙娜(2004). **中國織繡服飾全集 4 歷代服飾卷 下**. 天津: 天津人民美術出版社.

그림 35   周汛 · 高春明(1997). **中國歷代婦女裝飾**. 上海: 學林.

그림 36   黃能馥 · 陳娟娟(1999). **中華歷代服飾藝術**. 北京: 中國旅游出版社. p.356.

그림 37   趙豊(2002). **紡織品考古新藝現**. 香港: 藝紗堂 · 服飾出版

그림 38   周汛 · 高春明(1997). **中國歷代婦女裝飾**. 上海: 學林.

그림 39   中國民間美術全集編輯出版委員會 編 · 王樹村 主編(2002). **中國民間美術全集 繪畫**. 長春: 吉林美術. p.146.

그림 40   中國民間美術全集編輯出版委員會 編 · 王樹村 主編(2002). **中國民間美術全集 繪畫**. 長春: 吉林美術. p.147.

그림 41   中國民間美術全集編輯出版委員會 編 · 王樹村 主編(2002). **中國民間美術全集 繪畫**. 長春: 吉林美術. p.148.

그림 42   山西省博物館(1988). **寶寧寺明代水陸畫**. 北京: 文物出版社.

그림 43   中國民間美術全集編輯出版委員會 編 · 王樹村 主編(2002). **中國民間美術全集 繪畫**. 長春: 吉林美術. p.148.

그림 44   山西省博物館(1988). **寶寧寺明代水陸畫**. 北京: 文物出版社.

그림 45   山西省博物館(1988). **寶寧寺明代水陸畫**. 北京: 文物出版社.

그림 46   常沙娜(2004). **中國織繡服飾全集 4 歷代服飾卷 下**. 天津: 天津人民美術出版社.

그림 47   上海市戲曲學校中國服裝史研究組(1983). **中國歷代服飾**. 上海: 學林出版社.

그림 48   上海市戲曲學校中國服裝史研究組(1983). **中國歷代服飾**. 上海: 學林出版社.

그림 49   上海市戲曲學校中國服裝史研究組(1983). **中國歷代服飾**. 上海: 學林出版社.

그림 50   中國美術全集編輯委員會(1988). **中國美術繪畫全集-繪畫編**. 上海: 上海人民美術出版社.

11장   조선 전기의 복식

그림 1   民昌文化社(1994). **국조오례의서례**. 서울: 民昌文化社.

그림 3   한국민족문화대백과사전 편찬부 · 한국정신문화연구원(1989). **한국민족문화대백과사전 7**. 성남: 한국정신문화연구원.

그림 4   국립중앙박물관(1988). **韓國의 美: 衣裳, 裝身具, 袿**. 서울: 통천문화사.
      문화재청 무형문화재과(2006). **문화재대관 중요민속자료 2 복식 · 자수편**. 서울: 문화재청.

그림 5   문화재청 무형문화재과(2006). **문화재대관 중요민속자료 2 복식 · 자수편**. 서울: 문화재청.

그림 6   民昌文化社(1994). **국조오례의서례**. 서울: 民昌文化社.

그림 7   이강칠 · 이미나 · 유희경(2003). **역사인물초상화대사전**. 서울: 현암사.

그림 8   이강칠 · 이미나 · 유희경(2003). **역사인물초상화대사전**. 서울: 현암사.

그림 9   이강칠 · 이미나 · 유희경(2003). **역사인물초상화대사전**. 서울: 현암사.

그림 10   문화재청(2007). **한국의 초상화**. 서울: 눌와.

그림 11   국립민속박물관(2005). **한민족역사문화도감 의생활편**. 서울: 국립민속박물관.

그림 12   문화재청 무형문화재과(2006). **문화재대관 중요민속자료 2 복식 · 자수편**. 서울: 문화재청.

그림 13 국립중앙박물관 미술부(2008). **조선시대 초상화 II**. 서울: 그라픽네트.

그림 14 성현(1956). **악학궤범**. 서울: 아름출판공사.

그림 15 경기도박물관(2008). **경기도박물관 출토복식명품선**. 용인: 경기도박물관.

그림 16 경기도박물관(2008). **경기도박물관 출토복식명품선**. 용인: 경기도박물관.

그림 17 배화여자대학 전통의상과 제공

그림 18 국립고궁박물관 제공.

　　　　김영숙·박윤미(2007). **조선조왕실복식**. 서울: 十月.

그림 19 김영숙(1999). **朝鮮後期宮中服飾**. 서울: 茗園文化財團.

그림 20 **인조장렬후가례도감의궤**

그림 21 성현(1956). **악학궤범**. 서울: 아름출판공사.

그림 22 고려대학교 의과대학·한국출토복식연구회(2003). **파평윤씨 모자미라 종합 연구 논문집 2**. 고려대학교 박물관.

그림 23 경기도박물관(2008). **경기도박물관 출토복식명품선**. 용인: 경기도박물관.

12장 센고쿠시대의 복식

그림 1   學習研究社(1977). **日本美術全集 18卷, 近代武將の美術**. 東京: 學習研究社.

그림 2   日野西資孝(1990). **日本の美術 6 no.26**. 東京: 至文堂.

그림 3   田邊 三郎助·長崎巖·国立能楽堂(2008). **国立能楽堂コレクション展**. 2008年NHKプロモーション. p.127.

그림 4   高階秀爾(1991). **日本美術全集 第21卷 江戸から明治へ**. 東京: 講談社.

그림 5   文化廳 監修(1984). **国宝 3**. 東京: 毎日新聞社.

그림 6   河鰭實英(1973). **日本服飾史辞典**. 東京: 東京堂出版. p.171.

그림 7   국립중앙박물관(2002). **일본미술명품**. 서울: 솔.

그림 8   Alan Kennedy(1990). *Japanese Costume*. Paris: Adam Biro.

그림 9   京都書院(1984). **染織の 美 30**. 京都: 京都書院.

그림 10 全日本人形師範繪(1968). **日本女装史**. 京都: 京都アドコンサルト. p.25.

그림 11 朝日新聞社(1986). **きもの文化史**. 東京: 朝日新聞社.

그림 12 Elisseeff, Danielle·Elisseeff, Vadime·Paris, I. Mark(1985). *Art of Japan*. New York: Abrams. 도139

그림 13 田邊 三郎助·長崎巖·国立能楽堂(2008). **国立能楽堂コレクション展**. 2008年NHKプロモーション.

그림 14 田邊 三郎助·長崎巖·国立能楽堂(2008). **国立能楽堂コレクション展**. 2008年NHKプロモーション.

그림 15 Alan Kennedy(1990). *Japanese Costume*. Paris: Adam Biro.

그림 16 切畑 健·市田ひるみ(1985). **日本の女性風俗史**. 京都: 京都書院.

5부 전통복식의 확립과 서민문화의 대두

13장 청의 복식

그림 1   Gary Dickinson & Linda Wrigglesworth(2000). *Imperial Wardrobe*. Berkeley: Ten Speed Press.

그림 2   國立故宮博物院(1986). **清代服飾展覽圖錄**. 臺北: 國立高宮博物院.

그림 3   國立故宮博物院(1986). **清代服飾展覽圖錄**. 臺北: 國立高宮博物院.

그림 4   國立故宮博物院(1986). **清代服飾展覽圖錄**. 臺北: 國立高宮博物院.

그림 5   Vollmer, John(2002). *Ruling from the Dragon Throne*. Berkeley: Ten Speed Press.

그림 6   Gary Dickinson & Linda Wrigglesworth(2000). *Imperial Wardrobe*. Berkeley: Ten Speed Press.

그림 7   古宮博物院(1992). **清代宮廷繪畫**. 北京: 文物出版社.

그림 8   Gary Dickinson & Linda Wrigglesworth(2000). *Imperial Wardrobe*. Berkeley: Ten Speed Press.

그림 9   杨源(2003). **中国服飾百年时尚**. 遠方出版社.

그림 10 Valery M. Garrett(1994). *Chinese Clothing*. New York: Oxford University Press.

그림 11 上海市戲曲學校中國服裝史研究組(1983). **中國歷代服飾**. 上海: 學林出版社. p.282.

그림 12 Gary Dickinson & Linda Wrigglesworth(2000). *Imperial Wardrobe*. Berkeley: Ten Speed Press.

그림 13 杨源(2003). **中国服飾百年时尚**. 遠方出版社.

그림 14 杨源(2003). **中国服飾百年时尚**. 遠方出版社.

그림 15 Valery M. Garrett(1994). *Chinese Clothing*. New York: Oxford University Press. p.78.

그림 16 上海市戲曲學校中國服裝史研究組(1983). **中國歷代服飾**. 上海: 學林出版社. p.261.

그림 17 上海市戲曲學校中國服裝史研究組(1983). **中國歷代服飾**. 上海: 學林出版社. p.282.

그림 18 Gary Dickinson & Linda Wrigglesworth(2000). *Imperial Wardrobe*. Berkeley: Ten Speed Press.

그림 19 Valery M. Garrett(2009). *A Collector's Guide to Chinese Dress Accessories*. Marshall Cavendish.

그림 20 王智敏(2003). **龍袍**. 天津: 人民美術出版社.

그림 21 Valery M. Garrett(2009). *A Collector's Guide to Chinese Dress Accessories*. Marshall Cavendish.

그림 22 Vollmer, John(2002). *Ruling from the Dragon Throne*. Berkeley: Ten Speed Press.

그림 23 Gary Dickinson & Linda Wrigglesworth(2000). *Imperial Wardrobe*. Berkeley: Ten Speed Press.

그림 24 Valery M. Garrett(2009). *A Collector's Guide to Chinese Dress Accessories*. Singapore: Times Media.

그림 25 國立故宮博物院(1986). **清代服飾展覽圖錄**. 臺北: 國立高宮博物院.

그림 26 國立故宮博物院(1986). **清代服飾展覽圖錄**. 臺北: 國立高宮博物院.

그림 27 Vollmer, John(2002). *Ruling from the Dragon Throne*. Berkeley: Ten Speed Press.

그림 28 Vollmer, John(2002). *Ruling from the Dragon Throne*. Berkeley: Ten Speed Press.

그림 29 Valery M. Garrett(1994). *Chinese Clothing*. New York: Oxford University Press.

그림 30 Valerie Steele · John S. Major(1999). *China chic: east meets west*. New Haven, Conn.: Yale University Press.

그림 31 周汛 · 高春明(1997). **中國歷代婦女裝飾**. 上海: 學林.

그림 32 常沙娜(2004). **中國織繡服飾全集** 4 **歷代服飾卷** 下. 天津: 天津人民美術出版社.

그림 33 高春明(2009). **中國歷代服飾藝術**. 北京: 中國靑年出版社.

그림 34 Beverley Jackson(2001). *Kingfisher Blue*. Berkeley: Ten Speed Press. p.136.

그림 35 Beverley Jackson(2001). *Kingfisher Blue*. Berkeley: Ten Speed Press. p.67.

그림 36 中華五千年文物集刊編輯委員會(1986). **中華五千年文物集刊 服飾篇**. 臺北: 中華五千年文物集刊編輯委員會. p.404

그림 37 Beverley Jackson(2001). *Kingfisher Blue*. Berkeley: Ten Speed Press.

그림 38 國立歷史博物館編輯委員會(1988). **清代服飾**. 臺北: 歷史博物館.

그림 39 國立歷史博物館編輯委員會(1988). **清代服飾**. 臺北: 歷史博物館.

그림 40 Vollmer, John(2002). *Ruling from the Dragon Throne*. Berkeley: Ten Speed Press.

그림 41 Valery M. Garrett(2009). *A Collector's Guide to Chinese Dress Accessories*. Singapore: Times Media.

그림 42 中華五千年文物集刊編輯委員會(1986). **中華五千年文物集刊 服飾篇**. 臺北: 中華五千年文物集刊編輯委員會. p.398

그림 43 Beverley Jackson(2001). *Kingfisher Blue*. Berkeley: Ten Speed Press. p.89.

그림 44 Valery M. Garrett(2009). *A Collector's Guide to Chinese Dress Accessories*. Singapore: Times Media.

그림 45 좌: Vollmer, John(2002). *Ruling from the Dragon Throne*. Berkeley: Ten Speed Press. p.54.

　　　　중: 國立歷史博物館編輯委員會(1988). **清代服飾**. 臺北: 歷史博物館. p.43.

　　　　우: 周汛 · 高春明(1997). **中國歷代婦女裝飾**. 上海: 學林. p.250.

그림 46 內田道夫 · 靑木正兒(1986). **北京風俗圖譜**. 東京: 平凡社. p.100.

그림 47 李正玉 · 裴仁淑 · 張慶惠 · 南厚先(1999). **清代服飾史**. 서울: 螢雪出版社. p.191.

그림 48 周汛 · 高春明(1998). **中國傳統服飾刑制史**. 臺北: 南天書局. p.235.

그림 49 Valery M. Garrett(2009). *A Collector's Guide to Chinese Dress Accessories*. Singapore: Times Media.

그림 50 國立故宮博物院(1986). **清代服飾展覽圖錄**. 臺北: 國立高宮博物院.

그림 51 Beverley Jackson · David Hugus(2000). *Ladder to the Clouds*. Berkeley: Ten Speed Press. p.86.

그림 52 Valerie Steele · John S. Major(1999). *China chic: east meets west*. New Haven, Conn.: Yale University Press.

그림 53 Valery M. Garrett(2009). *A Collector's Guide to Chinese Dress Accessories*. Singapore: Times Media.

그림 54 中華五千年文物集刊編輯委員會(1986). **中華五千年文物集刊 服飾篇**. 臺北: 中華五千年文物集刊編輯委員會.

14장　조선 후기의 복식

그림 1　국립중앙박물관(2009). 조선시대 향연과 의례. 서울: 국립중앙박물관.

그림 2　국립중앙박물관 미술부(2008). 조선시대 초상화 Ⅱ. 서울: 그라픽네트.

그림 3　경기도박물관(2008). 초상, 영원을 그리다. 용인: 경기도박물관.

그림 4　경기도박물관(2008). 경기도박물관출토복식명품선. 용인: 경기도박물관.

그림 5　국립민속박물관(2005). 한민족역사문화도감 의생활편. 서울: 국립민속박물관.

그림 6　국립중앙박물관 · 한국박물관회(2002). **朝鮮時代 風俗畵**. 서울: 한국박물관회.

그림 7　경기도박물관(2008). 경기도박물관출토복식명품선. 용인: 경기도박물관.

그림 8　국립중앙박물관(2009). 조선시대 향연과 의례. 서울: 국립중앙박물관.

그림 9　국립민속박물관 · 배화여자대학 · (사)국립민속박물관회(2007). 사도세자와 혜경궁홍씨의 가례복식. 서울: 국립민속박물관.

그림 10　국립민속박물관(2005). 한민족역사문화도감 의생활편. 서울: 국립민속박물관.

그림 12　국립민속박물관(2005). 한민족역사문화도감 의생활편. 서울: 국립민속박물관.

그림 16　국립민속박물관(2005). 한국복식2천년. 서울: 신유.

그림 17　국립민속박물관(2005). 한국복식2천년. 서울: 신유.

그림 18　국립중앙박물관 미술부(2004). 한국전통매듭. 서울: 국립중앙박물관.

그림 19　국립민속박물관(2005). 한국복식2천년. 서울: 신유.

그림 20　국립중앙박물관 · 국립대구박물관(2008). 국립중앙박물관 기증유물. 서울: 시월.

그림 21　국립민속박물관(2005). 한민족역사문화도감 의생활편. 서울: 국립민속박물관.

그림 22 국립민속박물관(2005). **한국복식2천년**. 서울: 신유.

그림 23 서울역사박물관(2006). **우리네사람들의 멋과 풍류**. 서울: 서울역사박물관.

그림 24 국립민속박물관(2005). **한민족역사문화도감 의생활편**. 서울: 국립민속박물관.

그림 25 국립민속박물관(2005). **한민족역사문화도감 의생활편**. 서울: 국립민속박물관.

그림 26 국립민속박물관(2005). **한민족역사문화도감 의생활편**. 서울: 국립민속박물관.

그림 27 국립민속박물관(2005). **한민족역사문화도감 의생활편**. 서울: 국립민속박물관.

그림 28 국립민속박물관(2005). **한민족역사문화도감 의생활편**. 서울: 국립민속박물관.

그림 29 국립중앙박물관 · 한국박물관회(2002). **朝鮮時代 風俗畵**. 서울: 한국박물관회.

그림 30 국립민속박물관(2005). **한민족역사문화도감 의생활편**. 서울: 국립민속박물관.

그림 31 경운박물관(2003). **근세복식과 우리문화**. 서울: 경운회.

그림 32 온양민속박물관 학예연구실(1988). **조선시대의 관모**. 온양: 온양민속박물관.

그림 33 국립민속박물관(2005). **한민족역사문화도감 의생활편**. 서울: 국립민속박물관.

그림 34 국립민속박물관(2005). **한민족역사문화도감 의생활편**. 서울: 국립민속박물관.

그림 35 국립민속박물관(2010). **이진숭 묘 출토복식**. 서울: 국립민속박물관.

그림 36 국립민속박물관(2005). **한민족역사문화도감 의생활편**. 서울: 국립민속박물관.

그림 37 국립민속박물관(1991). **한국 짚 문화**. 서울: 국립민속박물관.

그림 38 국립민속박물관(2005). **한민족역사문화도감 의생활편**. 서울: 국립민속박물관.

그림 41 경운박물관(2003). **근세복식과 우리문화**. 서울: 경운회.

그림 42 서울아시아경기대회 조직위원회(1986). **조선왕조 500년 복식전**. 서울: 문화방송.

그림 43 박성실 · 조효숙 · 이은주(2005). **조선시대 여인의 멋과 차림새**. 서울: 단국대학교출판부.

그림 44 석주선기념민속박물관(1997). **조선조 치마 · 저고리 특별전-출토복식 복원유물을 중심으로**.
       서울: 단국대학교출판부.

그림 46 조풍연(1987). **사진으로 보는 조선시대 생활과 풍속(속)**. 서울: 서문당.

그림 47 국립대구박물관(2002). **한국전통복식 2천년**. 서울: 통천문화사.

그림 48 국립광주박물관(2002). **조선시대 풍속화**. 광주: 국립광주박물관.

그림 49 박성실 · 조효숙 · 이은주(2005). **조선시대 여인의 멋과 차림새**. 서울: 단국대학교출판부.

그림 50 경운박물관(2010). **아름다운 시작**. 서울: 경기여고 경운박물관.

그림 51 한국자수문화협의회(1986). **한수문화**. 서울: 한국자수문화협의회.

그림 53 한국방송공사 사업단(1986). **韓國服飾圖鑑 2권**. 서울: 한국방송사업단.

그림 54 국립중앙박물관 · 한국박물관회(2002). **朝鮮時代 風俗畵**. 서울: 한국박물관회.

그림 55 국립중앙박물관 · 한국박물관회(2002). **朝鮮時代 風俗畵**. 서울: 한국박물관회.

그림 56 온양민속박물관(2007). **아름다운 우리 옛 살림: 여인의 향기**. 아산: 온양민속박물관.

그림 57 온양민속박물관(2005). **우리 민속 오백년의 모습**. 아산: 온양민속박물관.

그림 58 서울역사박물관(2006). **우리네사람들의 멋과 풍류**. 서울: 서울역사박물관.

그림 59 국립민속박물관(2005). **한민족역사문화도감 의생활편**. 서울: 국립민속박물관.

그림 60 이강칠 · 이미나 · 유희경(2003). **역사인물초상화대사전**. 서울: 현암사.

그림 61 김지연(2008). **朝鮮時代 女性 禮冠에 관한 硏究**. 서울: 이화여자대학교 대학원 박사학위논문.

그림 63 奎章閣(1851). **哲宗哲仁后 嘉禮都監儀軌**. p.248.

그림 64 국립중앙박물관 · 한국박물관회(2002). **朝鮮時代 風俗畵**. 서울: 한국박물관회.

그림 65 국립민속박물관 · 배화여자대학 · (사)국립민속박물관회(2007). **사도세자와 혜경궁홍씨의 가례복식**. 서울: 국립민속박물관.

그림 66 서울역사박물관(2006). **우리네사람들의 멋과 풍류**. 서울: 서울역사박물관.

그림 67 온양민속박물관(2005). **우리 민속 오백년의 모습**. 아산: 온양민속박물관.

그림 68 서울역사박물관(2006). **우리네사람들의 멋과 풍류**. 서울: 서울역사박물관.

그림 69 국립민속박물관 · 배화여자대학 · (사)국립민속박물관회(2007). **사도세자와 혜경궁홍씨의 가례복식**. 서울: 국립민속박물관.

그림 70 국립중앙박물관(1988). **한국의 美**. 서울: 통천문화사.

그림 71 석주선기념민속박물관(1993). **관모와 수식**. 서울: 단국대학교출판부. p.153

그림 72 고려대학교박물관(1990). **복식류명품도록**. 서울: 高麗大學校 博物館.

그림 73 고려대학교박물관(1990). **복식류명품도록**. 서울: 高麗大學校 博物館.

그림 74 고려대학교박물관(1990). **복식류명품도록**. 서울: 高麗大學校 博物館.

그림 75 석주선기념민속박물관(1998). **북한지방의 전통복식 · 개화이후-해방전후**. 서울: 현암사.

그림 76 경운박물관(2003). **근세복식과 우리문화**. 서울: 경운회.

그림 77 이경자 · 홍나영(2000). **2001 이화 사진 일기**. 서울: 이화여자대학교 출판부.

표 3-a 이강칠 · 이미나 · 유희경(2003). **역사인물초상화대사전**. 서울: 현암사.

표 3-b 국립중앙박물관 · 한국박물관회(2002). **朝鮮時代 風俗畵**. 서울: 한국박물관회.

표 3-c 국립중앙박물관 미술부(2004). **한국전통매듭**. 서울: 국립중앙박물관.

표 3-d 국립중앙박물관 미술부(2004). **한국전통매듭**. 서울: 국립중앙박물관.

표 8-1-a 김영숙(1999). **朝鮮後期宮中服飾**. 서울: 茗園文化財團.

표 8-1-b 국립고궁박물관(2010). **영친왕일가복식**. 서울: 국립고궁박물관.

표 8-2-a 조풍연(1987). **사진으로 보는 조선시대 생활과 풍속(속)**. 서울: 서문당.

표 8-2-b 국립민속박물관(2005). **한민족역사문화도감 의생활편**. 서울: 국립민속박물관.

표 8-3-a 조풍연(1987). **사진으로 보는 조선시대 생활과 풍속(속)**. 서울: 서문당.

표 8-3-b 국립민속박물관(2005). **한민족역사문화도감 의생활편**. 서울: 국립민속박물관.

표 8-4-a 장숙환(2002). **전통장신구**. 서울: 대원사.

표 8-4-b 국립중앙박물관 · 국립대구박물관(2008). **국립중앙박물관 기증유물**. 서울: 시월.

표 8-5-a 국립민속박물관(2005). **한국복식2천년**. 서울: 신유.

표 8-5-b 석주선기념민속박물관(1993). **관모와 수식**. 서울: 단국대학교 출판부.

표 8-6 최석로(2007). **민족의 사진첩 4 : 옛 그림엽서로 본 개화기의 생활과 풍속**. 서울: 서문당.

표 8-7 한국방송공사(1986). **한국복식도감Ⅲ: 조선왕조 말기 · 개화기편**. 서울: 한국방송사업단.

표 8-8 조풍연(1987). **사진으로 보는 조선시대 생활과 풍속(속)**. 서울: 서문당.

표 8-9 석주선(1971). **한국복식사**. 서울: 보진재.

표 8-10 한국 문화관광부 한국복식문화 2000년 조직위원회(2001). **우리 옷 이천년**. 서울: 미술문화.

15장　에도시대의 복식

그림 1　楢崎宗重 · 山口桂三郎(1979). 浮世繪聚花. 東京: 小學館.

그림 2　丸山伸彦 編集(2007). 江戸のきものと衣生活. 東京: 小学館.

그림 3　楢崎宗重 · 山口桂三郎(1979). 浮世繪聚花. 東京: 小學館.

그림 4　河村まち子(1984). 時代衣裳の縫い方. 東京: 源流社.

그림 5　河村まち子(1984). 時代衣裳の縫い方. 東京: 源流社.

그림 6　國立歷史博物館編纂委員會(1988). The Asian Costume Exhibition. 臺北: 國立歷史博物館.

그림 7　楢崎宗重 · 山口桂三郎(1979). 浮世繪聚花. 東京: 小學館.

그림 8　田中本家博物館 編集(1998). 田中本家伝來の婚礼衣裳. 長野縣: 田中家博物館.

그림 9　山中典士(1983). 男のきものの事典. 東京: 講談社. p.62.

그림 10　丸山伸彦 編集(2007). 江戸のきものと衣生活. 東京: 小学館.

그림 11　中華民國立歷史博物館(1988). 亞洲服飾展. 林淑心.

그림 12　Sadao Hibi(1989). Japanese detail. San Francisco: Chronicle. p.111.

그림 13　丸山伸彦 編集(2007). 江戸のきものと衣生活. 東京: 小学館. p.85.

그림 14　Faulkner, Rupert · Victoria and Albert Museum · 楢崎宗重 · Lane, Richard(1999). Masterpieces of Japanese prints. Tokyo: Kodansha International.

그림 15　日野西資孝(1990). 日本の美術 26. 東京: 至文堂. p.82.

그림 16　丸山伸彦 編集(2007). 江戸のきものと衣生活. 東京: 小学館.

그림 17　丸山伸彦 編集(2007). 江戸のきものと衣生活. 東京: 小学館.

그림 20　田中本家博物館 編集(1998). 田中本家伝來の婚礼衣裳. 長野縣: 田中本家博物館.

그림 21-a　Alan Kennedy(1990). Japanese Costume. Paris: Adam Biro.

그림 21-b　田中本家博物館 編集(1998). 田中本家伝來の婚礼衣裳. 長野縣: 田中本家博物館.

그림 21-c　文化學園服飾博物館(1979). 文化學園服飾博物館 名品抄. 東京: 學校法人文化學園.

그림 21-d　Alan Kennedy(1990). Japanese Costume. Paris: Adam Biro.

그림 21-e　國立歷史博物館編纂委員會(1988). The Asian Costume Exhibition. 臺北: 國立歷史博物館.

그림 24　田中本家博物館 編集(1998). 田中本家伝來の婚礼衣裳. 長野縣: 田中本家博物館.

그림 25　文化學園服飾博物館(1985). 館長 世界の晴着展. 東京: 學校法人 文化學園.

그림 26　文化學園服飾博物館(1985). 館長 世界の晴着展. 東京: 學校法人 文化學園.

그림 27　Faulkner, Rupert · Victoria and Albert Museum · 楢崎宗重 · Lane, Richard(1999). Masterpieces of Japanese prints. Tokyo: Kodansha International.

그림 28　Sadao Hibi(2001). The colors of japan. Tokyo: Kodansha International.

그림 29　Seigle, Cecilia Segawa · 喜多川歌磨 · 大蘇芳年 · 豊原國周(2004). A Courtesan's Day. Amsterdam: Hotei.

그림 34　全日本人形師範繪(1968). 日本女裝史. 京都: 京都アドコンサルト. p.180.

그림 35　朝日新聞社(1986). きもの文化史. 東京: 朝日新聞社. p.8.

6부 　서구복식의 도입과 전통복식의변화

16장 　한 · 중 · 일 복식문화의 변화

그림 1 　http://ncvpsapwh.pbworks.com/f/Meiji_Emperor.jpg

그림 2 　Liza Crihfield Dalby(2001). *Kimono: Fashioning Culture*. University of Washington Press.

그림 3 　Liza Crihfield Dalby(2001). *Kimono: Fashioning Culture*. University of Washington Press.

그림 4 　田中本家博物館(1990). **田中家100年の子供のおしゃれ**. 長野: 田中本家博物館.

그림 5 　文化学園服飾博物館(1983). **近代の服装 日本 · 西洋**. 東京: 学校法人文化学園.

그림 6 　http://www.nyu.edu/pages/greyart/exhibits/shiseido/w1939-d.htm

그림 7 　Claire Roberts(1997). *Evolution & Revolution: Chinese Dress 1770s~1990s*. Powerhouse Publishing.

그림 8 　http://politics.people.com.cn/mediafile/200409/23/F2004092315062800000.jp

그림 9 　包銘新(1998). **中國旗袍**. 上海: 上海文化出版社.

그림 10 　이규헌(1987). **사진으로 보는 독립운동(상)**. 서울: 서문당.

그림 11 　이규헌(1987). **사진으로 보는 독립운동(상)**. 서울: 서문당.

그림 12 　이규헌(1987). **사진으로 보는 독립운동(상)**. 서울: 서문당.

그림 13 　사진으로 보는 경기여고 90년 간행위원회 · 경기여자고등학교 동창회(1998). **사진으로 보는 경기여고 90년**.
　　　　 서울: 경기여자고등학교 동창회(경운회).

그림 14 　이화여자대학교 출판부(1998). **이화사진일기 1999**. 서울: 이화여자대학교 출판부.

저자소개

홍나영

이화여자대학교 의류직물학과 학사
이화여자대학교 대학원 석 · 박사
현재 이화여자대학교 의류산업학과 교수
저서 여성 쓰개의 역사(1995)
　　　우리 옷과 장신구(2003)
　　　아시아 전통복식(2004)
　　　한복 만들기(2004)　　　.
　　　말하는 옷(2015)

신혜성

이화여자대학교 의류직물학과 학사
이화여자대학교 대학원 석 · 박사
코오롱상사, 인터패션플래닝 디자이너
이화여자대학교, 한성대학교, 가천대학교 강사
저서 아시아 전통복식(2004)

이은진

이화여자대학교 의류직물학과 학사
이화여자대학교 대학원 석 · 박사
현재 경상대학교 의류학과 교수
저서 근현대 서울의 복식(2016)

2판

THE HISTORY OF EAST ASIAN COSTUME

韓中日

동아시아 복식의 역사

2011년 5월 31일 초판 발행
2020년 3월 30일 2판 발행
2023년 1월 27일 2판 2쇄 발행

지은이 홍나영 · 신혜성 · 이은진
펴낸이 류원식
펴낸곳 교문사

편집팀장 김경수
책임진행 윤정선
본문디자인 베이퍼
표지디자인 황옥성

주소 (10881)경기도 파주시 문발로 116
전화 031-955-6111
팩스 031-955-0955
등록 1968. 10. 28. 제406-2006-000035호

홈페이지 www.gyomoon.com
E-mail genie@gyomoon.com
ISBN 978-89-363-1918-2(93590)

값 30,000원